新一代信息科学与技术

# 无线传感器网络与物联网

姚向华 刘 静

中国教育出版传媒集团
高等教育出版社·北京

WUXIAN CHUANGANQI YU WULIANWANG

**图书在版编目（CIP）数据**

无线传感器网络与物联网 / 姚向华，刘静主编．--北京:高等教育出版社,2022.11
ISBN 978-7-04-058903-0

Ⅰ．①无…　Ⅱ．①姚…　②刘…　Ⅲ．①无线电通信-传感器②物联网　Ⅳ．①TP212②TP393.4③TP18

中国版本图书馆 CIP 数据核字(2022)第 123232 号

策划编辑　冯　英　　责任编辑　冯　英　　封面设计　马天驰　　版式设计　于　婕
责任绘图　于　博　　责任校对　刘俊艳　刘丽娴　　责任印制　刘思涵

出版发行　高等教育出版社
社　　址　北京市西城区德外大街 4 号
邮政编码　100120
印　　刷　北京汇林印务有限公司
开　　本　787mm×1092mm　1/16
印　　张　23
字　　数　400 千字
购书热线　010-58581118
咨询电话　400-810-0598

网　　址　http://www.hep.edu.cn
　　　　　http://www.hep.com.cn
网上订购　http://www.hepmall.com.cn
　　　　　http://www.hepmall.com
　　　　　http://www.hepmall.cn

版　　次　2022 年 11 月第 1 版
印　　次　2022 年 11 月第 1 次印刷
定　　价　79.00 元


物 料 号　58903-00

# 前　言

无线传感器网络最初应用于军事侦查和入侵检测，随着相关技术的成熟和成本的降低，逐渐扩展到环境监测和工业信息获取等领域。学术界对无线传感器网络的研究兴起于20世纪90年代，多家媒体和科研机构都预言该项技术将会改变人们的生活方式。近年来随着物联网应用的兴起，无线传感器网络作为主要的支撑技术之一再次成为人们的研究热点。

无线传感器网络集成了计算机、通信和信息感知三大学科中众多的科学问题。无线传感器网络的目的是为了获取信息，因此应用场景决定了无线传感器网络所采用的网络形式。无线传感器网络不同于以往网络以传输速度和服务质量作为主要研究方向，而是针对复杂情况下如何可靠地获得信息而展开研究。由于无线传感器网络需要应用于各种复杂情况，例如野外、工业现场甚至敌对方控制区，所以包括无线网络的很多传统网络技术很难适用。研究人员针对这些不同的应用，设计了网络协议栈和相关技术标准。

作者从事该领域的研究近二十年，随着对无线传感器网络技术认识的不断加深，深切体会到该技术在工业和民用领域巨大的应用前景。在工业现场，大量的传感器依靠电缆连接，其连接成本甚至超出了传感器本身，因此以基于无线传感器网络技术的监控系统取代传统的总线式监控系统是更加绿色环保的趋势；在民用领域，智能家居、物联网等技术的兴起需要以无线传感器网络作为技术基础；近十年的新兴应用——无线人体域网技术则对无线传感器网络的相关标准提出了更高的要求。基于上述观点和多年的相关研究构成了本书的主要内容。由于无线传感器网络的应用相关性非常强，不同的应用对技术的要求完全不同。因此，本书并未就原理与基础技术做过多的论述，而是首先针对具体的应用场景，结合相关技术详细介绍了可以实际使用的无线传感器网络和物联网应用案例；其次，分别就传感器网络定位和时间同步的技术实现做了范例介绍；此外，还对基于5G技术的物联网和无线人体域网进行了介绍。作者希望能够通过本书，为无线传感器网络技术在我国的应用与推广尽绵薄之力。

本书在编写过程中得到西安交通大学电信学部各位老师的大力支持，特别需要感谢杨新宇、韩九强和郑辑光老师所提供的部分素材和实例。

无线传感器网络是新兴的研究领域，目前对其的研究仍在不断深入。作者能与众多的专家学者共同参与讨论感到非常荣幸。由于水平有限且时间仓促，本书尚存在不少缺陷，在此恳切希望得到广大读者的指正。

姚向华　刘静

2022年7月于西安

# 目 录

# 第 1 章　无线传感器网络概述

本章介绍无线传感器网络(wireless sensor network,WSN)的基本概念,以及与传统网络尤其是与自组织(Ad hoc)网络的区别;无线传感器网络的体系结构,包括网络的组成模式和协议栈的模型;无线传感器网络的结点构造,包括传感器、无线通信、处理器和电源模块的简介;无线传感器网络的典型应用,主要是在军事、环境监测、工业和民用领域的应用;无线传感器网络的发展过程与研究热点。

## 1.1　无线传感器网络基本概念

无线传感器网络是由静止或移动的传感器以自组织和多跳的方式构成的无线网络,其目的是采集、处理和传输网络覆盖区域内感知对象的信息,并发送给用户。

### 1.1.1　无线传感器网络的研究内容

无线传感器网络是集成了计算机、通信和信息感知三大学科中众多科学问题的新兴领域,对无线传感器网络的认识,随着大量相关研究而不断深入。简单来说,无线传感器网络就是由传感器结点组成的,通过无线通信方式形成的一个多跳自组织网络。

从信息感知的研究来看,无线传感器网络的布设目的是为了获取信息,因此,其应用场景决定了无线传感器网络所采用的传感器形式。如果用于野外环境信息的采集,则希望传感器结点尽量廉价,因为需要大量的传感器以便对整个监测区域进行采样;如果用于战场环境则希望结点尽量微型化,这样不易被敌对方发现;如果用于工业环境,传感器的精度和可靠性就成为首要考虑的问题,而通常需要重点强调的能量问题则不再是关键。

从通信方式来看,无线传感器网络采用的是无线通信方式,其优势在于可以省去大量的数据线。当然,由于是无线连接,供电问题必须依靠其自身所携带的电池来解决。但是在条件恶劣的野外环境,通过更换电池的方式来接续供电是不现实的,所以截至目前,如何为无线传感器网络节省能量一直是这个领域的研究热点。

从计算机科学的角度来看,无线传感器网络是典型的自组织多跳网络。所谓自组织网络是一种无中心的网络形式,每个结点都可以作为中继结点为其他结点传递信息。这种网络可以在结点布设之后,按照某种机制,自动地形成一个具有功能的网络。而多跳则是区别于单跳(指网络中的每一个结点都必须和其他所有结点直接连接才能互相通信)的网络连接方式。在多跳网络中,网络中的各个结点不需要直接连接,而是通过中继的方式,在两个距离很远而无法直接通信的结点之间传送信息[1-4]。

### 1.1.2 无线传感器网络与 Ad hoc 网络的区别

之所以强调两者的区别,是因为这两种网络都是典型的无线自组织多跳网络,从某种意义上来说,可以认为无线传感器网络的形式源自 Ad hoc。

Ad hoc 是拉丁语,意思是“特别的”。IEEE 802.11 标准委员会采用了“Ad hoc 网络”一词来描述自组织对等式多跳移动通信网络。Ad hoc 网络是一种自组织的无线移动网络。网络中所有结点的地位平等,无须设置任何的中心控制结点。网络中的结点不仅具有普通移动终端所需的功能,而且具有报文转发能力。与普通的移动网络和固定网络相比,它具有无中心、自组织、多跳路由、动态拓扑等特点[5]。

无线传感器网络与 Ad hoc 网络的区别主要体现在以下几个方面。

- 移动性　Ad hoc 网络是移动通信网络,主要用于支持手持式的移动设备,例如 PDA 等的无线连接。因此,对于 Ad hoc 网络来说,必须能够很好地处理这些可移动结点间的组网问题;而无线传感器网络中的传感器结点,虽然也可以移动,但是并非其主要的设计目的。因为一般情况下,传感器结点在布设后,几乎不移动或很少移动。

- 能量问题　无线传感器网络的设计初衷是在野外等恶劣环境下工作,能量补给十分困难。因此,能量的利用效率是十分关键的问题,往往关系到整个网络的生存周期;而 Ad hoc 网络虽然也要考虑能量问题,但是并非为关键问题。

• 网络规模　无线传感器网络的应用往往是大型网络，具有大量的网络结点，相比 Ad hoc 网络，可能会高出若干个数量级。因此，无线传感器网络一般情况下并不支持识别码(ID)。

• 通信方式　无线传感器网络采用的是广播式的通信方式，而 Ad hoc 一般采用点对点方式。

• 无线传感器网络的结点由于能量有限或者工作在野外等恶劣环境，经常容易失效，这导致其网络拓扑结构频繁变化；而 Ad hoc 网络则基本不存在这个问题。

## 1.2 无线传感器网络的体系结构

无线传感器网络采用的是无线通信模式，在体系结构方面借鉴了传统无线网络的一些方式，例如 OSI 的协议栈模型。但是，由于在规模、能量利用、通信方式和工作环境方面的特殊要求，无线传感器网络具有区别于其他网络形式的特殊体系结构。

### 1.2.1 无线传感器网络的组成

无线传感器网络是由传感器结点组成的网络，这些结点既是采集信息的终端结点，又是传递信息的中继结点。结点采用各种方式大量部署在被监测的区域后，通过自组织方式构成无线网络，以协作的方式感知、采集和处理网络覆盖区域中特定的信息。一个典型的传感器网络的结构如图 1.1 所示，包括分布式传感器结点、汇聚结点、互联网和任务管理结点(用户)等。

传感器结点之间可以相互通信，自己组织成网并通过多跳的方式连接至汇聚结点，汇聚结点收到数据后，通过网关完成与公用互联网的连接。整个系统通过任务管理器来管理和控制。

汇聚结点用于沟通无线传感器网络与外部网络的联系，将采集的信息进行通信协议的转换后，送达监测者或管理者；同时接受来自管理者的指令，并向整个无线传感器网络进行发布。一般情况下，汇聚结点较之传感器结点具有更强的处理和存储能力[6-8]。

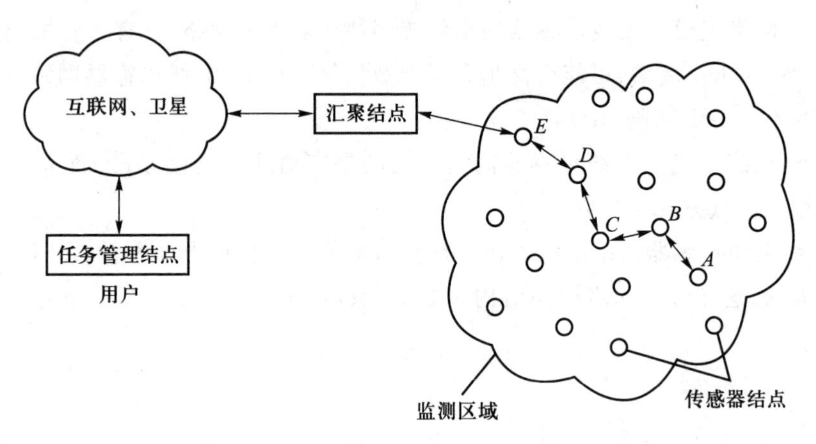


图1.1 传感器网络结构

### 1.2.2 无线传感器网络通信结构

如图1.2所示是无线传感器网络的协议栈。这个协议栈包括物理层、数据链路层、网络层、传输层和应用层,与传统协议栈(ISO/OSI)中的五层协议相对应。另外,协议栈还包括能量管理平台、移动管理平台和任务管理平台,各层协议和平台如下[9,10]。

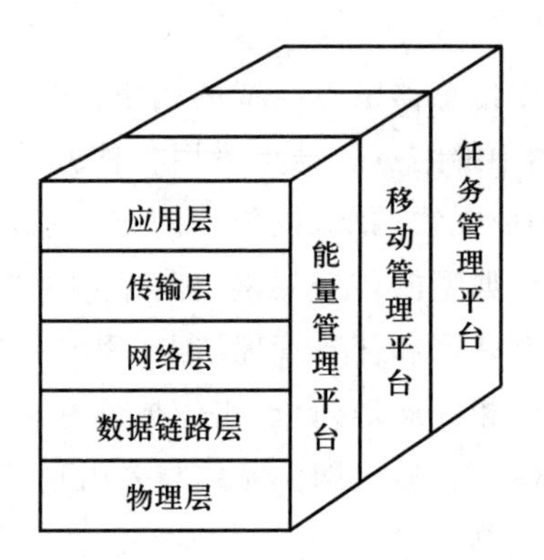


图1.2 传感器网络协议栈

- 物理层:负责数据传输的介质规范。针对无线传感器网络,物理层规定了工作频率、工作温度、数据调制、信道编码、定时、同步等标准,目的在于降低结点的成本、功耗和体积。
- 数据链路层:负责数据成帧、帧检测、媒体访问和差错控制。在无线传感器网络中,需要在该层设计介质访问控制层(medium access control,MAC),其作用在于,在与物理层紧密结合的基础上减小网络的能量消耗。

• 网络层:主要负责路由生成与路由选择。传统的网络层主要是将网络地址翻译成对应的物理地址,并决定数据从发送方到接收方的路由。在无线传感器网络中,网络层需要自动寻找路由、选择路由并维护路由,使得传感器结点之间可以进行有效的通信。

• 传输层:负责数据流的传输控制。在传统的网络模型中,传输层可以说是最重要的一层协议(例如 TCP/IP),负责进行流量控制和数据打包。但是,在无线传感器网络中,如果信息只在网络内部传递,传输层并不是必需的;而如果需要通过互联网或卫星直接与外部网络进行通信,则传输层将必不可少。目前关于传输层的研究还处于初期阶段。

• 应用层:包括一系列基于监测任务的应用层软件。目前,应用层的研究相对较少。

• 能量管理平台:管理传感器结点的能源使用。在无线传感器网络中,每个协议层次都要增加能量控制的功能,以便操作系统进行能量分配的决策。

• 移动管理平台:检测并管理传感器结点的移动,维护整个网络的路由,使得传感器结点能够动态感知邻近结点的位置。

• 任务管理平台:在一个给定的区域内平衡和调度监测任务。

协议栈改进模型如图 1.3 所示。除了传统的五层协议栈之外,协议栈改进模型对原有的 3 个管理平台进行了进一步的细化。

网络管理平台由 4 部分组成:① 拓扑控制:用于控制由于结点位置或状态变化导致的拓扑结构改变;② 服务质量管理:设计各协议层的队列和优先级等机制,保证无线传感器网络向用户提供足够的资源,满足用户要求的性能指标;③ 安全、移动和能量管理:其中能量和移动的管理与原模型功能基本相同,安全管理主要指的是网络安全机制,即身份认证和数字加密等技术;④ 网络管理:负责对所有结点进行监听、控制、诊断和测试,并协调物理层到应用层各组件的运行[11-13]。

应用支撑平台包括:① 时间同步:保证所有结点在统一同步的时钟节拍指挥下工作,使得所有结点能够协调有序地协同工作;② 定位:用于确定每个结点的相对位置或绝对位置;③ 应用服务接口:针对不同的应用环境,定义应用层协议;④ 网络管理接口:负责将传感器采集的数据传递到应用层。

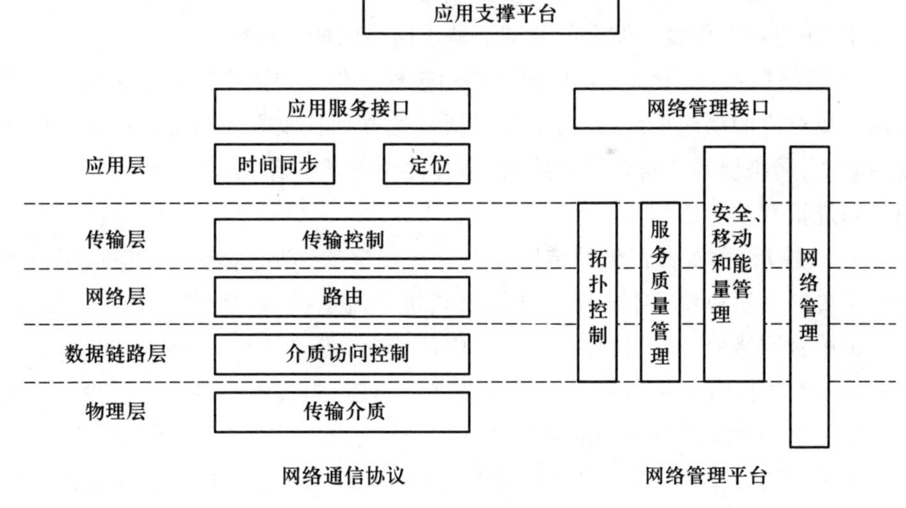


图1.3　无线传感器网络协议栈改进模型

## 1.3　无线传感器网络结点

无线传感器网络的功能是将物理世界中的信息通过采集、传输、处理、存储等过程，最终提交给对该信息感兴趣的数据接收者。围绕这个基本功能，传感器结点应该有传感器，用于信息的采集；处理单元用于信息的处理和存储；通信单元用于信息的传输；此外，还需要电源等其他必要的组成部分。无线传感器结点结构如图1.4所示[14,15]。

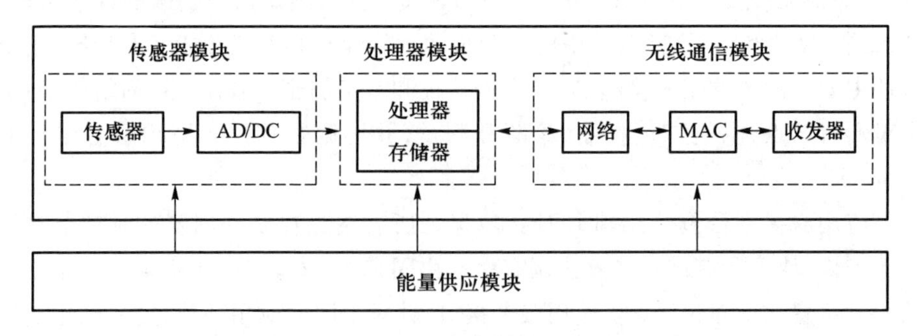


图1.4　无线传感器结点结构

### 1.3.1 传感器模块

传感器指的是能感受规定的被测量并按照一定的规律转换成可用输出信号的器件或装置，通常由敏感元件和转换元件组成。

传感器按照工作原理可分为物理传感器和化学传感器两大类。物理传感器应用的是物理效应，如压电、伸缩、热电、光电、磁电等，被测信号量的变化将转换成电信号；化学传感器包括以化学吸附、电化学反应等现象为因果关系的传感器，被测信号量的变化也将转换成电信号。

此外，传感器还可以按照其他方式进行分类。

按用途分类，包括压力敏和力敏传感器、位置传感器、液面传感器、能耗传感器、速度传感器、加速度传感器、射线辐射传感器、热敏传感器、雷达传感器等。

按原理分类，包括振动传感器、湿敏传感器、磁敏传感器、气敏传感器、真空度传感器、生物传感器等。

按输出信号分类，包括模拟传感器和数字传感器。

按材料分类，包括金属、聚合物、陶瓷、混合物、导体、绝缘体、半导体、磁性材料，以及单晶、多晶、非晶材料，等等。

按制造工艺分类，包括集成传感器、薄膜传感器、厚膜传感器、陶瓷传感器。

网络技术的引入为现有的基于传感器的测量系统提供了新的解决办法。在传统的测量系统中，测量结果完全依赖敏感元件和变送器的精度，而传感器网络则可以通过放置冗余传感器的方式来改善。首先，冗余传感器可以保证在单个传感器出现故障时信息点的数据不会丢失。其次，多个传感器共同检测一个信息点，可以利用信息融合技术，剔除测量值明显有偏差的问题结点，再利用取平均值等统计方法，消除误差，提高测量精度。

应用于无线传感器网络的传感器，出于体积或功率的考虑，需要进行小型化或微型化，将整个传感器单元构成一个微机电系统（microelectromechanical system，MEMS）。而传感器本身的工艺水平和成本制约了传感器网络的应用[16]。

### 1.3.2 无线通信模块

无线通信模块主要处理网络层、链路层（介质访问控制层）和物理层的相关问题。传感器网络与应用的联系非常紧密，不同的应用往往对通信指标有不同的要求,所以即使要对各个层次的协议进行标准化,也不太可能为所有的应用统一使用相同的协议。

目前广泛应用的无线局域网通信标准包括 IEEE 802.11 和 IEEE 802.15。

1. IEEE 802.11

IEEE 802.11 为电气和电子工程师协会(IEEE)1997 年公布的无线局域网标准,适用于有线站台与无线用户或无线用户与无线用户之间的沟通连接。

IEEE 802.11 包括了 IEEE 802.11a 到 IEEE 802.11m 等,其中常用的标准有:

- IEEE 802.11a　IEEE 802.11 的修订标准,采用了与原始标准相同的核心协议。工作频率为 5 GHz,最大数据传输速率为 54 Mb/s。如果需要的话,数据传输速率可降为 48 Mb/s、36 Mb/s、24 Mb/s、18 Mb/s、12 Mb/s、9 Mb/s 或者 6 Mb/s。由于采用 5 GHz 的频带,所以 802.11a 具有更少冲突的优点。但是,高载波频率也使得 802.11a 几乎被限制在直线范围内使用。
- IEEE 802.11b　工作频率为 2.4 GHz,可提供 1 Mb/s、2 Mb/s、5.5 Mb/s 和 11 Mb/s 的传输速率。
- IEEE 802.11g　工作频率为 2.4 GHz,数据传输速率为 54 Mb/s,净传输速率约为 24.7 Mb/s。IEEE 802.11g 的设备向下与 IEEE 802.11b 兼容。
- IEEE 802.11i　是 IEEE 为了加强 802.11 的安全性而制订的修正标准,定义了基于 AES 的加密协议(CTR with CBC-MAC protocol,CCMP),以及向下兼容 RC4 的时限密钥完整性协议(temporal key integrity protocol,TKIP)。
- IEEE 802.11n　传输速率理论值为 300 Mb/s,而且比之前的无线网络传送的距离更远。

2. IEEE 802.15

IEEE 802.15 是无线个人区域网(wireless personal area network,WPAN)标准,主要应用于小范围的无线网络,包括 IEEE 802.15.1、IEEE 802.15.2、IEEE 802.15.3、IEEE 802.15.4。

- IEEE 802.15.1　又称蓝牙(bluetooth),为固定、便携和移动的设备在个人工作区范围内或进入个人工作区建立无线连接而制订的标准,工作频率为 2.4 GHz。
- IEEE 802.15.2　主要解决蓝牙和无线局域网兼容的问题。
- IEEE 802.15.3　主要考虑高速 WPAN,支持多媒体方面的应用。
- IEEE 802.15.4　应用于低速率无线个人区域网,传输速率为 250 Kb/s,工作频率为 2.4 GHz。

• IEEE 802.15.6 定义了一种传输速率最高可达 10 Mb/s、最长距离约 3 m的连接技术。该标准主要用于人体上或人体内的应用。

### 1.3.3 处理器模块

目前,无线传感器网络中常用的处理器模块有以下 3 个系列。

• AVR 单片机 采用了 Harvard 结构(程序存储器和数据存储器相互独立的处理器结构)和精简指令集处理器(reduced instruction set CPU,RISC)。

• MSP430 系列单片机 除了同样采用 Harvard 结构和精简指令集外,其功耗非常适合无线传感器网络的应用。RAM 保持模式下耗电 0.1 μA,实时时钟模式下耗电 0.7 μA,工作模式下耗电 200 μA,可以在 6 μs 之内快速从待机模式被唤醒。

• ARM 系列单片机 ARM(advanced RISC machines)是 32 位的嵌入式处理器,由于成本方面的限制,目前在传感器网络领域应用还不是很广泛。

在存储器的选择上,目前主要使用的是闪存(flash memory)和磁性随机存储器(magnetic random access memory,MRAM)。如果需要进一步增强存储能力,可以考虑采用微型硬盘作为存储介质。具体的选择要根据无线传感器网络的应用场合来确定。

### 1.3.4 能量供应模块

能量供应是无线传感器网络最重要的约束条件,尤其是应用在野外恶劣环境的时候。由于必须采用电池供电,所以如何使得每个传感器结点尽量耗费最低的电能是十分关键的问题[17]。

理论上说,一个传感器结点如果一直处于工作状态,那么电池的寿命大约只能维持若干个小时。因此,除了在节电方面采取措施外,还可以通过改进电池的蓄电量和采用太阳能电池等方案来改进能耗状况。

## 1.4 无线传感器网络典型应用

无线传感器网络最初的应用是在军事领域,使用声学或振动传感器来检测敌对方目标的存在。目前,无线传感器网络的应用已经非常广泛,包括军事、环境、医疗、家庭、工业等方面。

### 1.4.1 国防军事领域

无线传感器网络具有部署快速、可自组织、容错性好等特点，非常适合在军事领域应用。利用传感器网络能够实现战场信息获取、敌方兵力和装备的监视、目标定位、战场评估、核攻击和生物化学攻击监测等功能。

- 战场信息获取　主要针对本方状态、装备、火力配置等信息进行收集，如果有必要，可以对每台装备、每台车辆甚至每个士兵的状态进行采集，在最短的时间内融合汇总到指挥部，作为战场决策的依据，并可反馈给基层的指挥员。此外，还可以通过采用无线传感器网络来对战场地形进行探测，并对关键地形进行监控，探测可能的入侵。
- 敌方兵力和装备监视　由于是向敌对方播撒传感器结点，因此会遭到敌方的拦截。这种网络的生存周期都很短，几乎不需要考虑能量的问题。必须考虑的问题是如何尽快地组成网络，将各个结点采集到的信息传送回来。
- 目标定位　主要是对打击目标进行瞄准。传感器网络拥有定位功能，可以对感兴趣的目标进行定位。
- 战场评估　指在攻击前后分别收集数据，然后进行对比，评估打击效果。
- 核攻击和生物化学攻击监测　无线传感器网络用作战场预警系统，对可能遭受的核攻击和生物化学攻击发布警告。

### 1.4.2 环境监测

无线传感器网络可以在任意环境对自然环境进行检测和监视，大到海洋、土壤、大气，小到飞鸟、昆虫都可以作为观察的目标。目前比较可行的应用包括火灾监测、环境污染监测，以及现代农业生产。

- 森林火灾　使用化学或温度传感器能够精确地探测火灾的发生，并在火势蔓延之前通知管理者；同时，由于传感器网络的定位功能，可以迅速准确地找出火源，并随时报告蔓延的趋势。在森林中布设无线传感器网络需要充分考虑障碍物对网络通信的影响。
- 环境污染监测　在可能排放污染物的重点地区，通过布设无线传感器网络来监测污染物的含量。使用不同种类的传感器可以对土壤、水源和空气中的各种物质进行检测、分析、处理和汇总。

• 在现代化精细农业中,管理者通过布设的无线传感器网络可以随时了解农作物生长的环境信息,土壤、空气和灌溉用水的详细成分,随时监控农作物生长环境的温度、湿度等信息,并据此进行调节。

### 1.4.3 工业及民用的无线传感器网络

无线传感器网络在医疗系统、家庭及工商业方面也有广泛的应用[18-20]。

1. 医疗系统

无线传感器网络在医疗系统的应用可以体现在对病患者的生命体征进行监视,对医生和病患者进行定位,对监控医疗设备、药品的使用和流通情况的监控,等等。

• 医院内部监视　可以为病患者和医生配置无线传感器结点,用于监测病患者的心跳、血压等数据,也可以用于定位医生,方便管理者随时联系。

• 远程医疗系统　可以远程跟踪已经出院但尚需观察的病患者,或者为社区内的老人、心脑血管疾病等病患者建立远程医疗监护系统。

2. 家庭应用

对于无线传感器网络而言,家庭应用是一个巨大的市场,这方面的应用将为每个家庭的生活带来便利。

• 智能遥控器　可以在家中的电器、照明、门窗等装置上安装传感器结点,通过无线的方式接受遥控器的指令,并在需要时对电器、照明、门窗的状况进行反馈和报警。

• 以个人计算机为核心的家庭智能系统　为家用电器、家用设施等安装传感器结点,将数据传送至个人计算机进行存储和分析,并可以设定程序对其进行控制。

• 无线玩具遥控装置、入侵监测报警、智能环境监测等可以作为无线传感器网络的应用,进而进行商业开发。

3. 工业控制与监测

在工业控制领域需要使用大量的传感器,这些传感器即使采用总线方式与中心监控室连接,也需要大量的电缆,而且为了防止工业现场的干扰,这些电缆大多要采用屏蔽电缆,其造价往往会超过传感器本身。因此,在工业控制领域使用无线传感器网络可以大大地降低成本。

• 无线监控系统　对于大型生产线或大型工业设备,其生产状况的监控需要大量的传感器和执行器。应用无线传感器网络技术,一方面将所有屏蔽电缆连接改为无线连接,可降低成本;另一方面,由于工业现场处理的大多是变化缓慢的状态量信息,对数据的传输速度要求不高,也特别适合无线传感器网络的应用。

- 工业安全　在化工、生物、制药等工业领域,往往会涉及一些有害物质,采用无线传感器网络可以实时监测这些物质的泄漏情况。此外,对于易燃易爆的情况,一旦产生爆炸,由于无线传感器网络具有自组织的功能,可以在部分结点损坏的情况下依旧保持网络的连通。
- 移动或旋转设备监测　对于旋转或移动的装置安装有线传感器是非常困难的,而采用无线的方式则容易实现。例如在汽车轮胎的监控中,需要随时监测轮胎的压力、温度和形变情况,通过使用压电传感器可以监测压力和形变情况,然后将这些传感器的信号通过无线传输装置传回监控设备。
- 环境监控系统　无线传感器网络还可以应用于大型的室内环境监控,如温度和湿度的调节系统等。在大空间环境,温度和湿度的分布往往很不均匀,需要大量的传感器进行测量,无线传感器网络可以很好地满足这些要求。
- 仓库管理　为货物配置传感器结点,可以对每件货物进行定位,同时还可以统计并管理所有货物的库存情况。
- 在博物馆系统、交通管理系统、车辆跟踪与定位系统、楼宇控制系统等也可以使用无线传感器网络作为解决方案。

## 1.5　无线网络的发展与现状

无线传感器网络的研究起步于20世纪90年代末期。在此之前,已经有一些类似的应用,包括美国早期的军用无线通信网(army-amateur radio system,AARS)和无线电计算机通信网ALOHA。

### 1.5.1　无线数据通信网

1. 无线局域网

无线局域网(wireless local area networks,WLAN)是用无线通信技术将计算机设备互连起来,构成可以互相通信和实现资源共享的网络体系。由IEEE 802.11协议定义其无线数据传输系统,可以通过红外、2.4 GHz或5 GHz的信号标准进行通信。数据的传输速率可以为1 Mb/s、2 Mb/s、11 Mb/s或54 Mb/s。

2. 无线个人区域网

无线个人区域网(wireless personal area network,WPAN)(简称无线个域网)是一种采用无线连接的个人区域网,可以用在电话、计算机和其附属设备所组成的小范围(一般在10 m以内)网络内部的通信。无线个人区域网的通信方式包括蓝牙、ZigBee、红外和射频,其中蓝牙技术在无线个人区域网中广泛使用。无线个人区域网的通信协议由IEEE 802.15定义。

### 1.5.2 无线传感器网络

1. 早期军用传感器网络

早期的军用传感器网络包括声学监视系统(sound surveillance system,SOSUS)和机载警戒与控制系统(airborne warning and control system,AWACS),分别用于潜艇和飞行器的监视,采用分层的网络结构。

2. 分布式传感器网络

分布式传感器网络(distributed sensor networks,DSN)是包括卡内基梅隆大学(CMU)、麻省理工学院(MIT)在内的多所大学和实验室参与的,对传感器技术、通信技术、数据处理技术和分布式操作系统进行的研究[21]。

3. 军用传感器网络

军事用途始终是传感器网络的重要应用领域,其中最著名的是C4KISR计划。C4表示指挥(command)、控制(control)、通信(communications)和计算机(computer),K表示杀伤(kill),I表示情报(intelligence),S表示监视(surveillance),R表示侦察(reconnaissance)。其主要作用是对目标进行搜索、发现、跟踪、监视和识别,在此基础上进行决策,打击目标,以及进行战斗损伤评估。

C4KISR系统在传感器及传感器信息利用方面进行了深入的研究和探索。重点研究可随处布设的、用于可进行目标探测的多频段感知装备,以及可进行精确目标识别的传感器。

4. 无线体域网

无线传感器网络主要用于大规模监测领域,而无线人体域网(wireless body area network,WBAN)(简称无线体域网)则可以认为是小规模、短距离的传感网络,是一种更加灵活舒适可扩展的人体健康监测网络。

无线体域网由许多智能设备组成。设备之间可以建立无线的数据连接并给穿戴者或医护人员提供实时准确的监测信息(如心率、体温或心电图等)。这些设备可以附着在人体表面也可以植入人体,结点具有体积小、重量轻、能量有限、电池不易更换等特点。因此在实际应用设计中,无线体域网的能效一直是研究的热点和核心问题。

无线体域网最早应用在医疗环境,帮助解决居家养老、医疗保健等问题。随着技术的发展,其应用范围也日渐宽泛。在体育和军事等运动训练中,通过将传感器结点放置在运动员或士兵身上,可以检测到其在运动中的生理数据,从而为指导训练提供更多科学依据,提高训练的质量和效率。而在人们的日常生活中,无线体域网还可以结合多媒体技术,在电子消费方面开发出面向个人需求的服务,如在游戏中开发交互的体感游戏、视障者导航、灾后人员快速定位和生命检测等。

5. 无线传感器网络在物联网中的应用

物联网(internet of things,IoT)是新一代信息技术的重要组成部分。其核心和基础是互联网,在此基础上进行延伸和扩展,这种延伸和扩展最终可以到达任何物品。物联网的定义是通过射频识别(radio frequency identification ,RFID)、红外感应器、全球定位系统(global positioning system,GPS)、激光扫描器等信息传感设备,按约定的协议把物品与互联网相连接,进行信息交换和通信,以实现对物品的智能化识别、定位、跟踪、监控和管理的一种网络[22]。

从技术架构上来看,物联网可分为三层:感知层、网络层和应用层。

感知层由传感器和传感器网关构成,包括各种传感器、二维码标签、射频识别标签、读写器、摄像头和全球定位系统等感知终端。感知层的作用相当于人的视、听、嗅、味、触五觉,它是物联网获取数据和信息的来源,其主要功能是识别物体、采集信息。

网络层由各种私有网络、互联网、有线/无线通信网、网络管理系统等组成,相当于人的神经中枢和大脑,负责传递和处理感知层获取的信息。

应用层是物联网和用户的接口,与行业需求结合,实现物联网的智能应用。

物联网的行业特性主要体现在其应用领域,目前绿色农业、工业监控、公共安全、城市管理、远程医疗、智能家居、智能交通和环境监测等领域均有物联网应用,并已积累了一些成功的案例。

根据物联网的实质用途,可以将其归结为3种基本应用模式:

- 智能标签 通过二维码、射频识别等技术标识特定的对象,用于区分对象个体,例如在人们日常生活中使用的各种智能卡。条码标签的基本用途就是用来获得对象的识别信息;此外,通过智能标签还可以获得对象物品所包含的扩展信息,例如智能卡上的金额、二维码中所包含的网址和名称等。
- 环境监控和对象跟踪 利用多种类型的传感器和分布广泛的传感器网

络,可以实现对某个对象实时状态的获取和特定对象行为的监控。例如,通过分布在市区的噪声探头监测噪声污染,通过二氧化碳传感器监控大气中二氧化碳的浓度,通过全球定位系统标签跟踪车辆位置,通过交通路口的摄像头捕捉实时交通状况等。

- 对象的智能控制　物联网基于智能网络,可以依据传感器网络所获取的数据进行决策,通过控制和反馈等方式改变对象的行为。例如,根据光线的强弱自动调整路灯的亮度,根据车辆流量自动调整交通信号灯的时间间隔等。

## 本章小结

无线传感器网络通常工作于相对恶劣的环境下,例如野外或工业现场。在这种情况下工作的网络主要考虑的是能量的供给、鲁棒性和安全性等问题。围绕着这些基本特征,本章介绍了无线传感器网络的基本概念、体系结构、典型应用等内容,在后面的章节还将从技术标准、结点结构、支撑技术等方面进行具体阐述。

## 思考题

1. 什么是无线传感器网络?
2. 无线传感器网络与传统的无线网络有哪些区别?
3. 试说明如图 1.3 所示的协议栈模型对传统网络协议栈模型做了哪些改进。
4. 传感器结点由哪几部分组成? 各部分的功能是什么?
5. 无线传感器网络有哪些典型的应用(除了书中提到的应用,讨论其他潜在应用)?

## 参考文献

[1] Pottie G J. Wireless sensor networks[C]. IEEE Information Theory Workshop,1998
[2] Blumenthal J, Handy M, et al. Wireless sensor networks: new challenges in software

engineering[C]. Proceedings of IEEE Conference on Emerging Technologies and Factory Automation, 2003

[3] 任丰原,黄海宁,林闯. 无线传感器网络[J]. 软件学报,2003,14(7):1282-1291

[4] 马祖长,孙怡宁,梅涛. 无线传感器网络综述[J]. 通信学报,2004,25(4):114-124

[5] Safwat A M, Guizani M. W01: wireless ad hoc and sensor networks[C]. Proceedings of Global Telecommunications Conference Workshops, 2004

[6] Roedig U. Session introduction: wireless sensor networks[C]. Proceedings of 30th Euromicro Conference, 2004

[7] Estrin D, Girod L, Pottie G, Srivastava M. Instrumenting the world with wireless sensor networks[C]. Proceedings of International Conference on Acoustics, Speech, and Signal, 2001

[8] Allen B. Ultra wideband wireless sensor networks[C]. Proceedings of IEEE International Conference on Ultra Wideband Communications Technologies and System Design, 2004

[9] Bhuvaneswaran R S, Bordim J L, Jiangtao Cui, Nakano K. Fundamental protocols for wireless sensor networks[C]. Proceedings of International Conference on 15th Parallel and Distributed Processing Symposium, 2001

[10] Ahmed A A, Shi H, Shang Y. A survey on network protocols for wireless sensor networks[C]. Proceedings of International Conference on Information Technology: Research and Education, 2003

[11] Ulema M. Wireless sensor networks: architectures, protocols, and management[C]. Proceedings of IEEE Conference on Network Operations and Management Symposium, 2004

[12] Hurler B, Hof H J, Zitterbart M. A general architecture for wireless sensor networks: first steps[C]. Proceedings of International Conference on Distributed Computing Systems Workshops, 2004

[13] Havinga P, Hou J C, Zhao F. Wireless sensor networks[J]. IEEE Wireless Communications, 2004, 11(6):4-5

[14] Vieira M A, et al. Survey on wireless sensor network devices[C]. Proceedings of Conference on Emerging Technologies and Factory Automation, 2003

[15] Wang Y, Sivansen K, Arslan T. Node and network architecture for wireless pico systems [wireless sensor networks][C]. Proceedings of IEEE International Conference on Systems-on-Chip, 2003

[16] Torfs T, Sanders S, et al. Wireless network of autonomous environmental sensors[C]. Proceedings of IEEE Sensors, 2004

[17] Min R, Bhardwaj M, et al. Low-power wireless sensor networks[C]. Proceedings of IEEE International Conference on 14th VLSI Design, 2001

[18] Rajaravivarma V, Yang Y, Yang T. An overview of Wireless Sensor Network and applications[C]. Proceedings of the 35th Southeastern Symposium System Theory, 2003

[19] Shen X F, Wang Z, Sun Y X. Wireless sensor networks for industrial applications[C]. Proceedings of 5th World Congress on Intelligent Control and Automation, 2004

[20] Brooks T. Wireless technology for industrial sensor and control networks[C]. Proceedings of the First ISA/IEEE Conference on Sensor for Industry, 2001

[21] Zhao Feng. Wireless sensor networks: a new computing platform for tomorrow's Internet [C]. Proceedings of the IEEE 6th Circuits and Systems Symposium, 2004

[22] Choi Soo-Hwan, Kim Byung-Kug, et al. An implementation of wireless sensor network[J]. IEEE Transactions on Consumer Electronics, 50(1): 236-244

[23] 孙利民，李建中，陈渝，等. 无线传感器网络[M]. 北京：清华大学出版社，2005

[24] 王殊，阎镇杰，胡富平，等. 无线传感器网络的理论及应用[M]. 北京：北京航空航天大学出版社，2007

[25] 李善仓，张克旺. 无线传感器网络原理与应用[M]. 北京：机械工业出版社，2008

[26] 李晓维，徐勇军，任丰原，等. 无线传感器网络技术[M]. 北京：北京理工大学出版社，2007

[27] 崔逊学，左从菊. 无线传感器网络简明教程[M]. 北京：清华大学出版社，2009

[28] 陈林星. 无线传感器网络技术与应用[M]. 北京：电子工业出版社，2009

# 第2章　物理层及MAC层协议：IEEE 802.15.4

通常无线传感器网络结点的有效通信范围在几十米到几百米之间，研究人员和设计者需要考虑在有限的通信能力情况下，在尽可能广阔的范围内探测更多的信息。无线传感器网络的协议栈研究如何基于无线通信系统，为用户提供准确和全面的信息。本章介绍无线传感器网络的物理层和介质访问控制层协议，以及 IEEE 802.15.4 标准。

## 2.1　无线传感器网络物理层协议

物理层位于 OSI 参考模型的最底层，直接面向实际承担数据传输的物理介质，物理层的传输单位为比特。实际的比特传输必须依赖于传输设备和物理连接。由于无线传感器网络的信息获取对象一般都是状态量信息，因此对带宽的要求很低，通常情况下只需要几十比特甚至几个比特。对无线传感器网络物理层的要求主要体现在降低成本和延长网络生存周期方面。

### 2.1.1　无线传感器网络通信介质

无线传感器网络以无线方式进行通信，包括电磁波、红外线波、声波等在内的无线电波都可以作为传输介质，其中比较常用的有 4 种[1]。

1. 红外线方式

目前广泛采用的红外线通信标准是由红外线数据协会（infrared data association，IrDA）提出的。在红外线通信标准的物理层中，将数据通信按发送速率分为四类：串行红外（serial infrared，SIR）、中速红外（medium infrared，MIR）、高速红外（fast infrared，FIR）和甚高速红外（very fast infrared，VFIR）。串行红外的传输速率为9.6~1152 Kb/s,中速红外可支持0.576~1.152 Mb/s的传输速率,高速红外通常用于4 Mb/s的传输速率,而甚高速红外可以支持16 Mb/s的传输速率。

2. 射频方式

(1) 无线局域网

由IEEE 802.11系列标准定义,无线局域网采用射频技术(radio frequency, RF),在局域网络环境中使用工业、科学和医疗频带(也称ISM频段,即industria scientific and medicalband)的2.4 GHz或5.3 GHz射频波段进行无线连接。由于2.4 GHz的ISM频段被大多数国家所使用,因此采用2.4 GHz的IEEE 802.11b得到了最为广泛的应用。1999年,工业界成立了Wi-Fi联盟(wireless fidelity alliance),致力解决符合IEEE 802.11标准产品的生产和设备兼容性问题,而Wi-Fi也成了IEEE 802.11b的别称。IEEE 802.11b在实际通信时,将2.4~2.5 GHz划分为14个频段,每个频段的带宽为22 MHz(信道间可以相互交叠),各国可以根据具体情况开放使用其中若干频段。

(2) 蓝牙

最早由爱立信、诺基亚、IBM等公司共同推出的无线个人区域网技术,采用跳频扩频方式,主要用于通信和信息设备的无线连接。以美国标准为例,可以在79个1 MHz的信道上以1600跳每秒的速率随机跳频。蓝牙的传输速率可达1 Mb/s,工作频率2.4 GHz,有效范围大约在半径10 m内。蓝牙技术列入IEEE 802.15.1。

3. 超宽带(ultra-wideband,UWB)无线通信技术

一种短距离无线传输技术,当前主要应用于高速无线个人区域网。由于采用了载波调制技术,因此它不需要混频、过滤和射频/中频转换模块,实现了低成本、低功耗和高带宽性能。目前有两大技术阵营竞争技术标准,预期的通信距离为5~10 m,传输速率可高达1 Gb/s,非常适合家庭多媒体应用,如家庭影院等。

4. ZigBee

一种近年来兴起的短距离无线网络通信技术,被业界认为是最有可能应用在工控场合的技术。它同样使用2.4 GHz,采用跳频技术和扩频技术。另外,它可与254个结点连网,结点可以包括仪器和家庭自动化应用设备。它本身的特点使其在工业监控、无线传感器网络、家庭监控、安全系统等领域有很大的发展空间。

图2.1给出了常用无线传输方式的传输距离和速率的范围。

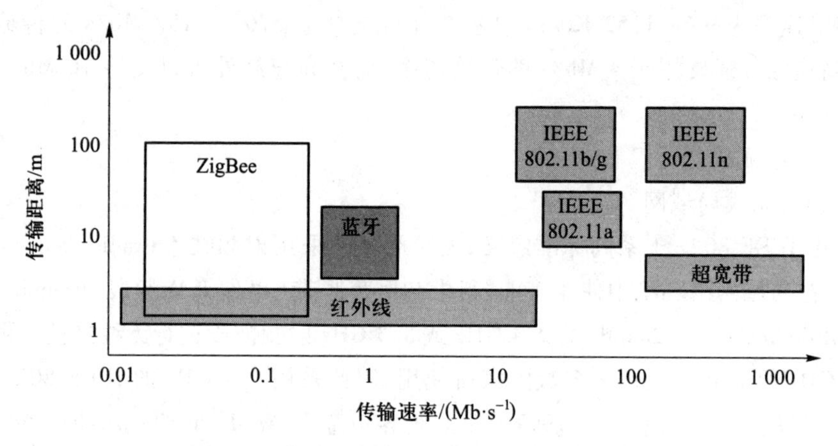


图 2.1 常用无线传输方式的传输距离与速率

## 2.1.2 无线传感器网络物理层的研究现状

无线传感器网络中物理层的研究主要集中在两个方面:传输介质和调制机制[2,3]。

1. 传输介质

上面介绍了几种主要的无线传输介质,其中红外线的使用由于受发射和接收角度的影响,实用性受到了极大限制,因此,无线电波通信成为主要选择。尤其是ISM频段由于无需注册,是无线传感器网络主要采用的通信方式。目前比较常见的结点通常选择2.4 GHz或916 MHz。选择ISM频段的主要问题是:由于其为自由频段,相应的干扰会比较多。例如,无线传感器网络会和无线局域网或无线个人区域网的设备产生冲突。

2. 调制机制

由于受传感器结点的尺寸限制,无线传感器网络中采用的天线一般都会尽量短小,这就为无线信号的调制带来了难度。由于天线较短且靠近地面,结点将信号发射到相同距离所需的能量就会增加,而能量问题是无线传感器网络中较为突出的一个问题。因此,合理地选择调制机制对于物理层的设计至关重要。目前有大量研究就此问题展开。

超宽带技术由于采用基带传输,无需载波,因此具有较低的传输功率和简单的收发电路,这些都使得超宽带技术成为无线传感器网络中研究的热点问题。

### 2.1.3 无线传感器网络物理层设计的主要问题

在无线传感器网络物理层的设计中,首要的两个问题是成本和耗电[4]。

1. 成本

在无线传感器网络的一般应用情况下,往往需要大量布设传感器结点,这种大规模的布设只有在结点成本很低的情况下才有可能实现。提高系统的集成度无疑可以显著降低结点的成本。但是,由于天线、电池和晶体振荡器很难被集成到芯片中,它们的性能和成本需要单独计算。同时,为了降低成本,在设计时要尽量降低信道的选择性,以减少滤波器极点的数量。由于 2.4 GHz 频段在天线效率和功耗方面的性能优势,目前的无线传感器网络大多选择该频段。

使用 2.4 GHz 频段的主要问题是避免受到同频段信号的干扰,例如 Wi-Fi 和蓝牙,需要在物理层做抗干扰设计。此外,还可以采用超宽带频段来避免干扰。

2. 耗电

如果结点收发机始终处于工作状态,那么一般情况下采用电池供电仅能支持几小时到十几小时。因此,为了延长无线传感器网络的使用寿命,必须降低无线收发机的占空比。举例来说:假设电池可以维持收发机工作一天,那么如果设计寿命为一年的话,占空比就是 1∶365。如此低的占空比就要求较高的数据传输速率,而提高传输速率必然带来工作电流的提高,为了解决这一矛盾,必须对调制解调方式进行改进。目前该领域依然是无线传感器网络技术中的研究热点。

## 2.2 无线传感器网络数据链路层

数据链路层的功能是提供透明且可靠的数据传送服务。透明性是指该层上传输的数据内容、格式及编码没有限制,也不需要解释信息结构的意义。可靠性指的是避免和纠正在物理层中可能出现的丢失信息及顺序不正确等情况。数据链路层是对物理层传输功能的加强,将物理层提供的物理连接改造成逻辑上无差错的数据链路。

### 2.2.1　数据链路协议

由于无线传感器网络具有数据吞吐量低、多跳传输、信道共享和能量有限等特点,因此对数据链路层的研究主要集中在介质访问控制和差错控制等问题。目前广泛使用的差错控制方法是自动重传请求(automatic repeat request,ARQ),基本原理是通过接收方请求发送方重传出错的数据报文来恢复出错的报文。关于无线传感器网络差错控制的研究相对比较成熟,因此无线传感器网络数据链路层的主要研究内容集中在介质访问控制层协议[5]。

### 2.2.2　介质访问控制层协议

1. 主要研究内容

当前应用于无线传感器网络的介质访问控制层协议主要面对的问题有 3 类:能量问题、多跳网络问题和自组织网络问题[6]。

(1) 能量问题

能量问题是无线传感器网络各层协议都要面对的问题,对于介质访问控制层而言,通过如下方式来处理能量问题。

侦听/休眠交替策略:无线传感器网络结点的工作状态按照能量消耗大小排序依次是发送、接受、侦听和休眠,能量消耗依次递减。4 种状态中,休眠状态的能量消耗与发送或接受状态相比相差很大,因此,从能量角度考虑,希望尽可能使网络结点处于休眠状态。但是为了保证整个网络能够接受并传递数据,必须设置一定的侦听时间。侦听与休眠时机的选择对网络的能耗有相当大的影响。

介质访问控制层本身应采用尽量简化的协议,避免协议本身的开销带来能耗的增加。

(2) 多跳网络问题

由于无线传感器网络采用多跳方式来组成网络,相互之间没有覆盖关系的网络结点可以共享相同的信道进行通信。由此带来的问题是,多个结点发送的数据有可能会产生碰撞,即由于同时采用相同信道发送数据,导致相互干扰而破坏数据包。因此,对介质访问控制层协议来说,需要一定的机制来避免碰撞冲突。

此外,多跳网络中结点接收到的信息往往不是发给自己的,这就造成所谓的“串音”现象,串音会造成不必要的能量消耗,需要通过结点之间的协调来降低发生串音的概率。

(3) 自组织网络问题

无线传感器网络中,旧结点由于损坏而退出网络,新结点通过布设加入网络,有些结点还会移动,这些都将改变网络的结构,因此无线传感器网络是典型的自组织网络。自组织网络的最大特征就是无中心,由此带来的问题是由于没有中心结点,很难赋予每个结点完全公平的信道使用权利,这对于能量的控制非常不利[7]。

2. 介质访问控制层协议

现有的介质访问控制层协议大体可以分为固定分配类和基于竞争类[8]。以下分别介绍其中的一些典型协议。

(1) 固定分配类介质访问控制层协议

传统的固定分配类介质访问控制层协议主要有频分多路访问(frequency division multiple access, FDMA)、时分多路访问(time division multiple access, TDMA)和码分多路访问(code division multiple access, CDMA)3 种。

频分多路是将频带分成多个信道,不同结点可以同时使用不同的信道。时分多路是将一个时间段内的整个频带分给一个结点使用。相对频分多路,时分多路通信时间较短,但网络时间同步的开销增加。码分多路是固定分配方式和随机分配方式的结合,具有零信道接入时延、带宽利用率高和统计复用性好的特点,并能降低隐藏终端问题的影响。但由于完全集中式的信道分配和基站的高复杂性,使其不适用于全分布的无线传感器网络中。针对无线传感器网络特点,主要介绍几种基于固定分配类的介质访问控制方案。

- 自组织传感器网络介质访问控制/监听与登录(self-organizing medium access control for sensor networks/eavesdrop and register, SMACS/EAR)协议:分布式的协议,无需任何全局或局部主结点就能发现邻结点并建立传输/接收调度表。链路由随机选择的时隙和固定的频率组成。虽然各子网内相邻结点通信需要时间同步,但全网并不需要同步。在连接阶段使用一个随机唤醒机制,在空闲时关掉无线收发装置来达到节能的目的。EAR 算法用来为静止和移动的结点提供不间断服务。SMACS 的缺点是从属于不同子网的结点可能永远得不到通信的机会。EAR 算法作为 SMACS 协议的补充,只适用于那些整体上保持静止,且个别移动结点周围有多个静止结点的网络。
- 时分复用-频分复用(time division multiplexing-frequency division multiplexing, TDM-FDM):为时分复用和频分复用的混合方案。在结点上维护着一个特殊的结构帧,类似于时分多路中的时隙分配表,结点据此调度与相邻结点间的通信。频分多路技术提供的多信道,使多个结点之间可以同时通信,有效地避免了冲突。由于预先定义的信道和时隙分配方案限制了对空闲时隙的有效利用,使得在业务量较小时信道利用率较低。

- 分布式能量唤醒介质访问控制(distributed energy-aware MAC, DE-MAC)协议:主要思想是让结点交换能级信息。它执行一个本地选举程序来选择能量最低的结点为“赢者”,使得这个“赢者”比其邻结点具有更多的睡眠时间,以此实现结点间的能量平衡,延长网络的生命周期。这个选举程序与时分多路时隙分配集成到一起,不影响系统的吞吐量。DE-MAC 用选举包和无线收发装置的能量状态包来交换能量信息,结点由能量信息来决定占有传输时隙的数量。各结点为每个邻结点维持一个表明其无线收发装置能量状态的变量,此信息用来设定其接收器接收邻结点的数据包。当一个结点比原来的“赢者”能量值低时,它进入选举阶段。处于选举阶段的结点向所有邻结点发送它的当前能量值,并收集它们的投票。如果邻结点的能量值都比此结点高,它将收到所有邻结点的正选票。此结点占有当前时隙,或者发送数据,或者进入睡眠。协议的缺点是传感器结点只在自己占有时隙且无传输时才能进入睡眠,而在其邻结点占有的时隙内,即使没有数据传输,它也必须处于活动状态。

- 流量自适应介质访问(traffic-adaptive medium access, TRAMA)使用两种技术实现节能:使用基于流量的传输调度表来避免可能在接收端发生的数据包冲突,使结点在无接收要求时进入低能耗模式。TRAMA 将时间分成时隙,用基于各结点流量信息的分布式选举算法来决定哪个结点可以在某个特定的时隙传输,以此来达到一定的吞吐量和公平性。仿真显示,由于结点睡眠最多可以占时间 87%,所以 TRAMA 节能效果明显。在与基于竞争类的协议比较时,TRAMA 也达到了更高的吞吐量(比 S-MAC 和 CSMA 高约 40%,比 IEEE 802.11 高约 20%),因为它有效地避免了隐藏终端引起的竞争。但 TRAMA 的延迟较长,更适用于对延迟要求不高的应用。

(2) 基于竞争类介质访问控制层协议

基于竞争类的介质访问控制协议一般使用广播式信道,连接到这条信道上的结点都可以向信道发送广播信息。想要通信的结点遵循某种规则竞争信道,得到使用权的结点可以发送信息。传统的基于竞争类的介质访问控制协议包括 Aloha 和带有冲突检测的载波监听多路访问(carrier sense multiple access, CSMA)等。

- 传感器介质访问控制(sensor-MAC, S-MAC)协议使用 3 种方式来减少能耗并支持自组织。结点定期睡眠以减少空闲监听造成的能耗;邻近的结点组成虚拟簇,使睡眠调度时间自动同步;用消息传递的方法来减少时延。S-MAC采用类似IEEE 802.11的方式来避免冲突,包括虚拟和物理的载波监听和RTS/CTS交换。与IEEE 802.11相比,S-MAC具有很好的节能特性,并且可以根据流量情况在能量和时延之间折中。然而,每个结点的占空比都相同,没有对能量较少的结点给予保护。另外,虚拟簇技术还有待深入研究,同步调度会对能耗有很大的影响。

• 超时介质访问控制(timeout-MAC,T-MAC)协议:在S-MAC的基础上引入适应性占空比来应付不同时间和位置上负载的变化。它动态地终止结点活动,通过设定细微的超时间隔(fine-grained timeouts)来动态地选择占空比。减少了闲时监听浪费的能量,但仍保持合理的吞吐量。T-MAC通过仿真,与典型无占空比的CSMA和占空比固定的S-MAC比较,发现不变负载时T-MAC和S-MAC节能相仿(最多节约CSMA的98%);但在简单的可变负载的场景,T-MAC在5个方面上胜过S-MAC。仿真中存在早睡(early sleeping)问题,虽然提出了一些解决办法,但仍未在实践中得到验证。

• 仲裁设备(mediation device,MD)协议:对于许多应用,运行能耗远大于待机能耗,故Edgar H. Callaway提出通过减少占空比来获得低能耗和高电池寿命的仲裁设备协议。其中,结点在99.9%的时间处于睡眠,在醒来时发出询问信标。仲裁设备作为一个不停活动的仲裁者,通过接收有信息传输结点发出的请求发送信号和目标结点的询问信标,协调两个结点暂时同步来传输数据。出于节能的考虑,又提出了分布式仲裁设备协议,即结点随机成为仲裁设备。这样每个结点的平均占空比仍可保持很低,整个网络属于保持低功耗、低成本的异步网络。优点:仲裁设备的功能是在所有网络结点中随机分布的,无须精确布置某种专用的仲裁设备来保护网络分割。缺点:结点必须等待临近的结点为仲裁设备才能传输,时延将会增加。对于一些要求低信息时延的应用,可采用及时设置邻结点成为仲裁设备的方法来最小化时延,但却增加了能耗。另外,由于占空比低,没有过于考虑通道访问的问题。

总的来说,基于固定分配类协议提供了可公平使用的信道,并且如果配备一个适当的调度算法,也可以很好地避免冲突。但许多协议需要使用全局信息来进行调度,这使得它们在大多数无线传感器网络中不可用。基于竞争的协议可以大幅度减少冲突的机会,从而节约了能源。但它们通常很难保证实时性要求,适用于一些对可预见性要求不高的网络。

## 2.3 IEEE 802.15.4 标准

IEEE 802.15工作组成立于1998年,专门从事无线个人局域网的标准化工作,其任务是开发一套适用于短程无线通信的标准。

IEEE 802.15工作组内有4个任务组,分别制订适合不同应用的标准。这些标准在传输速率、功耗和支持的服务等方面存在差异。其中,任务组4负责制定IEEE 802.15.4标准。

IEEE 802.15.4标准最初是针对低速无线个人区域网(low-rate wireless personal area network,LR-WPAN)制订的标准。该标准把低能量消耗、低速率传输、低成本作为重点目标,是个人或者家庭范围内不同设备之间的低速互连的统一标准。IEEE 802.15.4标准已经成为ZigBee、无线可寻址远程传感器高速通道开放通信协议(wireless highway addressable remote transducer,Wireless HART,用于工业现场的开放式无线通信标准,可满足工业现场对可靠性、稳定性和安全性的需求)和MiWi(一种低速率、短距离、低成本网络设计的简单协议,主要针对网络规模相对较小、结点间路程段较少的小型网络)规范的基础[9]。

### 2.3.1 物理层

IEEE 802.15.4协议的物理层主要负责最底层的数据收发工作。其中,最重要的就是定义数据通信采用的频段和信道。

IEEE 802.15.4在3个频段上定义了27个信道,不同频带的扩频和调制方式虽然都使用了直接序列扩频(direct sequence spread spectrum,DSSS)的方式,但从信道传输速率到调制方式都有较大的差别。

868 MHz频段有1个信道,传输速率为20 Kb/s,信道带宽0.6 MHz,采用双相移键控(binary phase shift keying,BPSK)的调制方式,主要用于欧洲。

915 MHz频段有10个信道,传输速率为40 Kb/s,信道带宽2 MHz,调制方式采用双相移键控,主要用于美国。

2.4 GHz频段有16个信道。传输速率为250 Kb/s,信道带宽5 MHz,调制方式为偏置四相移相键控(offset quadrature phase shift keying,O-QPSK),全球通用。

1. 物理层载波调制

ZigBee 协议采用直接序列扩频技术，按如图 2.2 所示的步骤对数据进行处理。

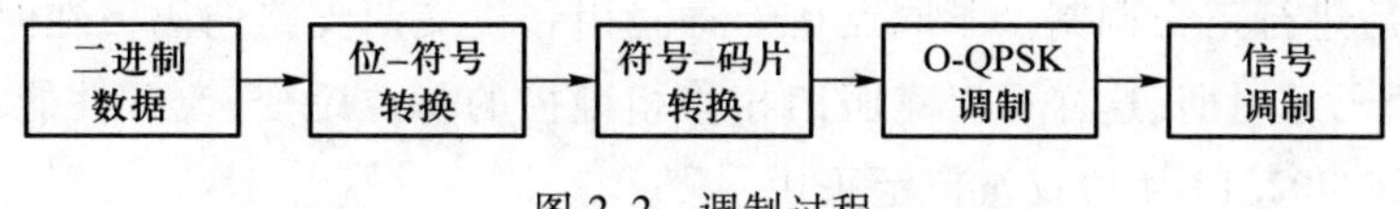


图 2.2 调制过程

二进制数据首先通过位-符号转换，将一个字节(byte)的信息转换为两个符号(symbol)，即 4 位(bit)对应一个符号。之后再通过符号-码片(chip)转换，将符号数据映射为 32 b 的伪随机序列。扩展后的数据称为码元数据。最后，用偏置四相移相键控方法，将码元数据调制到载波上。

在数字信号的无线通信过程中，为了保证传输的数据安全可靠地到达接收端，往往需要对信号的频谱进行扩频。由于信息码的每一个数字都携带有信息，具有一定带宽。扩频通信就是用一串有规则的、频率比信息码流高很多的码流来调制信息码，也就是说原来的“1”或“0”被一串码所代替。常用的扩频形式是用一个伪随机噪声(pseudo random noise，PN)序列对信号进行处理。一个伪随机噪声序列是一个有序的由 1 和 0 构成的二元码流，其中的 1 和 0 由于不承载信息，因此不称为位(bit)而称为码片(chip)。

相移键控(phase-shift keying，PSK)是一种用载波信号相位表示输入信号信息的调制技术。相移键控分为绝对相移和相对相移两种，以未调载波的相位作为基准相位的调制叫作绝对相移。以双调相为例，调制后载波信号与未调载波信号同相，表示码元为“1”；调制后载波信号与未调载波信号反相，表示码元为“0”。即“1”和“0”调制后载波相位差为 180°。

正交相移键控(quadrature phase shift keying，QPSK)也叫作四相移相键控，四相移相调制是利用载波的 4 种不同相位差来表征输入的数字信息。4 种载波相位分别为 45°、135°、225°、315°。调制器输入的数据是二进制数字序列，为了能和四进制的载波相位配合起来，需要把二进制数据变换为四进制数据，把二进制数字序列中每两个比特分成一组，共有 4 种组合，即 00，01，10，11，其中每一组称为双比特码元。每一个双比特码元是由两位二进制信息比特组成，它们分别代表四进制 4 个符号中的一个符号。正交相移键控中每次调制可传输 2 个信息比特，这些信息比特是通过载波的 4 种相位来传递的。正交相移键控的调制可以用“星座图”来描述，星座图中定义了调制技术的两个基本参数：信号分布和映射关系。解调器根据星座图和接收的载波信号的相位来判断发送端发送的信息比特。

IEEE 802.15.4 协议标准采用的调制技术是偏置四相移相键控,是四相移相键控的改进型[9]。与四相移相键控有同样的相位关系,也是把输入码流分成两路,然后进行正交调制。不同点在于将同相和正交两支路的码流在时间上错开了半个码元周期,这样可以克服四相移相键控的相位跳变,改善性能。因此,目前 IEEE 802.15.4 协议被广泛采用。

2. 物理层的帧结构

图 2.3 描述了 IEEE 802. 15. 4 标准物理层数据帧格式。数据帧包括如下几个部分:

前导码:4 个字节组成,收发器在接收前导码期间,进行片同步和符号同步。

帧起始分隔符(start of frame delimiter,SFD):8 位,其值固定为 0xA7,表示物理帧的开始。与前导码共同构成同步头,通过同步头的同步,接收端才能准确地接收信息。

帧长度(frame length):由 7 位二进制信息位表示,其值为物理帧负载的长度,另一位为保留位。

物理服务数据单元(PHY service data unit,PSDU):传输的具体数据,长度随传输内容而改变。

| 4 B | 1 B | 1 B | | 变长 |
|---|---|---|---|---|
| 前导码 | 帧起始分隔符 | 帧长度(7 b) | 保留位(1 b) | 物理服务数据单元 |
| 同步头 | | 物理帧头 | | 物理帧负载 |

图 2.3　物理帧格式

## 2.3.2　介质访问控制层

在 OSI 七层协议中,数据链路层分为上层逻辑链路控制(logical link control,LLC)和下层的介质访问控制,介质访问控制层主要负责连接物理层。在发送数据的时候,介质访问控制层协议事先判断是否可以发送数据,如果可以发送,就给数据加上控制信息,将数据和控制信息以规定的格式发送到物理层;在接收数据的时候,介质访问控制层协议首先判断输入的信息是否发生传输错误,如果没有错误,则去掉控制信息发送至逻辑链路控制层[10]。

IEEE 802.15.4 的介质访问控制层主要负责对共享信道的访问控制和保证数据可靠收发。由于无线传感器网络的很多资源受到限制,使得传统的无线网络介质访问控制层协议无法直接应用,而无线信道的合理高效共享又是保证数据可靠传输所必须解决的问题。为此 IEEE 802.15.4 的介质访问控制层使用了带有冲突避免的载波侦听多路访问方法进行传输控制。这种方法要求介质访问控制层在发送数据前,必须对信道进行监听,以避免与正在发送的其他数据产生冲突。

除了上述两个主要功能外,IEEE 802.15.4 介质访问控制层还包括以下功能:

- 关联(association)和取消关联(disassociation):关联操作是指一个设备加入一个网络,取消关联操作指退出该网络。
- 安全控制。
- 产生信标帧(beacon frame)和确认帧(ACK)。
- 保障时槽(guaranteed time slot,GTS)管理:保障时槽机制可以为有收发请求的设备分配时槽(time slot),使用保障时槽机制需要设备间的时间同步,在 IEEE 802.15.4 中,时间同步需要通过超帧(superframe)机制来实现。

IEEE 802.15.4 的拓扑结构主要采取两种形式。

- 星形结构:在星形结构的中心,有一个完整功能设备(full functional device,FFD)作为网络协调器,来连接其他的完整功能设备和精简功能设备(reduced function device,RFD)。星形网络一般适用于覆盖范围较小且延时短的应用情况。在这种拓扑结构中,网络协调器将作为整个网络的管理者,对所有设备的通信过程进行控制。
- 点对点结构:点对点的结构允许设备间直接进行通信,且任何两个设备间可以有多条通信路径可供选择。这种结构一般适用于覆盖范围较大,且对网络延时没有严格要求的应用情况。

1. 超帧

无论采用何种拓扑结构,对设备的区分都依靠两种地址形式。64 位地址用于唯一标识单一设备,16 位地址则由网络协调器来进行分配,并仅限于网内使用。

在通信模式方面,对应不同的信道访问机制,IEEE 802.15.4 定义了两种通信模式:信标使能(beacon-enabled mode)和信标不使能(non beacon-enabled mode)方式。

(1) 信标不使能方式

非分时的 CSMA/CA 方式。整个传输过程依靠随机的延时重传机制(backoff)来避免信道争用,具体传输过程需要通过两个变量 $NB$ 和 $BE$ 来实现。$NB$(number of backoff)是重传的次数,在 0 到最大值 $NB_{max}$ 之间取值,初始值为 0。$BE$(backoff exponent)是重传指数,在最小值 $BE_{min}$ 到最大值 $BE_{max}$ 之间取值。

在具体通信时,$BE$ 初始化为 $BE_{min}$,延时 $(2^{BE}-1)$ 个单位的随机时间,之后对信道进行检测,如果信道空闲,则发送数据,传输完成。否则,重传次数 $NB$ 和重传指数 $BE$ 加1,并保证 $BE$ 的取值小于或等于 $BE_{max}$,判断重传次数 $NB$ 是否到达上限 $NB_{max}$,如果没有到达上限,延时 $(2^{BE}-1)$ 个单位的随机时间后再检测信道,如果已经超过上限值,则传输失败。具体算法如图2.4所示。

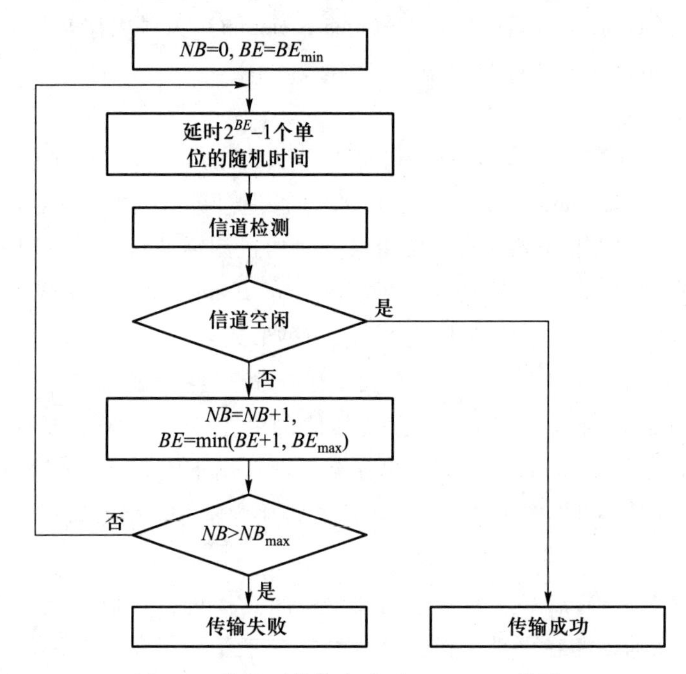


图2.4　信标不使能方式下CSMA/CA算法

(2) 信标使能方式

在信标使能方式中,信道的访问控制必须由超帧来管理。如图2.5所示,超帧以网络协调器发送的信标帧作为起始标志,包括活跃时段和不活跃时段两部分。在不活跃时段允许结点进行休眠,以节省电能。活跃时段包括竞争访问时段(contention access period, CAP)和非竞争访问时段(contention free period,

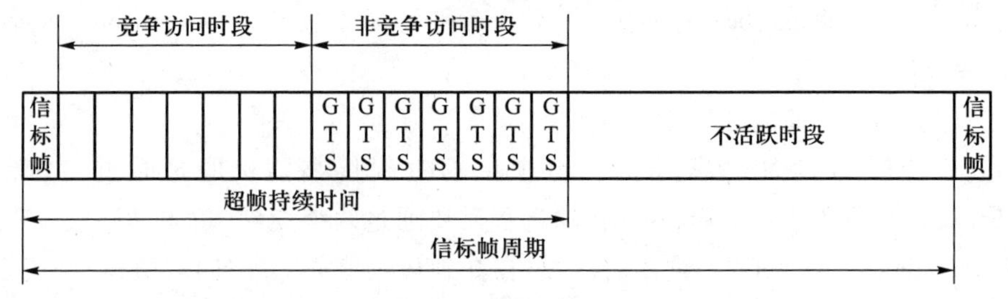


图2.5　信标使能方式下IEEE 802.15.4超帧结构

CFP)两部分。

超帧的活跃时段也称为超帧持续时间,可以通过下式进行计算:

$$SD = 16 \times 60 \times 2^{SO} T_s \tag{2-1}$$

其中,参数 $SO$ 称为超帧阶数(superframe order),其值为 0~14 的整数,$T_s$ 为符号时间(symbol time)。以 2.4 GHz 频段为例,其符号速率为 62.5 K symbol/s,则符号时间为其倒数,即 16 μs。

两个相邻信标帧之间的间隔被称为信标帧周期,其长度可由下式计算:

$$BI = 16 \times 60 \times 2^{BO} T_s \tag{2-2}$$

其中,参数 $BO$ 称为信标阶数(beacon order),其值为 0~14 的整数。显然,$BO$ 的值应该大于等于 $SO$。

在超帧的非竞争访问时段,由网络协调器将时槽分配给需要的设备,而不需要去竞争信道。而在竞争访问时段,则与信标不使能方式类似,是采用带有冲突避免的载波侦听多路访问机制。与信标不使能方式不同的是,需要一个变量 $CW$ 来记录和表示竞争窗口的尺寸,即当设备检测到信道空闲后,需要等待多长时间才能进行数据传输。$CW$ 的初始值为 2,在每次检测到信道空闲后,将 $CW$ 递减 1,判断 $CW$ 是否为零,如果不为零则经过延时后再判断信道是否空闲,否则就开始传送数据。具体算法如图 2.6 所示。

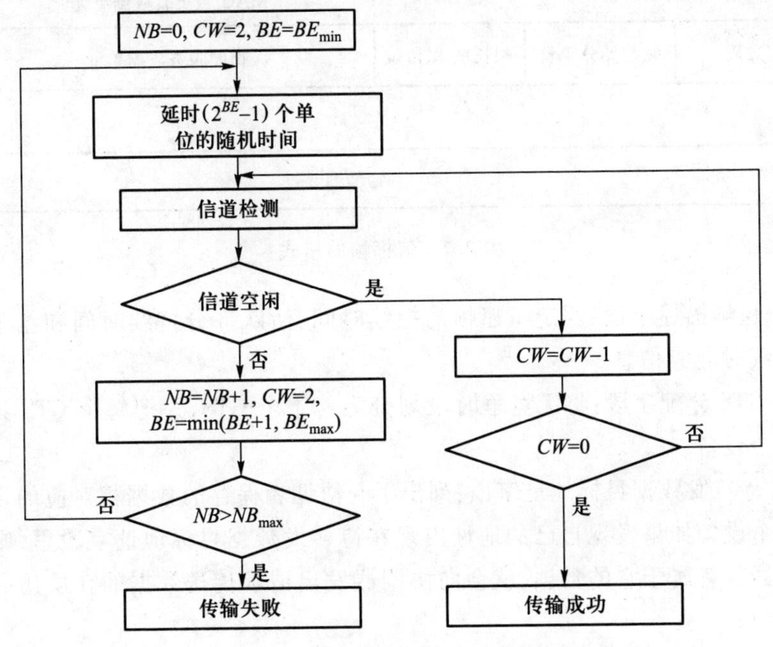


图 2.6 信标使能方式下 CSMA/CA 算法

2. 介质访问控制层帧结构

在IEEE 802.15.4的介质访问控制层,共有4种帧结构,分别对应不同的功能,包括信标帧、数据帧、确认帧和命令帧。这些由介质访问控制层形成的信息帧将被填入物理帧的物理服务数据单元(PSDU),由物理层负责发送。

介质访问控制层的帧由帧头、负载数据单元和帧尾3部分组成。帧头由帧控制信息、帧序列号和地址信息组成;介质访问控制层负载具有可变长度,具体内容由帧类型决定;帧尾是校验信息。

(1) 信标帧

信标帧(beacon frame)的负载数据单元由4部分组成:超帧描述字段、保障时槽(GTS)分配字段、待转发数据目标地址(pending address)字段和信标帧负载,如图2.7所示。

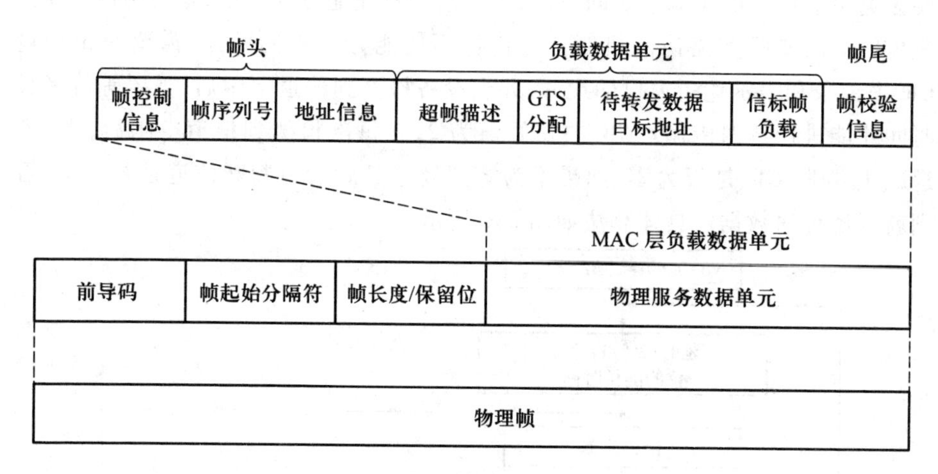


图2.7　信标帧的格式

- 超帧描述字段:规定了超帧的持续时间、活跃部分持续时间和竞争访问时段持续时间等信息。

- GTS分配字段:将无竞争时段划分为若干个GTS,并把每个GTS具体分配给某个设备。

- 待转发数据目标地址字段:列出了与协调者保存的数据相对应的设备地址。一个设备如果发现自己的地址出现在待转发数据目标地址字段里,则意味着协调器存有属于它的数据,就会向协调器发出请求传送数据的介质访问控制层命令帧。

- 信标帧负载数据:为上层协议提供数据传输接口。例如在使用安全机制的时候,负载数据根据通信设备设定的安全通信协议填入相应的信息。通常情况下，这个字段可以忽略。

在信标不使能网络里，协调器在其他设备的请求下也会发送信标帧。此时信标帧的功能是辅助协调器向设备传输数据，整个帧只有待转发数据的目标地址字段有意义。

(2) 数据帧(data frame)

数据帧用来传输上层协议发到介质访问控制层的数据，其中数据帧负载字段包含了上层需要传送的数据。数据负载传送至介质访问控制层时，被称为介质访问控制层服务数据单元。它的首尾被分别附加了介质访问控制层头信息(MAC header，MHR)和介质访问控制层尾信息(MAC Footer，MFR)后就构成了介质访问控制层数据帧，如图 2.8 所示。

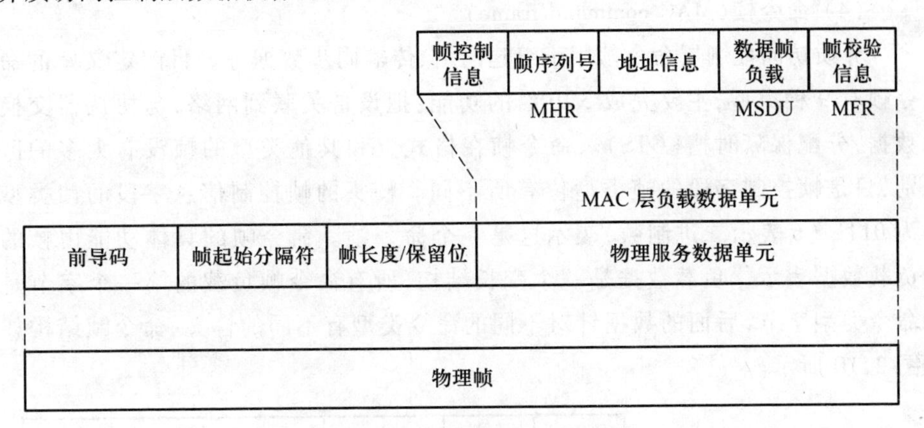


图 2.8 数据帧的格式

介质访问控制层数据帧传送至物理层后，就成了物理帧的负载(PSDU)。其前面增加了同步信息(synchronization header，SHR)和物理帧头(physical header，PHR)字段。同步信息包括了用于同步的前导码和帧起始分隔符字段，它们都是固定值。物理帧头包括了整个物理帧负载部分的长度，即介质访问控制层数据帧的长度，为 1 B 长而且只有其中的 7 b 是有效位，所以介质访问控制层数据帧的长度不会超过 127 B。

(3) 确认帧(ACK frame)

如果结点设备收到的介质访问控制层数据帧或命令帧的目的地址与该设备地址相符，并且帧控制信息字段的确认请求位为 1，该设备需要回应一个确认帧。确认帧的序列号应该与被确认帧(介质访问控制层数据帧或命令帧)的序列号相同，并且负载长度应该为零。确认帧紧接着被确认帧发送，不需要使用 CSMA-CA 机制竞争信道，确认帧格式如图 2.9 所示。

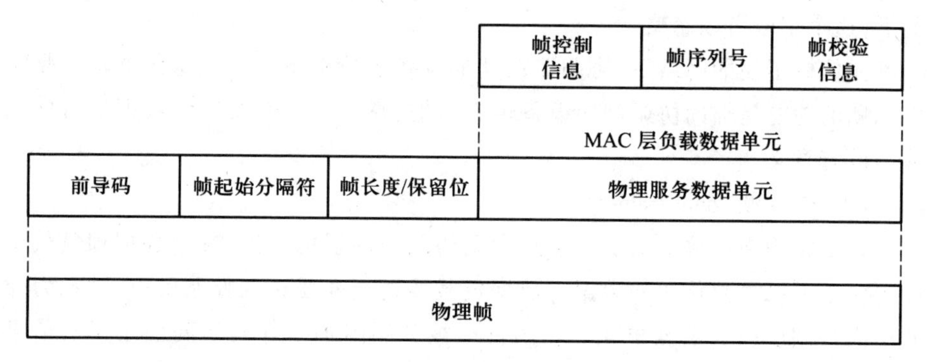


图2.9 确认帧的格式

(4) 命令帧(MAC command frame)

介质访问控制层命令帧用于组建网络、传输同步数据等。目前定义好的命令帧有9种类型,主要完成3方面的功能:把设备关联到网络,与协调器交换数据,分配保障时槽(GTS)。命令帧在格式上和其他类型的帧没有太多的区别,只是帧控制字段的帧类型位有所不同。帧头的帧控制信息字段的帧类型为011b (b表示二进制数)表示这是一个命令帧。命令帧的具体功能由帧的负载数据表示。负载数据是一个变长结构,所有命令帧负载的第一个字节是命令类型字节,后面的数据针对不同的命令类型有不同的含义,命令帧结构如图2.10所示。

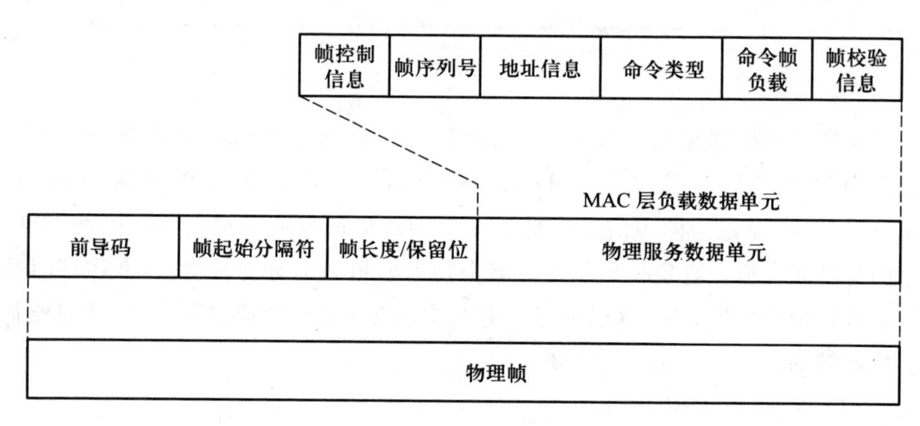


图2.10 命令帧的结构

3. 数据传输模型

IEEE 802.15.4定义了3种数据传输方式,用以处理不同的拓扑结构,以及实现信标使能或信标不使能的通信模式。这3种数据传输方式是:设备发送数据给协调器,协调器发送数据给设备,以及对等设备之间的数据传输。星形拓扑网络中只存在前两种数据传输方式,因为数据只在协调器和设备之间交换;点对点拓扑网络中,3 种数据传输方式都存在。

(1) 信标使能的星形拓扑网络

网络设备发送数据给网络协调器:首先必须监听信标帧。如果信标帧显示没有可用的保障时槽(GTS)分配给设备,网络设备将通过 CSMA/CA 方式在超帧的竞争访问时段(CAP)竞争时槽。如果有保障时槽可以分配给该设备,则在分配的保障时槽时段发送数据帧,网络协调器在接到网络设备发送的数据帧后,返回确认帧。传输过程如图 2.11 所示。

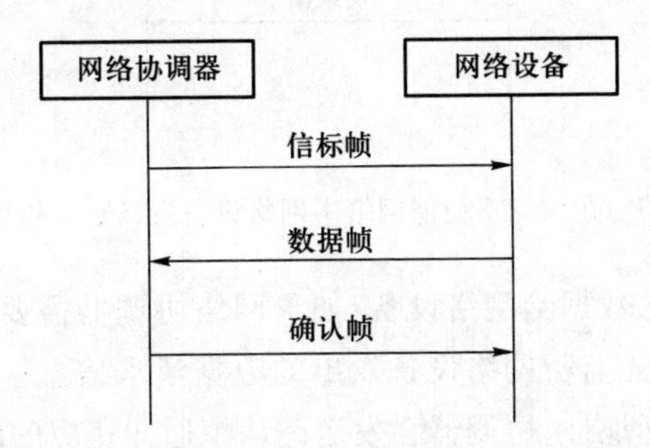


图 2.11 在信标使能网络中网络设备发送数据给协调器

网络协调器发送数据给网络设备:当网络协调器需要传送数据给某个网络设备时,协调器会在信标帧中设置一个特殊的标志位。当需要接收数据的网络设备监听到该信息后,会发送给协调器数据请求信息作为回复。协调器接到回复后,发送确认帧已确认通信,并紧跟着发送数据帧,最后网络设备接收完数据后发送确认帧。具体传输过程如图 2.12 所示。

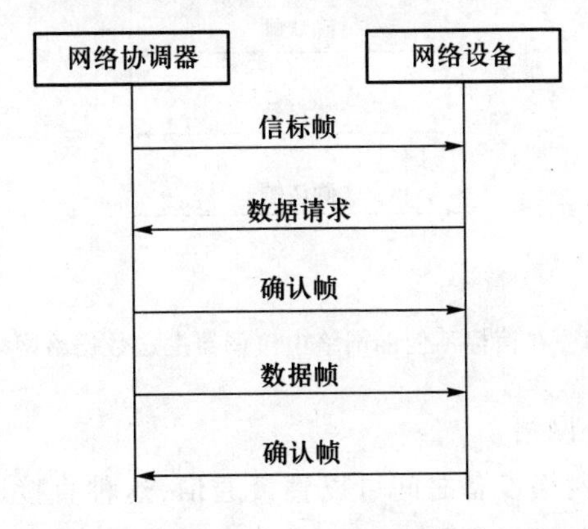


图 2.12 在信标使能网络中协调器发送数据给网络设备

（2）信标不使能的星形拓扑网络

网络设备发送数据给网络协调器:信标不使能方式下,网络设备向协调器发送数据可以采用CAMS/CA方式直接向协调器发送数据帧。协调器接收数据帧后,返回确认帧作为应答信号。传输过程如图2.13所示。

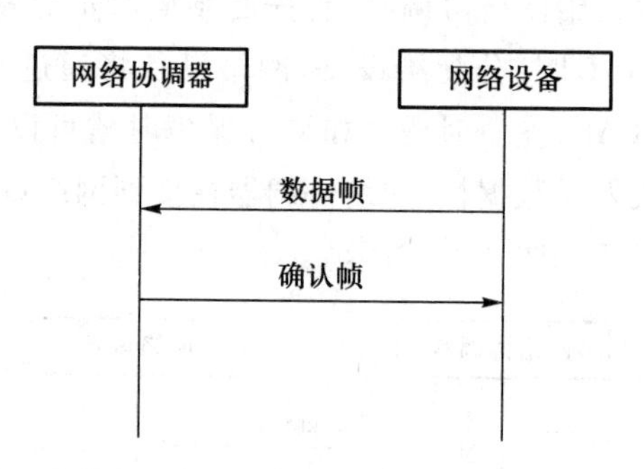


图2.13　在信标不使能网络中网络设备发送数据给协调器

网络协调器发送数据给网络设备:如果网络协调器需要发送数据给网络设备,则协调器必须首先监听网络设备发出的数据请求信息。如果接收的请求信息是数据传送的目标地址,协调器会发送确认帧通知相应的网络设备,之后才会发送数据帧给网络设备,网络设备接收了数据帧后返回确认帧。传输过程如图2.14所示。

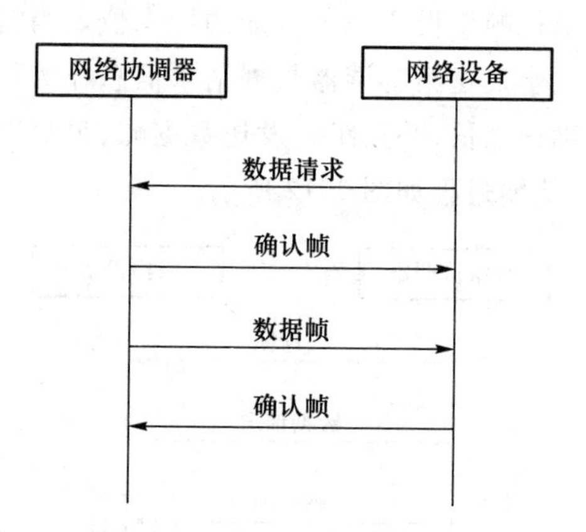


图2.14　在信标不使能网络中协调器发送数据给网络设备

（3）点对点拓扑网络

点对点的网络,网络设备之间可以直接通信,这种直接通信,需要网络设备处于接收状态,连续监听无线信道以便完成其数据通信过程。在点对点网络中,还需要网络设备发送联络信号,保持各个网络设备的同步。

4. 关联操作

当网络协调器建立了新的网络后,就可以允许其他网络设备加入该网络,这个过程称为关联操作(association)。

网络协调器在建立一个新的网络时,需要对要使用的信道进行侦测,确定没有干扰存在,或未被其他网络占用。具体方法是由网络协调器对所有信道进行能量扫描,通过测量信道的峰值能量来判断该信道是否被占用[11]。

网络设备发现并加入一个新的网络可以通过下面的步骤来完成:

① 搜索可用的网络;

② 选择合适的网络;

③ 启动关联操作,可以直接向协调器申请,也可以通过网络中的其他完整功能设备向协调器申请。

搜索网络可以通过扫描由网络协调器广播的信标帧实现,扫描方式有两种:

• 被动扫描:在信标使能网络中,相关网络设备之间的通信都需要使用信标帧,未加入网络的设备可以通过“窃听”网络的信标帧,来获取该网络的信息。

• 主动扫描:在信标不使能的网络中,网络协调器不会广播信标帧。因此,未加入网络的设备可以通过发送信标请求命令帧来主动获取网络的信息。

通过对信道的扫描,网络设备可以获得可用网络的列表,并从中选择网络加入。IEEE 802.15.4 并未规定具体的选择标准,因此,网络设备可以根据需要或用户的设置选择网络进行加入。

加入网络时,网络设备需要发送关联请求帧给要加入网络的协调器,如果协调器回复了关联响应帧,则表示关联成功。

### 2.3.3 IEEE 802.15.4 标准特点

应用 IEEE 802.15.4 协议标准的网络是一种结构简单、成本低廉的无线通信网络,可以在低电能和低吞吐量的应用环境中使用无线连接来组网。与无线局域网相比,只需要很少的基础设施,甚至不需要基础设施就可以实现组网。

IEEE 802.15.4 标准定义的网络具有如下特点:

• 在不同的载波频率下实现了 20 Kb/s、40 Kb/s 和 250 Kb/s 3 种不同的传输速率。

- 支持星形和点对点两种网络拓扑结构。
- 有16位和64位两种地址格式,其中64位地址是全球唯一的扩展地址。
- 支持冲突避免的载波多路侦听技术(CAMS/CA)。
- 支持肯定应答/确认(ACK)机制,保证传输可靠性。

## 2.4 IEEE 802.15.6标准

IEEE 802.15.6是一种应用于人体(但不限于人体)附近或体内的短程无线通信标准,对WBAN的物理层和MAC层进行了定义和说明,使用现存工业、科学和医疗频带,以及国家医疗监管机构允许的频带,目的是为人体附近或人体内的短距离、低功耗、高可靠无线通信提供一种国际标准,数据传输速率最高可达10 Mb/s。IEEE 802.15.6标准允许设备运行在非常低的发射功率以尽量减少进入体内的比吸收率(specific absorption rate,SAR),并延长电池寿命;提供足够的安全性来保障通信中敏感信息的传输。目前的个人区域网(PAN)不满足医疗和一些应用环境的通信法规,不符合人体域网(BAN)大规模应用的要求[12-14]。

IEEE 802.15.6标准首先规定了无线体域网的基本框架,主要包括以下几个方面:用于介质访问控制的网络拓扑结构、用于功能分隔的参考模型、用于访问调度的时基、用于帧交换的状态图,以及用于信息保护的安全模式。其次,IEEE 802.15.6标准对无线体域网的物理层、介质访问控制层和安全服务进行了定义和说明[15,16]。

### 2.4.1 MAC帧格式及帧功能

MAC帧是来自或传向物理层服务接入点(service access point,SAP)的有序序列,由定长MAC头部、变长MAC帧体和定长帧校验序列构成,包括管理类型帧、控制类型帧和数据类型帧三大类,见表2.1。

表 2.1 MAC 帧分类

| 类型 | MAC 帧名称 |
| --- | --- |
| 管理类型帧 | 信标帧 |
| | 安全关联帧 |
| | 安全分离帧 |
| | 成对临时密钥(PTK)帧 |
| | 群组临时密钥(GTK)帧 |
| | 连接请求帧 |
| | 请求确认数据速率帧 |
| | 连接分配帧 |
| | 断开连接帧 |
| | 命令帧 |
| 控制类型帧 | 即时确认(I-ACK)帧 |
| | 批确认(B-ACK)帧 |
| | I-ACK+Poll 帧 |
| | B-ACK+Poll 帧 |
| | 轮询(Poll)帧 |
| | Timed-Poll 帧 |
| | 唤醒帧 |
| | B2 帧 |
| 数据类型帧 | 完整的数据服务单元 |
| | 分段的 MSDU |
| | 没有 MSDU |

如图 2.15 所示为 MAC 帧的组成结构,其中 MAC 头部包括帧控制字段、接收方 ID、发送方 ID 和人体域网 ID;帧体包含了协议版本号、当前帧的 ACK 需求、当期帧的安全级别、用来安全化成对临时密钥(pairwise temporal key,PTK)和群组临时密钥(group temporal key,GTK)的 TK Index、BAN Security/Relay 字段、当前帧的子类型等信息;FCS(frame check sequence)为 MAC 帧校验序列。

IEEE 802.15.6 标准还给出了准备传输帧和在接收方处理帧的基本准则,包括缩略定址(用 BAN ID 和结点 ID 来表示)、完整定址(用 48 位的物理地址

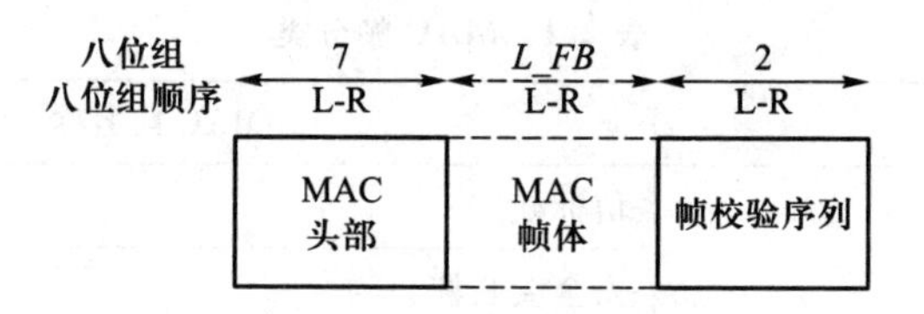


图 2.15 MAC 帧组成结构

EUI 来标识发送方或接收方)、优先级映射、帧排序、帧重发、帧超时、帧分离、帧确认等。

基站基于规则、信道情况、应用需求、共存条件等,选择操作信道来建立 BAN,结点在向基站发送帧之前会寻找需要与之通信的基站的操作信道[17]。

为了建立结点和基站之间的连接,非连接结点可以向基站发送 connection request 帧,而基站可以向结点发送 connection assignment 帧。基站通过向结点发送管理类型帧为非连接结点分配 connected_NID,为该结点提供定址进行轮询分配和传输。结点或基站之间需要断开连接时,将结点的 connected_NID、wakeup arrangement 及所有预定和非预定的内存分配置空,然后发送 disconnection assignment 帧。

如图 2.16 所示,IEEE 802.15.6 标准还对两跳星形拓扑扩展中帧交流的帧封装格式、中继结点的选择等做出了定义。

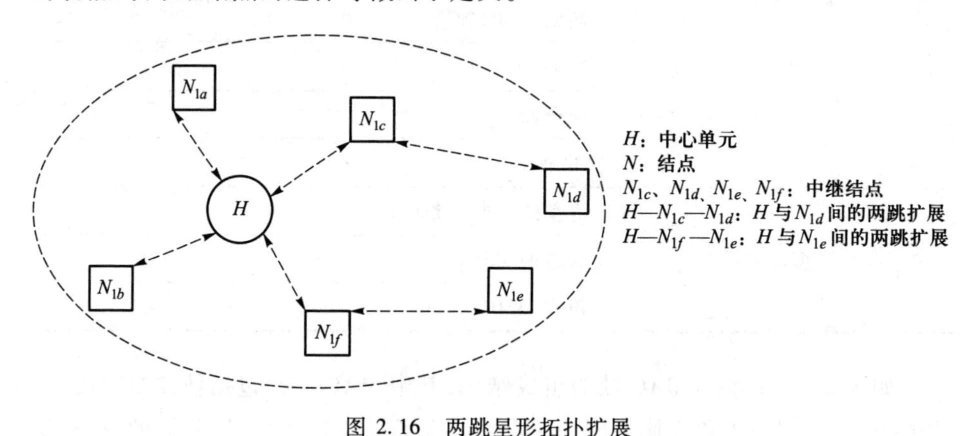


图 2.16 两跳星形拓扑扩展

## 2.4.2 安全服务

通信的两个结点通过激活预先共享或新产生共享主键进行安全关联。IEEE 802.15.6 给出了适于多种应用的安全关联协议,通过合理废除通信双方之间共享主键来实现安全分离(security disassociation)。该标准还指出了成对临时密钥(PTK)的创建和群组临时密钥(GTK)的分配,以及无线体域网中其他强制的和可选的加密功能,包括帧认证、加密和解密等[18-19]。WBAN 安全认证如图 2.17 所示。

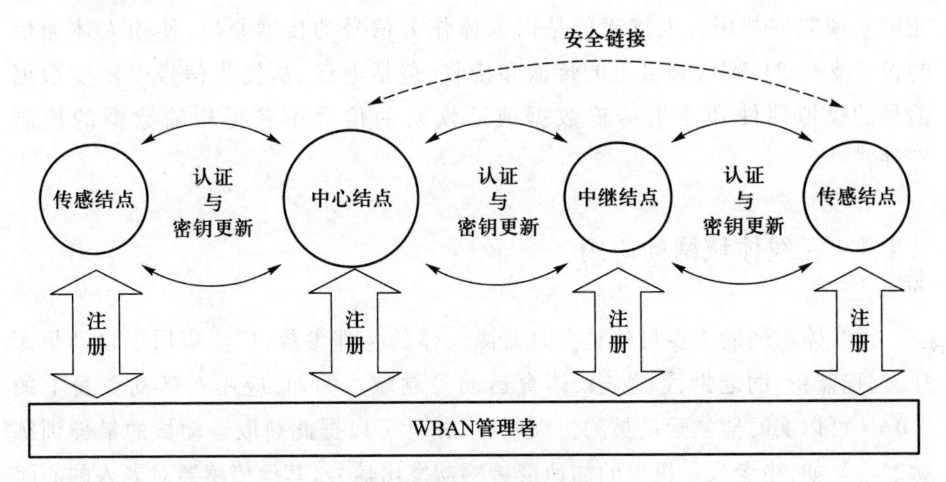


图 2.17 WBAN 安全认证

WBAN 中所有结点和基站都必须选择标准中的如下安全级别:

- Level 0:不安全通信。信息在不安全帧中进行传输,不提供信息安全性和完整性认证,没有机密性和隐私保护措施。
- Level 1:认证但不加密。信息在安全认证但非加密帧中进行传输,提供信息安全性和完整性认证,但不提供机密性和隐私保护措施。
- Level 2:认证和加密。信息在安全认证和加密帧中进行传输,提供信息信息安全性和完整性认证,也提供机密性和隐私保护措施。

## 2.4.3 物理层规范

物理层规范定义了物理无线信道和 MAC 层之间的接口,提供 PHY 数据服务和管理服务,主要完成以下任务:

- 激活和休眠无线收发器。
- 空闲信道评估(clear channel assessment,CCA)。
- 数据传输和接收。

IEEE 802.15.6 定义的物理层由多种无线方式构成,包括窄带宽(narrowband,NB)通信、超宽带(ultra-wideband,UWB)通信和人体通信(human body communication,HBC)。其中窄宽带通信利用的是400 MHz~2.4 GHz频带的频率,该标准给出了窄宽带中所有可能频带的独立数据率的调制参数,能够确保数据传输的可靠性。超宽带通信利用脉冲来传输信号,工作频带分为低带(3.5~4.5 GHz)和高带(6.4~10 GHz)两组,由于传输功率谱密度很低,能够实现频率共用。人体通信是以人体作为信号的传输介质,使用人体通信的设备支持21 MHz频带下的传输和接收,包括电极、从接收信号中恢复数据信号的模拟部件和产生传输数据或从恢复的信号中获得传输数据的控制部件[20,21]。

### 2.4.4 无线体域网的应用

无线体域网的主要目的是实时监测人体的生理参数,广泛应用于自动化医疗、远程监护、助老助残、娱乐、体育运动等领域。例如,应用在运动员身上的WBAN可以实时监测运动员的生理状况,并且可以据此获取运动员的最佳训练状态。又如,当老人手机里的加速度传感器发出信号,其他传感器对老人的心跳和血压等生理信息的检测能综合判断出老人是否摔倒,以及时寻求帮助[22]。当产生一些突发性疾病症状时,检测数据既可以对病人进行本地报警,还能为远程的医生提供报警,以便救护工作的及时进行。另外,对患有慢性病的人群进行长期监控所获得的数据可以为医生正确诊断提供充分的信息支持[23,24]。

目前业界还开发了基于多个加速度传感器的人体行为模式监测系统,用于监测人体站、坐、行走、爬行等行为。该系统在人体的几个特征部位安装多个传感器结点,实时采集和处理人体因行动而产生的三维加速度信息,从而得到被监测者当前的行为模式。

无线体域网的出现使病人摆脱了传统医疗中有线仪器的束缚,它的灵活性和可靠性为远程医疗、健康体征监控、运动监控、老年人的健康保健等带来了极大的便利,将引领未来医疗领域发展的潮流,具有极大的社会价值和发展潜力。

## 本章小结

无线传感器网络的通信协议与传统的网络协议具有明显的区别,也不同于经典的无线通信协议。在无线传感器网络中,最突出的问题就是结点自身资源的限制,包括计算、存储和功耗等方面。因此,能够实际应用的协议应该是简单、鲁棒和低功耗的。

## 思考题

1. 无线传感器网络的通信传输介质有哪些类型？各有什么特点？

2. 无线通信为什么要进行调制和解调？都有哪些方法？

3. 在设计无线传感器网络的物理层时，需要注意哪些问题？

4. 目前无线传感器网络通信采用的频段有哪些？原因是什么？

5. 无线传感器网络的介质访问控制层协议中，固定分配类的协议有哪些？各自特点是什么？

6. 无线传感器网络的介质访问控制层协议中，基于竞争类的协议有哪些？各自特点是什么？

7. IEEE 802.15.4 标准的设计目标是什么？

8. IEEE 802.15.4 标准所定义的物理层采用的调制方式主要有哪几种？具体特点是什么？

9. 简述 IEEE 802.15.4 标准物理帧的结构。

10. IEEE 802.15.4 标准介质访问控制层的设计目标是什么？

11. IEEE 802.15.4 标准的拓扑结构主要采用哪两种形式？各自特点是什么？

12. 在介质访问控制层中，IEEE 802.15.4 标准定义了几种通信模式？相互之间的区别是什么？

13. IEEE 802.15.4 标准介质访问控制层定义了几种帧结构？每种帧的具体结构是怎样的？

14. IEEE 802.15.4 标准具有哪些特点？

## 参考文献

[1] Akyildiz I F, Su W, Sankarasubramaniam Y, Cayirci E. Wireless sensor networks: A survey [J]. Computer Networks, 2002, 38(4): 393-422

[2] Wong K D. Physical layer considerations for wireless sensor networks [C]. Proceedings of IEEE International Conference on Networking Sensing and Control, 2004

[3] Zhong Z G, Hu A Q, Wang D. Physical layer design of wireless sensor network nodes[J]. Journal of Southeast University(English Edition), 2006, 22(1): 21-25

[4] Costa F M, Ochiai H. Energy-Efficient Physical Layer Design for Wireless Sensor Network Links[C]. Proceedings of IEEE International Conference on Communications, 2011

[5] Zhong L C, Rabaey J, Guo C L, Shah R. Data link layer design for wireless sensor networks [C]. Proceedings of IEEE International Conference on Military Communications, 2001

[6] Zheng R, Lui S, Wei F. MAC layer support for group communication in wireless sensor networks[C]. Proceedings of IEEE International Conference on Mobile Ad hoc and Sensor Systems, 2005

[7] Wang J, Yu H B, Shang Z J. Research on reliable link layer communication in wireless sensor-networks[C]. Proceedings of International Conference on Communications, Circuits and Systems, 2005

[8] Mendes, Lucas D P. A survey on cross-layer solutions for wireless sensor networks[J]. Journal of Network and Computer Applications, 2011, 34(2): 523-534

[9] Chiara Buratti, Marco Martalo, Roberto Verdone, Gianluigi Ferrari[M]. Sensor Networks with IEEE 802.15.4 Systems. Berlin: Springer-Verlag, 2011

[10] Yu Qicai, Xing Jianping, Zhou Yan. Performance Research of the IEEE 802.15.4 Protocol in Wireless Sensor Networks[C]. Proceedings of the 2nd IEEE/ASME International Conference on Mechatronic and Embedded Systems and Applications, 2006

[11] Shon Taeshik, Koo Bonhyun, Choi Hyohyun, Park Yongsuk. Security Architecture for IEEE 802.15.4-based Wireless Sensor Network[C]. Proceedings of 4th International Symposium on Wireless Pervasive Computing, 2009

[12] Cao H, Leung V, Chow C, et al. Enabling technologies for wireless body area networks: A survey and outlook[J]. IEEE Communications Magazine, 2009, 47 (12): 84-93

[13] Pantelopoulos A, Bourbakis N G. A survey on wearable sensor-based systems for health monitoring and prognosis[J]. IEEE Transactions on Systems, Man, and Cybernetics, Part C: Applications and Reviews, 2010, 40 (1): 1-12

[14] Ghasemzadeh H, Jafari R. Data aggregation in body sensor networks: A power optimization technique for collaborative signal processing[C]. 7th Annual IEEE Communications Society Conference on Sensor, Mesh and Ad Hoc Communications and Networks (SECON), 2010: 1-9

[15] Latré B, Braem B, Moerman I, et al. A survey on wireless body area networks[J]. Wireless Networks, 2011, 17 (1): 1-18

[16] Hao Y, Foster R. Wireless body sensor networks for health-monitoring applications[J]. Physiological measurement, 2008, 29 (11): 201-211

[17] Kahn J, Katz R, Pister K. Next century challenges: mobile networking for "Smart Dust"

[C]. Proceedings of the 5th annual ACM/IEEE international conference on Mobile computing and networking, 1999: 271-278

[18] Lindsey S, Raghavendra CS. PEGASIS: Power-efficient gathering in sensor information systems[C]. Proc. IEEE Aerospace Conference, 2002: 3-1125-1123-1130 vol. 1123

[19] Sung M, Pentland A. Minimally-invasive physiological sensing for human-aware interfaces [C]. HCI International, 2005: 1-8

[20] Van Dam K, Pitchers S, Barnard M. Body area networks: Towards a wearable future[C]. Proc. WWRF kick off meeting, Munich, Germany, 2001: 6-7

[21] Hanlen L, Smith D, Boulis A, et al. Wireless Body-Area-Networks: toward a wearable intranet[J]. National ICT Australia, 2011, 16(2): 1-17

[22] Deena M. Barakah, Muhammad Ammad-uddin. A Survey of Challenges and Applications of Wireless Body Area Network (WBAN) and Role of A Virtual Doctor Server in Existing Architecture[C]. The third international conference on intelligent systems, modelling and simulation (ISMS), 2012: 214-219

[23] Burchfield, R. Venkatesan, S. A framework for golf training using low-cost inertial sensors [C]. Body Sensor Networks (BSN), 2010 International Conference on Body Sensor, 2010: 267-272

[24] Ehyaie A, Hashemi M, Khadivi P. Using relay network to increase life time in wireless body area sensor networks[C]. Proc. of International Symposium on a World of Wireless, Mobile and Multimedia Networks & Workshops, 2009: 1-6

# 第 3 章　网络层及应用层协议:ZigBee

本章主要介绍网络层协议、应用层协议和 ZigeBee 协议。ZigBee 协议和 IEEE 802.15.4 标准描述的是同一类无线通信网络。IEEE 802.15.4 工作组成立于 2000 年 12 月,负责制定物理层和介质访问控制层标准;ZigBee 联盟成立于 2002 年 8 月,负责制定网络层和应用层的标准。

## 3.1　网络层协议

网络层是开放系统互连(OSI)模型中的第三层,介于传输层和数据链路层之间,负责在数据链路层提供的数据帧基础上进一步管理网络中的数据通信,设法将数据从源端经过若干中间结点传送到目的端,从而向传输层提供最基本的端到端的数据传送服务。

网络层主要负责按网络标准形式封装数据包。开放系统互连模型的网络层协议包括因特网体系结构中的互联网协议(Internet protocol,IP)、因特网控制消息协议(Internet control message protocol,ICMP)和互联网组管理协议(internet group management protocol,IGMP)。

### 3.1.1　无线传感器网络层协议

在无线传感器网络中,网络层的主要功能是形成路由并进行维护,主要包括两个基本功能:路由选择和数据转发。与无线局域网相比,不再以服务质量(quality of service,QoS)为主要性能指标,而是需要侧重如下问题[1]:

- 能量:能量问题在无线传感器网络中的重要性,使得各层协议都将其列为重点解决的问题。
- 可扩展性:能够适应由于拓扑变化产生的网络结构的变化。无线传感器网络的结点由于变化或布设等缘故,会对整个网络的拓扑结构产生影响。

- 路由算法的快速收敛性:传感器结点的处理能力和存储能力都是十分有限的,不可能运行非常复杂的算法。
- 容错机制:无线传感器网络的工作环境要求其具有一定的容错机制,可以应对各种应用环境中的不利因素。
- 应用相关:无线传感器网络具有非常强的应用相关性,不同应用背景下,对整个网络的要求会有比较大的差异,没有任何一种算法可以适用于所用应用,必须有针对性地对传感器网络进行设计。

### 3.1.2 无线传感器网络路由协议

无线传感器网络路由协议的分类基本上延续了传统 Ad hoc 网络的分类方法。从路由发现策略的角度,可分为主动路由协议和被动路由协议;从网络管理的逻辑结构角度,可分为平面路由协议和分层结构路由协议;从路由过程是否依靠结点位置信息的角度,可分为一般路由协议和位置辅助路由协议[2]。

1. 平面路由协议

平面路由是指对于传感器网络的任何结点来说,它们都是相互平等的,在一个有限的区域内只有唯一的一个对内数据汇聚和对外通信汇聚的结点。平面路由网络结构如图 3.1 所示。

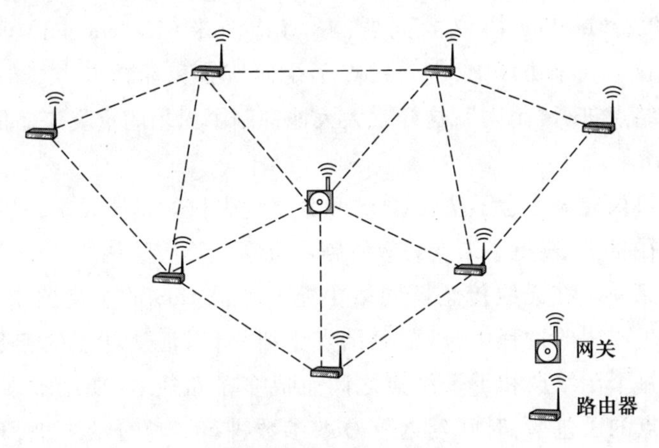


图 3.1 平面路由结构

在平面路由协议中,结点处于平等的地位,具有相同的功能和职责。结点间相互协作共同完成感知和数据传输任务。由于结点数量很多,不可能为每个结点分配地址,所以平面路由协议不是传统的以地址为中心的路由协议,而是以数据为中心的路由协议。通常的模式是由汇聚结点对网络发送查询信息,查询信息包括感兴趣的区域和感兴趣的数据。结点在接收到查询信息时按查询信息的要求发送数据。以数据为中心的路由协议有:洪泛(flooding)、闲聊(gossiping)、有序分配路由(sequential assignment routing,SAR)和传感器信息协商协议(sensor protocols for information via negotiation,SPIN)等。

(1) Flooding

Flooding 协议是最为经典和简单的网络路由协议,可以应用到小规模的无线传感器网络中。在该协议中,结点产生或者收到数据后会向所有的相邻结点广播,如此反复,直到数据包到达目的地或数据包过期才停止传播。

在 Flooding 协议中,由于某个结点产生或者收到数据包后会向所有相邻结点广播该信息,因此有许多明显的缺点:各个网络结点会收到几乎相同的来自同一区域结点的数据包(交叠,overlap);同时从自邻结点处收到几份相同的数据包(内爆,implosion);在任何能量状态下各个结点都转发所收到的数据包(资源利用盲目)。此外,Flooding 协议在传输时能量消耗比较多,因此网络的生命周期一般很短,不适合在有较多结点的网络中使用。但是,该协议实现简单,不需要任何复杂的算法,也不需要消耗系统能量去维护路由信息,适用于鲁棒性较好的场合。

(2) Gossiping

为了解决 Flooding 协议的问题,赫德特涅米(Hedetniemi)等人提出了 Gossiping 协议。在该协议中,中间结点不是向所有相邻结点广播信息,而是随机选择一个结点进行“闲聊”,这样就大大地抑制了无用的重复广播信息。

(3) SAR

该路由协议充分考虑了功耗、QoS 和分组优先权等特殊要求,采用局部路径恢复和多路径备份,避免了结点失效时路由重新计算所消耗的开销。

SAR 是第一个在无线传感器网络中充分考虑 QoS 的主动路由协议。SAR 协议在创建生成树的过程中,以汇聚结点为树根,以汇聚结点的相邻结点为树干。为了在每个源结点和汇聚结点之间生成多条路径,需要维护多个树结构。该协议对结点的丢包率、时间延迟等 QoS 参数进行了充分的考虑,利用了网络数据传输的最大能力,从而在整个网络中建立了多条具有 QoS 参数的路径。结点发送数据时可以选择一条或多条路径进行传输,然后将采集的数据传递给汇聚结点。使用 SAR 协议可以使大多数传感器结点同时属于多个树,从而提高传感器网络系统的鲁棒性。此外,SAR 路由协议不仅考虑了每条路径所消耗的能量大小，还考虑了待发送数据包的优先级及端到端的延迟需求，降低了网络能耗。但是SAR协议中，大量冗余路由信息耗费了系统的存储资源，且路由信息维护、结点QoS参数与能耗信息的更新均需要较大的开销。

(4) SPIN协议

第一个以数据为中心的自适应路由协议，通过使用结点之间的协商机制和资源自适应机制来解决Flooding协议中的“内爆”和“交叠”问题。

每个结点在传输或者接收数据之前，都需要采用资源自适应机制来检查各自的能量状况。如果自身处于低能量状态，则需要进行相应的中断操作，例如停止数据转发或充当路由器等。协商机制可以确保传输的数据为有效数据。网络结点间通过发送元数据(描述无线传感器结点采集的数据属性的数据)，而不是发送采集的整个数据来进行协商。由于元数据远小于采集的数据，传输元数据时消耗的能量较少，只有结点提出相应的请求才有目的地发送数据。

SPIN协议中包括3种基本的数据包类型：ADV、REQ和DATA。结点用ADV消息来广播，通知其他结点即将有数据要发送，用REQ消息来请求希望能够接收数据，用DATA消息对数据进行封装。SPIN的协商过程采用如图3.2所示的三次握手模式。无线传感器结点产生或者收到数据后，为了避免盲目传播，在发送一个新的DATA数据包之前，结点首先用包含元数据的ADV消息向邻结点通告，如图3.2(a)所示。如果一个邻结点收到ADV后愿意接收该DATA数据包，那么就向该结点发送REQ消息提出接收请求，如图3.2(b)所示。接着该结点向其邻结点发送DATA数据包，如图3.2(c)所示。收到DATA数据包后，

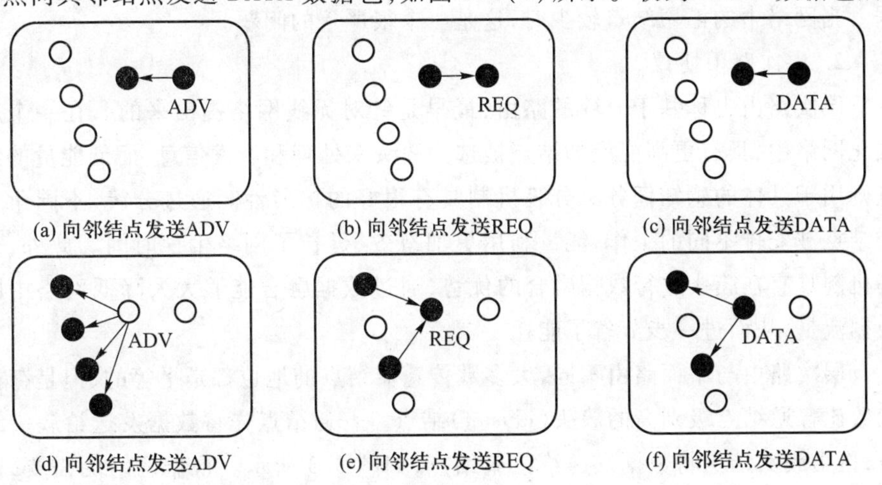


图3.2 SPIN协议的路由建立和数据传输

该邻结点可将 DATA 数据包传送到网络中的其他结点,类似的操作一直进行下去,如图 3.2(d)、(e)、(f)所示,直到整个网络中需要该 DATA 数据包的结点都拥有数据包的副本为止。

SPIN 协议中包含以下 4 种不同的通信模式:

- SPIN-PP:采用的通信模式为点到点的形式,并假定两个结点之间的通信过程不受其他结点的干扰,通信功率没有任何限制,分组数据不会丢失。
- SPIN-EC:在 SPIN-PP 的基础上考虑了传感器结点的能量消耗问题,只有那些能够完成所有任务并且剩余能量不低于设定值的结点才可以进行数据交换过程。
- SPIN-BC:设计了广播信道,如果传感器结点在有效的半径内,所有的结点即可同时完成数据交换的工作。
- SPIN-RL:在无线数据的传输链路中往往会出现分组差错与丢失,该模式主要研究如何对其进行恢复,是对 SPIN-BC 模式的完善和改进,在网络规模较大的情况下效率较高。

SPIN 协议利用 ADV 消息减轻了网络系统的“内爆”问题,通过数据命名解决了“交叠”问题,结点也会根据自身资源和应用信息决定是否进行 ADV 通告,避免了资源盲目利用的问题。但由于 SPIN 协议每次发送数据包前都需要发送检测数据包,因而数据传输延迟较大,尤其是在需要发送较多数据时,延迟显著增大,同时带来一些不必要的能量消耗。此外,当产生或收到数据的结点的所有邻结点都不需要该数据时,将导致数据不能继续转发,以致较远结点无法得到数据。当网络中的汇聚结点较少时,这是一个很严重的问题。

2. 层次路由协议

层次路由也称基于分簇的路由,最早是针对无线网络提出来的。在一个层次化网络中,具有更高能量的结点被选为簇头来处理和转发信息,而低能量的结点则用于具体的感知任务。分簇机制具有很好的扩展性。通过分簇,不同角色的结点被安排不同的工作,能量利用更加有效,延长了网络生存时间。此外,分簇机制具有在簇头进行数据融合的优势,通过数据融合能够大大降低网络中的数据流量,从而进一步节省了能耗。

层次路由与平面路由不同,大多数传感器结点的地位都是平等的,但是存在少数比普通结点级别高的簇头(cluster)结点。普通结点先将数据发送给簇头结点,再由簇头结点将数据发送给汇聚结点,如图 3.3 所示。根据网络的需要,还可将簇头结点进一步划分为几个等级。低能耗自适应聚类层次协议(low energy adaptive clustering hierarchy, LEACH)、门限敏感的高效能传感器网络协议

(threshold sensitive energy efficient sensor network protocol, TEEN)和能效聚类传感器信息系统协议(power-efficient gathering in sensor information systems, PEGASIS)是几种典型的分层路由算法。

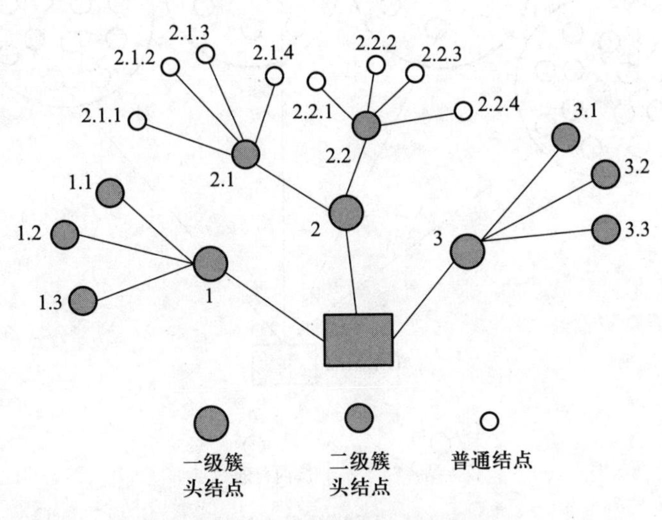


图 3.3 层次路由典型结构

(1) LEACH

最早出现的低能耗自适应聚类层次路由协议。LEACH 协议的执行过程是周期性的,以此来平衡网络中各个结点的能量消耗。

在 LEACH 协议的每轮执行过程中,簇头是周期性随机选择的,各个传感器结点产生[0,1]之间的一个随机数,若此随机数小于本轮设定的门限值,则该结点被选举为簇头。这种随机选举簇头的过程保证了网络中的能量消耗均衡地在各个结点之间分布。在无线信道中簇头会广播这个选举结果消息,结点会选择具有最强广播信号的簇头加入。在网络的运行过程中,簇成员结点将采集的环境数据传送给簇头结点,簇头结点也将融合后的数据转发给汇聚结点。按照这样的选举方法,网络在初始化阶段就构成了多个以簇头为核心的簇,如图 3.4 所示。

在网络系统稳定阶段,结点持续采集监测数据并传给簇头结点。簇头结点在将数据转发给相关的汇聚结点前,先对从各个结点接收的数据进行一定的数据融合处理,以减小整个网络的通信业务量。在稳定阶段持续一段时期后,整个网络进入下一轮工作周期,重新开始初始化阶段。该动态模式使各个结点轮流担任能量消耗较大的簇头,延长了系统的生存期。稳定状态一般持续相对较长的时间,以此避免额外的处理开销。

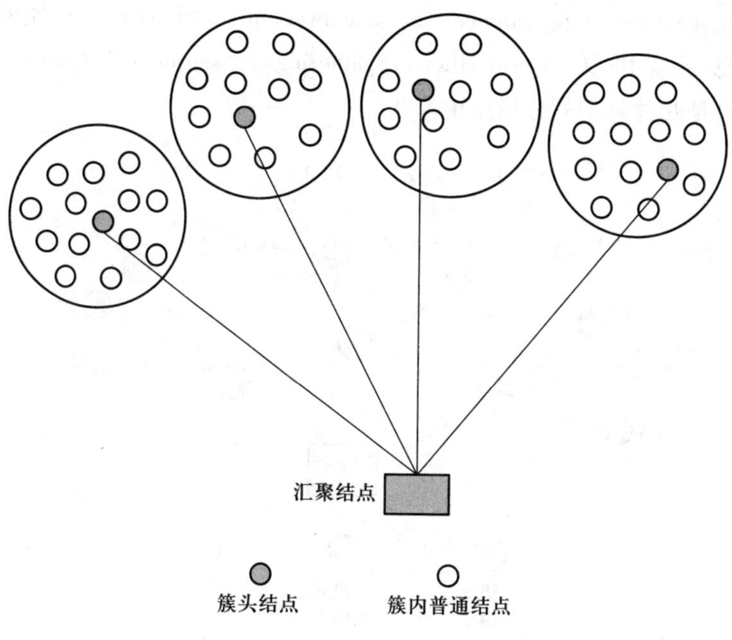


图 3.4 LEACH 路由协议

与一般的平面多跳路由协议和静态聚类协议相比,LEACH 协议采用随机选举簇头的方式避免簇头过分消耗能量,显著提高了网络系统的生命周期。它使用的数据融合技术也可以减少结点间的通信业务量,增加网络系统的鲁棒性和可扩展性。然而,LEACH 协议也有它自身的不足,该协议既没有保证系统中簇头的定位,也没有保证系统中簇头的数量。虽然采用一跳通信使网络传输延迟变小,但由于要求结点具有较大功率的通信能力,所以扩展性差,只适合较小规模的网络。另外,重建簇的及时性和必要性没有相应的机制来保障,所有结点以相同的概率成为簇头缺乏对结点能量特性的考虑,而且频繁进行簇头选举而引发的通信业务量也耗费了网络系统能量。

(2) TEEN

TEEN 协议利用过滤方式来减少数据传输量。该协议采用与 LEACH 协议相同的聚簇方式,但簇头根据与汇聚结点距离的不同来形成层次结构,如图 3.5 所示。聚簇完成后,汇聚结点通过簇头结点向全网络的结点广播门限值来过滤数据发送过程。但由于门限的设置阻止了某些数据的及时上报,因此不适合需要周期性上报数据的应用场合。

每当改变簇头后,簇头除了发送自己的相关属性外,还会广播另外两个成员参数:软门限和硬门限。两个门限用来决定是否发送监测数据,其中硬门限负责

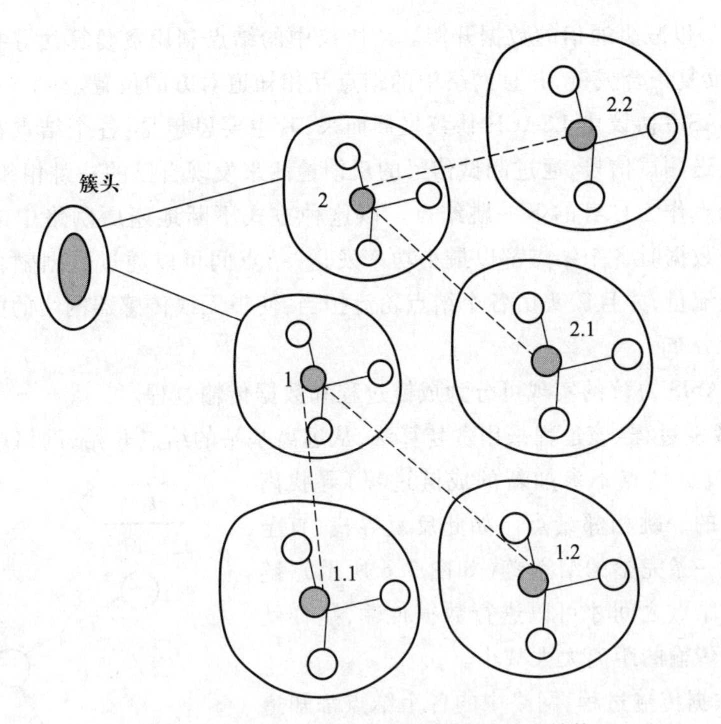


图 3.5　TEEN 协议中由聚簇构成的层次结构

监控被监测值的绝对值大小;软门限负责监控被监测值的变化幅度大小。当结点的监测值超出硬门限的设定值时,结点必须将数据发送给聚类结点。当设定的硬门限第一次小于监测的值时,结点将新的硬门限取为监测值,并在下一个时间间隔内发送新的硬门限。在剩余过程中,软门限所设定的门限值如果小于数据的变化幅度,则结点传送最新采集的数据,并将新的硬门限设定为最新采集的数据值。

在 TEEN 协议中,通过合理地设置软门限和硬门限,仅仅传输用户感兴趣的信息,可以有效地降低系统的通信流量,从而降低系统的功耗。仿真研究表明,TEEN 协议比 LEACH 协议更有效。但是,由于该协议引入了硬门限,因此当收集的数据小于设定的值时,结点不发送数据。此外 TEEN 协议中还引入了软门限,因此对变化幅度不大的感应数据不能及时响应,从而在一定程度上限制了该协议的实际应用。同时,与 LEACH 协议相同,该协议实现的前提条件是网络中所有的结点都能够与汇聚结点直接建立通信,因而仅适合于小规模无线传感器网络的应用。

(3) PEGASIS

该协议采用 LEACH 协议选举簇头的方法,但网络中所有的结点仅仅形成一条“链”,以减少通信的数据开销。该协议中的结点利用贪婪算法寻找相邻结点,如此反复集合成链,并且网络中的结点互相知道对方的位置。

PEGASIS 协议由 LEACH 协议发展而来,其主要思想是:各个结点在数据传输之前发送测试信号,通过测试信号的反馈检测来发现自己的一跳相邻结点,将该相邻结点作为自身的下一跳结点。以这种方式不断地遍历网络中的所有结点。发送数据时各个结点都以最小功率发送,结点间可以通过数据融合操作来减少数据流量,并且簇头由各个结点轮流担当,使得无线传感器网络的能量消耗可以均衡分布。

PEGASIS 协议的实现可分为成链过程和数据传输过程。

- 成链过程:该过程采用贪婪算法,从远离基站的结点开始,网络中的各个结点(链成员结点不参加新的成链过程)寻找离自己最近的一跳相邻结点。如此反复寻找,直至最后生成一条完整的结点链(如图 3.6 所示),链上的相邻结点之间才可以进行数据传输,这样就使得数据传输的距离大大减小。

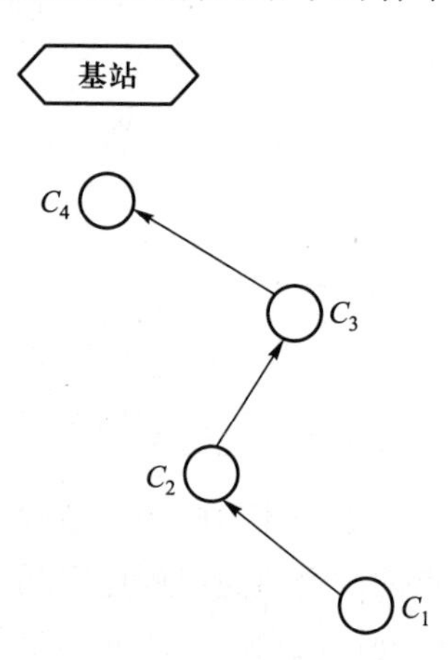

图 3.6　采用贪婪算法成链

- 数据传输过程:网络中的各个结点都知道传输链中自身的位置,从链的两头开始进行数据传输,各轮传输中都会选举出一个簇头,簇头结点将各个结点的数据进行收集,经过一定的数据融合处理后传输给汇聚结点。一般采用令牌控制的方式在各个结点之间传输数据,如图 3.7 所

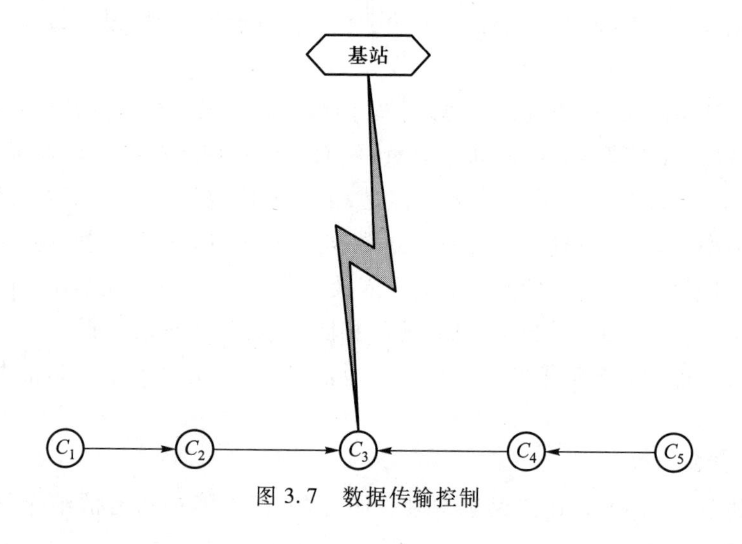

图 3.7　数据传输控制

示。由簇头 $C_3$ 控制令牌,每轮开始时,由簇头将令牌传到端结点 $C_1$ 和 $C_5$,由端结点开始各个结点沿着链传输数据和令牌,得到令牌的结点将数据传送到下一个相邻结点。当数据收集完毕,令牌回到簇头。簇头将从 $C_2$ 和 $C_4$ 获得的数据进行数据融合,并最终将数据传给基站,到此完成一轮的数据收集。

PEGASIS 协议避免了 LEACH 协议频繁选举簇头带来的通信开销,通过形成传输链的方式将数据聚合,极大地减少了数据传输次数和网络通信量。传感器结点采用小功率与最近距离的邻结点通信,形成多跳通信方式,有效地利用了能量,与 LEACH 协议相比能大幅度提高网络生存周期。但单簇头选举方法使得簇头的选举成为关键点,选举任务的失效会导致整个网络系统的路由失败。而且,该协议要求结点都具有与汇聚结点通信的能力,增加了系统硬件成本。在 PEGASIS 协议中,如果链过长,数据传输的时延会增大,不适合实时应用。而且成链算法要求结点知道其他结点的位置,开销也会非常大。

3. 基于查询的路由协议

这类路由协议以特定的查询命令为任务,由汇聚结点发出命令,传感器结点按照要求将采集到的相关数据报告给汇聚结点。主要包括定向扩散(directed diffusion,DD)和谣传路由(rumor route,RR)协议。

(1) 定向扩散协议

DD 协议是一个重要的以数据为中心、面向应用和查询驱动的路由协议。DD 协议引入了网络“梯度”概念,其值越大,表明网络中结点对符合请求条件的数据近似的程度越高,并将其与局部协议相结合,应用于无线传感器网络的路由通信过程中。DD 协议是通过汇聚结点发起建立路由的。为了建立路由路径,汇聚结点以洪泛方式发送包含地理区域、持续时间、上报间隔、属性列表等信息的查询请求。沿途各个结点按照网络的需求对该查询信息进行合并和缓存,然后根据该查询信息创建和计算包含数据下一跳、上报率等信息的梯度,以此创建指向汇聚结点的多条路由路径。结点按照需求开始监测任务,上报周期性的数据,必要时可进行数据融合和缓存。在数据传输过程中,汇聚结点可以在某条路径上发送更大或更小的上报间隔查询信息,以减弱或加强网络中数据传输的上报率。

在 DD 协议中,需要用一组属性来命名网络中的数据,网络基于这些数据来通信。其数据传送模式是基于查询的驱动数据模式,新的定向扩散过程在汇聚结点发出事件查询命令时开始,包括查询扩散、梯度场建立和数据传送 3 个阶段,工作原理如图 3.8 所示。

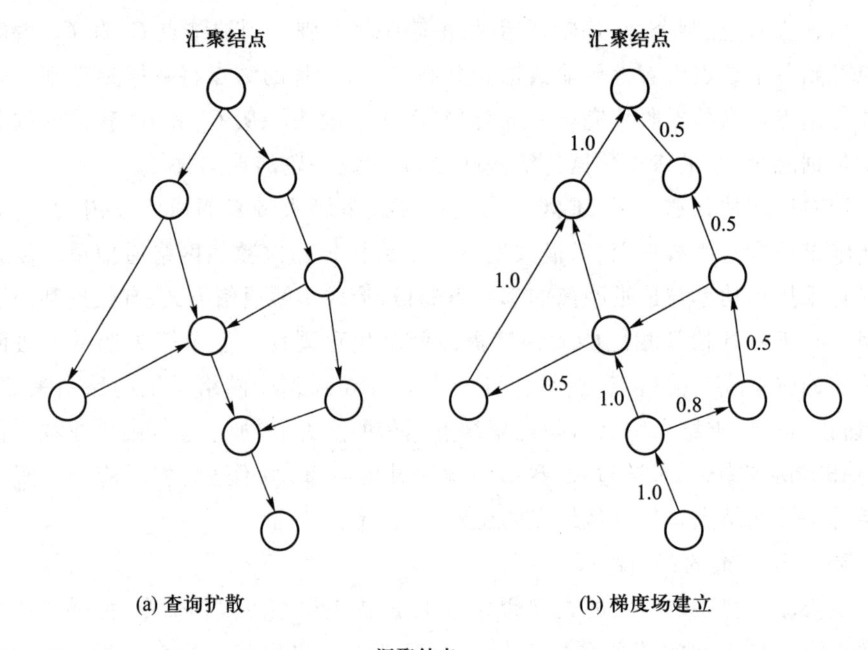


(a) 查询扩散　　(b) 梯度场建立

汇聚结点

(c) 数据传送

图 3.8　DD 协议的路由建立

用命名机制描述的任务就构成了一个查询,查询首先由汇聚结点产生,然后按照一定的传输速率扩散到网络中的每个结点。每个结点有一个查询缓存,缓存中的项对应不同的查询。当一个结点收到一个查询时,首先在缓存中检查是否存在相同的查询。如果没有相同的查询,则根据收到的查询信息建立一个查询;如果有相同的查询,则只需简单地进行时间信息和持续字段的更新。

为了可靠地传递数据,DD 协议的主要任务是在汇聚结点和传感器结点之间创建梯度。在查询扩散的阶段,查询缓存包含的信息中有一个指向查询来源的梯度。

某个传感器结点在接收到查询信息后,便开始收集数据。然后在缓存中搜索查询信息,如果没有匹配的信息,则数据被丢弃;如果有匹配的查询信息,则查找最近是否在数据缓存中收到相同的数据,如果不存在相同的数据,就把该数据加入数据缓存,否则就再次丢弃该数据。网络中的各个结点还可以通过检查数据缓存的方法来决定再次发送数据的传输速率的大小。如果结点刚接收到的数据传输速率小于其所有相邻结点的梯度值,那么该结点允许以原速率继续发送接收的数据。如果数据传输速率大于其所有相邻结点的梯度值,则该结点就减小对其相邻结点的数据发送的速率。

DD 协议的主要特点是无线传感器结点使用特定的属性值来标识,数据包的传输路径由结点及其相邻结点的交互决定,同时引入梯度变量的概念来处理对无线传感器网络的查询。DD 协议采用多路径,鲁棒性好;采用相邻结点间通信的方式,避免维护全局网络拓扑结构;通过查询驱动数据传送模式和局部数据融合,减少网络数据流。但是,DD 协议属于基于查询驱动的数据传输模型,因此不能工作在需要持续传送数据流给汇聚结点的应用中,数据命名也只能针对特定的应用预先定义。初始查询和匹配过程的开销大,各个结点都要维持和更新其他结点的属性值,因此当结点数目增加时,数据融合过程中采用的时间同步机制也会带来较大的开销和时延。

(2) 谣传路由协议

RR 协议适用于数据传输量较小的无线传感器网络。RR 通过使用单播随机转发机制来克服洪泛方式带来的大量数据开销,基本思想是在网络中形成两条路径,即由事件区域向网外传播的事件路径和由汇聚结点向网内传播的查询路径。两条路径都采用随机方式扩散,当两条路径相交时,就产生了一条由事件区域到汇聚结点的完整路径。

RR 的优点是避免了大量的数据传输开销;缺点是由于采用随机方式产生路由,得到的传输路径无法保证最优性。

4. 基于位置的路由协议

基于位置的路由协议以地理位置作为选择路由的依据,将信息发布到指定的区域,以此来减少数据传输的开销。

(1) 地理位置和能量感知(geographical and energy aware routing,GEAR)协议

GEAR协议利用每个结点的剩余能量信息和地理位置信息作为选择路径的依据向感兴趣的目标区域传送数据。GEAR协议是在DD协议的基础上提出的,但GEAR协议只向某个特定区域发送数据而不是像DD协议那样发布到整个网络,因此GEAR协议相比DD协议更加节省能量。

GEAR协议使用估计代价(estimate cost)和学习代价(learned cost)来表示路径的代价。估计代价由结点剩余能量与到目的结点距离相结合计算得出;学习代价则是对描述网络中环绕在洞(hole,亦称空洞)周围路由的估计代价的改进。

洞是指某个结点的周围所有的邻结点都比该结点自身到目标区域的路径代价更大。克服空洞现象的方法是选取邻结点中代价最小的结点作为下一跳结点。

GEAR协议包含两个阶段:

• 向目标区域传递数据包:当结点收到数据包时,首先要检查是否有邻居结点比它更接近目标区域。如果有,则选择距离目标区域最近的结点作为数据传递的下一跳结点。如果相对该结点来说,所有邻居都比它更远离目标区域,这就意味着该结点存在洞现象。在这种情况下,利用学习代价函数选择其中的一个邻居结点来传递数据。

• 传递已在目标区域内的数据包:如果数据包已经到达目标区域,可以利用递归的地理位置传递方式和受限的洪泛方式发布该数据。当传感器结点的分布不太紧密时,受限的洪泛方式是比较好的选择。而在高密度的无线传感器网络内,递归的地理位置传递方式相对受限的洪泛方式更加节能。在这种情况下,目标区域被划分为4个子区域。数据包也相应地被复制了4次,这种分割方式和数据传递过程不断重复,直到区域内只剩下1个结点为止。

(2) 图嵌入(graph embedding,GEM)协议

GEM路由是一种适用于数据中心存储方式的地理位置路由协议。GEM路由的基本思想是建立虚拟坐标系统,以表示实际的网络拓扑结构。网络中的结点形成了一个以汇聚结点为根的带环树,每个结点用到树根的跳数距离和角度来表示,结点之间的数据路由通过这个带环树实现。

(3) 最小能量通信网络(minimum energy communication network,MECN)协议

MECN协议是基于结点定位的路由协议,其基本思想是利用低功率的GPS,通过构建具有最小能量的子网来降低传输数据所消耗的能量。协议为每个结点定义了一个中继区域,中继区域由一系列结点构成。传感器通过中继区域将数

据转发给汇聚结点,比自己直接发送给汇聚结点更节省能量,各个结点的能量消耗更平均。中继区域可以通过局部查找算法确定。MECN 协议适用于网络动态变化小的场合。

MECN 协议的运行分两个阶段完成。

① 获取二维平面的位置信息,并构建包含所有发送结点外围的外围图,外围图的构建由结点内部的本地计算来完成;

② 在外围图中搜索最优路径,搜索过程采用以能量消耗作为代价度量的分布式 Bellman-Ford 最短路径算法来实现。

MECN 协议具有自动重配置的特点,因此可以动态地适应结点的失效和网络的分布。该协议假定网络内每两个结点都可以直接通信,即网络是充分连通的,这在实际环境中很难做到。MECN 协议最初是为无线 Ad hoc 网络设计的,也可用于无线传感器网络。

(4) 贪婪法周边无状态路由(greedy perimeter stateless routing,GPSR)协议

GPSR 协议是一种典型的基于位置的路由协议,其前提是网络结点都知道自己的地理位置并被统一编址,各结点利用贪婪算法尽量沿直线转发数据。

GPSR 路由算法是使用地理位置信息实现路由的一种算法,使用贪婪算法来建立路由。当结点 A 需要向结点 B 转发数据分组时,首先在自己的邻结点中选择一个距结点 B 最近的结点作为数据分组的下一跳,然后将数据传送给这个邻结点,并一直重复该过程,直到数据到达目的结点 B。

产生或收到数据的结点向最靠近目的点的邻结点转发数据,但与 GEAR 类似,数据会到达空洞(结点的周围没有比该结点更接近目的点的邻结点),导致数据无法传输。当出现这种情况时,空洞周围的结点能够探测并利用右手法则沿空洞周围传输来解决此问题。该协议避免了在结点中建立、维护、存储路由表,只依赖直接邻结点进行路由选择。使用接近最短欧氏距离的路由算法,数据传输时延小,并能保证只要网络连通性不被破坏,便能发现可达路由。但是,当网络中汇聚结点和源结点分别集中在两个区域时,由于通信量不平衡,易导致部分结点会先于其他结点失效,从而破坏网络连通性。

(5) 临时数据块流(temporary block flow,TBF)协议

TBF 协议在数据包头中指定一条传输轨道,结点利用贪婪算法,根据该轨道的参数和邻结点的位置,选取最接近轨道的邻结点作为下一跳结点。

该协议利用与 GPRS 协议类似的方法避开空洞现象。通过指定不同的轨道参数,实现多路径传播、广播,以及对特定区域的广播和多播。允许网络拓扑变化,避免传统源站路由协议的缺点。其缺点主要是:随着网络规模变大,路径加

长,沿途结点进行计算的开销也相应增加,而且需要GPS或其他定位方法协助计算结点的位置信息。

## 3.2 应用层协议

应用层也称为应用实体,由若干个特定应用服务元素和公用应用服务元素组成。每个应用服务元素提供特定的应用服务,例如文件运输访问和管理、电子文件处理、虚拟终端协议等。公用应用服务元素提供公用的应用服务,例如联系控制服务元素、可靠传输服务元素、远程操作服务元素等[3]。

在无线传感器网络中,对应用层的研究较少。目前主要集中在传感器数据的管理查询方面。

### 3.2.1 传感器管理协议

无线传感器网络可以运用在许多不同的领域,应用层的管理协议能使无线传感器网络的应用更加方便地使用低层的硬件和软件,对于传感器网络管理应用来说,这些低层的协议应当是透明的。

系统管理员通过传感器管理协议(sensor management protocol,SMP)和传感器网络进行通信。传感器网络和其他一般的网络不同,这是由于传感器网络是由结点组成的,且这些结点没有全局统一的识别码(ID)。因此,SMP要访问结点,就必须运用基于定位寻址的方式。

### 3.2.2 任务分配和数据广播管理协议

从用户的角度,整个传感器网络看起来像一个数据库,可以从里面查询需要的信息。关键问题是如何按照一定的属性查询信息,包括查询数据的组成形式、查询数据的路由选择等。合理地选择查询属性和路由可以有效地节省能量。除了查询以外,还可以对有效数据进行广播,如何使有效的信息快速准确地传播到需要使用这些信息的结点处,同时又不造成广播泛滥,节省能量也是重要的问题。

传感器网络的一个重要运行方式就是"兴趣"分发机制。用户发送他们感兴趣的内容给传感器结点、子集结点或整个传感器网络。用户感兴趣的内容包括整个环境的某一特定属性或者某一触发事件。另外一种方法是结点把所获取的数据以简要的、广播的方式发送给用户,用户使用询问机制,选择感兴趣的数据。应用层协议用软件的形式,以有效的界面为用户提供其感兴趣的消息,这对低层操作很有用。

### 3.2.3 传感器查询和数据传播管理协议

传感器查询和数据传播管理协议把查询结果通过界面的形式提供给用户。这些查询结果通常不只是某些特定结点发出的,而是基于某些属性或位置。例如,温度超过 60 ℃的结点所在位置,就是基于属性进行寻址的查询。类似地,“获取区域 A 的温度”就是基于位置的查询。当然,对于每一个不同的传感器应用领域,传感器查询和数据传播管理协议也是不同的。

## 3.3 无线传感器网络拓扑结构

无线传感器网络的网络拓扑结构是组织无线传感器结点的组网技术,有多种形态和组网方式。按照其组网形态和方式来看,有集中式、分布式和混合式。无线传感器网络的集中式结构类似移动通信的蜂窝结构,集中管理;无线传感器网络的分布式结构,类似 Ad hoc 网络结构,可自组织网络接入连接,分布管理;无线传感器网络的混合式结构是集中式和分布式结构的组合。无线传感器网络的网状结构,类似 Mesh 网络结构,网状分布连接和管理。如果按照结点功能及结构层次来看,无线传感器网络通常可分为平面网络结构、分级网络结构、混合网络结构和 Mesh 网络结构。无线传感器结点经多跳转发,通过基站或汇聚结点或网关接入网络,在网络的任务管理结点对感应信息进行管理、分类和处理,再把感应信息送给应用用户使用。研究和开发有效、实用的无线传感器网络结构,对构建高性能的无线传感器网络十分重要,因为网络的拓扑结构严重制约无线传感器网络通信协议(如介质访问控制协议和路由协议)设计的复杂度和性能的发挥。下面根据结点功能及结构层次分别加以介绍。

### 3.3.1 平面网络结构

平面网络结构是无线传感器网络中最简单的一种拓扑结构,如图 3.9 所示,所有结点为对等结构,具有完全一致的功能特性,也就是说每个结点均包含相同的介质访问控制、路由、管理和安全等协议。这种网络拓扑结构简单,易维护,具有较好的鲁棒性,事实上就是一种 Ad hoc 网络结构形式。由于没有中心管理结点,故采用自组织协同算法形成网络,其组网算法比较复杂。

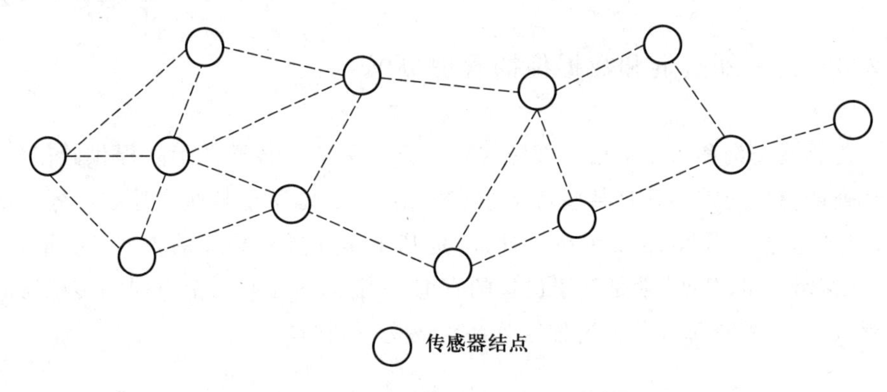


图 3.9 无线传感器网络平面网络结构

## 3.3.2 层次网络结构

层次网络结构是无线传感器网络中平面网络结构的一种扩展拓扑结构,如图 3.10 所示。网络分为上层和下层两个部分:上层为骨干结点;下层为一般传

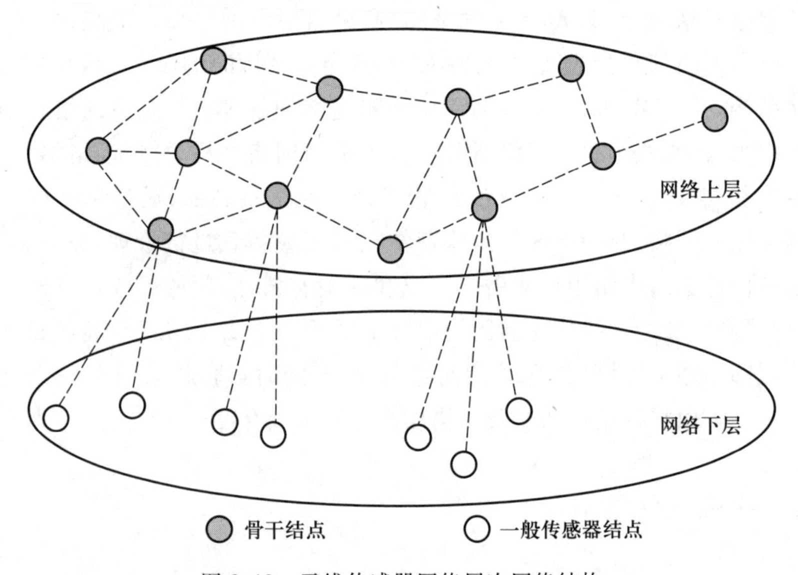


图 3.10 无线传感器网络层次网络结构

感器结点。通常网络可能存在一个或多个骨干结点,骨干结点之间或一般传感器结点之间采用的是平面网络结构。具有汇聚功能的骨干结点和一般传感器结点之间采用的是分级网络结构。所有骨干结点为对等结构。骨干结点和一般传感器结点有不同的功能特性,也就是说每个骨干结点均包含相同的介质访问控制、路由、管理和安全等功能协议,而一般传感器结点可能没有路由、管理和汇聚处理等功能。这种分级网络通常以簇的形式存在,按功能分为簇头结点和成员结点。这种网络拓扑结构扩展性好,便于集中管理,可以降低系统建设成本,提高网络覆盖率和可靠性,但是集中管理开销大,硬件成本高,一般传感器结点之间可能不能直接通信。

### 3.3.3 混合网络结构

无线传感器网络混合网络结构是无线传感器网络中平面网络结构和层次网络结构的一种混合拓扑结构,如图 3.11 所示。

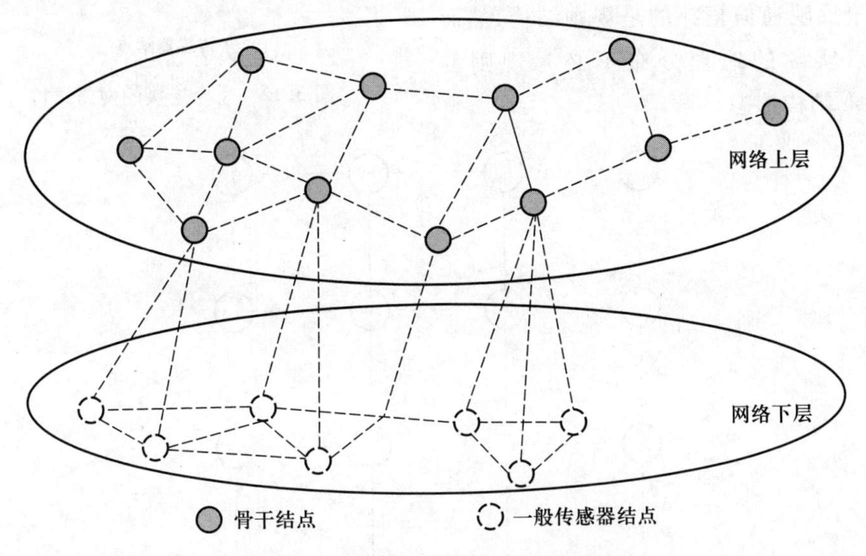


图 3.11 无线传感器网络混合网络结构

网络骨干结点之间、一般传感器结点之间采用平面网络结构,网络骨干结点和一般传感器结点之间采用层次网络结构。这种网络拓扑结构和层次网络结构不同的是一般传感器结点之间可以直接通信,不需要通过骨干结点来转发数据。这种结构同层次网络结构相比较,支持的功能更加强大,但所需硬件成本更高。

## 3.3.4 Mesh 网络结构

Mesh 网络结构是一种新型的无线传感器网络结构,较前面的传统无线网络拓扑结构具有一些结构和技术上的不同。从结构来看,Mesh 网络是规则分布的网络,不同于完全连接的网络结构(如图 3.12 所示),通常只允许与结点最近的邻居结点通信。网络内部的结点一般都是相同的,因此 Mesh 网络也称为对等网。如图 3.13 所示。

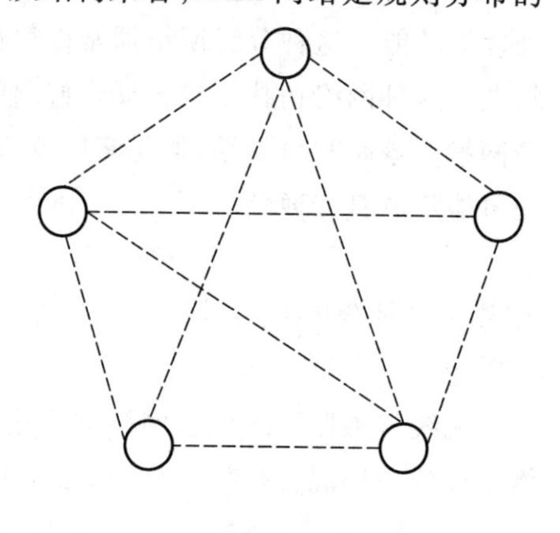

图 3.12　完全连接的网络结构

Mesh 网络是构建大规模无线传感器网络的一个很好的结构模型,特别是那些分布在同一地理区域的传感器网络,如人员或车辆安全监控系统。尽管这里反映通信拓扑的是规则结构,然而结点实际的地理分布不必是规则的 Mesh 结构形态。

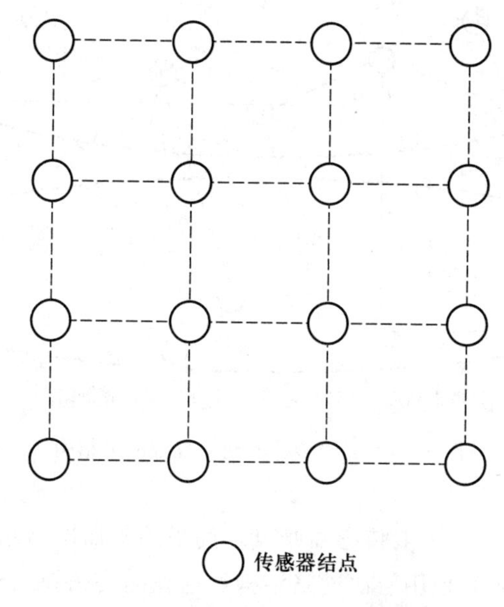

图 3.13　无线传感器网络 Mesh 网络结构

由于通常 Mesh 网络结构结点之间存在多条路由路径,网络对于单点或单个链路故障具有较强的容错能力和鲁棒性。Mesh 网络结构最大的优点就是尽管所有结点都有对等的地位，且具有相同的计算和通信传输功能，但可指定某个结点为簇头结点，而且可执行额外的功能。一旦簇头结点失效，另外一个结点可以立刻补充并接管原簇头所执行的额外功能。

不同的网络结构对路由和介质访问控制的性能影响较大。例如，一个 $n\times m$ 的二维 Mesh 网络结构的无线传感器网络拥有 $n\times m$ 条连接链路，每个源结点到目的结点都有多条连接路径。对于完全连通的分布式网络，其路由表随着结点数增加而成指数级增加，且路由设计复杂度是个 NP 完全问题。通过限制允许通信的邻居结点数目和通信路径，可以获得一个具有多项式复杂度的再生流拓扑结构，基于这种结构的流线型协议本质上就是分级的网络结构。采用层次网络结构技术可使 Mesh 网络路由设计简化，由于一些数据处理可以在每个分级的层次内完成，因而比较适合于无线传感器网络的分布式信号处理和决策。

## 3.4 能量控制

大部分传感器网络的路由算法把注意力集中在找到能量效率高的路径去延长传感器网络的生命周期，其结果是，传感器的能量在高效率的路径上迅速耗尽，并因此使传感器网络无法监视目标区域一些地方发生的事件。在许多传感器网络应用中，必须跟踪和定位的随机事件发生的地点具有不确定性。因此，最理想的路由算法不仅应考虑能源效率，而且还应考虑残留在每个传感器中能量的多少，从而避免传感器由于早期电力消耗而不能工作。

当无线传感器网络应用于一些特殊场合时电源不可更换，为了节约能源，发射功率要尽可能小，传输距离要短，结点间通信需要中间结点作为中继，因此功耗问题显得至关重要。

在系统的功耗模型中，最重要技术包括[4]：

- 微控制器的操作模式（休眠模式、操作模式、时钟速率等），无线前端的工作模式（休眠、空闲、接收、发射等）。
- 在每种模式中，每个功能块的功耗量以及与之相关的参数。
- 在发射功率受限的情况下，发射功率和系统功耗的映射关系。
- 从一种操作模式转换到另外一种操作模式（假设可以直接转换）的转换时间及其功耗。
- 无线调制解调器的接收灵敏度和最大输出功率。

• 其他因素,如发射前端的温漂、频率稳定度和接收信号强度指示(received signal strength indication,RSSI)的标准等。

传感器的电源能量极其有限,网络中的传感器结点由于电源能量问题经常失效或废弃,因此电源能量限制是阻碍传感器网络应用的重要问题。在传感器网络应用中,数据传送是网络中能量消耗最大的部分,为节省能源,可以设计网络进行短距离数据传送,并降低发送功率。由于监测事件具有很强的偶发性,传感器结点上所有工作单元没有必要时刻保持在正常工作状态,因此可以为收发器设置休眠/唤醒状态来节约能源。

无线传感器网络的能量管理(energy management,EM)主要体现在传感器结点电源管理和有效的节能通信协议设计。在一个典型的传感器结点结构中,与电源单元发生关联的有许多模块,除了供电模块以外,其余模块都存在电源能量消耗。从传感器网络的协议体系结构来看,其能量管理机制覆盖了从物理层到应用层的所有协议。

传感器结点中,由于传感器单元的能耗要比处理器单元和无线传输单元的能耗低得多,几乎可以忽略,因此通常只讨论处理器单元和无线传输单元的能耗问题。

• 处理器单元能耗:处理器单元包括微处理器和存储器,用于数据存储与预处理。结点的处理能耗与结点的硬件设计、计算模式紧密相关。目前对能量管理的设计都是在应用低能耗器件的基础上,在操作系统中使用能量感知方式进一步减少能耗,延长结点的工作寿命。

• 无线传输能耗:无线传输单元用于结点间的数据通信,它是结点中能耗最大的部件,因此,无线传输单元节能是通常设计的重点。传感器网络的通信能耗与无线收发器及各个协议层紧密相关,它的管理体现在无线收发器的设计和网络协议设计的每一个环节。

## 3.5 ZigBee 协议标准

ZigBee 这一名称来自蜜蜂(bee)用于相互通信的"之"字形舞(zigzag),这是蜜蜂之间的群体通信方式。这种自然界的通信方式很形象地描述了这种近距离、低复杂度、自组织、低功耗、低数据速率、低成本的无线通信网络。

ZigBee 技术是一种短距离、低速率无线网络技术,主要用于近距离无线连接。2002 年 8 月,英维思、三菱电气、摩托罗拉和飞利浦等公司共同提出以研发具有成本低、体积小、能量消耗少和传输速率低的无线通信技术为目的的技术标准，并为此组成了 ZigBee 技术联盟，以 IEEE 802.15.4 通信协议标准为物理层和介质访问控制层协议，进而进行了 ZigBee 技术的网络层和高层应用规范的制定。2004 年 12 月，ZigBee 联盟正式发布了该项技术标准（ZigBee 1.0），推进和加速了 ZigBee 技术的实际应用。ZigBee 技术联盟的成立，促使 IEEE 和 ZigBee 联盟对相应的技术标准进行了修订和扩充。如：继 IEEE 802.15.4-2003 发布之后，IEEE 于 2006 年 9 月正式发布了 IEEE Std 802.15.4-2006；而 ZigBee 联盟则在 2006 年 12 月推出了 ZigBee 2006，并在 2007 年年底正式发布了 ZigBee Pro（ZigBee 2007）。

### 3.5.1 ZigBee 概述

ZigBee 是一种高可靠的无线数据传输网络，通信距离可达几百米甚至几千米。与传统的移动通信 CDMA 网或 GSM 网不同的是，ZigBee 网络主要是为工业现场自动化控制所需的相关数据传输而建立的，具有使用简单、方便、工作可靠、价格低的特点。每个 ZigBee 网络结点不仅本身可以连接传感器直接进行数据采集和监控，还可以自动中转别的网络结点传过来的数据资料。除此之外，每个 ZigBee 网络结点还可在自己信号覆盖的范围内与多个不承担网络信息中转任务的孤立结点进行无线连接[5]。

ZigBee 技术是一种具有统一技术标准的短距离无线通信技术，其物理层（PHY）和介质访问子层协议为 IEEE 802.15.4 协议标准；网络层由 ZigBee 技术联盟制定；应用层根据用户自己的应用需要，对其进行开发利用，因此该技术能够为用户提供机动、灵活的组网方式。ZigBee 技术的特点如下：

- 低功耗：ZigBee 设备为低功耗设备，其发射输出为 0~3.6 dBm① 时，通信距离为 30~70 m，具有能量检测和链路质量指示能力，根据这些检测结果，设备可自动调整设备的发射功率，在保证通信链路质量的条件下，消耗最小的设备能量。在待机模式下，只用两节 5 号电池可以支持一个 ZigBee 结点工作 6~24 个月，同样的电能消耗，蓝牙只能工作数周，Wi-Fi 只能工作几个小时。
- 低成本：低成本基于两点，一是简化的协议标准（只有蓝牙的十分之一），二是免费开放的协议标准。

① dBm 是一个表示电信传输功率绝对值的单位，取 1 毫瓦（mW）作为基准值，以分贝（dB）表示的绝对功率电平，m 是毫瓦的代号。

- 低速率:ZigBee 最高的传输速率只有 250 Kb/s。
- 距离近:正常情况下,ZigBee 设备之间的通信距离在 10~100 m 之间,在特殊情况下(中间没有中继结点)可以通过增加发射功率,将信号发射到 1~3 km 的距离处。
- 延时短:ZigBee 结点从睡眠状态转换到工作状态需要 15 ms,结点加入网络需要 30 ms。
- 容量大:在组网性能上,ZigBee 设备可构造为星形网络或者点对点网络,在每个无线网格内链接地址码分为 16 位短地址或者 64 位长地址,具有较大的网络容量。最多可容纳 65 000 个结点,且同一区域可同时存在 100 个 ZigBee 网络。
- 安全性高:为保证 ZigBee 设备之间通信数据的安全保密性,ZigBee 技术采用了密钥长度为 128 位的加密算法,对所传输的数据信息进行加密处理。
- 在无线通信技术上,采用免冲突载波信道接入(CSMA/CA)方式,有效地避免了无线电载波之间的冲突。此外,为保证传输数据的可靠性,建立了完整的应答通信协议。

ZigBee 协议包括网络层、应用支持子层和安全服务提供层。应用层可由用户定义,ZigBee 协议栈结构如图 3.14 所示。其中 ZigBee 定义的网络层功能包括:

- 加入或离开一个网络。
- 信息帧安全。
- 路由机制。
- 路径选择。
- 单跳邻居结点探测。
- 邻居结点信息获取。

ZigBee 定义的应用层包括了应用支持子层(application support sublayer, APS)、应用层框架(application framework)和 ZigBee 设备对象(ZigBee device object, ZDO)。其中,应用支持子层的功能包括:

- 维护关联表 需求服务的设备和提供服务的设备之间的绑定关系。
- 维护绑定设备间的信息。

ZigBee 设备对象的功能包括:

- 定义网络中设备的功能作用(协调器或终端设备等)。
- 对绑定请求进行相应的初始化。
- 为网络设备建立安全的关联关系。

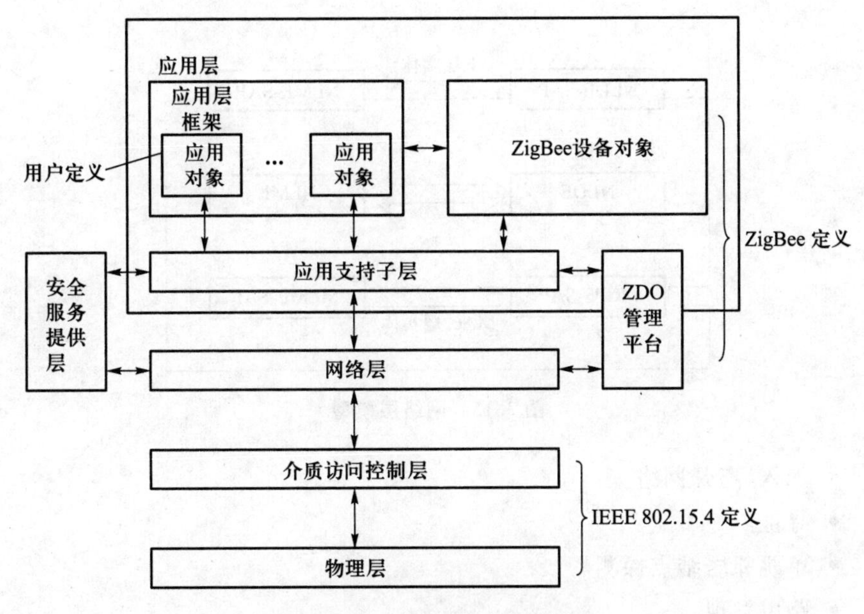


图 3.14 ZigBee 协议栈结构

- 检测网络中的设备并决定是否提供服务。

## 3.5.2 网络层规范

ZigBee 网络层的主要工作是为介质访问控制层与应用层提供服务接口，负责新建网络、连接和断开网络、发现和维护路由等。

网络层为了向应用层提供相应的接口，提供了两个服务实体：网络层数据实体（network layer data entity，NLDE）和网络层管理实体（network layer management entity，NLME），如图 3.15 所示。网络层数据实体通过网络层数据实体服务接入点（NLDE-SAP）提供数据传输服务；网络层管理实体通过网络层管理实体服务接入点（NLME-SAP）提供网络管理服务。此外，网络管理实体还负责对网络信息数据库（NIB）的维护。

网络层数据实体的功能包括：

- 产生网络层协议数据单元。
- 针对不同拓扑结构选择路由策略。

网络层管理实体的功能包括：

- 配置新设备。
- 建立网络。

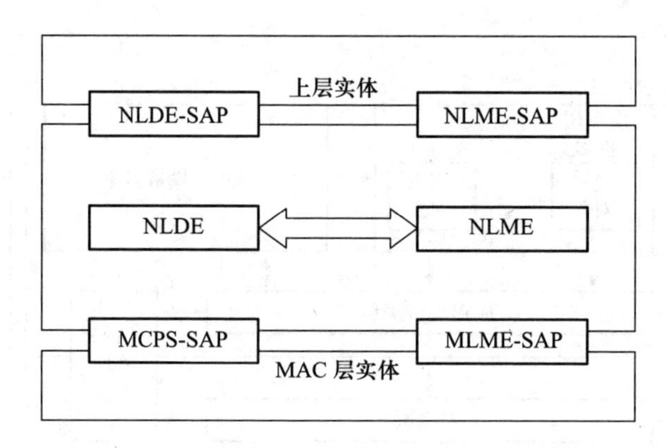


图 3.15　网络层模型

- 加入、离开网络。
- 寻址。
- 单跳邻居结点探测。
- 路由发现。
- 接收控制。

1. 帧结构

一个网络层帧的一般结构由网络层帧首部和有效载荷构成,帧首部由帧控制域和路由域组成,如图 3.16 所示。

<table>
<tr><td>字节</td><td>2</td><td>2</td><td>2</td><td>1</td><td>1</td><td>可变</td></tr>
<tr><td rowspan="2"></td><td rowspan="2">帧控制域</td><td>目的地址</td><td>源地址</td><td>半径域</td><td>序列数</td><td rowspan="2">帧载荷</td></tr>
<tr><td colspan="4">路由域</td></tr>
<tr><td></td><td colspan="5">NWK 帧首部</td><td>NWK 载荷</td></tr>
<tr><td></td><td colspan="6">NPDU</td></tr>
</table>

图 3.16　网络层帧的一般结构

每一帧的具体组成需要根据具体情况来确定,不一定包含所有字段。

(1) 帧控制域

长度 16 b,包括帧类型、协议版本、发现路由等控制字段。帧控制域格式如图 3.17 所示。

- 帧类型:长度 2 b,取值不同代表类型不同。0x00 表示数据帧,0x01 表示命令帧,0x10~0x11 保留。

| 位序 | 0—1 | 2—5 | 6—7 | 8 | 9 | 10—15 |
|---|---|---|---|---|---|---|
| | 帧类型 | 协议版本 | 发现路由 | 保留 | 安全 | 保留 |

图 3.17 帧控制域结构

• 协议版本:表示本协议的版本号作为常数保存在网络层中。

• 发现路由:长度 2 b,0x00 代表进制发现路由;0x01 表示使能发现路由;0x02 表示强制发现路由;0x03 保留。

(2) 路由域

包括目的地址、源地址、半径域和序列数等字段。

• 目的地址:必选字段,由 2 个字节组成,存放目标设备的 16 位网络地址。

• 源地址:必选字段,由 2 个字节组成,存放发送信息帧设备的 16 位网络地址或广播地址 0xFFFF。

• 半径域:必选字段,长度 1 B,用来设定传输半径。

• 序列数:必选字段,长度 1 B,每发送一帧数据自动加 1。

(3) 帧载荷

长度可变,内容由所发送的数据信息决定。

2. 组建新网络及维护

在 ZigBee 网络中,协调器具有允许设备加入网络、离开网络的功能,并给设备分配内部网络地址,维护邻居表等;ZigBee 设备只需要有加入和离开网络的功能。

(1) 建立一个新网络

创建一个新的 ZigBee 网络,其设备必须具有网络协调器的功能。建立一个新网络是通过使用 NLME_NETWORK_FORMATION. request 原语来实现的。网络管理实体向介质访问控制层发送 MLME_SCAN. request 能量检测请求原语对信道进行检测,检测完毕后将检测的结果通过 MLME_SCAN. confirm 确定原语返回给网络层。网络层接收到能量检测成功的结果后便对信道的能量检测值按大小排序,丢弃信道值超出允许水平的信道。对剩余信道扫描发现合适水平的信道,然后网络层选择一个个域网识别码(PANID,用来区别不同的网络),并确定所选择的个域网识别码在所建立的网络中是唯一的。选定个域网识别码后并将其写入 macPANID 属性里。然后网络层管理实体选择一个 0x0000 的 16 位数作为短地址。使用原语将短地址写入 macShortAddress 属性里。最后网络层管理实体发送 MLME_STATRT. request 原语到介质访问控制层,启动这个新的网络。

如果在以上过程中,设备不具有协调器的能力或是没有检测到合适的信道,网络层将会停止网络的启动。

(2) 设备加入及离开网络

一个新的设备通过与已经存在的网络中的协调器或路由器建立连接来实现设备入网,新加入的设备与协调器形成父子关系:先前存在的设备称为父设备,后加入的设备称为子设备。入网过程中,子设备有两种加入网络的方式。第一种是子设备通过主动请求的方式加入网络。当某设备希望加入网络成为一个子设备时,应用层向网络层发送一个 NLME_NETWORK_DISCOVERY. request 原语。然后网络层再向介质访问控制层发送服务请求,开始信道扫描。根据扫描网络的结果,选择一个网络加入。应用层向网络层发送 NLME_JOIN. request 原语。介质访问控制层发送 MLME_ASSCIATE. confirm 原语向网络层报告连接情况。

另外一种连接方式是子设备以直接方式加入网络。这种情况,网络协调器事先已保存了子设备的 64 位扩展地址。开始加入网络时,网络层的上层向网络层发送一个 NLME_DIRECT_JOIN. request 原语,这个原语中包含了一个 64 位的扩展地址。网络层一旦收到该原语,就会检查自己的邻居列表,查看是否有与之相匹配的 64 位地址,如果发现,网络层管理实体就会禁止这个原语;如果没有找到与这个 64 位地址相匹配的值,网络层将本网络内的唯一的 16 位短地址分配给这个子设备。

ZigBee 网络中设备与网络断开有两种方式:一种是子设备向父设备发送请求断开连接,另一种是父设备发起断开命令。

如果子设备希望离开网络,将会发送一个 NLME_LEAVE. request 请求原语,网络层启动断开子设备的操作并返回一个 NLME_LEAVE. confirm 确定原语,同时向父设备发送离开请求。父设备接收子设备离开请求后,查看网络中是否存在该设备,如果存在,从邻居列表中删除该设备,并发送 NLME_LEAVE. indication 原语。

如果父设备要想将子设备与自己断开时,将会发送 NLME_LEAVE. request 请求离开命令,然后断开子设备的 64 位扩展地址。

(3) 地址分配机制

在 ZigBee 网络中采用的是分布式地址分配机制。ZigBee 网络中的设备有两种地址模式,分别为 64 位的长地址和 16 位的短地址。长地址是设备在进入网络之前就已经分配好,而且是全球唯一的。网络中的每一个设备都有一个网内唯一的短地址,它是由父设备分配给子设备的。一个网络中所能包含子设备的最大个数是由协调器确定的，这些子设备包括路由设备和终端设备。每一个终端设备将信息帧传播到 ZigBee 协调器所需要最小跳数就是网络设备到网络协调器的连接深度。协调器自身的连接深度定义为 0，其子设备的连接深度为 1，其他设备的连接深度依据传播跳数确定。在 ZigBee 网络中，网络的最大深度是由协调器决定的。

(4) 设备邻居表

设备邻居表包含了在无线网络中该设备传输范围内覆盖的所有相邻设备信息。存储在邻居表中的信息包括必要信息和可选信息，这些信息描述了设备的不同特性，用于各种目的。邻居表里包含的必要信息有个域网识别码、父设备或子设备的扩展地址、邻居设备的网络地址、设备的类型(其有效值范围为 0x00~0x02，其中，0x00 表示 ZigBee 协调器，0x01 表示 ZigBee 路由器，0x02 表示 ZigBee 终端设备)，以及设备与邻居设备之间的关系(0x00 表示邻居是父设备，0x01 邻居是子设备，0x02 邻居是兄弟设备)。

3. 数据发送

在 ZigBee 网络通过协调器与路由器可以实现帧的多跳传输。路由选择功能包括路由成本、路由表、路由发现等。

(1) 路由成本

路由成本是衡量路由质量的一种量度，与路径中的每条链路有关，是信息所经过的路由中链路成本的总和。定义一个长度为 $L$ 的路径 $P$，该路径包括了一组设备 $[D_1, D_2, \cdots, D_L]$，$[D_i, D_{i+1}]$ 为其中一个子路由，路由成本可由下式计算：

$$C\{P\} = \sum_{i=1}^{L-1} C\{[D_i, D_{i+1}]\} \tag{3-1}$$

其中，$C\{[D_i, D_{i+1}]\}$ 是一个子路段的链路成本，可记作 $C\{L\}$。

(2) 路由表

在 ZigBee 网络中，协调器或路由器对路由表进行监理和维护。路由表中保存一些路由表项，作为路由修复或在路由容量耗尽时使用。一个 ZigBee 路由表中存储的信息见表 3.1。

**表 3.1 路 由 表**

| 域名 | 大小 | 描述 |
| --- | --- | --- |
| 目的地址 | 2 B | 该路由的 16 位目的设备地址 |
| 状态 | 3 b | 路由发现状态 |
| 下一跳地址 | 2 B | 目的设备地址路由的下一跳地址 |

(3) 路由发现

对于一个具有路由能力的结点,当接收到一个从网络层的更高层发出的发送数据帧的请求,且路由表中没有和目的结点对应的条目时,它就会发起路由发现过程。源结点首先创建一个路由请求分组(RREQ),并使用多播(multi-cast)的方式向周围结点进行广播。

如果一个结点发起了路由发现过程,它就应该建立相应的路由表条目和路由发现表条目,状态设置为路由发现中。任何一个结点都可能从不同的邻居结点处收到广播的路由请求分组,收到的结点将进行如下分析:

- 如果是第一次收到这个路由请求分组消息,且消息的目的地址不是自己,则结点会保留这个路由请求分组的消息,用于建立反向路径,然后将这个路由请求分组消息广播出去。
- 如果之前已经接收过这个路由请求分组消息,则表明这是由于网络内多个结点频繁广播产生的多余消息,对路由建立过程没有任何作用,因此结点将丢弃这个消息。
- 如果是目的结点收到路由请求分组消息,则向源结点返回路由请求分组消息。返回的消息中将包含目的结点的地址和所经过的转发结点的地址。

4. 数据发送和接收

当设备与网络建立连接后,才可以向网络内的其他设备发送数据。网络层收到它的上层发送的数据,并将此数据构造成网络层数据帧。构造好网络层数据帧后网络层向介质访问控制层发送数据请求原语 MCPS_DATA. request。介质访问控制层通过发送确认原语 MCPS_DATA. confirm 告知数据发送的结果。

为了能接收数据,接收设备必须启动处于接收状态。应用层向网络层使用 NLNE_SYNC. request 原语使接收设备启动。在使用信标的网络中,此原语使一个设备与它的父设备的下一个信标同步,为此,网络层发送 MLME_SYNC. request 原语到介质访问控制层来完成此操作。在无信标的网络里,网络层使用 MLME_POLL. request 原语来轮询父设备。此时,协调器在最大程度上保证设备在非发送状态时也要处于接收状态。

### 3.5.3 应用层规范

ZigBee 应用层主要包括应用支持子层(APS)、应用层框架和 ZigBee 设备对象(ZDO),以及用户自己定义的应用对象。其中,应用支持子层主要负责维护关联表维护绑定设备间的信息。ZigBee 设备对象则负责定义网络中设备的功能作用,对绑定请求进行相应的初始化,为网络设备建立安全的关联关系,检测网络中的设备并决定是否提供服务。

1. 应用支持子层

应用支持子层是网络层和应用层之间的接口,可以为应用层提供两类服务:

• 应用支持子层数据实体(APSDE):通过服务接入点(APSDE-SAP)在同一个网络中的设备之间提供数据传输服务。

• 应用支持子层管理实体(APSME):通过服务接入点(APSME-SAP)提供网络管理服务,包括设备发现和设备绑定,并维护管理对象的数据库,即应用支持子层信息库(AIB)。

2. 应用层框架

应用对象必须处于应用框架之内,才可以通过 APSDE-SAP 发送和接收数据。应用对象的控制和管理则由 ZigBee 设备对象负责。在应用框架内,最多可定义 240 个不同的对象,每个对象通过 240 个端点中的一个被访问。此外,0 号端点用于 ZigBee 设备对象数据接入端口,255 号端点用于向其他应用对象进行数据广播,剩余的 241~254 保留用于扩展[6]。

3. ZigBee 设备对象

ZigBee 设备对象是一种通过调用网络和应用支持子层原语来实现 ZiBee 规范中规定的 ZigBee 终端设备、ZigBee 路由器和 ZigBee 协调器的应用。

在 ZigBee 协议栈结构中,ZigBee 设备对象处于应用层上,高于应用支持子层,主要完成以下任务:

• 初始化应用支持子层、网络层、安全服务提供层,以及应用层中端点 1~240 之外的 ZigBee 设备层。

• 汇集终端应用配置信息,从而确定和实现设备发现、网络管理、网络安全、绑定管理和结点管理等功能。

### 3.5.4 ZigBee 网络系统的设计开发

1. 系统设计事项

(1) ZigBee 协议栈

协议栈分为有偿和无偿两种。无偿的协议栈能够满足简单应用开发的需求,但不能提供 ZigBee 规范定义的所有服务,有些内容需要用户自己开发。例如,Microchip 公司为产品 PICDEMO 开发套件提供了免费的 MP ZigBee 协议栈;Freescale 公司为产品 13192DSK 套件提供了 Smac 协议栈。

有偿的协议栈能够完全满足 ZigBee 规范,提供丰富的应用层软件实例、强大的协议栈配置工具和应用开发工具。一般的开发板都提供有偿协议栈的有限使用权,如购买 Freescale 公司的 13192DSK 和 TI 公司的 Chipcon 开发套件,可以获得 Z-Stack 和 Z-Trace 等工具的 90 天使用权。

(2) ZigBee 芯片

目前芯片厂商提供的主流 ZigBee 控制芯片在性能上大同小异,比较流行的有 Freescale 公司的 MCI3192 和 Chipcon 公司的 CC2420。它们在性能上基本相同,两家公司提供的免费协议栈 MCI3192-802.15 和 MpZBee v1.0—3.3 都可以实现树形网、星形网和 Mesh 网。

ZigBee 芯片和微处理器之间的配合是主要问题,每个协议栈都是在某个型号或者序列的微处理器和 ZigBee 芯片配合的基础上编写的。如果要把协议栈移植到其他的微处理器上运行,需要对协议栈的物理层和介质访问控制层进行修改,在开发初期这会非常复杂。因此芯片型号的选择应与厂商的开发板一致。

对于集成了射频部分、协议控制和微处理器的 ZigBee 单芯片,以及 ZigBee 协议控制与微处理器相分离的两种结构,从软件的开发角度来看,它们并没有什么区别。以 CC2430 为例,它是 CC2420 和增强型 8051 单片机的结合,所以对开发者来说,选择 CC2430 或者选择 CC2420 加增强型 8051 单片机,在软件设计上是没有什么区别的。

(3) 硬件开发

ZigBee 应用大多采用四层板结构,可以满足良好的电磁兼容性能要求。天线分为内置天线和外置增益天线,多数开发板都使用内置天线。在实际应用中外置增益天线可以大幅度提高网络性能,包括传输距离、可靠性等,但同时也会增大体积,需要均衡考虑。制版和天线的设计都可以参考主要芯片厂商提供的参考设计。

射频芯片和控制器通过串行外部接口(serial peripheral interface,SPI)和一些控制信号线相连接。控制器作为串行外部接口主设备,射频芯片为从设备。控制器负责 IEEE 802.15.4 介质访问控制层和 ZigBee 部分的工作。协议栈集成完善的射频芯片的驱动功能,用户无须处理这些问题。通过非串行外部接口控制信号驱动所需要的其他硬件,如各种传感器和伺服器等。

微控制器可以选用任何一款低功耗单片机,但程序和内存空间应满足协议栈要求。射频芯片可以选用任何一款满足 IEEE 802.15.4 要求的芯片,通常可以使用 Chipcon 公司的 CC2420 射频芯片。硬件在开发初期应以厂家提供的开发板作为基础进行制作,在能够实现基本功能后再进行设备精简或者扩充。

2. 软件设计过程

Zigbee 网络系统的软件设计主要过程如下。

(1) 建立 Profile 文件

Profile 文件是关于逻辑器件及其接口的定义,约定了结点间进行通信时的应用层消息。ZigBee 设备生产厂家之间通过共用 Profile 实现互操作性。开发新的应用可以使用已经发布的 Profile 文件,也可以由开发者建立 Profile 文件。开发者建立自己的 Profile 需要经过 ZigBee 联盟认证和发布,相应的应用才有可能是 ZigBee 应用。

(2) 初始化

包括 ZigBee 协议栈的初始化和外围设备的初始化。在初始化协议栈之前,需要先进行硬件初始化。例如,首先要对 CC2420 和单片机之间的串行外部接口进行初始化,然后对连接硬件的端口进行初始化,如连接 LED、按键、A/D 和 D/A 等元件的接口。

在硬件初始化完成后,就要对 ZigBee 协议栈进行初始化。此步骤决定了设备类型、网络拓扑结构、通信信道等重要的 ZigBee 特性。一些公司的协议栈提供专用的工具对这些参数进行设置,如 Microchip 公司的 ZENA,Chipcon 公司的 SmartRf 等。如果没有这些工具,就需要参考 ZigBee 规范在程序中进行人工设置。

完成以上初始化后,开启中断,程序进入循环检测,等待某个事件触发协议栈状态改变并进行相应处理。每次处理完事件,协议栈又重新进入循环检测状态。

(3) 编写应用层代码

ZigBee 设备需要设置一个变量来保存协议栈当前执行的原语。不同的应用代码通过 ZigBee 和 IEEE 802.15.4 定义的原语与协议栈进行交互。应用层代码通过改变当前执行的原语,使协议栈进行某些工作。而协议栈也可以通过改变当前执行的原语,通知应用层需要完成的工作。

通过调用 ZigBee 任务处理函数可以改变协议栈状态,并对某条原语进行操作,这时程序将连续执行整条原语的操作,或者响应一个应用层原语。协议栈一次只能处理一条原语,所以所有原语用一个集合表示。每次执行完一条原语后,必须设置下一条原语作为当前执行的原语,或者将当前执行的原语设置为空,以确保协议栈保持工作。

总之,应用层代码需要做的工作就是改变原语,或者对原语的改变作相应的动作。

## 3.6 CC2420芯片

CC2420是Chipcon公司推出的符合IEEE 802.15.4标准的2.4 GHz射频收发器芯片,是第一款适用于ZigBee产品的射频器件。它基于Chipcon公司的SmartRF 03技术,以0.18 μm CMOS工艺制成,只需极少外部元器件,性能稳定且功耗极低。CC2420的选择性和敏感性指数超过了IEEE 802.15.4标准的要求,可确保短距离通信的有效性和可靠性。利用此芯片开发的无线通信设备支持数据传输速率达到250 Kb/s,可以实现多点对多点的快速组网。

CC2420的主要性能参数如下[7]:

- 工作频带范围2.400~2.483 5 GHz;
- 采用IEEE 802.15.4规范要求的直接序列扩频方式;
- 数据传输速率达250 Kb/s,码片速率达2 MChip/s;
- 采用偏置四相移相键控(O-QPSK)调制方式;
- 超低电流消耗(接收为19.7 mA,发送为17.4 mA),高接收灵敏度(-99 dBm);
- 抗邻频道干扰能力强(39 dB);
- 内部集成有压控振荡器(voltage controlled oscillator,VCO)、低噪声放大器(low noise amplifier,LNA),电源整流器采用低电压供电(2.1~3.6 V);
- 输出功率编程可控;
- IEEE 802.15.4介质访问控制层硬件可支持自动帧格式生成、同步插入与检测、16位CRC校验、电源检测、完全自动介质访问控制层安全保护;
- 与控制微处理器的接口配置容易(4总线串行外设接口);
- 开发工具齐全,提供开发套件和演示套件;
- 采用QLP-48封装,外形尺寸为7 mm × 7 mm。

### 3.6.1 CC2420芯片的内部结构

图3.18是CC2420的内部功能模块图。CC2420从天线接收射频信号后,首先经过低噪声放大器(LNA),然后正交下变频到2 MHz的中频,形成中频信

号的同相分量和正交分量。两路信号经过滤波和放大后,直接通过模/数转换器(ADC)转换成数字信号。后继的处理,如自动增益控制、最终信道选择、解调,及字节同步等,都是以数字信号的形式处理的。

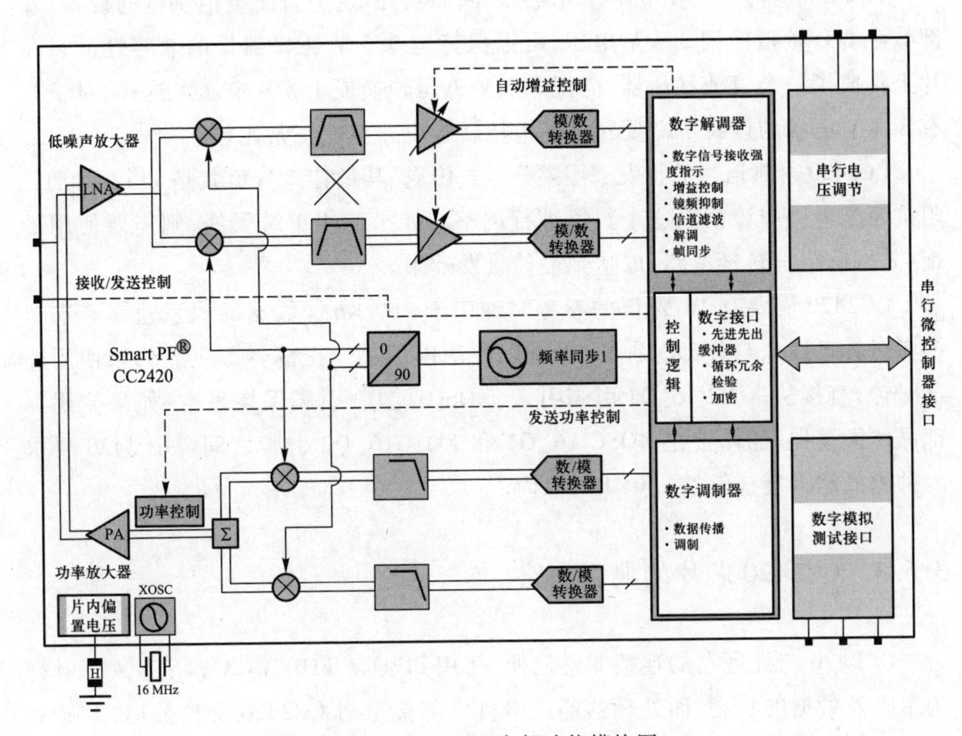


图 3.18 CC2420内部功能模块图

当CC2420的SFD引脚为低电平时,表示接收到了物理帧的帧起始分隔符(SFD)字节。接收的数据存放在128 B的接收先进先出(first in first out,FIFO)缓存区中,帧的循环冗余检验(CRC)由硬件完成。

CC2420的FIFO缓存区保存介质访问控制层帧的长度、介质访问控制层帧头和介质访问控制层帧负载数据三部分,而不保存帧校验码。CC2420发送数据时,数据帧的前导序列、帧开始分隔符和帧检验序列由硬件产生;接收数据时,这些部分只用于帧同步和CRC校验,而不会保存到接收FIFO缓存区。

CC2420发送数据时,使用直接正交上变频。基带信号的同相分量和正交分量直接被数/模转换器转换为模拟信号,通过低通滤波器后直接变频到设定的信道上。

### 3.6.2 CC2420芯片的外围电路

CC2420内部使用1.8 V工作电压,因而功耗低,适合于电池供电的设备;外部数字I/O接口使用3.3 V电压,可以保持与3.3 V逻辑器件的兼容性。它在片上集成了一个直流稳压器,能把3.3 V电压转换成1.8 V电压。这样,对于只有3.3 V电源的设备不需要额外的电压转换电路就能正常工作。

CC2420射频信号的收发采用差分方式传送,其最佳差分负载是115+j180 Ω,阻抗匹配电路应该根据这个数值进行调整。如果使用单端天线,则需要使用平衡/非平衡阻抗转换电路,以达到最佳收发效果。

CC2420需要有16 MHz的参考时钟用于250 Kb/s数据的收发速率。这个参考时钟可以来自外部时钟源,也可以使用内部晶体振荡器产生。如果使用外部时钟,直接从XOSC16_Q1引脚引入,XOSC16_Q2引脚保持悬空;如果使用内部晶体振荡器,晶体接在XOSC 16_Q1和XOSC16_Q2引脚之间。CC2420要求时钟源的精准度应该在$\pm40\times10^{-6}$以内。

### 3.6.3 CC2420芯片的典型电路

CC2420与处理器的连接非常简便,使用FIFO、FIFOP、CCA和SFD 4个引脚表示收发数据的状态;而处理器通过串行外部接口与CC2420交换数据,发送命令等。

FIFO和FIFOP引脚标识接收FIFO缓存区的状态。如果接收FIFO缓存区有数据,FIFO引脚输出高电平;如果接收FIFO缓存区为空,FIFO引脚输出低电平。FIFOP引脚在接收FIFO缓存区的数据超过某个临界值时或者在CC2420收到一个完整的帧以后输出高电平。临界值可以通过CC2420的寄存器设置。

CCA引脚在信道有信号时输出高电平,它只在接收状态下有效。在CC2420进入接收状态至少8个符号(symbol)周期后才会在CCA引脚上输出有效的信道状态信息。

CC2420收到物理帧的帧起始分隔符字段后,会在SFD引脚输出高电平,直到接收完该帧。如果启用了地址辨识,在地址辨识失败后,SFD引脚立即转为输出低电平。

串行外部接口(SPI)由CSn、SI、SO和SCLK 4个引脚构成。处理器通过串行外部接口访问CC2420内部寄存器和存储区。在访问过程中,CC2420是串行外部接口的从设备，接收来自处理器的时钟信号和片选信号，并在处理器的控制下执行输入/输出操作。串行外部接口接收或发送数据时都与时钟下降沿对齐。图 3.19 是 CC2420 与处理器连接的一个实例。

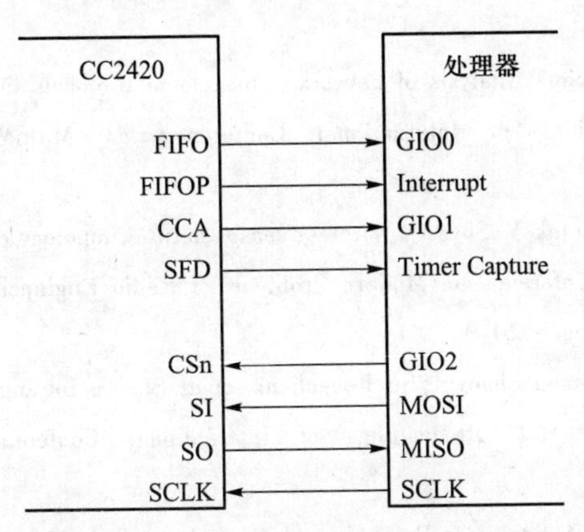


图 3.19 CC2420 与处理器接口的实例

## 本章小结

无线传感器网络是面向应用的网络技术，不同的应用背景对网络的性能有不同的要求，所以在传感器网络中很难形成统一的协议标准。ZigBee 协议在 IEEE 802.15.4 所定义的物理层和数据链路层标准的基础上，对上层的协议进行了扩充，二者之间存在紧密的依存关系，为无线传感器网络提供了低成本、低功耗且应用简单的网络标准。

## 思考题

1. 无线传感器网络的路由协议分为哪几大类？具体特点是什么？

2. 无线传感器网络的路由协议具有哪些主要功能？

3. 无线传感器网络结点的能耗主要由哪两个组件产生？结合电路结构讨论如何降低传感器结点的能耗。

4. ZigBee 协议具有哪些特点？

# 参考文献

[1] Zhang Bin,Li Guohui. Analysis of network management protocols in wireless sensor network [C]. Proceeedings of International Conference on MultiMedia and Information Technology,2008

[2] Olexandr Z,Romanjuk V,Sova O. Wireless sensor network topology control[C]. Proceeedings of International Conference on Modern Problems of Radio Engineering, Telecommunications and Computer Science,2010

[3] Yin Changqing,Huang Shaoyin, Su Pengcheng, et al. Secure routing for large-scale wireless sensor networks [C]. Proceedings of International Conference on Communication Technology,2003

[4] Haapola J,Shelby Z,Pomalaza-Raez C,et al. Cross-layer energy analysis of multihop wireless sensor networks[C]. Proceeedings of the Second European Workshop on Wireless Sensor Networks,2005

[5] Eady F. Hands-on ZigBee Implementing 802.15.4 with Microcontrollers [M]. Oxford: Elsevier,2007

[6] Li Changjiang, Wang Yufen, Guo Xiaojuan. The application research of wireless sensor network based on ZigBee[C]. Proceedings of Second International Conference on Multimedia and Information Technology,2010

[7] CC2420 2.4 GHz IEEE 802.15.4/ZigBee-ready RF Transceiver, Chipcon Products from Texas Instruments

# 第4章　无线传感器网络支撑技术

本章所介绍的无线传感器网络支撑技术包括了结点间的时间同步技术、传感器结点的定位技术、传感器网络对采集的数据进行融合处理的技术、数据管理技术,以及网络的安全机制。

其中,时间同步技术用于协调结点之间的时钟,保证网络协调有序的运行;定位技术用于对特定点的位置进行确定,以获得更加准确的信息;数据融合技术避免了大量冗余信息在网络中传递,节省了网络资源;数据管理可以针对用户感兴趣的信息进行特定的服务;安全机制对于传感器网络这类开放的无线网络是必不可少的保护。

## 4.1　时间同步技术

无线传感器网络是一个典型的分布式系统,每一个结点都有自己的本地时钟,结点时钟同步是无线传感器网络的一项支撑技术,无线传感器网络的许多实际应用与关键技术都离不开网络结点之间的时钟同步。例如,在无线传感器网络的多传感器融合应用中,为了减少网络通信以降低能耗,通常需要将传感器结点采集的目标数据在网络传输过程中进行必要的融合,而进行融合的先决条件就是网络中的结点必须拥有相同的时间标准来保证数据的一致性。无线传感器网络结点定位通常依赖于结点的时钟同步,在基于测距的定位中,如果结点之间能够保持时钟同步,那么就很容易确定声波等信号的传输时间。在低能耗介质访问控制层协议的设计过程中,为了减少能量消耗,通常通过调节占空比实现时分多路访问(TDMA)的调度算法,这就需要参与通信的双方先实现时钟同步,并且同步精度越高,相应的功耗也将越低[1]。

### 4.1.1 传感器网络的时间同步机制

分布式时间同步涉及物理时间和逻辑时间两个概念。物理时间用来表示人类社会使用的绝对时间;逻辑时间表达事件发生的顺序关系,是一个相对的时间概念。分布式系统通常需要一个表示整个系统时间的全局时间,全局时间根据需要可以是物理时间或逻辑时间。

1. 影响传感器网络时间同步的因素

无线传感器网络中结点的本地时钟计时是通过晶体振荡器(简称晶振)的计数中断实现的。晶振的频率误差和初始计时时刻的不同会导致结点之间的本地时钟不同步。即使结点在初始时刻达到时间同步,但是由于外界环境温度、电磁干扰等的影响都会导致结点的时钟产生偏差。要使整个无线传感器网络内每一个结点的时间保持一致是不可能的,也做不到绝对的时间同步。

影响时间同步的主要因素是时间同步消息在网络中的传输延迟。从发送结点到接收结点的关键路径上的传输延迟主要可以分为4个部分:

① 发送时间:发送结点生成时间同步信息所用的时间,其中包括上下文切换等各种时间延迟和协议处理时间等;

② 访问时间:发送结点在等待信道空闲并占用信道的时间;

③ 传播时间:同步消息从发送结点到接收结点所需的时间;

④ 接收时间:接收结点从信道接收消息和通知主机消息到达所需要的时间。

2. 传统的网络时间同步方法

时间同步机制在传统网络中已经得到广泛应用,如网络时间协议(network time protocol,NTP)是因特网采用的时间同步协议,全球定位系统(GPS)、无线测距等技术也用来提供网络的全局时间同步。在传感器网络应用中同样需要时间同步机制,例如,时间同步能够用于形成分布式波束系统、构成时分多路调度机制和多传感器结点的数据融合。在结点间时间同步的基础上,用时间序列的目标位置检测可以估计目标的运行速度和方向,通过测量声音的传播时间能够确定结点到声源的距离或声源的位置。

网络时间协议在因特网上已经广泛使用,具有精度高、鲁棒性好和易扩展等优点,但是它依赖的条件在传感器网络中难以满足。例如,网络时间协议应用在已有的有线网络中,是基于网络链路失败的概率很小,而传感器网络中无线链路通信质量受环境影响往往较差,甚至时常失败;网络时间协议的网络结构相对稳定,便于为不同位置的结点手工配置时间服务器列表,而传感器网络的拓扑结构动态变化,简单的静态手工配置无法适应这种变化;网络时间协议中时间基准服务器间的同步无法通过网络自身来实现,需要其他基础设施的协助,如全球定位系统或无线电广播报时系统,而在传感器网络的有些应用中,无法取得相应基础设施的支持;网络时间协议需要通过频繁交换消息来不断校准时钟频率偏差带来的误差,并通过复杂的修正算法消除时间同步消息在传输和处理过程中的非确定因素干扰,中央处理器(central processing unit,CPU)使用、信道监听和占用都不受任何约束,而传感器网络存在资源约束,必须考虑能量消耗。

全球定位系统能够以纳秒级精度与世界协调时(universal time coordinated,UTC)保持同步,但需要配置高成本的接收机。另外,在室内、森林或水下等有障碍的环境中无法使用全球定位系统。如果用于军事目的,没有主控权的全球定位系统也是不可依赖的。在传感器网络中只可能为极少数结点配备全球定位系统接收机,这些结点为传感器网络提供基准时间。

无线传感器网络中的时间同步机制分为三类:一是基于 Receiver-Receiver(接收者-接收者)同步的算法,主要包括参考广播同步(reference broadcast synchronization,RBS)算法;二是基于 Sender-Receiver(发送者-接收者)同步算法,如传感器网络时间同步协议(timing-sync protocol for sensor networks,TPSN)、Tiny-sync 算法和 Mini-sync 算法;三是以 DMTS 和 TFSP 等算法为典型算法的基于发送者的同步算法[2]。

### 4.1.2 基于接收者-接收者机制的时间同步算法

参考广播同步(RBS)是 J. Elson 等人提出,基于接收者-接收者机制,实现接收结点之间时间同步的算法。该算法中,结点发送参考消息给邻居结点,这个参考消息并不包含时间戳,消息的准确发送时刻和消息到达每个结点的传播时刻也并不重要,参考广播同步算法中最关键的就是时间同步消息传播时间的差值。它的到达时刻被接收结点用作参考,来对比本地时钟。此算法并不是同步发送者和接收者,而是使接收者彼此同步。其基本思想为:一个参考结点周期性地向其邻居结点发出参考广播报文,每个邻居结点记录并缓存报文的到达时刻。任意两个结点需要同步时,交换保存在缓冲区中的时间信息,两个接收时间的差值相当于两个接收结点之间的时间差。可采用最小方差线性拟合的方法估算出两者之间的初始相位差和频率差,从而得到两者之间的时间转换函数,其中一个接收结点根据这个时间差调整本地时间。

参考广播同步算法比传统的时间同步机制提供更高的同步精确,其优点是显而易见的,即能够消除由发送结点引起的时间同步误差。但是,由于参考广播同步算法的复杂度较大,导致时间消息交换次数较多,网络开销也不可避免地加大,其能耗是比较高的。

### 4.1.3 基于发送者-接收者的时间同步算法

1. 传感器网络时间同步协议

传感器网络时间同步协议(TPSN)类似于传统网络的网络时间同步协议,目的是提供传感器网络全网范围内结点间的时间同步。在网络中有一个与外界通信获取外界时间的结点称为根结点,根结点可装配如GPS接收机的复杂硬件部件,并作为整个网络系统的时钟源。传感器网络时间同步协议采用层次化网络结构,首先将所有结点按照层次结构进行分级,然后每个结点与上一级的一个结点进行时间同步,最终所有结点都与根结点时间同步。结点对之间的时间同步是基于发送者-接收者的同步机制。

(1) 传感器网络时间同步协议的操作过程

传感器网络时间同步协议假设每个传感器结点都有唯一的识别码,结点间的无线通信链路是双向的,通过双向的消息交换实现结点间的时间同步。传感器网络时间同步协议将整个网络内所有结点按照层次结构进行管理,负责生成和维护层次结构。很多传感器网络依赖网内处理,需要类似的层次化结构,如TinyDB需要数据融合树,这样整个网络只需要生成和维护一个共享的层次结构。传感器网络时间同步协议包括两个阶段,第一个阶段生成层次结构,每个结点赋予一个级别,根结点赋予最高级别第0级,第$i$级的结点至少能够与一个第($i-1$)级的结点通信;第二个阶段实现所有树结点的时间同步,第1级结点同步到根结点,第$i$级的结点同步到第($i-1$)级的一个结点,最终所有结点都同步到根结点,实现整个网络的时间同步。下面说明该协议的这两个阶段。

第一阶段称为层次发现阶段(level discovery phase)。在网络部署后,根结点通过广播级别发现(level_discovery)分组启动层次发现阶段,级别发现分组包含发送结点的识别码和级别。根结点的相邻结点收到根结点发送的分组后,将自己的级别设置为分组中的级别加1,即为第1级,建立它们自己的级别,然后广播新的级别发现分组,其中包含的级别为1。结点收到第$i$级结点的广播分组后,记录发送这个广播分组的结点识别码,设置自己的级别为($i+1$),广播级别设置为($i+1$)的分组。这个过程持续下去,直到网络内的每个结点都赋予一个级别。结点一旦建立自己的级别,就忽略任何其他级别发现分组,以防止网络产生洪泛拥塞。

第二阶段称为同步阶段(synchronization phase)。层次结构建立以后,根结点通过广播时间同步(time_sync)分组启动同步阶段。第1级结点收到这个分组后,各自分别等待一段随机时间,通过与根结点交换消息同步到根结点。第2级结点侦听到第1级结点的交换消息后,后退和等待一段随机时间,并与它在层次发现阶段记录的第1个级别的结点交换消息进行同步。等待一段时间的目的是保证第2级结点在第1级结点时间同步完成后才启动消息交换。这样,每个结点与层次结构中最靠近的上一级结点进行同步,最终所有结点都同步到根结点。

(2) 相邻级别结点间的同步机制

相邻级别的两个结点对间通过交换两个消息实现时间同步,如图4.1所示。其中,结点$S$属于第$i$级结点,结点$R$属于第$(i-1)$级结点,$T_1$和$T_4$表示结点$S$本地时钟在不同时刻测量的时间,$T_2$和$T_3$表示结点$R$本地时钟在不同时刻测量的时间,$\Delta$表示两个结点之间的时间偏差,$d$表示消息的传播时延,假设来回消息的延迟是相同的。结点$S$在$T_1$时刻发送同步请求分组给结点$R$,分组中包含$S$的级别和$T_1$时刻,结点$R$在$T_2$时刻收到分组,$T_2=(T_1+d+\Delta)$。然后在$T_3$时刻发送应答分组给结点$S$,分组中包含结点$R$的级别,以及$T_1$、$T_2$和$T_3$信息,结点$S$在$T_4$时刻收到应答,$T_4=(T_3+d-\Delta)$,因此可以推出:

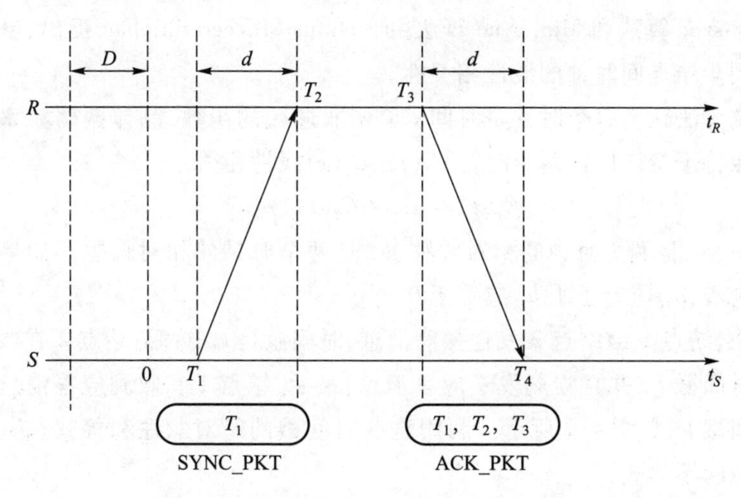


图4.1 传感器网络时间同步协议中相邻级别结点间同步的消息交换

$$\Delta = \frac{(T_2 - T_1) + (T_3 - T_4)}{2} \tag{4-1}$$

$$d = \frac{(T_2 - T_1) - (T_3 - T_4)}{2} \tag{4-2}$$

结点 $S$ 在计算时间偏差后,将它的时间同步到结点 $R$。

在发送时间、访问时间、传播时间和接收时间 4 个消息延迟组成部分中,访问时间往往是无线传输消息时延中最具不确定性的因素。为了提高两个结点间的时间同步精度,传感器网络时间同步协议在介质访问控制层消息开始发送到无线信道的时刻,才给同步消息加上时间戳,消除了访问时间带来的时间同步误差。传感器网络时间同步协议考虑了传播时间和接收时间,利用双向消息交换计算消息的平均延迟,提高了时间同步的精度。

传感器网络时间同步协议能够实现全网范围内结点的时间同步,同步误差与跳数距离成正比增长。它实现短期间的全网结点时间同步,如果需要长时间的全网结点时间同步,则需要周期性执行传感器网络时间同步协议进行重同步,两次时间同步的时间间隔根据具体应用确定。另外,传感器网络时间同步协议可以与后同步策略结合使用。传感器网络时间同步协议的一个显著不足是没有考虑根结点失效问题。新的传感器结点加入网络时,需要初始化层次发现阶段,级别的静态特性减少了算法的鲁棒性。

2. Tiny-sync 算法和 Mini-sync 算法

Tiny-sync 算法和 Mini-sync 算法由 Sichitiu 和 Veerarittiphan 提出,基本思想是基于同步结点间时钟的线性相关性。

传统算法认为每个时钟是时间 $t$ 单调非递减的函数,晶体振荡频率在较长时间内保持不变。假设两个时钟 $C_1(t)$、$C_2(t)$线性相关:

$$C_1(t) = a_{12} \times C_2(t) + b_{12} \tag{4-3}$$

其中,$a_{12}$是两个时钟的相对漂移,$b_{12}$是两个时钟的相对偏差。如果两个时钟精确同步,$a_{12}$应等于 1,$b_{12}$应等于 0。

首先,结点 1 给结点 2 发送探测消息,时间戳是 $t_0$;然后,结点 2 在收到消息后产生时间戳 $t_b$,并且立刻发送应答消息;最后,结点 1 在收到应答消息的时刻产生时间戳 $t_r$,如图 4.2 所示。利用这些时间戳的绝对顺序和等式(4-3)可以得到下面的不等式:

$$t_0 < a_{12} \times t_b + b_{12} \tag{4-4}$$

$$t_r > a_{12} \times t_b + b_{12} \tag{4-5}$$

称 3 个时间戳 $t_0$、$t_b$、$t_r$ 为数据点。式(4-4)、式(4-5)描述了数据点在 $a_{12}$

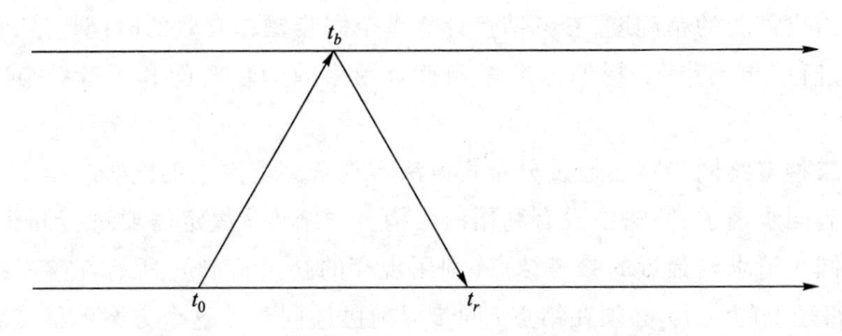


图 4.2 消息的交换过程

和 $b_{12}$上的约束。通过多次的信息交换过程，参数 $a_{12}$和 $b_{12}$应满足下面的关系式：

$$a_{12下} \leqslant a_{12} \leqslant a_{12上} \tag{4-6}$$

$$b_{12下} \leqslant b_{12} \leqslant b_{12上} \tag{4-7}$$

其中，$a_{12上}$和 $a_{12下}$分别给出相对漂移的上界和下界，$b_{12上}$和 $b_{12下}$分别给出相对偏差的上界和下界。

可以通过求解包含所有数据点限制的线性规划问题，得到 $a_{12}$和 $b_{12}$最优化的限制条件。但是，这个方法对于传感器网络过于复杂，需要较大的通信量、计算量和存储空间，不适用于传感器网络。

Tiny-sync 算法在每次获得新的数据点时，将其与以前的数据点比较，如果新的数据点计算出的误差大于以前数据点计算的误差，则抛弃新的数据点；否则，采用新的数据点，抛弃旧的数据点。Tiny-sync 算法仅需存储 3~4 个数据点的信息。Mini-sync 算法是 Tiny-sync 算法的延伸，在 Tiny-sync 算法忽略的数据点中，将可能在以后提供较好边界条件的数据点保存下来。

Tiny-sync 和 Mini-sync 是两个轻量的时间同步算法，通过交换少量信息，能够提供具有确定误差上限的频偏和相偏估计，所占用的网络通信带宽、存储容量、处理能力等资源较少，能较好地满足无线传感器网络的需求。

3. 基于生成树的轻量时间同步算法

基于生成树的轻量时间同步算法(lightweight tree-based synchronization，LTS)是由 Greunen. J 和 Rabaey. J 提出的，与其他算法最大的区别是该算法的目的并不是提高精确度，而是减小时间同步的复杂度，最小化同步的能量开销。

第一种算法是集中算法，该算法首先构造低深度的生成树，然后以根结点为参考结点，同步其邻居子结点启动时间同步过程，每个子结点再与自己的子结点同步，同步沿着树的叶结点逐级进行，最终达到全网同步。通过假设时钟漂移被限定和给出需要的精确度，参考结点计算单个同步操作有效的时间周期，如果需要可以进行"再同步"。树的深度影响整个网络的同步时间和子叶结点的精确度误差。

第二种多跳同步算法通过分布式方法实现全网范围内的同步。每个结点都可以发起同步请求，算法中没有利用树结构。当结点 $i$ 决定需要进行同步时，发送一个同步请求给最近的参考结点（利用现存的路由机制），所有在参考结点到结点 $i$ 路径上的结点，必须在结点 $i$ 同步以前已经同步。这个方案的优点就是一些中间结点被动地实现了时间同步，可以减少产生同步请求。此外，任何结点希望同步的时候，询问相邻结点是否存在未决的请求，如果存在，这个结点的同步请求将和未决的请求聚合，减少由于两个独立的同步沿着相同路径引起的时间消耗。

当所有结点需要同时进行同步时，集中式算法更为高效；当部分结点需要频繁同步时，分布式算法较为优越。实际应用时可根据需要，选择不同的机制进行时间同步。

4. 平均时间同步协议

平均时间同步（average time synchronization，ATS）协议是由清华大学提出的，主要思想是：给定一个簇，假设簇内成员之间能够相互通信，簇头结点收集簇内各成员结点的本地时间，取平均值后作为全局时间通知各成员结点，簇头结点和各成员结点根据全局时间调整本地时钟。

自适应平均时间同步（adaptive-ATS）协议的主要思想：在平均时间同步协议的基础上，增加了协议的适应性和可扩展性。簇头结点维护一张表（PEtable），表中记录了某些常用的同步周期及相应的误差上限，用户可以根据所要求的误差，查表得出最适合的同步周期进行调整。但在实际应用中，用户要求的误差不可能都能够查表得到，这时采用满足误差要求的最长周期，以节省能量。

算法优点：精度提高，在簇头结点轮换过程中仍能保持全局时间的连续性，能耗降低，适应性和可扩展性提高。算法缺点：对存储能力有一定要求，且不适用于大规模传感器网络。

### 4.1.4　基于发送者的同步算法

延迟测量时间同步（delay measurement time synchronization，DMTS）机制基于同步消息在传输路径上所有延迟的估计，实现结点间的时间同步。

（1）延迟测量时间同步机制的基本原理

在延迟测量时间同步机制中，选择一个结点作为时间主（leader）结点广播同步时间。所有接收结点测量这个时间广播分组的延迟，设置它的时间为接收到分组携带的时间加上这个广播分组的传输延迟，这样所有接收广播分组的结点都与主结点进行时间同步。时间同步的精度主要由延迟测量的精度所决定。

延迟测量时间同步机制的时间广播分组的传输过程如图 4.3 所示。主结点在检测到信道空闲时，给广播分组加上时间戳 $t_0$，用来去除发送端的处理延迟和介质访问控制层的访问延迟。在发送广播分组前，主结点需要发送前导码和起始字符，以便接收结点进行接收同步，根据发送的信息位个数 $n$ 和发送每比特位需要的时间 $t$，可以估计出前导码和起始字符的发送时间为 $nt$。接收结点在广播分组到达时刻加上时间戳 $t_1$，并在调整自己的时钟之前时刻再记录时间 $t_2$，接收端的接收处理延迟就是（$t_2-t_1$）。这样，如果忽略无线信号的传播延迟，接收结点从 $t_0$ 时刻到调整时钟前的时间长度约为 $nt+(t_2-t_1)$。因此，接收结点为了与发送结点时钟同步，调整其时钟为 $t_0+nt+(t_2-t_1)$。

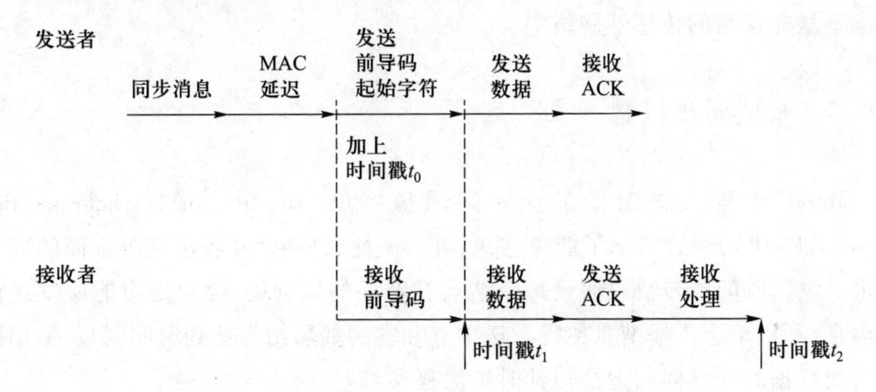


图 4.3　延迟测量时间同步机制广播分组的传输过程

延迟测量时间同步机制通过使用单个广播时间分组，能够同步单跳广播域内的所有结点，同时无须复杂的运算和操作，是一种轻量的（lightweight）能量有效的时间同步机制。

（2）延迟测量时间同步机制应用网络同步

延迟测量时间同步机制在多跳网络中采用层次化分级结构实现全网内所有结点的时间同步，为此定义了时间源级别的概念，时间源级别用来表示结点到时间主结点的跳数距离。每个结点都有一个时间源级别：时间主结点的级别是 0；与时间主结点相邻的结点，即时间主结点一跳范围内的结点属于级别 1；与级别

$i$ 结点相邻的结点,也就是到时间主结点的跳数为($i$+1)的结点属于级别($i$+1);以此类推每个结点的级别。时间主结点周期性广播它的时间,与主结点直接或间接同步的结点在给定时间内广播且仅广播一次它的时间。在一段时间间隔内,结点收到时间广播分组时,检查发送该分组的结点级别是否低于自己的级别。如果是,就与这个广播时间进行同步;否则,丢弃该分组。这样,主结点的时间以最小跳数传播到整个网络内的所有结点,并且全网内时间广播分组的总个数达到最少,等于网络内所有结点的个数之和,没有任何冗余数据包传输。因此,在结点最大级别为 $N$ 的传感器网络中,时间同步的最大误差是单跳同步误差的 $N$ 倍。由于多跳网络的每一跳误差可能为正也可能为负,多跳同步误差的总和可以抵消部分单跳误差。

在传感器网络应用中,往往需要传感器结点与外部时间进行同步,这就要求时间主结点能够与外部网络通信,从而获得世界协调时的值。通常选择基站作为默认的时间主结点,因为它有更好的能源支持,并且便于与外部网络相连和通信。时间主结点选取也可以采用结点识别码最小的策略。延迟测量时间同步机制在实现复杂度、能量高效与同步精度之间进行了折中,能够应用在对时间同步要求不是非常高的传感器网络中。

### 4.1.5 其他同步机制

Maroti M 等人提出了洪泛时间同步协议(flooding time synchronization protocol,FTSP),综合考虑了能量感知、可扩展性、鲁棒性和收敛性等方面的同步要求。洪泛时间同步协议假设每个结点有唯一的识别码,无线信道能够发送广播消息,利用单个广播消息使得发送结点和它的邻居结点达到时间同步,采用同步时间数据的线性回归方法估计时钟漂移和偏差。

多跳网络的洪泛时间同步协议采用层次化结构,根结点就是选中的同步源。根结点属于级别 0,根结点广播域内的结点属于级别 1,以此类推,级别 $i$ 的结点同步到级别($i$-1)的结点。所有结点周期性广播时间同步消息维持时间同步层次结构,1 级结点在收到根结点的广播消息后时间同步到根结点;同样,2 级结点在收到 1 级结点的广播消息后同步到 1 级发送结点;以此类推,最后网络叶结点获得同步时间。

洪泛时间同步协议制还考虑了根结点选择、链路失败、根结点失败、拓扑结构变化、冗余信息和多个根结点等方面的问题。每个结点通过一段时间的侦听和等待同步消息,进入时间同步的初始化阶段。如果收到同步消息,结点用新的时间数据更新线性回归表。如果没有收到消息,结点宣布自己是根结点。结点初始化后的主要同步操作是接收同步消息,更新回归表进行新的时间漂移估计,以及周期性广播同步消息。

结点在一段时间内没有收到新的同步消息后就宣布自己为根结点,这就有可能存在多个结点同时宣布自己为根结点而产生冲突。解决冲突的办法是选择标识符编号最小的结点作为根结点。如果新的全局时间与旧的全局时间存在较大偏差,根结点切换就存在收敛问题,这就需要潜在的新根结点收集足够多的数据来精确估计全局时间。

对于冗余信息的消除,洪泛时间同步协议采用根结点逐个增大消息的序列号,其他结点只记录收到消息的最大序列号,并用这个序列号发送自己的消息。例如,假设结点 $N$ 有 7 个邻居结点 $M_1,M_2,\cdots,M_7$,相互之间都能够直接通信,$M_1,M_2,\cdots,M_7$ 在根结点的通信范围内,而结点 $N$ 不在根结点的通信范围内。这样,根结点发送的消息能够到达 $M_1,M_2,\cdots,M_7$,而到达不了结点 $N$。$M_1,M_2,\cdots,M_7$ 分别发送同步消息,结点 $N$ 只接收 $M_1,M_2,\cdots,M_7$ 中的一个消息,并将数据放到回归表内,放弃另外 6 个结点的相同序列号的同步消息。

洪泛时间同步协议将消息传输延迟进一步分解,仔细考虑延迟的每个环节以提高同步精度,通过广播同步分组实现发送结点与邻居结点对的同步,采用层次化分级结点,实现全网络时间同步。它考虑了拓扑结构变化和结点失效的情况,在一个由 60 个 mote 结点组成的定位系统中得到了实现,这些是洪泛时间同步协议(FTSP)与延迟测量时间同步机制(DMTS)机制最大的区别。

Hu A 和 Servetto S 给出了在高密度结点情况下传感器网络的时间同步方法。假设区域内的所有结点需要时间同步,并且将同步信息传递给远处的一个接收者,而单个结点没有足够资源产生高功率信号。为此,需要结点合作产生一个集合波形,它可被所有结点同时监测到,并包含足够信息来同步所有结点的时钟,这种集合波形能有效地仿真产生高功率时间同步信号的超级结点。

具体方法:先由起始结点发送脉冲,然后以其为中心,发送覆盖范围内的结点在接收 $M$ 个脉冲后,根据获取的信息估算出第($M$+1)个脉冲的发送时间,并开始同步发送脉冲。这样逐级向外递推,外围结点随之加入发送同步脉冲行列中,每经过 $M$ 个脉冲就增加新的结点,最终产生一个汇聚波形。由于采用类似交响乐团合作的方式,大量结点一起发送时间信号,就能够产生足够能量的集合波形。这是一种简单的时间同步机制,其性能随着结点数目增加而提高,但计算复杂度不变,特别适合传感器网络作为一个分布式发送阵列的应用。

在生物系统、物理和化学反应中经常见到独立系统周期性活动的时间同步，如飞翔的萤火虫或神经元尖峰。这些系统行为可以建模为具有脉冲耦合的振荡器网络，其中每个振荡器周期性发送自身生成的脉冲，这些脉冲引起对其他振荡器脉冲事件的耦合。基于这样的观察，Hong. Y. W 和 Scaglione. A 提出一种同步机制，利用超宽带(ultra wide band，UWB)系统的窄脉冲特性仿真生态群中的脉冲耦合集成发送模型(pulse coupled integrate and fire model)以获得分布式时间同步。这种机制基于一种简单的发送策略，结点集成从其他结点接收的信号脉冲，并在达到一个指定门限后发送一个脉冲。通过采用时间同步，许多协作策略可以应用到结点分布的网络中，特别是这种时间同步机制可导致信号脉冲的相互叠加，并允许利用网络作为一个可达远端接收机的分布式天线，解决称为回传(reach-back)的问题。由于超宽带系统的通信带宽大，结点可以使用很小的占空比发送，从而模仿生物系统中导致同步的脉冲耦合机制。

### 4.1.6　时间同步应用实例

一种优化的时间同步算法被称为基于分簇的信息交换参数估计时间同步算法[1,2]。该算法对于整个网络根据 LEACH 协议进行分簇，即按一定概率抉择簇头，并且通过遍历来生成拓扑结构来选择簇成员结点。随后将簇头结点根据其与基站的距离进行分层，然后逐层应用 TPSN 的基于发送者-发送者的信息交换算法进行时间同步。通过最大似然估计来修正各个簇头的时钟相对偏差和时钟漂移，并且在层间应用 DMTS 时间同步算法来提高精度。最后簇头结点与簇成员结点参考 RBS 时间同步，分别通过线性回归来估计和修正时钟相对偏差和时钟漂移[19-20]。

1. 时间模型

无线传感器网络的定时系统由振荡器和计数器组成，晶体振荡器产生脉冲信号 $\omega(\tau)$，计数器增加其值以表示结点的局部时钟 $C(t)$。绝对时刻 $t$ 处，本地时钟的模型可以按照式(4-8)来建模：

$$C(t) = \epsilon\int_{t_0}^{t} \omega(\tau)\,\mathrm{d}\tau + c(t_0) \tag{4-8}$$

其中，$\epsilon$ 是一个比例系数，将脉冲数量转换成时钟单位。初始时钟 $c(t_0)$ 是 $t_0$ 时刻的时钟读数。这些时钟呈现为一个简单的时变函数，结点局部时钟的一阶模型可以按照式(4-9)来建模：

$$C_i(t) = \alpha_i t + \beta_i \tag{4-9}$$

其中,$\alpha_i$ 和 $\beta_i$ 分别是结点 $i$ 相对于绝对时间的漂移和偏差量,漂移 $\alpha_i$ 决定在给定的时间内时钟将获得或丢失多少时间,偏差量 $\beta_i$ 表示初始值和绝对时间之间的时钟差。

2. 信息交换参数估计时间同步算法

根据上述模型及经典时间同步算法,本例的时间同步算法过程如图 4.4 所示。

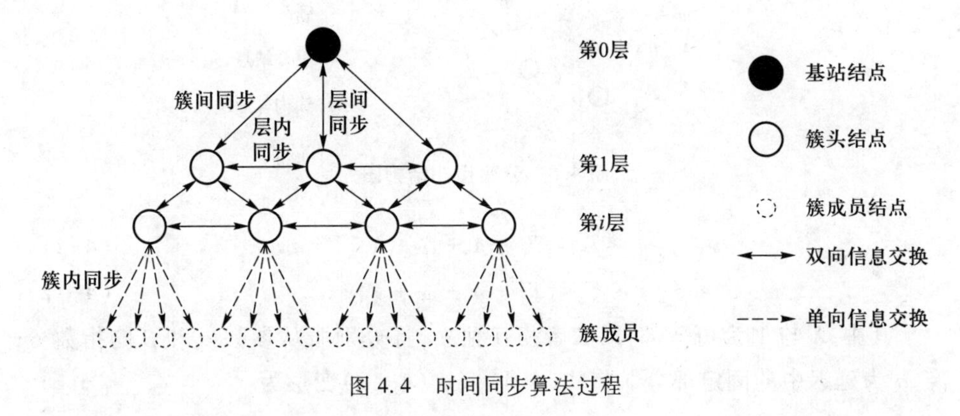


图 4.4 时间同步算法过程

(1) LEACH 分簇算法

低能耗自适应分簇层次结构算法,即 LEACH 算法是执行过程周期的自分区集拓扑算法,每个循环分为集群构建阶段和稳定数据通信阶段。在此过程中生成随机群集头。

首先,根据建议的群集占比和结点成为群集头的次数来确定每个结点是否被选为群集头。然后,每个结点产生一个(0,1)区间内的随机数,如果该数字小于门限值 $T(n)$,结点成为当前轮的簇头。门限值 $T(n)$ 如式(4-10)所示:

$$T(n)=\begin{cases}\dfrac{p}{1-p*[r*\bmod(1/p)]}, & n\in G\\ 0, & \text{其他}\end{cases} \tag{4-10}$$

其中,$p$ 为预期的簇头占比,$r$ 为当前轮数,$G$ 是最近的 $1/p$ 轮里簇内没有成为头结点的剩余普通结点。分簇后的拓扑结构如图 4.5 所示。

(2) 簇间时间同步

因为是与基站结点的信息交换,所以需要确保误差低且误差摆幅可控且不大。使用 TPSN 双向信息交换的算法,并且使用最大似然估计来估计建立的一维线性时间模型的参数。在双向同步过程中,结点在接收信息过程中的延迟分为可变部分和固定部分,可以分别表示为:

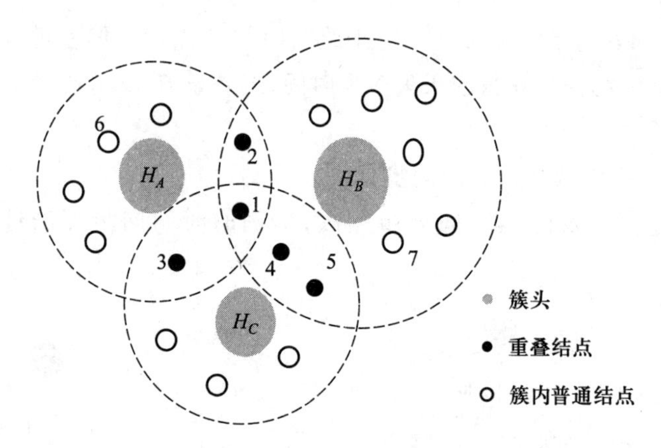


图 4.5 分簇拓扑结构图

$$T_2 = T_1 + d + \Delta + X \tag{4-11}$$

$$T_4 = T_3 + d - \Delta + Y \tag{4-12}$$

其中，$X$ 与 $Y$ 为可变部分，二者相互独立，且分别服从参数 $\alpha$ 和 $\beta$ 的指数分布，$d$ 为延迟中的固定部分。将式(4-11)、式(4-12)变形为：

$$X = T_2 - T_1 - d - \Delta \tag{4-13}$$

$$Y = T_4 - T_3 - d + \Delta \tag{4-14}$$

由提出的假设可以列出 $X$ 和 $Y$ 的密度函数分别为式(4-15)和式(4-16)，其中 $\alpha>0$：

$$f(x;\alpha) = \begin{cases} \dfrac{1}{\alpha}\mathrm{e}^{-\frac{x}{\alpha}}, & x \geqslant 0 \\ 0, & x < 0 \end{cases} \tag{4-15}$$

$$f(y;\alpha) = \begin{cases} \dfrac{1}{\alpha}\mathrm{e}^{-\frac{y}{\alpha}}, & x \geqslant 0 \\ 0, & x < 0 \end{cases} \tag{4-16}$$

建立 $X$ 和 $Y$ 的最大似然估计函数的理论公式可以表示为：

$$L(\alpha;x_1,x_2,\cdots,x_n,y_1,y_2,\cdots,y_n) = \begin{cases} \prod\limits_{i=1}^{n}\left(\dfrac{1}{\alpha}\mathrm{e}^{-\frac{X}{\alpha}}\dfrac{1}{\alpha}\mathrm{e}^{-\frac{Y}{\alpha}}\right), & X,Y \geqslant 0 \\ 0, & \text{其他} \end{cases} \tag{4-17}$$

该函数满足的条件为：$T_2-T_1-d-\Delta\geqslant 0$，$T_4-T_3-d+\Delta\geqslant 0$。由于传输中必然存在的延迟，可以得到简单的推导结论：$T_4>T_3$，$T_2>T_1$，以 $d$ 和 $\Delta$ 建立坐标系，定义域范围如图 4.6 所示。

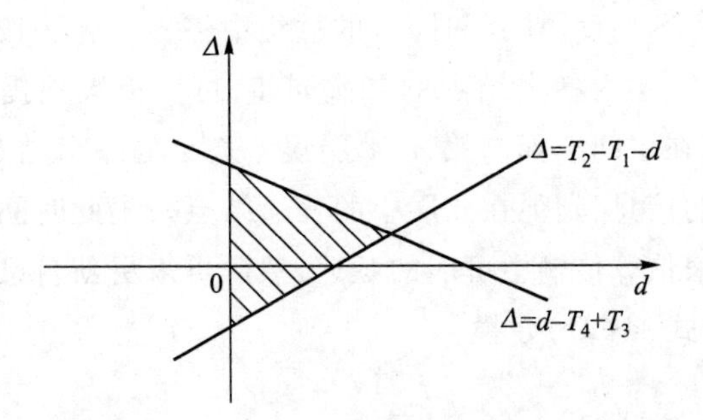


图 4.6 定义域范围

定义域是图 4.6 中的阴影区域面积,基于这个获得的交点,根据该可行域的范围特点设想一种 $T_2-T_1$ 最小且 $T_4-T_3$ 最大的极限情况,如图 4.7 所示。

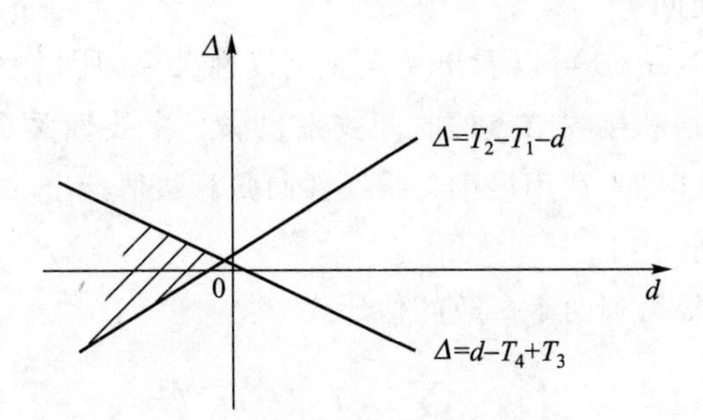


图 4.7 极限情况可行域范围

由图 4.7 可见阴影区域都在坐标轴的一侧,这种情况是不符合上述 $T_4-T_3>0$,$T_2-T_1>0$ 的要求。因此,为了满足上述条件可以推导出 $d$ 的区间为:

$$0<d\leqslant\frac{\min(T_2-T_1)+\max(T_4-T_3)}{2} \tag{4-18}$$

利用最大值的思想考虑极限情况,要求 $L(\alpha;x_1,x_2,\cdots,x_n,y_1,y_2,\cdots,y_n)$ 取得最大值,所以根据式(4-18),只要求出 $\sum_{i=1}^{n}(T_2+T_4-T_1-T_3-2d)$ 的最小值即可。又由于 $\sum_{i=1}^{n}(T_2+T_4-T_1-T_3-2d)\geqslant 0$,所以当 $d$ 取最大值时,函数取得最大值。因此,可得:

$$\hat{d}=\frac{\min(T_2-T_1)+\max(T_4-T_3)}{2} \tag{4-19}$$

$$\hat{\Delta}=\frac{\min(T_2-T_1)-\max(T_4-T_3)}{2} \tag{4-20}$$

为了提高 DMTS 精度,在簇间同步的过程中将各个簇头按照距离进行了分层,将 DMTS 应用在层内各个结点的二次同步,可以极大地提高时间同步的精度。具体的操作:在层间选择与第 $n-1$ 层误差最小的一个结点,随后该结点再去传输自身所带的信息,其他在此层中的普通结点采集此时间信息并且通过传输过程中的特性来估算传输中可能的延迟,然后再来更新自己的时间信息。其中,延迟可以按照式(4-21)建模:

$$t_d = t_s + t_v \tag{4-21}$$

其中,$t_d$ 是消息在传递中可能发生的延迟,$t_s$ 是主结点发送时结点带来的延迟,在此过程中还有一个接收信息后 $t_v$ 时间去操作这些数据。所以,可以通过层内的信息传递使得误差减小。

(3) 簇内时间同步

由时间模型 $T=\alpha t+\beta$ 可以看出 $T$ 与 $t$ 呈线性关系,所以通过迭代和已知的时间信息可知,发送和接收结点的时间关系也满足次线性关系。通过迭代 $i$ 次的发送时间和接收时间,利用最小二乘线性回归算法估计出 $\alpha$ 和 $\beta$,进而更新簇内各个结点的时间。

首先,通过推导得到两个参数的估计式为:

$$\begin{cases} \widehat{\alpha_m} = \dfrac{\sum\limits_{k=1}^{n} t_{k,1} T_{k,1} - n\overline{t_1}\,\overline{T_1}}{\sum\limits_{k=1}^{n} t_{k,1}^2 - n\overline{t_1}^2} \\ \widehat{\beta_m} = \overline{T_1} - \widehat{\alpha_m}\,\overline{t_1} \end{cases} \tag{4-22}$$

其中,$\overline{t_1} = \dfrac{1}{n}\sum\limits_{k=1}^{n} t_{k,1}$,$\overline{T_1} = \dfrac{1}{n}\sum\limits_{k=1}^{n} T_{k,1}$。

然后,使用簇内成员结点的本地时钟和两个估计的偏差量更新时间 $\hat{T}$ 为:

$$\hat{T} = \frac{T - \widehat{\alpha_m}}{\widehat{\beta_m}} \tag{4-23}$$

3. 仿真结果

为了便于观察,给出同样实验环境下 RBS 算法与 TPSN 算法的仿真结果,对算法进行对比。

(1) 实验环境

使用 Matlab2018 进行仿真。仿真区域设定为 100×100 的正方形,区域内随机分布 200 个普通结点,1 个基站结点且位于区域中心。发送包 1000 次且每次发出的数据长度为 400 B,其他时间延迟单位皆为 ms。LEACH 分簇算法选取簇头的概率为 0.01 进行随机分簇。簇间簇内时间同步算法中延时误差可变部分服从指数为 3 的指数分布,簇间同步发送包 1000 次且长度为 400 B,簇内发送 500 次且长度为 200 B。

(2) 经典 RBS 算法

RBS 算法群发送消息的特性,有效消除了信道获取延迟和传输延迟引起的同步错误,显著减少了时间同步误差。仿真结果如图 4.8 所示。可以看出,在当前的实验环境下,结点的同步误差在[0.002 ms,0.014 ms]的区间中波动。

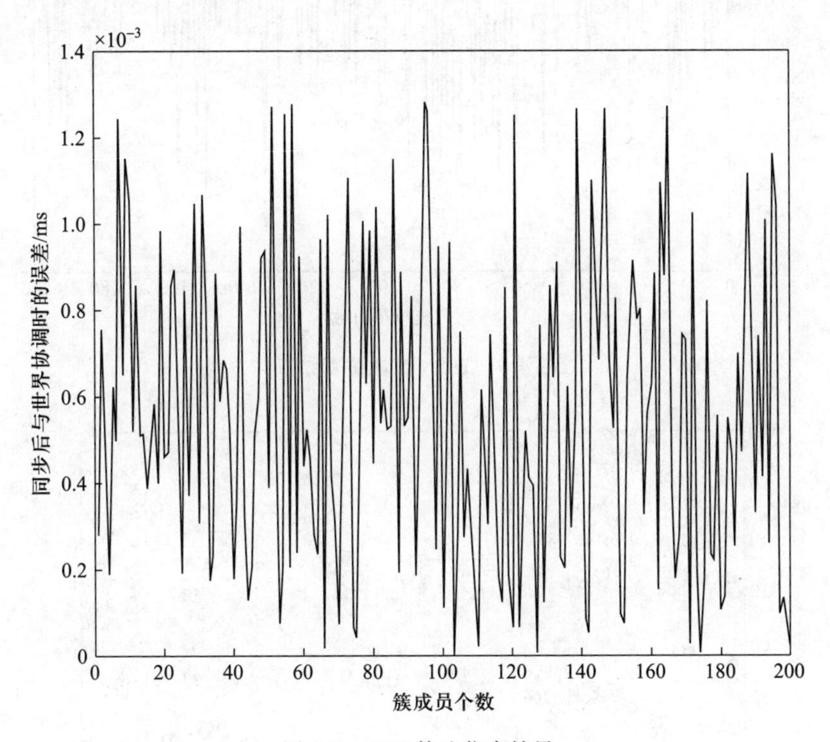


图 4.8 RBS 算法仿真结果

(3) TPSN 算法

TPSN 算法的仿真结果如图 4.9 所示。在当前的实验环境下,结点的同步误差在 0.285 ms 附近振荡。可以看出,相比于 RBS 算法,TPSN 同步误差高一些,但每个结点的误差更加稳定。稳定的同步误差对于设备的时间同步来说,意味着更高的操作性。

(4) LEACH 分簇

分簇结果如图 4.10 所示。

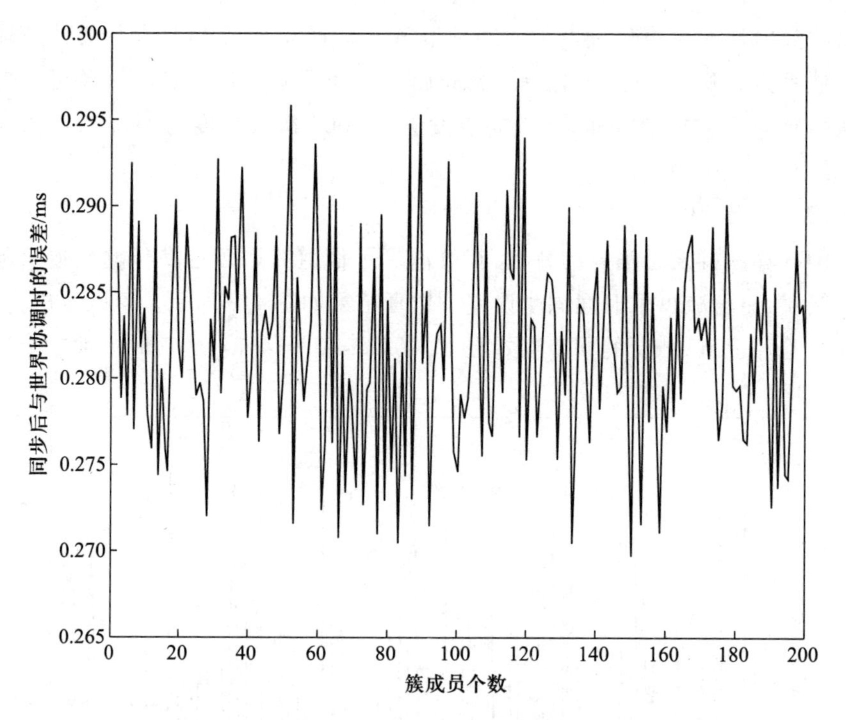


图 4.9　TPSN 算法仿真结果

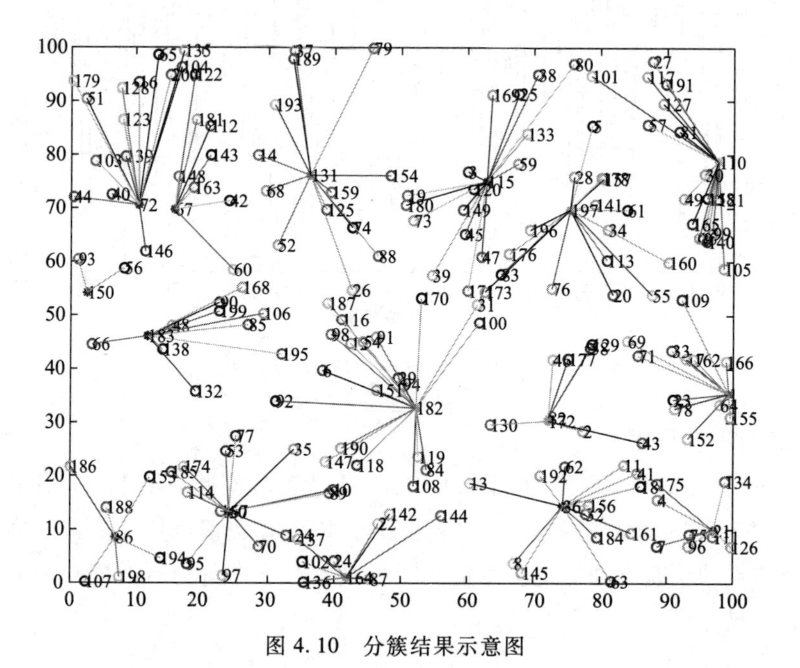


图 4.10　分簇结果示意图

（5）簇间簇内时间同步仿真

簇头结点的误差如图 4.11 所示。可以看出，基站与簇头之间的同步虽然过程较为复杂，但分簇后时间同步效率和精度都有所提高。簇头结点的误差在[0.003 ms，0.006 ms]区间上分布，并且在后续的同步结点的误差稳定在0.0039 ms左右。可见 TPSN 算法与 DMTS 算法两种算法结合使用可以大大提高同步的精度。但对每一个结点来说，在 TPSN 算法有三次信息传递交换，层间的 DMTS 算法又有一次信息交换，极大地增加了能耗。

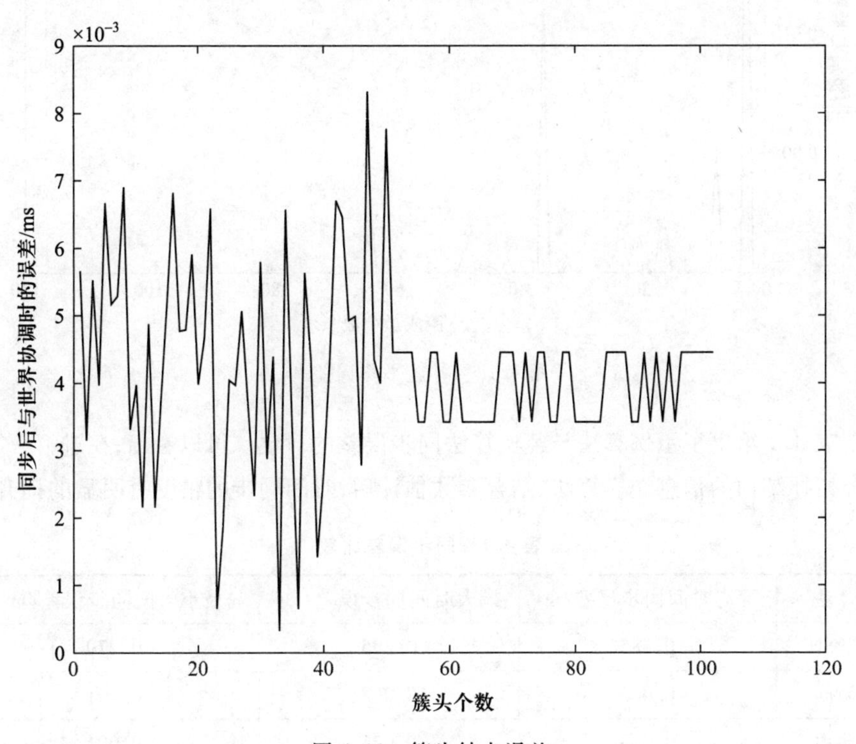


图 4.11 簇头结点误差

经过分簇后，信息传递效率大大提高。同步后各簇的平均误差如图 4.12 所示，可以看出，除了极少数的簇平均误差会有较大的偏差，其余簇的同步误差小于 0.001 ms，所以分簇同时也提高了大部分结点的同步精度。

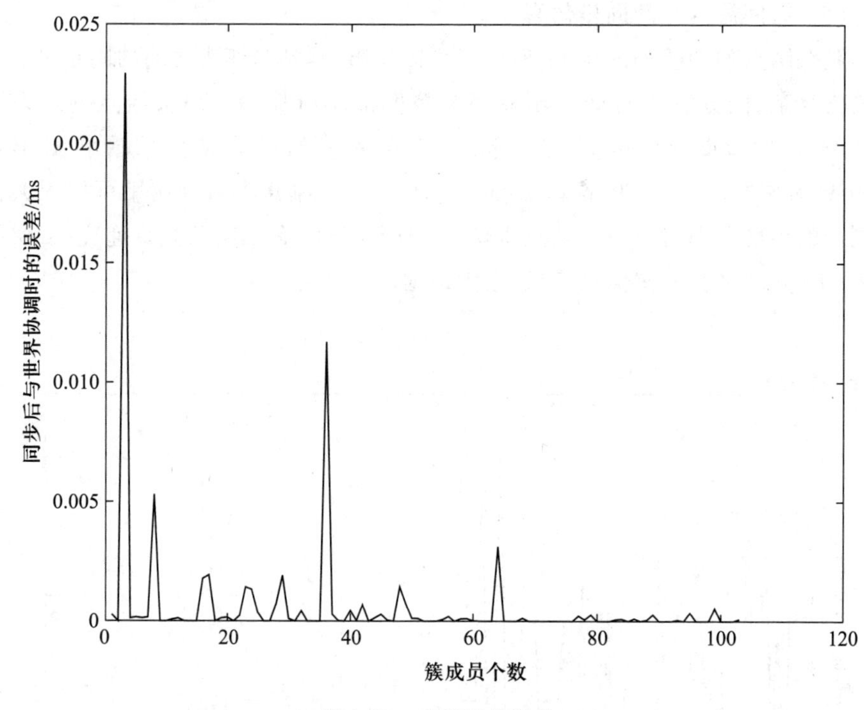


图 4.12 各簇平均误差

表 4.1 给出了示例算法与经典算法同步误差的对比。可以看出,在进行分簇、选择拓扑结构的信息交换算法、结合参数估计后,时间同步的精度有明显的提升。

**表 4.1 同步误差比较**

| 算法 | 平均时间同步误差/ms | 最大时间同步误差/ms | 最小时间同步误差/ms |
| --- | --- | --- | --- |
| TPSN | 0.285 | 0.295 | 0.270 |
| 簇间 | 0.005 | 0.008 | 0.001 |
| 簇内 | 0.005 | 0.025 | 0.001 |

## 4.2 定位技术

在传感器网络中,位置信息对传感器网络的监测活动至关重要,事件发生的位置或获取信息的结点位置是传感器结点监测信息中所包含的重要信息,没有位置信息的监测信息往往毫无意义。因此,确定事件发生的位置或获取信息的结点位置是传感器网络最基本的功能之一,对传感器网络应用的有效性起着关键的作用。

### 4.2.1 定位的基本概念

在传感器网络结点定位技术中,根据结点是否已知自身的位置,把传感器结点分为信标结点(beacon node)和未知结点(unknown node)。信标结点在网络结点中所占的比例很小,可以通过携带全球定位设备等手段获得自身的精确位置,是未知结点定位的参考点。除了信标结点外,其他传感器结点就是未知结点,它们通过信标结点的位置信息来确定自身位置。在传感器网络定位过程中,通常会使用到三边测量法、三角测量法,以及最大似然估计法计算结点位置。

1. 基本术语

无线传感器网络定位问题中经常出现的术语如下。

邻居结点(neighbor nodes):传感器结点通信半径内的所有其他结点,称为该结点的邻居结点。

跳数(hop count):两个结点间隔的跳段总数,称为两个结点间的跳数。

跳段距离(hop distance):两个结点间隔的各跳段距离之和,称为两结点间的跳段距离。

基础设施(infrastructure):协助传感器结点定位的已知自身位置的固定设备,如卫星、基站。

到达时间(time of arrival,TOA):信号从一个结点传播到另一个结点所需要的时间,称为信号的到达时间。

到达时间差(time difference of arrival,TDOA):两种不同传播速度的信号从一个结点传播到另一个结点所需要的时间之差,称为信号的到达时间差。

接收信号强度指示(received signal strength indication,RSSI):结点接收的无线信号强度大小。

到达角度(angle of arrival,AOA):结点接收的信号相对于自身轴线的角度,称为信号相对接收结点的到达角度。

视线线路(line of sight,LOS):两个结点间没有障碍物间隔,能够直接通信,是一种无线传输线路。

非视线线路(no LOS,NLOS):两个结点间存在障碍物。

2. 确定位置的基本方法

在无线传感器定位过程中,未知结点在直接或间接地获得近邻信标结点的距离，或获得近邻的信标结点与未知结点之间的相对角度后，通常使用下述方法之一确定自身位置。

(1) 三边测量法

三边测量法(trilateration)如图 4.13 所示，已知 $A$、$B$、$C$ 3 个结点的坐标为$(x_a, y_a)$、$(x_b, y_b)$、$(x_c, y_c)$，以及它们到未知结点 $D(x, y)$ 的距离分别为 $d_a$、$d_b$ 和 $d_c$。

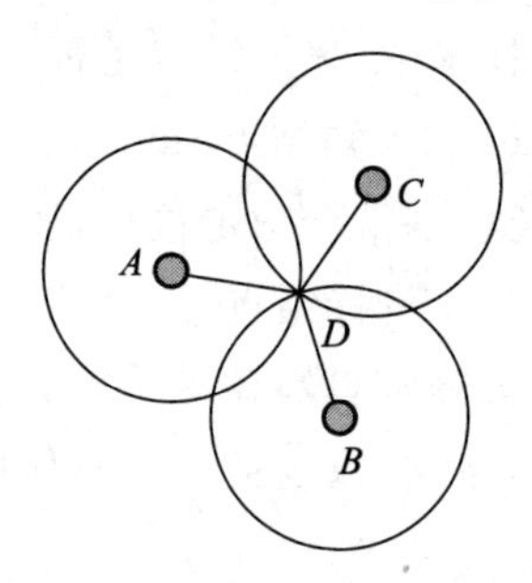


图 4.13 三边测量法图示

那么，存在下列公式：

$$\begin{cases} \sqrt{(x - x_a)^2 + (y - y_a)^2} = d_a \\ \sqrt{(x - x_b)^2 + (y - y_b)^2} = d_b \\ \sqrt{(x - x_c)^2 + (y - y_c)^2} = d_c \end{cases} \tag{4-24}$$

由式(4-24)可以得到结点 $D$ 的坐标为：

$$\begin{bmatrix} x \\ y \end{bmatrix} = \begin{bmatrix} 2(x_a - x_c) & 2(y_a - y_c) \\ 2(x_b - x_c) & 2(y_b - y_c) \end{bmatrix}^{-1} \begin{bmatrix} x_a^2 - x_c^2 + y_a^2 - y_c^2 + d_c^2 - d_a^2 \\ x_b^2 - x_c^2 + y_b^2 - y_c^2 + d_c^2 - d_b^2 \end{bmatrix} \tag{4-25}$$

(2) 三角测量法

三角测量法如图 4.14 所示，已知 $A$、$B$ 两个信标结点的坐标分别为$(x_a, y_a)$、

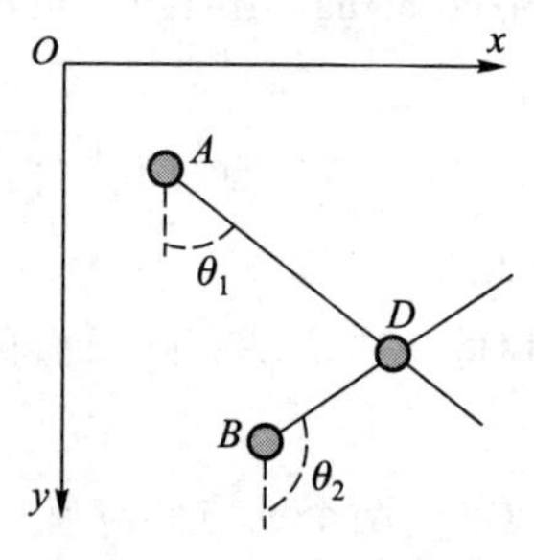


图 4.14 三角测量法图示

$(x_b, y_b)$，假设未知结点 $D$ 的坐标为 $(x, y)$，并假设 $D$ 测得信标结点 $A$、$B$ 发出信号的到达角度分别为 $\theta_1$ 和 $\theta_2$，则：

$$\tan(\theta_i) = \frac{x - x_i}{y - y_i}, \quad i = a, b \tag{4-26}$$

通过求解上述非线性方程，可以求出结点 $D$ 的坐标 $(x, y)$。

(3) 最大似然估计法

最大似然估计法(maximum likelihood estimation)如图 4.15 所示，已知 1,2,…,$n$ 结点的坐标分别为 $(x_1, y_1)$，$(x_2, y_2)$，…，$(x_n, y_n)$，它们到结点 $D$ 的距离分别为 $d_1, d_2, \cdots, d_n$，假设结点 $D$ 的坐标为 $(x, y)$。

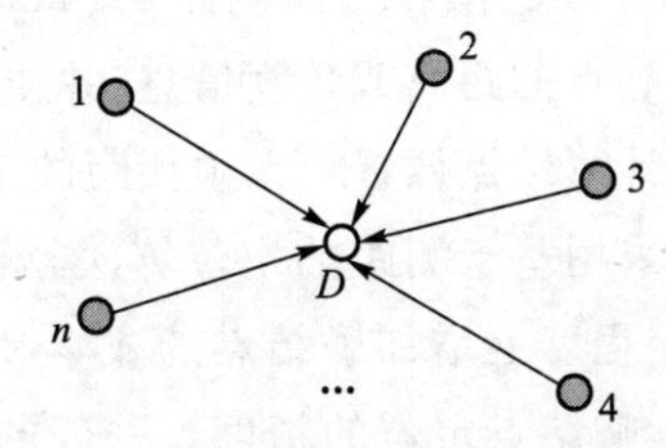


图 4.15 最大似然估计法图示

那么，存在下列公式：

$$\begin{cases} (x_1 - x)^2 + (y_1 - y)^2 = d_1^2 \\ \cdots\cdots\cdots\cdots \\ (x_n - x)^2 + (y_n - y)^2 = d_n^2 \end{cases} \tag{4-27}$$

从第一个方程开始分别减去最后一个方程，可得：

$$\begin{cases} x_1^2 - x_n^2 - 2(x_1 - x_n)x + y_1^2 - y_n^2 - 2(y_1 - y_n)y = d_1^2 - d_n^2 \\ \cdots\cdots\cdots\cdots \\ x_{n-1}^2 - x_n^2 - 2(x_{n-1} - x_n)x + y_{n-1}^2 - y_n^2 - 2(y_{n-1} - y_n)y = d_{n-1}^2 - d_n^2 \end{cases} \tag{4-28}$$

式(4-28)的线性方程表示方式为：$\boldsymbol{AX}=\boldsymbol{b}$，其中：

$$\boldsymbol{A} = \begin{bmatrix} 2(x_1 - x_n) & 2(y_1 - y_n) \\ \vdots & \vdots \\ 2(x_{n-1} - x_n) & 2(y_{n-1} - y_n) \end{bmatrix} \tag{4-29}$$

$$\boldsymbol{b} = \begin{bmatrix} x_1^2 - x_n^2 + y_1^2 - y_n^2 + d_n^2 - d_1^2 \\ \cdots\cdots\cdots\cdots \\ x_{n-1}^2 - x_n^2 + y_{n-1}^2 - y_n^2 + d_n^2 - d_{n-1}^2 \end{bmatrix} \tag{4-30}$$

$$\boldsymbol{X} = \begin{bmatrix} x \\ y \end{bmatrix} \tag{4-31}$$

使用标准的最小均方差估计方法可以得到结点 $D$ 的坐标：

$$\hat{\boldsymbol{X}} = (\boldsymbol{A}^{\mathrm{T}}\boldsymbol{A})^{-1}\boldsymbol{A}^{\mathrm{T}}\boldsymbol{b} \tag{4-32}$$

3. 定位算法分类

在传感器网络中，定位算法的分类方式通常有以下几种。

基于测距的（range-based）定位和无需测距的（range-free）定位。基于测距的定位通过测量结点间点到点的距离或角度信息，并使用三边测量法、三角测量法或最大似然估计定位法计算结点位置。无须测距的定位则仅仅依靠网络连通性等信息进行定位。为了采用基于测距的定位算法，就必须在传感器结点上额外配备测距装置，这在一定程度上增加了结点的成本和功耗。由于目前的测距技术误差比较大，会直接影响结点定位的精度。一般的做法是通过多次测量和循环定位来减小测距误差对定位的影响，但这一过程又需要额外的计算量和通信量。基于测距的定位算法与无须测距的定位算法相比，虽然有成本较高、能耗较高、计算量和通信量较大的不足，但是前者的定位精度一般要比后者高。随着技术进步，更精确、能耗更小的测距技术的出现，以及对定位精度的更高要求，基于测距的定位算法将获得更好的发展空间。

绝对定位和相对定位。绝对定位必须让所有的待定位结点使用共同的参照系，其定位结果是一个全局性的标准坐标位置，比如用经度和纬度表示出来。对同一地理位置的结点进行多次绝对定位，其定位结果将是一样的；而采用相对定位，结果则可能不同。相对定位可以让每个定位结点使用不同的参照系，通常是以网络中的部分结点为参考，建立整个网络的相对坐标系统。在一定条件下，绝对定位结果可以转换为相对定位结果。相对而言，绝对定位可为网络提供唯一的命名空间，受结点移动性影响较小，有更广泛的应用领域。在相对定位的基础上也能够实现部分路由协议，尤其是基于地理位置的路由（geo-routing）。通常为了实现绝对定位，需要在网络内部署一定比例的信标结点或中心结点，而相对定位不需要信标结点和中心结点。总之，绝对定位算法依赖于网络的基础设施或具有全球定位系统等特殊定位方式的信标结点，并对网络部署有特定要求，从而可能受限于传感器成本和网络应用环境等原因无法适用于某些实际应用。

集中式计算的定位和分布式计算的定位。在集中式计算的定位算法中,要求网络中部署中心结点,其余传感器结点把采集的相关信息传送给中心结点,并通过中心结点的运算得出每个结点的位置信息。这类算法可以不受计算和存储性能的限制,获得相对精确的定位。但是,由于定位运算对中心结点的过分依赖性,在中心结点附近的结点可能会因为通信开销过大而成为瓶颈,并过早消耗完能源,导致整个网络与中心结点信息交流受阻或中断。分布式计算定位算法则是指依赖结点间的信息交换和协调,由结点自行计算的定位方式,相对于集中式计算的定位,它具有更大的灵活性。

## 4.2.2 基于距离的定位

基于距离的定位机制是通过测量相邻结点间的实际距离或方位进行定位。具体过程通常分为3个阶段:第一个阶段是测距阶段,未知结点首先测量到邻居结点的距离或者角度,然后进一步计算到近邻信标结点的距离或方位,在计算到近邻信标结点的距离时,可以计算未知结点到信标结点的直线距离,也可以用两者之间的跳段距离作为直线距离的近似;第二个阶段是定位阶段,未知结点在计算出到达3个或3个以上信标结点的距离或角度以后,利用三边测量法、三角测量法或最大似然估计法计算未知结点的坐标;第三个阶段是修正阶段,对求得的结点坐标进行求精,提高定位精度,减少误差。

1. 基于到达时间的定位

在基于到达时间的定位机制中,已知信号的传播速度,根据信号的传播时间来计算结点间的距离,然后利用已有算法计算出结点的位置。

图4.16给出了基于到达时间定位的一个简单实现,采用伪噪声序列信号作为声波信号,根据声波的传播时间来测量结点间的距离。结点定位部分主要由扬声器模块、传声器模块、无线电模块和CPU模块组成。假设两个结点时间同

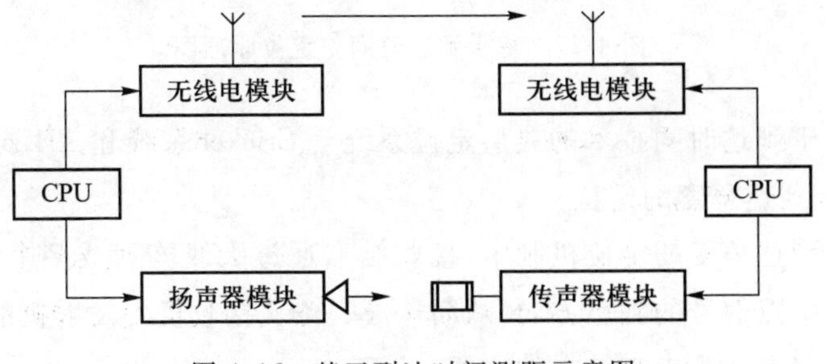


图4.16 基于到达时间测距示意图

步，发送结点的扬声器模块在发送伪噪声序列信号的同时，无线电模块通过无线电同步消息通知接收结点伪噪声序列信号发送的时间，接收结点的传声器模块在检测到伪噪声序列信号后，根据声波信号的传播时间和速度计算发送结点和接收结点之间的距离。结点在计算出距离多个近邻信标结点的距离后，可以利用三边测量法或最大似然估计法计算出自身位置。

基于到达时间的定位精度高，但要求结点间保持精确的时间同步。GPS 就是一个采用基于到达时间的定位技术实现的定位系统，GPS 为了实现和卫星时钟的同步需要昂贵的设备，能量消耗大。而传感器结点由于硬件和电能的限制，不适采用 GPS 或其他基于到达时间的定位技术。

2. 基于到达时间差的定位

在基于到达时间差的定位机制中，发射端结点同时发射两种不同传播速度的无线信号，接收端结点根据两种信号到达的时间差和已知这两种信号的传播速度，计算两个结点之间的距离，再通过已有基本的定位算法计算出结点的位置。

如图 4.17 所示，发射结点同时发射无线射频信号和超声波脉冲，接收结点记录两种信号到达的时间 $T_1$ 和 $T_2$，已知无线射频信号和超声波的传播速度为 $C_1$ 和 $C_2$，那么两点之间的距离为 $(T_2-T_1)\times S$，其中 $S=C_1C_2/(C_1-C_2)$。

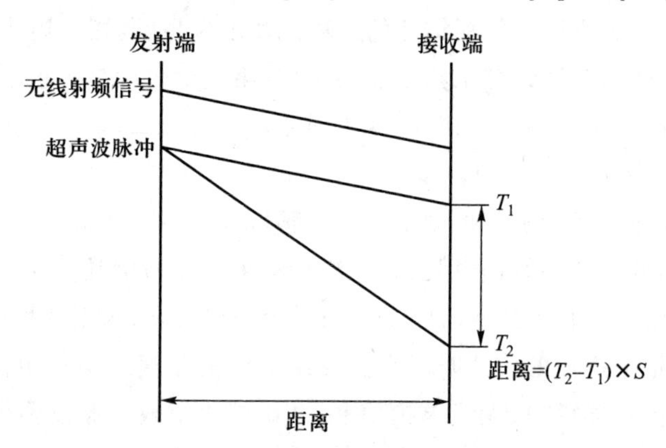


图 4.17　基于到达时间差定位原理图

利用基于到达时间技术的典型定位系统是 Cricket 系统和 AHLos 系统。

3. 基于到达角度的定位

在基于到达角度的定位机制中，接收结点通过天线阵列或多个超声波接收机感知发射结点信号的到达方向，从而构成一条从接收机到发射机的方位线，两条方位线的交点即为未知结点的位置。

图 4.18 所示为基本的基于到达角度的定位法，未知结点得到与信标结点

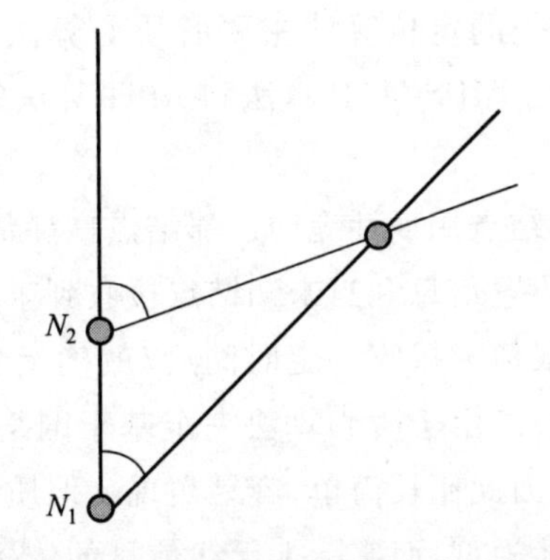

图 4.18 基于到达角度的定位示意图

$N_1$ 和 $N_2$ 所构成的角度之后就可以确定自身位置。另外,基于到达角度的定位信息还可以与基于到达时间的定位、基于到达时间差的定位一起使用成为混合定位法。采用混合定位法可以实现更高的定位精确度,减小误差,也可以降低使用单一定位方法对测量参数的要求。基于到达角度定位法的硬件系统设备复杂,并且需要两结点之间存在视线线路(LOS),因此不适合于无线传感器网络的定位。

4. 基于接收信号强度指示的定位

在基于接收信号强度指示的定位中,已知发射结点的发射信号强度,接收结点根据收到信号的强度,计算出信号的传播损耗,利用理论和经验模型将传输损耗转化为距离,再利用已有的算法计算出结点的位置。

基于接收信号强度指示的定位技术的主要误差来源是环境影响所造成的信号传播模型的建模复杂性:反射、多径传播、NLOS、天线增益等问题都会对相同距离产生显著不同的传播损耗。通常将其看作为一种粗糙的测距技术,它有可能产生±50%的测量误差。虽然在实验环境中基于接收信号强度指示的定位表现出良好的特性,但是在现实环境中,温度、障碍物、传播模式等条件往往都是变化的,使得该技术在实际应用中仍然存在困难。

### 4.2.3 距离无关的定位算法

基于测距算法的缺点是使传感器结点造价增高,消耗了有限的电池资源,而且在测量的准确性方面还需要大量的研究。距离无关的定位算法不需要直接测量未知结点到信标结点的距离,在成本和功耗方面比基于测距的方法具有优势,而且距离无关的定位机制的定位性能受环境因素影响较小,虽然定位误差相应有所增加,但定位精度能够满足多数传感器网络应用的要求,是目前大家重点关注的定位机制。距离无关的定位算法主要有质心算法、凸规划定位算法、DV-Hop算法、Amorphous算法、MDS-MAP算法和APIT算法等[5,6]。

1. 质心算法

在质心算法中,信标结点周期性地向近邻结点广播信标分组,信标分组中包含信标结点的识别码和位置信息。当未知结点接收到来自不同信标结点的信标分组数量超过某一个门限值或接收一定时间后,就确定自身位置为这些信标结点所组成的多边形的质心。由于质心算法完全基于网络连通性,无须信标结点和未知结点之间的协调,因此比较简单,容易实现。但质心算法假设结点都拥有理想的球形无线信号传播模型,而实际上无线信号的传播模型并非如此,实际测量的无线信号传播强度的等高线与理想的球形模型有很大差别。另外,用质心作为实际位置本身就是一种估计,这种估计的精确度与信标结点的密度和分布有很大关系,密度越大,分布越均匀,定位精度越高。实验显示,大约有90%未知结点定位精度小于信标结点间距的1/3。

2. 凸规划定位算法

Doherty等人将结点间点到点的通信连接视为结点位置的几何约束(用来约束对象或对象之间几何形态),把整个网络模型化为一个凸集,从而将结点定位问题转化为凸约束问题,然后使用半定规划和线性规划方法得到一个全局优化的解决方案,确定结点位置。同时也给出了一种计算未知结点有可能存在的矩形区域的方法。如图4.19所示,根据未知结点与信标结点之间的通信连接和结点无线射程,计算出未知结点可能存在的区域(图中阴影部分),并得到相应矩形区域,以矩形的质心作为未知结点的位置。

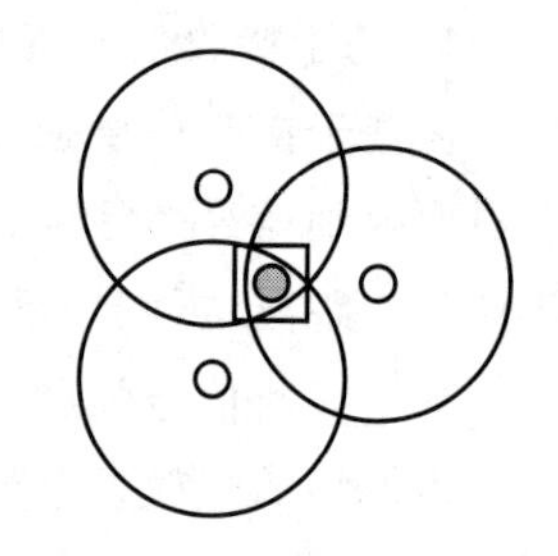

图4.19 凸规划示意图

凸规划是一种集中式定位算法,在信标结点占总结点数10%的条件下,可以达到很高的定位精度。为了高效工作,信标结点必须部署在网络边缘,否则结点的位置估算会向网络中心偏移。

3. DV-Hop算法

DV-Hop定位方法是一个典型的利用多跳信标结点信息的定位策略。整个算法包括3个阶段。第一阶段:每个结点保持一个表信息$\{X_i, Y_i, h_i\}$,并且每个结点只与其邻居结点交换信息;利用类似经典的距离矢量交换方法,使得所有未知结点都获取到信标结点的跳距。第二阶段:在搜集了到其他信标结点的距离之后,估算每一跳的平均长度,这个平均长度用作邻居结点的修正量

(correction);当任一未知结点收到该修正信息,便可以获得一个到信标的估计距离。第三阶段:利用第二阶段的估计距离,应用三边测量定位方法进行未知结点的位置估算[7]。DV-Hop 定位方法的主要优点在于简单,不依赖测距精度,其缺点是算法仅能工作在均匀分布的网络拓扑结构,这种假设不尽合理,因此具有较大的应用局限。DV-Hop 算法在网络平均连通度为 10,信标结点比例为 10%的各向同性网络中平均定位精度大约为 33%,且仅在各向同性的密集网络中,校正值才能合理地估计平均每跳距离。

4. Amorphous 定位算法

Amorphous 定位算法也分为 3 个阶段。第一个阶段:与 DV-Hop 定位算法相同,未知结点计算与每个信标结点之间的最小跳数。第二个阶段:假设网络中结点的通信半径相同,平均每跳距离为结点的通信半径,由此未知结点可以计算到每个信标结点的跳段距离。第三个阶段:利用三边测量法或最大似然算法,计算未知结点的位置。实验显示,当网络平均连通度在 15 以上时,结点无线射程存在 10%偏差,定位误差小于 20%。

5. MDS-MAP 定位算法

与凸规划类似,Shang 等人提出的 MDS-MAP 也采用集中式计算,并可在测距无关和基于测距两种条件下根据网络配置分别实现相对和绝对定位。它采用一种心理测量学和精神医学的数据分析技术——多维度定标,该技术常用于探索性数据分析或信息可视化。实验显示当网络连通度达到 12.2 时,几乎全部结点都可以实现定位;在拥有 200 个结点(其中 4 个信标结点),平均连通度为 12.1 的网络中,在测距无关的条件下,该算法定位误差约为结点无线射程的 30%[23]。

6. 近似三角质心定位算法

近似三角质心定位(approximate point-in-triangulation test ,APIT)算法类似于质心算法,其主要特点是利用一种新的基于区域的方法,即将信标结点分为三角形区域来实现位置的估算,如图 4.20 所示。图 4.20 中三角形的顶点表示信标结点,通过判断未知结点在哪些信标三角形的交叉区域来实现未知结点的物理位置估算。

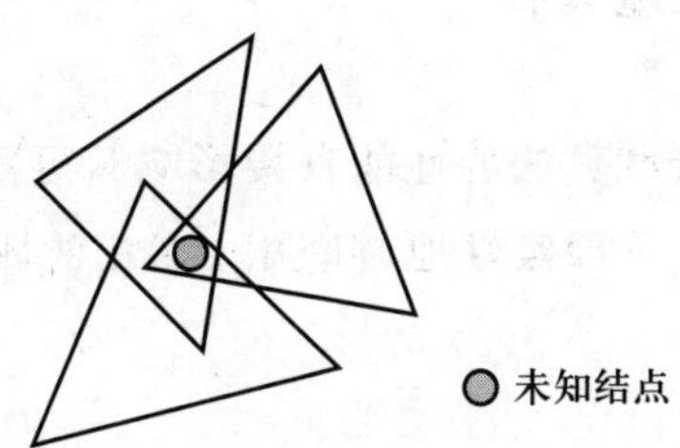


图 4.20　近似三角质心定位算法示意图

如图 4.21 所示，各个信标结点可以将探测区域分为很多小的三角区域，由信标结点组成的三角形区域称为信标结点三角形。显然，一个三角形可以缩小定位区域，如果多个三角形的使用就可以获得比较精确的定位。这样，定位问题可以转化为判断未知结点与信标结点构成的信标三角形的关系，即判断未知结点在信标结点三角形区域之内还是之外的问题。算法中，将缩小区域的方法称为三角质心测试（PIT test）。在这种技术里面，一个传感器结点从所有的“听得见”的结点中选择 3 个信标结点。而近似三角质心定位技术是利用不同的信标结点重复使用三角质心测试，直到利用完所有的连接或者得到的定位精度满足要求。近似三角质心定位算法计算所有交叉三角形的质心，该中心点就是估算的距离。近似三角质心定位算法可以分为 4 步：① 信标数据的交换；② 三角质心测试；③ 近似三角质心定位聚合；④ 质心的计算。

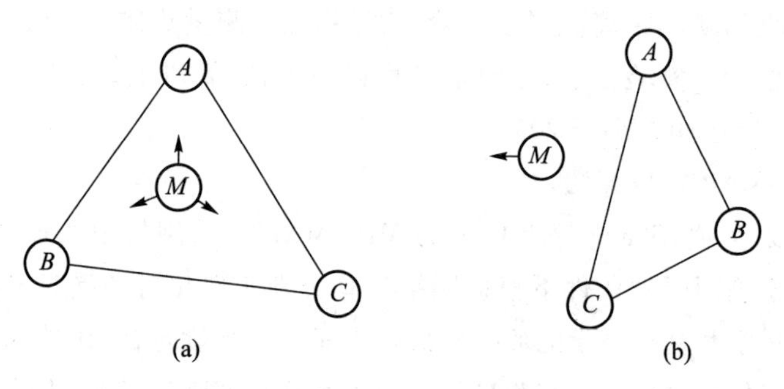


图 4.21　近似三角质心定位原理

在无线信号传播模式不规则和传感器结点随机部署的情况下，近似三角质心定位算法的定位精度高，性能稳定，但近似三角质心定位测试对网络的连通性提出了较高的要求。相对于计算简单的类似质心定位算法，近似三角质心定位算法精度高，对信标结点的分布要求低。实验显示，近似三角质心定位测试错误概率较小（最坏情况下为 14%），平均定位误差小于结点无线电射程的 40%。

### 4.2.4　定位算法的性能评价

无线传感器定位系统和算法的性能直接影响其可用性，如何评价它们是一个需要深入研究的问题。下面定性地讨论几个常用的评价无线传感器网络定位系统和算法的标准。

1. 定位精度

评价定位技术首要的指标就是定位精度，一般以误差值与结点无线射程的比例表示。例如,定位精度为20%表示定位误差相当于结点无线射程的20%。

2. 规模

不同的定位系统或算法也许可在园区内、建筑物内、一层建筑物或仅仅是一个房间内实现定位。另外,给定一定数量的基础设施或在一段时间内,一种技术可以定位多少目标也是一个重要的评价指标。

3. 信标结点密度

信标结点定位通常依赖人工部署或全球定位系统实现。人工部署信标结点的方式不仅受网络部署环境的限制,还严重制约网络和定位算法的可扩展性。而使用全球定位系统定位,信标结点的费用会比普通结点高两个数量级,这意味着即使仅有10%的结点是信标结点,整个网络的价格将会增加10倍。因此,信标结点密度也是评价定位系统和算法性能的重要指标之一。

4. 结点密度

在无线传感器网络中,结点密度增大不仅意味着网络部署费用的增加,而且会因为结点间的通信冲突问题带来有限带宽的阻塞。结点密度通常以网络的平均连通度来表示。

5. 覆盖率

覆盖率是指可实现定位的未知结点与未知结点总数的比例。尽管密集部署是无线传感器网络的特点之一,但总会有一些不可达或连通度极低的未知结点存在。除这些结点外,实现尽可能多的未知结点的精确定位也是定位系统和算法追求的目标之一。

6. 容错性和自适应性

通常,定位系统和算法都需要比较理想的无线通信环境和可靠的网络结点设备。但在真实应用场合中常会有诸如以下问题:外界环境中存在严重的多径传播、衰减、非视线线路、通信盲点等问题;网络结点由于周围环境或自身原因(如电池耗尽、物理损伤)而出现失效的问题。因此,定位系统和算法的软硬件必须具有很强的容错性和自适应性,能够通过调整或重构纠正错误、适应环境、减小各种误差的影响,提高定位精度。

7. 功耗

功耗是对无线传感器网络的设计和实现影响最大的因素之一。由于传感器结点的电池有限,因此在保证定位精度前提下,与功耗密切相关的定位所需的计算量、通信开销、存储开销,以及时间复杂性是一组关键性指标。

8. 代价

定位系统或算法的代价可从几个不同方面来评价。时间代价包括一个系统的安装时间、配置时间和定位所需时间;空间代价包括一个定位系统或算法所需的基础设施,网络结点的数量和硬件尺寸等;资金代价则包括实现一种定位系统或算法的基础设施、结点设备的总费用。

上述 8 个性能指标不仅是评价无线传感器网络定位系统和算法的标准,也是其设计和实现的优化目标。为了达到这些目标,有大量的研究工作需要完成。同时这些性能指标是相互关联的,必须根据应用的具体要求进行权衡,选择和设计适合的定位技术。

### 4.2.5 定位算法应用实例

在诸如安全和军事等领域的应用中,无线传感器网络的定位系统可能遭受各种类型的恶意攻击,危及网络中结点定位的准确性。此处介绍一种基于定位算法、针对多个恶意结点的检测算法,作为定位算法应用实例[21,22]。

1. 网络假设

无线传感器网络中,有定位需求的结点称作未知结点,位置已知、协助未知结点定位的结点称为锚结点。为了进一步说明所提出的算法,设置如下几点网络假设:

- 网络是静态的,其中结点的位置在部署之后不能在网络的整个生命周期中改变。
- 网络中的锚结点和未知结点均随机分布,且锚结点的通信范围覆盖所有未知结点。
- 假设存在时间同步,使得所有结点的时钟严格同步。
- 假设恶意锚结点的数目不会超过锚结点总数的 1/3。

以下的研究原理及仿真均基于上述假设。

2. 数学模型

(1) 通信模型

示例中基于 RSS 的无线测距采用阴影模型作为参考,未知结点的接收信号功率可以按照公式(4-33)建模:

$$P_R = P_{Ti} - 10\alpha\log\frac{d(A_\theta, A_i)}{d_0} + \varepsilon_i,\quad i \in \{1,2,\cdots,n\} \tag{4-33}$$

其中:$P_{Ti}$表示从锚结点 $A_i$ 发送的信号的功率,$\alpha$ 表示路径衰落系数,$d_0$ 表示参考距离(通常设置为 1 m),$\varepsilon_i \sim N(0,\sigma_\varepsilon^2)$表示测量噪声。

示例中还涉及基于 TOA 的测距方法,锚结点和未知结点之间的传输延迟测

量可以按照公式(4-34)建模:

$$t_i = \frac{d(A_\theta, A_i)}{v_p} + W_i, \quad i \in \{1,2,\cdots,n\} \tag{4-34}$$

其中:$d(A_\theta, A_i)$表示未知结点和锚结点 $A_i$ 的位置之间的距离,$v_p$ 表示信号传播速度,$W_i$ 表示传输延迟估计误差,假设其服从参数为 $0,\sigma_W^2$ 的正态分布,即 $W_i \sim N(0,\sigma_W^2)$。

(2) 攻击者模型

示例中采用延迟响应类的攻击者模型。在非对抗性环境中,锚结点 $A_i$ 和未知结点 $A_\theta$ 之间的传输时间由公式(4-34)给出。恶意结点可以延迟所请求消息的响应。因此,在对抗环境中的传输时间测量可以写为:

$$t_i = \frac{d(A_\theta, A_i)}{v_p} + W_i + \delta_i, \quad i \in \{1,2,\cdots,n\} \tag{4-35}$$

此处 $\delta_i \sim N(\mu_\delta, \sigma_\delta^2)$表示时间测量中的恶意延迟,$\mu_\delta$ 和 $\sigma_\delta^2$ 分别代表 $\delta_i$ 的均值和方差。在示例中,假设 $\mu_\delta>0$,是因为攻击者增加传输延迟比减少传输延迟更容易。

3. 优化三边定位算法

由于实际测量存在误差,经典的三边定位算法一般是无解的。因此需要对其进行优化,以 3 个圆相交而成的三角形区域的外接圆圆心作为未知结点的定位结果。当任意两圆相交时取离第三个圆近的交点作为顶点;当两个圆不相交时,在其圆心连线上按照两圆半径比例取点,如图 4.22 所示。

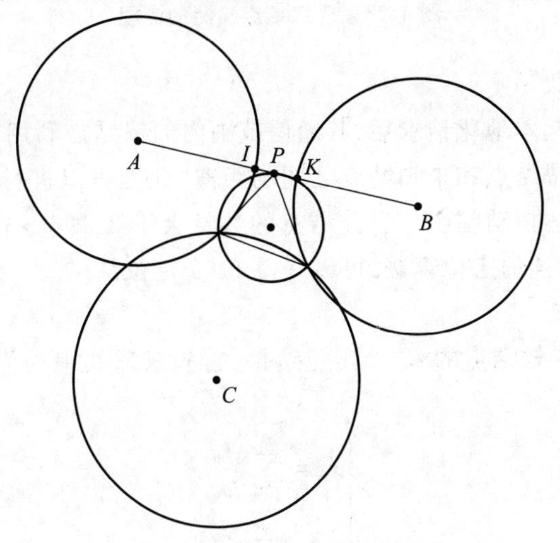


图 4.22 优化三边定位算法原理图示

4. 恶意结点检测算法

算法的一般流程图如图 4.23 所示,分为数据收集、坏值分析、建立检测模型和序贯概率比测试 4 个阶段。在前两个阶段对锚结点进行初步分类,找出一批确保安全的结点,第三个阶段利用这些结点的数据计算指标,并在第四个阶段对仍有所怀疑的结点进行二次检测。

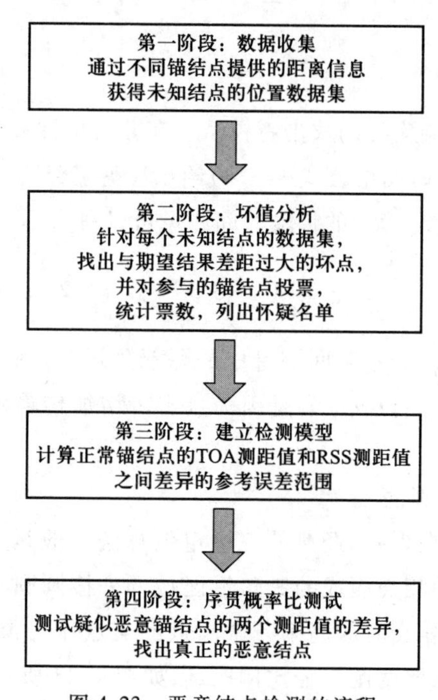


图 4.23 恶意结点检测的流程

(1) 数据收集

未知结点发起本地化请求后,其通信范围内的锚结点利用基于 TOA 和 RSS 两种方法来测量锚结点和未知结点之间的距离,此处可以进行多次测距并取其均值来减小数据的摆动幅度。当锚结点的数量大于 3,即 $n>3$ 时,根据 TOA 测量的数据,使用前述的定位算法,可以获得 $C_n^3$ 个定位结果。

(2) 坏值分析

对于第 $i$ 个未知结点的 $C_n^3$ 个定位结果,首先求取其平均值 $\overline{P}_i(\overline{x}_i,\overline{y}_i)$,计算公式为:

$$\begin{cases}\overline{x}_i=\sum\limits_{j=1}^{m}\dfrac{x_{ij}}{m}\\ \overline{y}_i=\sum\limits_{j=1}^{m}\dfrac{y_{ij}}{m}\end{cases}\tag{4-36}$$

其中:$n$ 为锚结点个数;$m$ 为单一未知结点的定位结果总数,其数值等于 $C_n^3$;$x_{ij}$,$y_{ij}$分别为第 $i$ 个未知结点的第 $j$ 次定位结果。随后,针对同一未知结点的全部定位结果,计算它们与初步定位结果($\bar{x}_i$,$\bar{y}_i$)的平均误差。计算公式为:

$$\bar{e}_i = \frac{\sum_{j=1}^{m} \sqrt{(x_{ij} - \bar{x}_i)^2 + (y_{ij} - \bar{y}_i)^2}}{m} \tag{4-37}$$

以所有结果到整体均值距离的平均值 $\bar{e}_i$ 作为门限值圆的最大半径 $\phi_{10}$,以 $0.1\bar{e}_i$ 为步长从 0 开始逐步扩大门限值圆半径至 $\bar{e}_i$,并计算这 10 个圆内结果簇的平均位置 $\bar{P}_i'(i=1,2,\cdots,10)$。若圆内没有结果,则将 $\bar{P}_i$ 视为平均位置。这样相当于逐渐将更多的结点包括进来。门限值圆分布如图 4.24 所示。

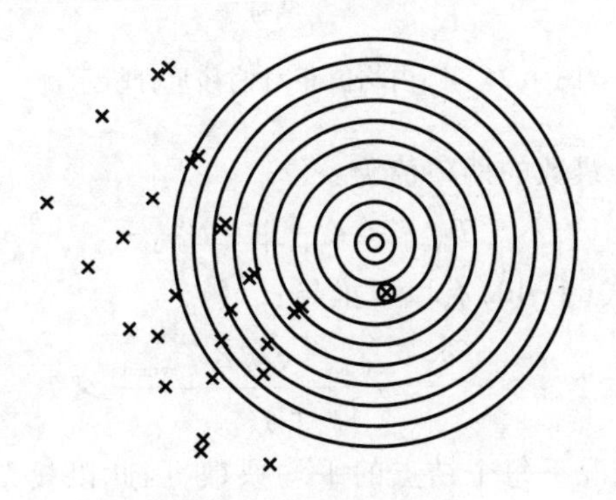

图 4.24 门限值圆分布示例

随后计算 10 个结果到平均位置 $\bar{P}$ 的偏移量相对 $\bar{e}_i$ 的比例:

$$\lambda_{ij} = \frac{\bar{P}_i' - \bar{P}_i}{\bar{e}_i}, \quad (j = 1,2,\cdots,10) \tag{4-38}$$

这相当于每一次门限值圆扩展后圆内结果均值距离 $\bar{P}_i$ 的距离。由于实际应用中正常结果数量远大于坏值结果,且分布更加集中,因此当门限值圆扩大到刚好包含正常结果簇时,$\bar{P}_i'$ 将向正常结果簇的位置发生一个较大的偏移。在 $\lambda_{ij}$ 中找出两个突变和平缓转换的“拐点”,如图 4.25 所示。统计落在这两个门限值圆之外的结果,将其视为坏值结果。找出产生坏值的 3 个锚结点,使其票数加 1。

在理想状况下,接受所有的正常定位结果,拒绝所有坏值结果。在正常锚结点的数目为 $p$,恶意锚结点数目为 $q$ 的情况下,恶意锚结点所得票数的期望值为:

$$T_{\text{malicious}} = C_{p+q-1}^2 \tag{4-39}$$

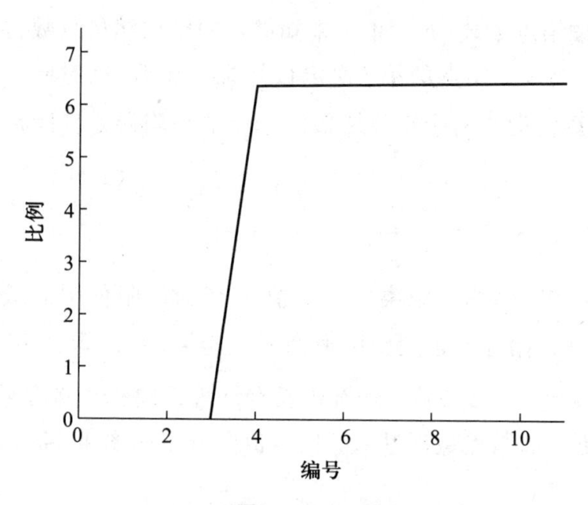


图 4.25 圆内均值相对偏移量分析示例

正常锚结点所得票数的期望值为：

$$T_{\text{normal}} = C_{p+q-1}^{2} - C_{p-1}^{2} \tag{4-40}$$

由式(4-39)和式(4-40)有以下推导：

$$T_{\text{malicious}} > \frac{q \times T_{\text{malicious}} + p \times T_{\text{normal}}}{p + q} > T_{\text{normal}} \tag{4-41}$$

中间项为理想情况下每个结点的平均票数，因此以投票结果的平均票数作为票数门限值。

(3) 建立检测模型

根据上一阶段得出的投票结果，选取未进入怀疑名单的正常结点作为参考锚结点。设 $\theta$ 表示任意未知结点，假设在实验环境内总共存在 $n$ 个锚结点，未知结点和第 $i$ 个锚结点之间的 TOA 和 RSS 的两个距离测量分别表示为 $d_{ti}$ 和 $d_{ri}$。用 $m=C_n^3$ 表示测量的差异数量。因此，从未知结点和第 $i$ 个锚之间的第 $j$ 个测量差 $D_{ij}$ 为：

$$D_{ij} = d_{tij} - d_{rij} \tag{4-42}$$

其中：$d_{tij}$ 表示基于 TOA 的未知结点和第 $i$ 个锚结点之间的第 $j$ 个测量结果，而 $d_{rij}$ 表示基于 RSS 的未知结点和第 $i$ 个锚结点之间的第 $j$ 个测量结果。测量差异的均值可以定义为：

$$\overline{D_i} = \frac{\sum_j D_{ij}}{m} \tag{4-43}$$

测量差异的相应的总变化估计定义为：

$$s_t^2 = \frac{\sum_i (\overline{D}_i - \overline{D})^2}{n - 1} \tag{4-44}$$

其中：$\overline{D} = \frac{\sum_i \overline{D}_i}{n}$ 被定义为差异的平均偏差。基于 Bland-Altman 方法，有 $100\times(1-\alpha)\%$ 可能认为协议（LOA）有效的置信区间边界为：

$$\mathrm{LOA}_l = \overline{D} - (z_{1-\alpha/2}) \times \sqrt{s_t^2} \tag{4-45}$$

$$\mathrm{LOA}_u = \overline{D} + (z_{1-\alpha/2}) \times \sqrt{s_t^2} \tag{4-46}$$

其中：$z_{1-\alpha/2}$ 表示标准正态分布中 $(1-\alpha/2)$ 的上四分位数，$\alpha$ 表示显著性水平。$\mathrm{LOA}_l$ 和 $\mathrm{LOA}_u$ 分别表示参考错误间隔的下限和上限。

（4）序贯概率比测试

根据参考误差区间与两次测量的差异之间的关系建立伯努利随机变量，公式如下：

$$X_{ij} = \begin{cases} 0, & \mathrm{LOA}_l \leqslant D_{ij} \leqslant \mathrm{LOA}_u \\ 1, & \text{其他} \end{cases} \tag{4-47}$$

其中：$D_{ij}$ 表示第 $i$ 个锚结点的第 $j$ 个 RSS 和 TOA 测量值之间的差异。此外，定义伯努利变量 $X_{ij}=1$ 这个事件的概率为 $p=P(X_{ij}=1)=1-P(X_{ij}=0)$。

进行对 $j$ 个观察样品的基于 SPRT 的锚验证。首先，引入两个相互竞争的假设：

- $H_0$：锚结点正常，$p\leqslant p_0$；
- $H_1$：锚结点是恶意的，$p>p_1$。

为了降低在测试中选择错误假设的概率，$p_0$ 和 $p_1$ 为假设门限值的两个限制。接下来，定义两种用户配置的误报率。一个是假阴性率 $\alpha$：$H_1$ 为真，而 $p\leqslant p_0$，即 $P$（接受 $H_0 \mid H_1$）；另一个是误报率 $\beta$：$H_0$ 为真，而 $p>p_1$，即 $P$（接受 $H_1 \mid H_0$）。$j$ 个样本的概率比表示为：

$$\lambda_{ij} = \frac{P(X_{i1}, X_{i2}, \cdots, X_{ij} \mid H_1)}{P(X_{i1}, X_{i2}, \cdots, X_{ij} \mid H_0)} \tag{4-48}$$

假设 $X_{ij}$ 是相互独立的，则上述方程可以在方程式中以对数形式进行变换：

$$\ln \lambda_{ij} = \sum_{k=1}^{j} \ln \frac{P(X_{ik} \mid H_1)}{P(X_{ix} \mid H_0)} \tag{4-49}$$

令 $C_{ij}$ 表示 $j$ 个样本中 $X_{ij}=1$ 的次数，可以得到：

$$\ln \lambda_{ij} = C_{ij} \ln \frac{p_1}{p_0} + (j - C_{ij}) \ln \frac{1 - p_1}{1 - p_0} \tag{4-50}$$

其中：$p_0=P(X_{ij}=1\mid H_0)$，$p_1=P(X_{ij}=1\mid H_1)$，不等式 $p_0<p_1$ 成立。根据SPRT的特性，有以下注意事项：

- 在 $\lambda_{ij}\leqslant\frac{\beta}{1-\alpha}$ 的情况下，应接受 $H_0$ 并终止测试。
- 在 $\lambda_{ij}\geqslant\frac{1-\beta}{\alpha}$ 的情况下，应接受 $H_1$ 并终止测试。
- 在 $\frac{\beta}{1-\alpha}<\lambda_{ij}<\frac{1-\beta}{\alpha}$ 的情况下，测试过程继续进行另一次观察。

最后一条中的不等式可以变换为对数形式：

$$\ln\frac{\beta}{1-\alpha}<\ln\lambda_{ij}<\ln\frac{1-\beta}{\alpha}\tag{4-51}$$

将式(4-48)代入式(4-49)的 $\ln\lambda_{ij}$ 中，有：

$$\frac{\ln\frac{\beta}{1-\alpha}+\ln\frac{1-p_0}{1-p_1}}{\ln\frac{p_1}{p_0}-\ln\frac{1-p_1}{1-p_0}}<C_{ij}<\frac{\ln\frac{1-\beta}{\alpha}+\ln\frac{1-p_0}{1-p_1}}{\ln\frac{p_1}{p_0}-\ln\frac{1-p_1}{1-p_0}}\tag{4-52}$$

不等式(4-52)左侧的表达式被定义为样本超过参考误差区间的可接受时间 $L_j$，而右侧的表达式被定义为相应的不可接受时间 $U_j$，则：

$$L_j=\frac{\ln\frac{\beta}{1-\alpha}+\ln\frac{1-p_0}{1-p_1}}{\ln\frac{p_1}{p_0}-\ln\frac{1-p_1}{1-p_0}}\tag{4-53a}$$

$$U_j=\frac{\ln\frac{1-\beta}{\alpha}+\ln\frac{1-p_0}{1-p_1}}{\ln\frac{p_1}{p_0}-\ln\frac{1-p_1}{1-p_0}}\tag{4-53b}$$

应根据以下说明进行确定：

- 如果 $C_{ij}\leqslant U_j$，则应接受 $H_0$ 并终止测试。
- 如果 $C_{ij}\geqslant U_j$，则应接受 $H_1$ 并终止测试。
- 如果 $L_j<C_{ij}<U_j$，则测试过程继续进行另一次观察。

SPRT流程图如图4.26所示。在第 $i$ 个锚结点的第 $j$ 个真实性验证中，第 $j$ 个观察样本由 $D_{ij}$ 表示，并且 $C_{ij}$ 表示样本的累积时间超过参考误差间隔。首先，根据式(4-53a)和式(4-53b)计算 $L_j$ 和 $U_j$。然后，确定第 $j$ 个观测样本是否在参考误差区间内，即 $D_{ij}$ 是否满足不等式 $\mathrm{LOA}_l<D_{ij}<\mathrm{LOA}_u$。如果是这样，$C_{ij}$ 保持不

变;否则,$C_{ij}$增加1。最后,确定不等式$L_j<C_{ij}<U_j$是否成立。如果是肯定的,则需要更多的样本和验证才能做出决定;否则(即$C_{ij}\geqslant U_j$),第$i$个可疑锚结点被认为是恶意锚结点。如果$C_{ij}\leqslant L_j$,则相应的可疑锚结点被认为是正常锚结点。

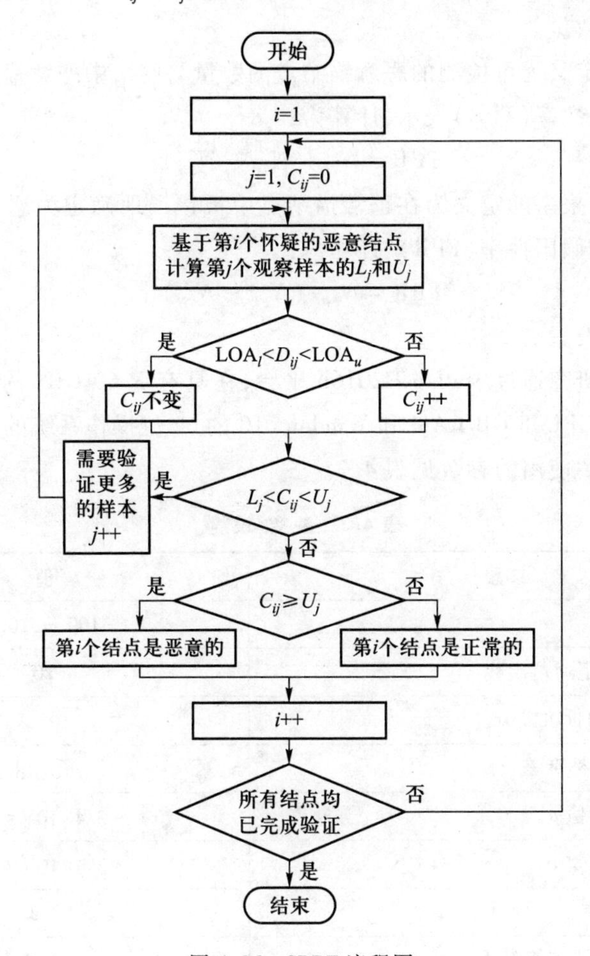


图 4.26 SPRT 流程图

5. 仿真结果

(1) 评估指标

参照上述检测标准,将恶意锚结点检测分为以下4种情况。

- 真阳性(TP):锚结点是恶意的,可以正确检测。设$N_{TP}$表示在检测过程中被正确检测出的恶意锚结点的数量。
- 假阴性(FN):锚结点是恶意的,但在验证后被认为是正常的。设$N_{FN}$表示在检测过程中无法正确检测的恶意锚结点的数量。

• 假阳性(FP):锚结点是正常的,但它被错误地视为恶意锚结点。设 $N_{FP}$ 表示被误判的正常锚结点的数量。

• 真阴性(TN):锚结点是正常的,可以正确确定。设 $N_{TN}$ 表示正确确定的正常锚结点的数量。

检测率的定义为可检测的恶意锚结点的数量与网络中恶意锚结点的总数之比,可以用真阳性率(TPR)表示,计算为:

$$\mathrm{TPR} = N_{TP}/(N_{TP} + N_{FN}) \tag{4-54}$$

相应地,误报率的定义为在正常锚结点中被错误地确定为恶意锚结点的比例,可以表示为假阳性率(FPR),计算为:

$$\mathrm{FPR} = N_{FP}/(N_{FP} + N_{TN}) \tag{4-55}$$

(2) 参数设置

示例所述研究通过 Matlab R2016b 平台,在具有 3.60 GHz 的 Intel(R)Core(TM)i7-7700 CPU,8 GB RAM 和 Windows 10 的 64 位操作系统的计算机上执行所进行的仿真。使用的参数见表 4.2。

**表 4.2　参数设置**

| 参数 | 值 |
| --- | --- |
| 结点生成范围 | (-100 m,100 m) |
| TOA 和 RSS 测距通信次数 | 20 |
| TOA 测量噪声的标准差 $\sigma_{W1}$ | $10^{-8}$ s |
| RSS 测量噪声的标准差 $\sigma_{W2}$ | $\sqrt{10}$ dBm |
| 恶意延迟的平均值 $\mu_\delta$ | $4\times10^{-8}$ s |
| 恶意延迟的标准差 $\sigma_\delta$ | $4\times10^{-8}$ s |
| 传输衰减系数 $\alpha$ | 3.3 |
| 传输 $d_0=1$ m 时所需能量 $P_T$ | -20 dBm |
| $H_0$ 假设门限值 | 0.1 |
| $H_1$ 假设门限值 | 0.9 |
| 弃真率 $\alpha$ | 0.01 |
| 存伪率 $\beta$ | 0.01 |

(3) 仿真结果

经过多次运算后得到一定数量的 FPR-TPR 数据,随后观察其分布。将结果分为几个小块,分别统计几个区域内的数据数量,绘制成柱形图,最终的结果如

图 4.27 所示。可以看出,结果主要集中在左上角,在其余部分有比较零散的分布。这说明算法在针对中高延迟时有比较稳定的性能;在针对极少量微弱延迟时性能会稍有下降。

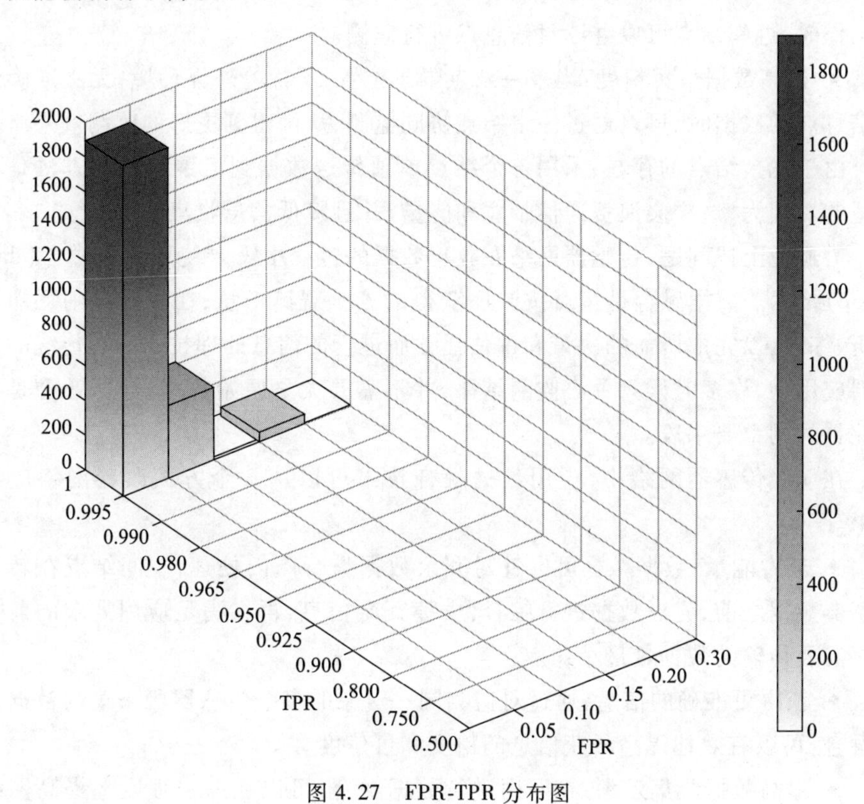

图 4.27 FPR-TPR 分布图

## 4.3 数据融合

数据融合技术是一种信息处理技术,目的是对从信息源采集、传输、综合、过滤、相关及合成信息,以辅助用户进行判定、诊断及决策。

### 4.3.1 多传感器数据融合

在无线传感器网络中,由于数据传输所消耗的能量远大于结点处理器进行计算所需要的能量,所以尽量减少数据的发送量是提高无线传感器网络使用寿命的主要措施。在实际应用的无线传感器网络中，一般都会存在冗余结点，这些结点的存在主要基于两个原因：

• 提高网络获取数据的可靠性：当某些结点由于障碍物遮挡或产生故障无法工作时，近邻结点可以继续对信息点进行监测。

• 提高数据采集精度：当单一结点限于位置，干扰等外界环境，无法准确测量信息点的数据时，可以通过一组结点协同监测，从而得到更好的监测效果。

由于冗余结点的存在，采用各个结点单独传送数据到汇聚结点的方法是不合适的。因为，这样会浪费通信带宽和能量，并且降低信息收集的效率。

为避免上述问题，传感器网络在收集数据的过程中需要使用数据融合（data fusion）技术。数据融合是指对按时序获得的若干观测信息，在一定准则下加以分析、综合，以完成所需的决策和评估任务而进行的信息处理技术。在传统的传感器应用中，许多时候只关心监测结果，并不需要大量原始数据，数据融合是实现此目的的重要手段。

在无线传感器网络中，应用数据融合技术可以从3个方面改善网络应用效果。

• 节省能量：数据融合可以针对冗余数据进行网内处理，中间结点在转发传感器数据之前，先对数据进行综合，去掉冗余信息，再在满足应用需求的前提下将需要传输的数据量最小化。

• 获得更准确的信息：通过对监测同一对象的多个传感器所采集的数据进行融合，可以有效地提高所获信息的精度和可信度。

• 提高数据收集效率：在网内进行数据融合，可以在一定程度上提高网络收集数据的整体效率。数据融合减少了需要传输的数据量，可以减轻网络的传输拥塞，降低数据的传输延迟。

### 4.3.2 数据融合技术的分类

传感器网络中的数据融合技术可以从不同的角度进行分类。数据融合技术本身可以分为数据级融合、特征级融合和决策级融合。在传感器网络的实现中，3个层次的融合技术可以根据应用的特点综合运用。

目前在无线传感器网络中，比较常用的分类方法是根据数据融合与应用层之间的关系划分。

数据融合技术可以在传感器网络协议栈的多个层次中实现，既可以在介质访问控制层协议中实现，也可以在路由协议或应用层协议中实现。根据数据融合是否基于应用数据，将数据融合技术分为 3 类：依赖应用的数据融合（application dependent data aggregation，ADDA）、独立于应用的数据融合（application independent data aggregation，AIDA），以及两种方式相结合的数据融合[12]。

通常数据融合都是对应用层数据进行的，即数据融合需要了解应用数据的语义。从实现角度看，数据融合如果在应用层实现，则与应用数据之间没有语义间隔，可以直接对应用数据进行融合；如果在网络层实现，则需要跨协议层理解应用层数据的含义。

依赖应用的数据融合技术可以根据应用需求获得最大限度的数据压缩，但可能导致结果数据中损失的信息过多。另外，融合带来的跨层理解语义问题给协议栈的实现带来困难。

鉴于依赖应用的数据融合的语义相关性问题，有人提出独立于应用的数据融合。这种融合技术不需要了解应用层数据的语义，直接对数据链路层的数据包进行融合。独立于应用的数据融合作为一个独立的层次处于网络层与介质访问控制层之间。独立于应用的数据融合保持了网络协议层的独立性，不对应用层数据进行处理，从而不会导致信息丢失，但是数据融合效率没有依赖应用的数据融合高。

两种方式相结合的数据融合方式结合了上面两种技术的优点，同时保留独立于应用的数据融合层次性与其他协议层内的依赖应用的数据融合，因此可以综合使用多种机制得到更符合应用需求的融合效果。下面主要介绍独立于应用的数据融合方法。

### 4.3.3 独立于应用的数据融合

独立于应用的数据融合（AIDA）针对无线传感器网络带宽低、能量有限的特点，实现无线信道的最大利用率；还可以根据网络当前流量动态改变转发结点的数据融合程度，减轻信道竞争[13]。

独立于应用的数据融合不同于依赖应用的数据融合（ADDA），不需要依赖应用层的信息，也不需要双向接口和数据中心路由协议。独立于应用的数据融合可以嵌入无线传感器网络协议栈中，将融合决策和具体的应用进行隔离。此外，独立于应用的数据融合还可以作为补充策略，与其他数据融合方法共同对数据进行处理。数据融合方法的原理图如图 4.28 所示。

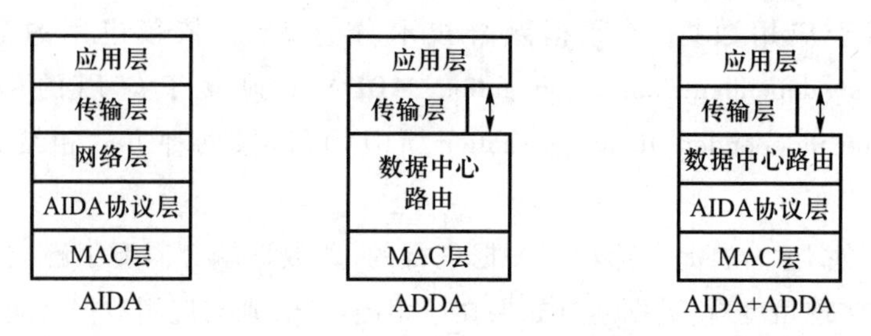


图4.28　数据融合方法原理图

1. 工作原理

独立于应用的数据融合的基本思想一是不针对数据的内容,二是根据下一跳地址进行多个数据单元的合并,从而减少数据封装和发送冲突的开销。由于独立于应用的数据融合可以针对不同情况决定数据融合的程度,因此可以增强数据融合对网络负载状况的适应性。当网络数据载荷较轻时,可以降低融合的程度,较重时提高融合的程度。

独立于应用的数据融合协议层位于网络层和介质访问控制层之间,其基本组成如图4.29所示。

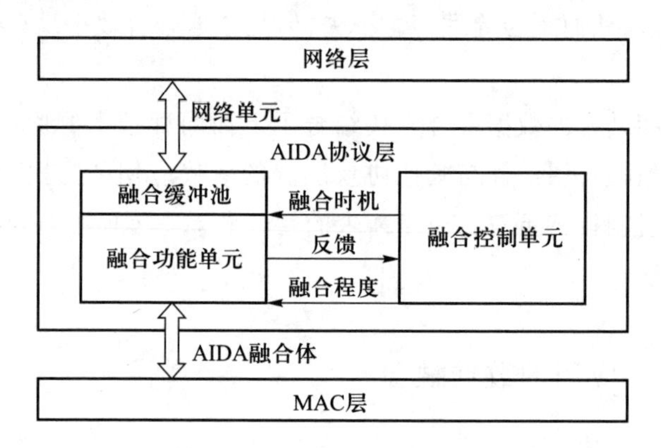


图4.29　AIDA协议层的组成

独立于应用的数据融合协议层的功能分为两部分:融合功能单元对网络单元(分组)进行融合和去融合;融合控制单元用于选择融合策略,例如:固定融合、按需融合和动态反馈融合等。

独立于应用的数据融合的工作原理包括两个方向的数据流向:

• 由网络层发送的数据分组,进入融合缓冲池后,融合功能单元先根据分组数量和下一跳的接收结点,选择合适的分组格式来进行融合,然后将融合结果下传给介质访问控制层。而融合控制单元决定具体的融合策略。

• 由介质访问控制层来的输入数据，在独立于应用的数据融合协议层被分解为网络单元，独立于应用的数据融合将恢复出来的网络单元上传给网络层。独立于应用的数据融合去融合的目的是为了确保各层的模块化和允许网络组成的独立性。

2. 融合策略

独立于应用的数据融合的融合策略包括无融合、固定融合、按需融合和动态反馈融合。

(1) 无融合

最简单的策略，独立于应用的数据融合不进行任何处理，只是按照网络协议标准将数据分组直接传递给相邻层。

(2) 固定融合

固定融合方式中，无论有多少数据分组，每次融合的网络单元数都是固定的。具体实现时，可以采用定时器技术来确保固定的融合时间。

(3) 按需融合

按需融合需要监视独立于应用的数据融合队列，确保队列不为空。正常情况下，输出队列满时，才启动数据融合机制。按需累积实际上是提供透明融合。

(4) 动态反馈融合

动态反馈融合是独立于应用的数据融合的最终解决方案，可以认为是固定融合方式和按需融合方式的结合。这种融合策略同样需要监视输出队列，动态地调整融合的强度。

### 4.3.4 其他融合方式

传统的传感器网络数据融合方式都是基于确定的网络结构，例如分簇或树状结构，因此也称为基于结构的融合方式。这种方式主要适用于结点周期性发送数据的情况，比如环境监测等。而在某些基于事件的网络中，由于监测对象为突发事件，例如入侵监测和危险品监测等，这一类应用无法知道信息源的位置，因此不适合采用基于结构的融合方式[14]。

1. 无结构数据融合方式

这种融合方式不需要预先构建融合结构，以数据感知任意组播（data aware anycast，DAA）来满足数据融合的空间收敛条件，以随机等待（randomized waiting，RW）来满足其时间收敛条件。无结构数据融合方式的缺点是网络规模缺乏可扩展性。

2. 半结构数据融合方式

结合了结构融合和无结构融合的优点,在源结点附近进行数据融合,但并不明确建立移动事件结构。这样即减少了发送的分组数,又降低了建立和维护结构的开销。半结构数据融合方式适用于大规模的无线传感器网络。

## 4.4 数据管理

无线传感器网络的数据管理系统类似于传统的分布式数据库系统,主要目的是将传感器网络的物理结构与逻辑结构分离,使得用户在使用、存储、检索和查询数据时,不必了解网络的底层结构。数据管理系统能够向用户提供方便易用的应用结构,用户可以通过接口,直接访问传感器网络提供的数据服务,还可以进一步利用这些应用接口来开发功能更强的应用程序。

### 4.4.1 无线传感器网络的数据管理

无线传感器网络数据管理系统与传统的分布式数据库系统相比,具有很多独特的差异:

- 无线传感器网络的数据来源于传感器结点。这些结点的工作状态随着环境的改变而千差万别。很多结点的工作环境可能非常恶劣,因此其数据来源具有不稳定性。此外,随着结点失效退出网络,或者有新结点加入网络,都会导致数据的规模和结构发生变化。
- 无线传感器网络的数据是连续产生的,只要整个网络在工作,数据就会源源不断地产生,这与传统数据库有限且相对固定的数据来源是有明显区别的。此外,通常认为传统数据库中的数据是经过确认且准确无误的。而无线传感器网络结点采集到的数据由于干扰或自身故障的存在,会产生一定的误差。
- 使用无线传感器网络的用户一般情况下,需要数据管理系统提供一段时间内连续不间断的数据查询和访问功能。
- 传统数据库技术关心查询的效率,即在最短时间内得到需要的数据。而无线传感器网络的数据管理系统则需要侧重能量损耗的衡量,为此无线传感器网络的数据管理系统往往会在网内对数据进行处理,例如,进行数据融合操作[15,16]。

### 4.4.2 无线传感器网络数据存储、索引与查询方法

1. 数据存储方法

在数据存储方面,目前的无线传感器网络数据管理系统主要采用两种方式:本地存储和以数据为中心的数据存储。

(1) 本地存储

本地存储方式即所有测量数据都存储在产生该数据的传感器结点内,满足指定空间范围的数据查询需求。使用本地存储方法时,存储传感器结点采集的数据不需要耗费通信能量,但是用户查询感知数据时,则需要耗费大量能量。本地存储适用于感知数据产生频率高于访问频率的情况。

(2) 以数据为中心的数据存储

在以数据为中心的存储系统中,每个传感器结点产生的数据按照数据名存储在网络的某个或某些传感器结点上。以数据为中心的存储方法使用数据名字来存储和查询数据,根据数据项的名字,可以很容易地在传感器网络中找到相应的数据项。这类方法通过一个数据名到传感器结点的映射算法实现数据存储。

2. 数据索引方法

无线传感器网络中常用的索引方法包括了层次索引、一维分布式索引和多维分布式索引。

(1) 层次索引

层次索引针对本地数据存储机制。适用于特定空域内的数据查询要求,例如某区域内的温度,或者某区域内一段时间内的平均温度等。

层次索引采用空间分解方法,根据查询要求计算分辨率级别。索取数据时,传感器结点将数据逐级传送到顶点和用户,实现层次索引。

(2) 一维分布式索引

一维分布式索引适用于以数据为中心的存储方式。该索引方式针对具体属性的查询,例如温度、压力等。其查询要求通常为某区域内的所有压力测量值等。一维分布式索引方法,首先将网络分解为树状的层次结构。在索取数据时,再按照查询要求,选取包含查询数据名的父结点,并在区域内进行遍历,得到查询结果。

(3) 多维分布式索引

多维分布式索引是在一维分布式索引的基础上,进行多属性的查询。例如,某区域内的温度和压力测量值。具体查询时,可以按照多个属性划分更多的区

域,并构造多个树状层次结构,以获得查询结果。

3. 数据查询方法

无线传感器网络中的数据查询是利用分布式的技术,由全局处理器先将用户提交的查询要求分解为许多具体的子查询,然后根据数据索引的方法将查询要求提交给相关结点,在相关结点内再由结点处理器执行。中间结点可以进行数据聚集等处理,以减少数据的传送量。

无线传感器网络数据管理系统采用的查询方法主要分为两类:集中式查询和分布式查询。

(1) 集中式查询

集中式查询处理方法适合对历史数据的查询,例如查询某区域内,一段时间内的温度变化趋势。集中式查询方式对中心数据库存储数据的周期和感知数据产生的频率都有一定的限制,因为这种方法无法保证从传感器网络获得查询所需的全部数据。当数据查询要求需要大量数据时,必须频繁地从每一个传感器获取数据,并把它们传送到中心数据库。显然,这将会很快耗尽每一个结点的能量。实际的做法是只要相应区域的传感器返回数据即可,不必要求传感器网络中的所有传感器都提供数据。传感器结点一般都具有处理和存储能力,因此可以在结点上进行数据分布式处理和存储,这不但能够有效地减少数据传送,降低结点和网络的能量消耗,而且还能够提高查询响应的实时性。集中式查询处理方法适用于传感器能源比较充足而且数据采集周期较长的应用。

(2) 分布式查询

针对集中式查询方式的不足,提出了分布式查询处理方法。在分布式查询处理方法中,不同的查询请求会产生不同的数据获取方式,以获取不同的数据。分布式查询处理方法只从传感器网络中获取与查询相关的数据。

分布式查询可以在传感器结点上执行选择和聚集操作。只有满足条件的数据参与聚集操作,因而只有部分聚集结果被传送到中心数据库,形成最终聚集结果。这种方法可以减少通信量,节约有限的网络通信带宽。

数据聚集技术包括逐级聚集和流水线聚集两类。

- 逐级聚集技术:从最底层的叶结点开始向最顶层的根结点逐级进行聚集,中间结点接收来自下层结点的经过聚集处理的数据,再与自身数据进行聚集,并传送给上层结点。

- 流水线聚集技术:将查询时间划分为若干小段,在每个时间段内,中间结点将自身数据与在上个时间段内得到的下层结点数据进行聚集,再传送给上层结点。这种方式可以根据具体的查询要求和网络的状况动态改变聚集的结果。

### 4.4.3 传感器网络数据管理系统

目前用于传感器网络的数据管理系统主要有Fjord、Cougar、TinyDB和Dimensions系统。

1. Fjord系统

Fjord是加州大学伯克利分校开发的数据管理系统,主要由两部分构成:自适应的查询处理引擎和传感器代理。Fjord系统基于流数据计算模型处理数据查询的操作。与传统数据库系统不同,在Fjord系统中,来自传感器的观测数据是传送给查询处理引擎的,而不是在数据被查询的时候才提取出来。此外,Fjord系统根据计算环境的变化动态调整查询执行操作。传感器代理是传感器结点和查询处理器之间的接口,传感器结点需要将感知数据传送给传感器代理,传感器代理将数据发送到查询处理器。这样每个传感器结点不需要直接将观测数据发送给最终用户。另外,传感器代理可以让传感器结点按照事先指定的方式进行一定的本地计算,如对传感器数据进行聚集操作。传感器代理动态监测传感器结点,估计用户的需求和目前相关结点的能量状况,动态调整传感器结点的采样频率和传输率,延长传感器结点的寿命并提高处理性能。

2. Cougar系统

Cougar系统是康奈尔大学开发的传感器网络数据管理系统,其基本思想是尽可能地将查询处理在传感器网络内部进行,减少通信开销。在查询处理过程中,只有与查询相关的数据才从传感器网络中提取出来,这种方法灵活而有效。

Cougar系统将传感器网络中的结点划分为簇,并将其中一个结点作为簇头。使用定向扩散路由算法在网络中传递数据。整个系统由3部分构成:图形用户界面、查询代理和客户前端部分。

- 图形用户界面运行在用于提供数据服务的客户端计算机上,使用了Java语言和数据查询语言SQL来实现。

- 查询代理运行在传感器结点上。由设备管理器、结点层软件和簇头层软件3部分组成。簇头层软件运行于簇头结点,设备管理器进行结点本身的测量工作,结点层软件则提供数据查询的服务操作。结点层软件从设备管理器得到数据后,传递给簇头层软件。

- 客户前端运行在网络中特定的结点上,负责用户与簇头间的数据通信。将客户的查询要求发送给簇头的查询代理,同时将簇头提供的查询结果传送给用户。

与Fjord系统不同,在Cougar系统中,传感器结点不仅需要处理本地的数据,同时还要与近邻的结点进行通信,协作完成查询处理的某些任务。

3. TinyDB

TinyDB系统由加州大学伯克利分校开发,整个系统由客户端、服务器和传感器网络3部分组成。传感器网络将数据发送给服务器,服务器向客户端提供数据查询服务。

TinyDB系统的软件部分包括两部分。

(1) 传感器网络软件

运行于传感器结点上,控制传感器结点的工作。这部分软件由4个组件组成:

- 网络拓扑管理器:管理传感器网络结点间的拓扑结构和路由信息。整个网络采用树状结构,数据逐级传播,并汇聚到根结点。
- 存储管理器:采用动态内存管理技术,负责分配管理存储单元和压缩数据。
- 查询管理器:处理用户的查询请求,接受相邻结点的测量数据,进行过滤和聚集处理后传送给父结点。
- 结点目录和模式管理器:管理传感器网络的结点目录和数据模式。结点目录用于记录结点的测量属性,例如温度、压力等;模式管理器负责管理系统的数据模式。

(2) 客户端软件

客户端软件包括两部分功能,一部分用于提供数据查询服务,另一部分提供应用程序操作界面,运行于服务器和客户端。

4. Dimensions系统

Dimensions系统也是由加州大学伯克利分校开发,其特点是可以提供更为灵活的查询方式,用户可以从时间或空间进行多属性的查询。系统采用了层次索引方式等技术,实现了多分辨率的数据查询。

## 4.5 安全机制

网络安全机制是对网络系统中的软硬件系统和数据实施的保护,避免因为偶然或恶意的原因而遭受到破坏、更改、泄露,保证系统连续可靠正常地运行,网络服务不被中断。无线传感器网络作为开放的无线通信网络其安全性尤其值得关注。

### 4.5.1 传感器网络的安全问题

Mayank Saraogi 提出了无线传感器网络的安全目标包括如下几个方面。

1. 数据机密性

所有敏感数据在存储和传输的过程中都要保证其机密性,非授权用户不能直接获得消息内容。数据机密性包括感知信息的机密性和通信协议的机密性,通常的办法是进行加密。

2. 消息认证性

网络结点在接收其他结点发送的消息时,能够确认数据是从己方结点发送的,而不是入侵结点冒充的。

3. 完整性

数据完整性是确保数据正确的一种手段。网络结点在接收数据时,需要通过完整性鉴别,确保数据在传输过程中没有任何改变,即没有被中间结点篡改或者在传输中出错。

4. 及时性

数据本身具有时效性,网络结点能够判断最新接收的数据包是发送者最新产生的数据包。及时性的问题主要基于两种原因:一是由网络延迟导致的,二是由恶意结点的重复发送数据包引起的。

5. 容侵性

在网络的一部分区域发生入侵时,必须保证整个网络仍然可以运行。容侵性是当网络遭到入侵时,网络所具备的对抗攻击的能力。

### 4.5.2 传感器网络的安全技术

无线传感器网络作为一种新兴的无线网络,所面临的安全问题主要来自3个方面。

- 无线通信过程中的信号干扰,需要采用抗干扰技术来防止攻击者采用频率干扰的方法影响网络结点对信号的接收。
- 无线自组织网络本身的开放性,以及拓扑结构的频繁变化。
- 传感器结点本身有限的资源。

这些安全问题在网络协议的各个层都应该充分考虑,表4.3列出了传感器网络的攻击与安全技术。物理层主要侧重在安全编码方面;链路层和网络层侧重考虑的是数据帧和路由信息的加解密技术;而应用层则侧重密钥的管理和交换过程,为下层的加解密技术提供安全支撑[17]。

**表 4.3 传感器网络攻击与安全技术**

| 网络协议栈 | 网络攻击 | 安全技术 |
| --- | --- | --- |
| 物理层 | 拥塞攻击 | 跳频、通信模式转换等 |
| | 物理破坏 | 损坏感知、信息加密 |
| 链路层 | 碰撞攻击 | 纠错码、数据重传 |
| | 耗尽攻击 | 限制发送速度和重传次数 |
| | 非公平竞争 | 短包、弱化优先级差异 |
| 网络层 | 丢弃和贪婪破坏 | 冗余路径 |
| | 方向误导攻击 | 加密、逐跳认证 |
| | 汇聚结点攻击 | 认证、监听 |
| | 黑洞攻击 | 认证、监听、冗余 |
| 传输层 | 洪泛攻击 | 客户端谜题 |
| | 失步攻击 | 认证 |

1. 无线传感器网络物理层安全技术

(1) 拥塞攻击

无线网络环境是一个开放的环境,所有无线设备共享这样一个开放的空间,所以若两个结点发射的信号在一个频段上,或者是频率很接近,则会因为彼此干扰而不能正常通信。只要获得目标网络通信频率的中心频率,攻击结点就可以通过不断发送无用信号,使得通信半径内的传感器网络结点不能正常工作。因此,拥塞攻击对单频无线通信网络非常有效。要抵御单频的拥塞攻击,可以使用宽频和跳频的方法。在检测到攻击后,网络结点通过跳转到另外一个频率继续进行通信。

由于全频攻击实现起来非常困难,因此拥塞攻击一般不采用全频攻击。当然,一旦出现长期持续全频拥塞攻击,则只能通过转换通信模式来抵御。

(2) 物理破坏

因为传感器网络结点往往分布在一个很大的区域内,所以保证每个结点都安全是不可能的。敌方人员很可能俘获一些结点,对其进行物理上的分析和修改,并利用它干扰网络正常功能。针对物理破坏,需要传感器网络采用更全面的保护机制：

• 完善物理损害感知机制。结点能够根据其收发数据包的情况、外部环境的变化和一些敏感信号的变化，判断是否遭受物理破坏。一旦感知到物理破坏，就采用具体的策略，使得敌方不能正确分析系统的安全机制，保护网络剩余部分免受安全威胁。

• 信息加密存储。现代安全技术依靠密钥来保护和确认信息，而不是依靠安全算法。所以通信加密密钥、认证密钥和各种安全启动密钥需要严密的保护。对于破坏者来说，读取系统动态内存中的信息比较困难，所以他们通常采用静态分析系统非易失存储器的方法。因此，在实现的时候，敏感信息尽量存放在易失存储器上。如果不可避免要存储在非易失存储器上，则必须首先进行加密处理。

2. 无线传感器网络链路层安全技术

(1) 碰撞攻击

碰撞攻击指两个设备同时进行发送时，其输出信号会因为相互叠加而无法分离。任何数据包，只要有一个字节的数据在传输过程中发生了冲突，那么整个包都会被丢弃。在链路层协议中称这种冲突为碰撞。

对于碰撞攻击，可以采用下面一些处理办法：

• 使用纠错编码。纠错码原本是为了解决低质量信道的数据通信问题，通过在通信数据包中增加冗余信息来纠正数据包中的错误位。纠错码的纠正位数与算法的复杂度和数据信息的冗余度相关，通常使用 1~2 位纠错码。如果碰撞攻击者采用的是瞬间攻击，只影响个别数据位，使用纠错编码是有效的。

• 使用信道监听和重传机制。结点在发送前先对信道进行一段随机时间的监听，在预测信道一段时间为空闲的时候开始发送，降低碰撞的概率。对于有确认的数据传输协议，如果对方表示没有收到正确的数据包，需要将数据重新发送一遍。

(2) 耗尽攻击

耗尽攻击就是利用协议漏洞，通过持续通信的方式使结点能量资源耗尽。应对耗尽攻击的主要方法是限制网络发送速度，结点自动抛弃那些多余的数据请求，但是这样会降低网络效率。此外，在协议实现的时候，制订执行策略，对过度频繁的请求不予理睬，或者对同一个数据包的重传次数进行限制，都可以避免恶意结点无休止干扰导致的结点能源耗尽。

(3) 非公平竞争

如果网络数据包在通信机制中存在优先级控制，恶意结点或者被俘结点可能被用来不断在网络上发送高优先级的数据包占据信道，从而导致其他结点在通信过程中处于劣势。

这是一种弱拒绝服务(denial of service,DoS)攻击方式,需要敌方完全了解传感器网络的介质访问控制层协议机制,并利用介质访问控制层的协议来进行干扰性攻击。一种缓解的办法是采用短包策略,即在介质访问控制层中不允许使用过长的数据包,这样就可以缩短每个包占用信道的时间;另外一种办法就是弱化优先级之间的差异,或者不采用优先级策略,而采用竞争或者时分复用方式实现数据传输。

3. 无线传感器网络网络层安全技术

传感器网络是一个规模很大的对等网络。每个结点既是终端结点,也是路由结点。两个结点之间的通信往往要经过很多跳,这样就给敌方人员更多破坏数据包正常传输的机会。

要进行网络层的攻击,敌方人员必须要对网络的物理层、链路层和网络层完全了解。这里假设敌人已经通过俘获网络中的物理结点进行了详细的代码分析或者利用间谍手段获得了网络细节,并制作了一些使用同样通信协议、但安插了恶意代码的结点,将这些结点布置在目标网络中,成为网络的一部分。

(1) 丢弃和贪婪破坏

恶意结点作为网络的一部分,会被当作正常的路由结点来使用。恶意结点在冒充数据转发结点的过程中,可能随机丢掉其中的一些数据包,即丢弃破坏;另外也可能将自己的数据包以很高的优先级发送,从而破坏网络通信秩序。

解决的办法之一就是使用多路径路由。这样,即使恶意结点丢弃数据包,数据包仍然可以从其他路径送到目标结点。在安全引导方面也会提到多路径方式,多路径增加了数据传输的可靠性,但是也会引入其他安全问题。

(2) 方向误导攻击

恶意结点在收到一个数据包后,除了丢弃该数据包,还可能通过修改源和目的地址,选择一条错误的路径发送出去,从而导致网络的路由混乱。如果恶意结点将收到的数据包全部转向网络中某一个固定结点,该结点必然会因为通信阻塞和能量耗尽而失效。

方向误导攻击的防御方法与网络层协议相关。对于层次式路由机制,可以使用输出过滤方法,该方法用于在互联网上抵制方向误导攻击。这种方法通过认证源路由的方式确认一个数据包是否是从它的合法子结点发送过来的,直接丢弃不能认证的数据包。这样,攻击数据包在前几级的结点转发过程中就会被丢弃,从而达到保护目标结点的目的。

(3) 汇聚结点攻击

一般的传感器网络中，结点并不是完全对等的。基站结点、汇聚结点或者基于簇管理的簇头结点，一般都会承担比其他普通结点更多的责任，其在网络中的地位相对来说也会比较重要。敌方人员可能利用路由信息判断出这些结点的物理位置（尤其是在地理位置路由系统中）或者逻辑位置进行攻击，给网络造成比较大的威胁。

抵御汇聚结点攻击的一种方法就是加强路由信息的安全级别，如在任意两个结点之间传输的数据（包括产生的和转发的）都进行加密和认证保护，并采用逐跳认证的方法抵制异常包的插入。另外，增加对地理信息传输的加密强度，做到位置信息重点保护。

另外一种方法就是尽量弱化结点异构性，增加重要结点的冗余度。一旦系统关键结点被破坏，可以通过选举机制和网络重组方式进行网络重构。

（4）黑洞攻击

基于距离向量的路由机制通过路径长短进行选路，这样的策略容易被恶意结点利用。通过发送0距离公告，恶意结点周围的结点会把所有的数据包都发送到恶意结点，而不能到达正确的目标结点，从而在网络中形成一个路由黑洞。

黑洞攻击比较容易被感知，但是其破坏力还是非常大的。通信认证、多路径路由等方法可以抵御黑洞攻击。

4. 无线传感器网络传输层和应用层安全技术

无线传感器网络中，传输层的作用是与外部网络（主要是因特网）进行连接。由于传感器结点的资源有限，无法存储大量的连接信息，因此，目前传输层的相关研究较少，安全性的研究也不多见，一般情况下，都是采用传统的传输层网络协议。

应用层的作用是为无线传感器网络的各种实际应用提供操作接口，其安全技术主要涉及密钥管理和安全组播机制。

### 4.5.3 密钥管理

密钥的管理是无线传感器网络中非常重要的问题。由于传感器结点自身的资源限制，很多复杂的高级密码无法在网络中应用。因此，在传感器网络中主要使用的是对称密钥。

无线传感器网络中，密钥的管理方法根据使用密钥的结点数可以分为对密钥和组密钥；根据密钥产生方式可以分为预共享密钥模型和随机密钥预配置模型。

1. 预共享密钥模型

预共享密钥模型有两种方式:结点之间共享、结点与基站共享。结点之间共享密钥可以在任何一对结点之间建立安全连接,但是扩展性和预防俘获的能力不足,而且无法支持大规模的网络应用。结点与基站间共享密钥可以将维护信息都集中存储在基站,使得结点的负担得以缓解,但是容易在基站形成网络瓶颈。

2. 随机密钥预配置模型

随机密钥预配置模型的主要思想是为每个传感器网络选择一个密钥池,所有结点在密钥池中随机选取若干个密钥,并在网络中公布。每个结点随即记录下与自身密钥相同的其他结点。建立连接时,对于共享同一密钥的结点,直接使用共享密钥;否则,由发起连接的结点产生会话密钥并传递给目标结点。

3. 基于位置信息的密钥预分配模型

通过对随机密钥预配置模型进行改进,可以进一步得到基于位置的密钥对分配模型。通过引入传感器结点的位置信息,在结点中存放地理位置参数。借助于位置信息,提高结点对共享密钥的概率。

### 4.5.4 入侵检测

入侵检测是对入侵活动或企图的识别过程。传统的 Ad hoc 网络的入侵检测技术包括使用监视器、信誉系统和路径管理器,以及可信管理机制等。这些方法由于无线传感器网络存在的限制,大多无法直接使用。

目前无线传感器网络使用入侵检测系统(intrusion detection system,IDS)的主要思想是找出网络中最易受到攻击的结点并进行重点保护。

1. 基于博弈论的入侵检测机制

将攻击与防御问题抽象为攻击方与无线传感器网络之间的博弈问题,通过博弈机制构建传感器网络的防御框架。

2. 马尔可夫决策过程

利用马尔可夫决策过程(Markov decision process,MDP)预测网络中最脆弱的结点。

3. 依据流量直觉判定

以结点流量作为度量,保护流量最大的结点。

## 4.5.5 传感器网络安全框架协议

1. SPKI/SDSI

简明公钥体系(simple public key infrastructure,SPKI)/简明分布式系统体系(simple distributed system infrastructure,SDSI)工作在应用层,用来保证传感器结点之间的通信安全。

协议具有如下特性:

- 互相授权。
- 提供机密性、完整性、认证性等安全性能。
- 能量消耗最小化。

SPKI/SDSI 协议的结构基于代理方式,将传感器网络中的结点分为若干簇,根据传感器簇的能量状况,在簇内或簇外设置代理。簇间再通过一个总的代理,实现网络的通信。协议的原理是在本地绑定用户的 ID 和证书,如果在本地列表中能够监测到该用户且证书符合,则该用户就可以访问网络。

图 4.30 是 SPKI/SDSI 协议的数据流图。

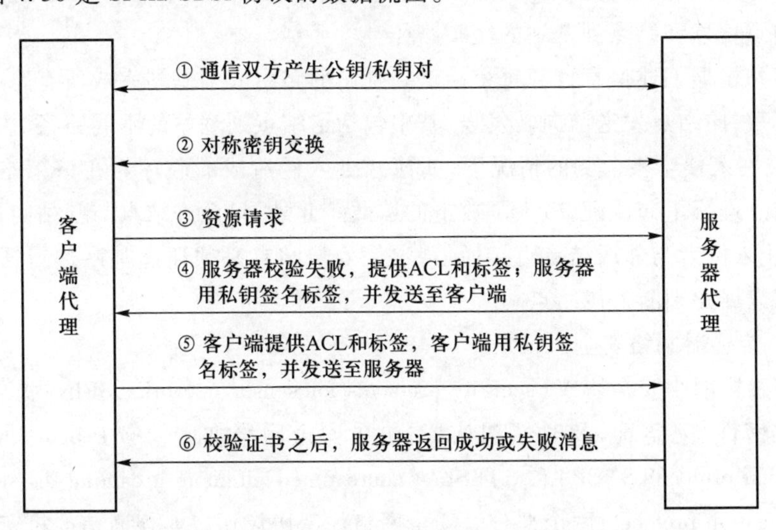


图 4.30 SPKI/SDSI 协议的数据流图

客户端代理通过 4 个步骤实现请求服务器代理资源。客户端代理首先寻找拥有所需要资源且距离最近的服务器代理,按如下步骤进行操作:

① 通信双方产生公钥/私钥对;

② 使用密钥协商协议,进行对称密钥交换,产生一次密钥(one-time keys,

OTK)列表;

③ 传感器代理使用一次密钥列表入口的第一个密钥向服务器请求资源;

④ 客户端代理需要发送未来的请求时,先使用一次密钥列表中的下一个密钥来进行加密;然后,为认证产生私钥并交换公钥。

2. 无线传感器网络中容侵路由协议

无线传感器网络中容侵路由协议(intrusion tolerance routing in wirless sensor networks)的设计思想是在路由中加入容侵策略,这样即使某些结点遭到捕获,也不会影响整个网络。

无线传感器网络中容侵路由协议主要包括如下策略。

• 及时发现入侵者。无线传感器网络中容侵路由协议采用容侵的路由机制,在路由初始化阶段,每个结点保留多条到基站的路由。

• 策略针对传感器结点能源受限的情况,用基站寻找并建立路由。

基站首先向每个结点发送请求信息,收到请求信息的结点再向相邻结点转发该请求信息。结点可能会同时接收多个请求信息。第一个向该结点发送请求信息的结点将被标记为邻居结点,结点向邻居结点转发并对邻居结点进行监听。

传感器结点从其他相邻结点收到请求信息,就把这些结点作为父结点,并存储父结点信息和结点到基站的完整路径。

基站根据上述信息计算每个结点到基站的路由。当基站完成所有路由信息的计算后,向结点发送前向转发表,其中包括了结点到基站的不同路径。

• 在入侵未被监测的情况下,如何减少入侵造成的破坏。在该策略中,基站对结点进行单向认证,减少了攻击的扩散。此外,只允许结点与基站间进行通信,防止入侵者与邻居结点直接通信,迫使入侵结点必须通过基站进行通信,而基站可以据此判断入侵结点。

3. 传感器网络安全协议

传感器网络安全协议(security protocols for sensor networks,SPIN)提供了数据的机密性、完整性、及时性和认证,包含安全网络加密协议(secure network encryption protocol,SNEP)和 μTESLA(micro timed efficient streaming loss-tolerant authentication protocol)两个部分。安全网络加密协议用以实现通信的机密性、完整性、及时性和点到点的认证,μTESLA 用以实现点到多点的广播认证。

(1) 安全网络加密协议

安全网络加密协议实现了数据机密性、数据认证、完整性保护、及时性保证等功能,是一个低通信开销、简单高效的安全通信协议,是专门针对无线传感器网络开发的。安全网络加密协议本身只描述安全实施的协议过程,并不规定实际使用的算法,具体的算法根据应用场景进行选择。

安全网络加密协议采用预共享主密钥的安全引导模型,假设每个结点都和基站之间共享一对主密钥,其他密钥都是从主密钥衍生出来的。安全网络加密协议的各种安全机制都是通过信任基站完成的。

- 数据机密性。安全网络加密协议在网络开始传送正式信息前,结点和基站之间共享的主密钥是预先定义的。主密钥通过对称加密算法 RC5 产生加密密钥、消息认证码(message authentication code,MAC)和 PNG 密钥。其中:

加密密钥 $K_{AB}=F_x(1)$ 和 $K_{BA}=F_x(3)$

MAC 密钥 $K'_{AB}=F_x(2)$ 和 $K'_{BA}=F_x(4)$

PNG 密钥 $K_{\text{rand}}=F_x(5)$

数据传送时,会产生两个密钥 $K_{\text{ener}}$ 和 $K_{\text{mac}}$。$K_{\text{ener}}$ 是加密密钥,$K_{\text{mac}}$ 是消息认证码密钥。两个密钥都由主密钥产生。信息在传送时,会被分为信息块,并对每个信息块进行加密传送。信息块的加密算法采用了数据加密标准-密码块链接模式(data encryption standard-cipher block chaining,DES-CBC)算法。

安全网络加密协议具有语义安全特性。语义安全特性是针对数据机密性提出的一个概念,是指相同的数据信息在不同的时间、不同的上下文,经过相同的密钥和加密算法会产生不同的密文。语义安全可以有效抑制已知明密文对(利用已知的密文和对应明文来破解截获的密文)攻击。

在安全网络加密协议中,每个信息块通过将明文与前一段的密文进行异或运算来产生对应的密文。计数器模式也可以实现语义安全,因为每个信息块的密文与其加密时的计数器值相关。在计数器模式中,通信双方共享一个计数器,计数器值作为每次通信加密的初始化向量。这样,每次通信时的计数器值不同,相同的明文必定产生不同的密文。安全网络加密协议采取计数器模式的加密方法实现语义安全机制,其加密公式为:

$$E=\{D\}(K_{\text{enc}},C)$$

其中:$E$ 表示加密后的密文;$D$ 表示加密前的明文;$K_{\text{enc}}$ 表示加密密钥;$C$ 表示计数器,用作块加密的初始向量。

- 数据认证和完整性。安全网络加密协议实现消息完整性和点到点认证是通过消息认证码(MAC)协议实现的。消息认证码协议的认证公式定义如下:

$$M=\text{MAC}(K_{\text{mac}},C\mid E)$$

其中,$K_{\text{mac}}$ 表示消息认证算法的密钥,$C\mid E$ 为计数器值 $C$ 和密文 $E$ 的黏接,表明消息认证码是对计数器和密文一起进行运算。消息认证的内容可以是明文也可以是密文,安全网络加密协议采用的是密文认证。用密文认证方式可以加快接收结点认证数据包的速度,接收结点在收到数据包后可以马上对密文进行认证,发现问题直接丢弃,无须对数据包进行解密。明文认证过程则是接收结点必须先解密再认证,会推迟错误数据包的辨认时机,浪费结点计算资源,同时使系统对拒绝服务攻击更加敏感。另外,逐跳认证方式只能选择密文认证的方式,因为中间结点没有端到端的通信密钥,不能对加密的数据包进行解密。

$K_{enc}$和$K_{mac}$这两个密钥都是通过与基站共享的主密钥$K_{master}$按照相同的算法推演出来的。安全网络加密协议没有定义推演算法,实现者可以按照一定的规则生成,例如加州大学伯克利分校在其模型系统中直接使用 μTESLA 中定义的单向密钥生成函数 $F$ 来生成加密密钥 $K_{enc}$和认证密钥 $K_{mac}$。

$$K_{enc} = F^{(1)}(K_{master})$$

$$K_{mac} = F^{(2)}(K_{master})$$

一个完整的结点 $A$ 到结点 $B$ 之间安全网络加密协议交换过程为:

$$A \rightarrow B: \{D\}(K_{enc}, C), \mathrm{MAC}(K_{mac}, C \mid \{D\}(K_{enc}, C))$$

• 数据及时性。安全网络加密协议支持数据通信的弱及时性,所谓弱及时性是指一种单向的及时性认证。假设结点 $A$ 给结点 $B$ 连续发送 10 个请求数据包:

$$A \rightarrow B: \{R_{A1}\}(K_{enc}, C_1), \mathrm{MAC}(K_{mac}, C_1 \mid \{R_{A1}\}(K_{enc}, C_1))$$

$$A \rightarrow B: \{R_{A2}\}(K_{enc}, C_2), \mathrm{MAC}(K_{mac}, C_2 \mid \{R_{A2}\}(K_{enc}, C_2))$$

…………

$$A \rightarrow B: \{R_{A10}\}(K_{enc}, C_{10}), \mathrm{MAC}(K_{mac}, C_{10} \mid \{R_{A10}\}(K_{enc}, C_{10}))$$

结点 $B$ 通过计数器值能够知道这 10 个请求数据包是从结点 $A$ 顺序发送出来的。得到这 10 个请求包以后,结点 $B$ 会将请求交给其上层应用处理,并将相应消息回复给结点 $A$。结点 $A$ 从结点 $B$ 收到 10 个 RSP 消息:

$$A \leftarrow B: \{\mathrm{RSP}_{A1}\}(K_{enc}, C'_1), \mathrm{MAC}(K_{mac}, C'_1 \mid \{R_{A1}\}(K_{enc}, C'_1))$$

$$A \leftarrow B: \{\mathrm{RSP}_{A2}\}(K_{enc}, C'_2), \mathrm{MAC}(K_{mac}, C'_2 \mid \{R_{A2}\}(K_{enc}, C'_2))$$

…………

$$A \leftarrow B: \{\mathrm{RSP}_{A10}\}(K_{enc}, C'_{10}), \mathrm{MAC}(K_{mac}, C'_{10} \mid \{R_{A10}\}(K_{enc}, C'_{10}))$$

结点 $A$ 同样根据计数器值可以判断这 10 个响应包是从结点 $B$ 顺序发送出来的,并且对于任何响应包的重放攻击都能够有效抑制,即实现了弱及时性认证。

这种及时性认证存在一个问题,结点 $A$ 不能判断它所收到的响应包 $\mathrm{RSP}_{A1}$,是不是针对它发出的 $R_{A1}$ 请求包的回应。如果结点 $A$ 收到的回复消息不是按照其请求包发送顺序给出的，那么它将不能为每个请求回送正确的响应。为此，安全网络加密协议定义了强及时认证方法。

安全网络加密协议实现强及时特性使用 Nonce 机制。Nonce 表示一个唯一标识当前状态的、任何无关者都不能预测的数，所以通常使用真随机数发生器产生。安全网络加密协议在其强及时性认证过程中，在每个安全通信的请求数据包中增加 Nonce 段，唯一标识请求包的身份。为了保证安全性，Nonce 要足够长，以避免被敌方人员预测出来，减小碰巧相同的概率。例如，结点 $A$ 在发送给结点 $B$ 的消息中增加一个 Nonce：$N_A$，结点 $B$ 在对该消息应答的时候让 $N_A$ 参加回应包的消息认证计算，并返回给结点 $A$。这样，结点 $A$ 就可以通过响应包的认证码得知这个回应是针对 $N_A$ 标识的请求消息给出的，不必考虑回应的顺序问题。通信过程描述如下：

$$A \to B: N_A, \{Rk\}(K_{\text{enc}}, C), \text{MAC}(K_{\text{mac}}, C \mid \{Rk\}(K_{\text{enc}}, C))$$

$$B \to A: \{\text{RSP}_k\}(K_{\text{enc}}, C'), \text{MAC}(K_{\text{mac}}, N_A \mid C' \mid \{\text{RSP}_k\}(K_{\text{enc}}, C'))$$

强及时认证会增加安全通信开销和计算开销。如果系统是单任务的应用，或者应用层任务在没有完成一次协议通信的情况下不放弃对通信协议栈的占用，那么就没有必要采用强及时认证。另外，在能够保证回应顺序与请求顺序的情况下也没有必要使用强及时认证。但是，在计数器同步的时候，强及时性认证是必须的，否则将可能受到拒绝服务攻击。

安全网络加密协议的校验头只要 8 B，减小了系统开销，适应了无线传感器网络有限的结点资源；其次，用计数器可以保证数据的及时性，且减少了通信开销；实现了语义安全，即使攻击者获取了若干明文密文对，也无法对所截获的密文进行破译。

(2) μTESLA 工作原理

• μTESLA 协议基本思想。认证广播协议的安全条件是“没有攻击者可以伪造正确的广播数据包”。μTESLA 协议就是依据这个安全条件来设计的。该安全条件在于：认证本身不能防止恶意结点制造错误的数据包来干扰系统的运行，只能保证正确的数据包一定是由授权的结点发送出来的。

μTESLA 协议的主要思想是先广播一个通过密钥 $K_{\text{mac}}$ 认证的数据包，然后公布密钥 $K_{\text{mac}}$。这样就保证了在密钥 $K_{\text{mac}}$ 公布之前，没有人能够得到认证密钥的任何信息，也就没有办法在广播包正确认证之前伪造出正确的广播数据包。这样的协议过程恰好满足流认证广播的安全条件。

• μTESLA 的工作过程。μTESLA 的工作过程包括基站安全初始化、网络结点加入安全体系和结点完成数据包的广播认证 3 个过程。

基站一旦在目标区域内开始工作，首先生成密钥池，确定密钥同步时钟。密钥池的尺寸 $N$ 和密钥同步周期 $T$ 一般根据实际的存储空间大小、网络生命周期和广播频率来确定。一旦密钥池密钥使用殆尽，需要重新启动一次初始化和结点同步过程。

假设 $F(x)$ 是单向密钥生成函数，$N$ 为密钥池大小，$K_N$ 作为基站确定的初始密钥，对于任意的密钥 $K_{i+1}$，运用 $K_i = F(K_{i+1})$ 得到其子密钥。运行 $N$ 次该密钥生成过程，得到大小为 $N$ 的密钥池：$F^{(0)}(K_N)$，$F^{(1)}(K_N)$，$F^{(2)}(K_N)$，…，$F^{(N)}(K_N)$，$F^{(N)}(K_N)$对应 $K_0$。

基站生成广播认证需要的密钥以后需要定义两个变量：同步间隔 $T_{\text{int}}$和密钥发布延迟时间间隔 $d\times T_{\text{int}}$。同步间隔表示一个广播密钥的生存期，在一个同步周期$[i\times T_{\text{int}},(i+1)\times T_{\text{int}}]$内，基站发送的广播包使用相同的密钥 $K_i$。密钥发布延迟定义为同步周期的一个整数倍，并且要求至少大于基站和最远结点之间的一次包交换时间。这样可以保证最远结点收到一个广播数据包的时候，该数据包的认证密钥还没有公布出来。

基站完成广播安全初始化以后，就开始接受结点的加入。每个结点通过安全网络加密协议与基站之间建立同步。假设结点 $A$ 在$[i\times T_{\text{int}},(i+1)\times T_{\text{int}}]$时间段内向基站 $S$ 要求加入网络，则其加入的具体过程描述如下：

$$A \rightarrow S:(N_M \mid R_A)$$

$$S \rightarrow A:(T_S \mid K_i \mid T_i \mid T_{\text{int}} \mid d),\text{MAC}(K_{as},N_M \mid T_S \mid K_i \mid T_i \mid T_{\text{int}} \mid d)$$

其中：$N_M$ 是一个随机 Nonce，表示使用强及时性认证；$R_A$ 是请求加入网络的数据包；$K_{as}$是结点 $A$ 与基站 $S$ 之间的认证密钥，通过预共享主密钥产生；$T_S$ 是当前时间；$K_i$ 是初始化密钥；$T_i$ 是当前同步间隔的起始时间；$T_{\text{int}}$是同步间隔；$d$ 是密钥发布的延迟时间尺寸，单位为 $T_{\text{int}}$。经过这样一轮认证过程，结点将获得关于认证广播的所有信息。这里存在两个问题：第一，$A\rightarrow S$ 的过程没有进行认证，所以比较容易受到拒绝服务的攻击；第二个问题是整个过程没有加密。从一般的安全角度上看，广播内容并不需要保密，关键是不能有人伪造广播包欺骗接收者。但是这样会让攻击者掌握更多的广播认证信息，所以更容易让攻击者找到漏洞从而攻击网络。如果能够在网络中对结点加入过程使用加密，安全性会更好。引入加密过程，结点加入网络的时间会略微增加。使用加密的过程如下：

$$A \rightarrow S:(N_M \mid R_A),\text{MAC}(K_{asm},N_M \mid R_A)$$

$$S \rightarrow A:(T_S \mid K_i \mid T_i \mid T_{\text{int}} \mid d)K_{ase},\text{MAC}(K_{asm},N_M \mid T_S \mid K_i \mid T_i \mid T_{\text{int}} \mid d)$$

其中：$K_{ase}$为结点与基站之间的通信加密密钥，$K_{asm}$是通信认证密钥，都是通过共享密钥产生的。

结点加入的过程可以穿插在整个网络运行的任何时段,而认证广播的过程在基站初始化完成以后就可以进行了。

μTESLA 并没有考虑拒绝服务攻击的问题。恶意结点广播错误数据包,结点会将这些数据包保存起来等待密钥公布后验证,这样将可能耗尽结点的资源。通过一些简单的机制能够缓解这个问题,例如,使用全网共享的一个初始密钥(非公开)对每个广播包进行一次初步处理,可以让结点先过滤掉那些纯粹的错误广播包,避免浪费结点资源存储它们。但这并不能彻底解决问题,因为一旦部分结点被俘获,泄露了这个全网共享认证密钥,上述处理除了增加系统处理开销,不再有任何安全意义。

(3) 传感器网络安全协议的实现

传感器网络安全协议是一个协议框架,在使用的时候,还有一些具体实现问题需要解决。

- 加密算法的选择。一种比较合适的算法是 RC5 算法。RC5 算法简单高效,不需要很大的表支持。最重要的是该算法是可定制的加密算法。可定制的参数包括:分组大小(32/64/128 bit 可选)、密钥大小(0~2040 位)和加密轮数(0~255 轮)。对于要求不同、结点能力不同的应用可以选择不同的定制参数,非常方便和灵活。该分组算法的基本运算单元包括加法、异或和犯位循环移位。RC5 的加密过程是数据相关的,加上 3 种算法混合运算,有很强的抗差分攻击和线性攻击的能力。不过对于 8 位处理器来说,犯位循环移位开销会比较大。

RC6 是另外一个比较合适的加密算法。RC6 基于 RC5 算法,之所以被提出是为了让 RC5 算法能够满足 AES 加密标准的定义要求。RC6 对 RC5 的很多过程进行了改进,如引入乘法运算,虽然乘法增加了计算消耗,但是因为乘法加快了算法的发散速度,所以加密轮数可以缩减。该算法有可能被选作 AES 的标准算法。

RC5 算法有几种运行模式,如果使用密码块链接模式(CBC),其加解密过程不一样,需要两段代码完成;如果使用计数器模式,加解密过程相同,节省代码空间,而且同样保留密码块链接模式所拥有的语义安全特性。所以,可以选择计数器模式实现 RC5 算法。

使用 RC5 算法处理的不是明/密文,而是密钥和一个计数器的值,所以对于分组数据来说,加密过程和解密过程是一样的。计数器主要是保证算法的语义安全设计的一个无限状态机。最简单的实现方法就是使用一个自增长的计数器,该计数器的计数空间足够大,能够保证在结点的生命周期内不会重复。Nonce 是为了屏蔽计数器使用的一个伪随机数。为了减少基站与结点之间的通信量，该随机数可以在初始化的时候由结点和基站分别使用主密钥作为种子，通过伪随机数发生模块计算得到。因为基站和结点之间共享相同的主密钥和伪随机数发生器，所以大家计算得到的 Nonce 值是相同的。

• 消息认证算法的选择。消息完整性和及时性保证都需要消息认证算法。消息认证算法通常使用单向散列函数。目前最常用的单向散列函数有 MD5、SHA、CBC-MAC 等。如果要复用加密算法，可以选择 CBC-MAC 算法，该算法使用密码块链接模式（CBC）完成数据的认证和鉴别。

• 密钥生成算法。通信密钥是通过单向散列函数作用在主密钥上产生的。对于密钥更新问题传感器网络安全协议中没有过多考虑，为了保证通信密钥的前向保密，不能用单向散列函数多次作用主密钥的方式来更新密钥，否则攻击者在破解当前通信密钥后能够通过同样的散列过程推算出后续通信密钥。一种解决办法是通过已有安全通道协商一个完全不同的密钥，但这种方法通信开销大；另一种方法更加巧妙，即利用单向散列函数和通信密钥生成不相关的、免协商的密钥。

评定单向散列算法优劣的标准有两个：一个是逆向运算函数不存在或者计算复杂度很高，避免通过结果恢复自变量的值；另一个就是算法发散度要绝对大，自变量的细微变化（一位变化）可以导致结果的完全不同，或者说很难找到相似度很大的自变量其散列结果完全相同，还有一种等价的说法是散列冲突的可能性非常小。MD5 算法一直被认为是比较好的散列函数之一，但最近的研究结果表明，存在可行的算法可以在短时间内产生出让 MD5 冲突的数据序列。所以为了安全起见，MD5 算法将不被推荐使用。

消息认证码 MAC 算法一般都具有很好的散列特性，鉴于节省代码空间的考虑，直接使用上面提到的 CBC-MAC 算法作为密钥生成函数是非常实惠的。

其他一些独立的单向散列函数，如安全散列算法（secure hash algorithm，SHA）等在资源允许的情况下也可以考虑。

• 随机数发生器。随机数发生器一般分为真随机数发生器和伪随机数发生器两种。真随机数发生器一般把各种自然界中无序变化的物理量作为随机数源，所以前后随机数可以保证完全无关。伪随机数发生器往往是通过一个函数连续产生一串看起来无序的数据串。伪随机数产生函数因为是一个确定的函数，所以对相同的输入，输出也必然是相同的。从横向看，相同的启动种子，伪随机数发生器计算得到的随机数序列一定是相同的；从纵向看，伪随机数发生器产生的随机数序列一定是周期循环的。一旦某一个随机数是前面出现过的，那么后面产生的随机数序列将重复以前的结果。为了避免伪随机数发生器循环，往往要定期修改种子，或者使用生成较慢的真随机数作为伪随机数的种子。种子改变，随机数序列的顺序就会改变，从而有更好的随机效果。

传感器网络结点在产生随机数方面有天然的独到资源——物理噪声源。结点本身有很多的环境传感器，每个传感器都能够通过读取周围随机变化的物理参数来产生随机数。不过，考虑到结点在绝大多数情况下都要休眠，如果专门为收集随机数而耗费过多资源并不划算，所以在实现的时候一般也会考虑使用伪随机数发生算法。

伪随机数发生算法种类很多，具有散列特性的函数通常都有很好的随机特性，为了提高代码的重用性，建议使用生成密钥的单向散列函数产生伪随机数。不过伪随机数毕竟是一个软件实现的算法，如果敌方通过俘获结点的方法获得了伪随机数发生器和主密钥，那么他们将很容易掌握系统的密钥产生规律，危及整个系统的安全。定期采样环境变量作为伪随机数函数的种子是一个提高随机数质量的有效方法。

### 4.5.6 安全管理

安全管理包含了安全体系建立（即安全引导）和安全体系变更（即安全维护）两个部分。安全体系建立表示一个传感器网络从一堆分立的结点，或者说一个完全裸露的网络如何通过一些共有的知识和协议过程，逐渐形成一个具有坚实安全外壳保护的网络。安全体系变更主要是指在实际运行中，原始的安全平衡因为内部或者外部的因素被打破，传感器网络识别并去除这些异构的恶意结点，重新恢复安全防护的过程。这种平衡的破坏可能由敌方在某一个范围内进行拥塞攻击形成路由空洞造成，也可能由敌方俘获合法的无线传感器结点造成。还有一种变更的情况是增加新的结点到现有网络中以延续网络生命期的网络变更。

传感器网络安全协议安全框架对安全管理没有过多的描述，只是假定结点之间、结点和基站之间的各种安全密钥已经存在。在基本安全外壳已经具备的情况下，如何完成机密性、认证、完整性、及时性等安全通信机制，对于传感器网络来说这是不够的。试想一个由上万结点组成的传感器网络，随机部署在一个未知的区域内，没有哪个结点知道自己周围的结点会是谁。在这种情况下，要想预先为整个网络设置好所有可能的安全密钥是非常困难的，除非对环境因素和部署过程进行严格控制。

安全管理最核心的问题就是安全密钥的建立过程。传统解决密钥协商过程的主要方法有信任服务器分配模型、自增强模型和密钥预分布模型。信任服务器模型使用专门的服务器完成结点之间的密钥协商过程，如Kerberos协议；自增强模型需要非对称密码学的支持，而非对称密码学的很多算法，如Diffie-Hellman(DH)密钥协商算法，都无法在计算能力非常有限的传感器网络上实现；密钥预分布模型在系统布置之前完成了大部分安全基础的建立，对系统运行后的协商工作只需要很简单的协议过程，所以特别适合传感器网络安全引导。

在介绍安全引导模型之前，首先引入一个概念——安全连通性。安全连通性是相对于通信连通性提出来的。通信连通性主要是指在无线通信环境下，各个结点与网络之间的数据互通性。安全连通性主要指网络建立在安全通道上的连通性。在通信连通的基础上，结点之间进行安全初始化的建立，或者说各个结点根据预共享知识建立安全通道。如果建立的安全通道能够把所有结点连接成一个网络，则认为该网络是安全连通的。图4.31描述了网络连通和安全连通的关系。

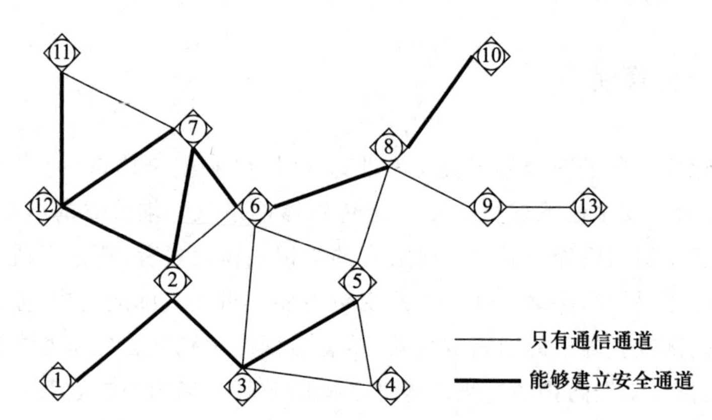


图4.31　安全连通和网络连通对比图

图4.31中所有结点是通信连通的，但不全是安全连通的，因为结点4、结点9和结点13无法与它们周围通信的结点建立安全通道。有的安全引导模型从设计之初就同时保证网络的通信连通性和安全连通性，如预共享密钥模型；另外一些安全引导模型则不能同时保证通信连通性和安全连通性。有一点可以确定，安全连通的网络一定是通信连通的，反过来不一定成立。

预共享密钥是最简单的一种密钥建立过程，传感器网络安全协议使用的就是这种建立过程。预共享密钥主要有以下的模式。

• 每对结点之间都共享一个主密钥，以保证每个结点之间通信都可以直接使用这个预共享密钥衍生出来的密钥进行加密。该模式要求每个结点都存放与其他所有结点的共享密钥。这种模式的优点：不依赖于基站，计算复杂度低，引导成功率为 100 %；任何两个结点之间的密钥是独享的，其他结点不知道，所以一个结点被俘不会泄露非直接建立的任何安全通道。但这种模型缺点也很多：扩展性不好，无法加入新的结点，除非重建网络；对复制结点没有任何防御力；网络的免疫力很低，一旦有结点被俘，敌人将很容易通过该结点获得与所有结点之间的秘密并通过这些秘密攻破整个网络；支持的网络规模小。假设结点之间使用 64 bit 主共享密钥(8 B)，那么 1000 个结点规模的网络就需要每个结点有 8 KB 主密钥存储空间。如果考虑各种衍生密钥的存储，整个用于密钥存储的空间就是一个非常庞大的数字。一个合理的网络规模在几十个到上百个结点。

• 每个普通结点与基站之间共享一对主密钥，参考传感器网络安全协议描述。这样每个结点需要存储的密钥空间将非常小，计算和存储的压力全部集中在基站上。该模式的优点：计算复杂度低，对普通结点资源和计算能力要求不高；引导成功率高，只要结点都能够连接到基站就能够进行安全通信；支持的网络规模取决于基站的能力，可以支持上千个结点；对于异构结点基站可以进行识别，并及时将其排除在网络之外。缺点包括：过分依赖基站，如果结点被俘，会暴露与基站的共享秘密，而基站被俘则整个网络被攻破，所以要求基站被布置在物理安全的位置；整个网络的通信或多或少都要通过基站，基站可能成为通信瓶颈；如果基站可以动态更新的话，网络能够扩展新的结点，否则将无法扩展。这种模型对于收集型的网络比较有效，因为所有结点都是与基站(汇聚结点)直接联系；而对于协同型的网络，如用于目标跟踪的应用网络，效率会比较低。在协同型网络的应用中，数据要安全地在各个结点之间通信，一种方法是通过基站，但会造成数据拥塞；另一种方法是要通过基站建立点到点的安全通道。对于通信对象变化不大的情况下，建立点到点安全通道的方式还能够正常运行；如果通信对象频繁切换，安全通道的建立过程也会严重影响网络运行效率。最后一个问题就是在多跳网络环境下，这种协议对于拒绝服务攻击没有任何防御能力。在结点与基站通信的过程中，中间转发结点没有办法对信息包进行任何的认证判断，只能透明转发。恶意结点可以利用这一点伪造各种错误数据包发送给基站，因为中间结点透明传送，数据包只能在到达基站以后才能够被识别出来。基站由此而不能提供正常的服务，这是相当危险的。

预共享密钥引导模型虽然有很多不尽如人意的地方，但因其实现简单，所以在一些网络规模不大的应用中可以得到有效实施。

## 本章小结

本章系统地介绍了无线传感器网络的几种支撑技术，这些支撑技术都具有区别于其他网络的特点。

时间同步技术需要考虑同步精度和所需能耗的平衡，同时提高系统的可扩展性和鲁棒性；在结点的定位技术中也尽量使用复杂度低的算法，并且尽量减少由于定位所带来的通信开销；在数据融合技术方面更加倾向于数据累积类的方法，其目的也是为了减少数据的通信量；在数据管理方面，由于无线传感器网络的结点产生的是无限的数据流，因此传统的数据库技术并不适用，取而代之的是强调易用性、低能耗的数据服务技术；无线传感器网络的安全机制目前仍是十分活跃的研究领域，针对不同的应用场景，有各种不同的安全策略。

## 思考题

1. 无线传感器网络实现时间同步的目的是什么？
2. 常见的无线传感器网络同步机制有哪些？
3. 无线传感器网络定位的作用是什么？
4. 如何对无线传感器网络的定位机制分类？
5. 名词解释：邻居结点、跳数、跳段距离、到达时间、到达时间差、到达角度、视线关系、非视线关系。
6. 定位机制的评价指标有哪些？
7. 简述 TOA 测距的原理。
8. 举例说明 TDOA 的测距过程。
9. 说明 DV-Hop 算法定位的实现过程。
10. 什么是数据融合？无线传感器网络使用数据融合的目的是什么？
11. 常见的数据融合方法有哪些？
12. 无线传感器网络数据管理系统包括哪些内容？
13. 什么是无线传感器网络的信息安全？
14. 如何选择无线传感器网络的加密算法？

# 参考文献

[1] Elson J, Estrin D. Time synchronization for wireless sensor networks[D]. Proceedings of 15th International Parallel and Distributed Processing Symposium, 2001

[2] Sichitiu M L, Veerarittiphan C. Simple accurate time synchronization for wireless sensor networks[D]. Proceedings of IEEE International Conference on Wireless Communications and Networking, 2003

[3] 王小平,罗军,沈昌祥. 无线传感器网络定位理论和算法[J]. 计算机研究与发展, 2011. 03

[4] 朱剑,赵海,徐久强,李大舟. 无线传感器网络中的定位模型[J]. 软件学报, 2011, 07

[5] Huang Yuefeng, Yang Xinyu, Yang Shuseng, Fu Xinwen. A Cross-Layer Approach Handling Link Asymmetry for Wireless Mesh Access Networks[J]. IEEE Transactions on Vehicular Technology, 2011, 60 (3): 1045-1058

[6] Zhao Peng, Yang Xinyu, Ye Anhua, et al. Joint Multipath Routing and Admission Control with Bandwidth Assurance for 802.11-based WMNs[C]. Proceedings of IEEE International Conference on Wireless Communications and Networking, 2011

[7] Fan Xiaojing, Yang Xinyu, Yu Wei, et al. HLLS: A History Information Based Light Location Service for MANETs [C]. Proceedings of IEEE International Conference on Communications, 2010

[8] Kong Qingru, Yang Xinyu, Dai Xiangjun. Research of an improved weighted centroid localization algorithm and anchor distribution [C]. Proceedings of IEEE International Conference on Cyber-Enabled Distributed Computing and Knowledge Discovery, 2010

[9] 杨新宇,史椸,朱慧君.基于本地网络的蠕虫检测定位算法[J]. 中国科学E辑, 2008, 38 (12): 2099-2111

[10] Yang Xinyu, Kong Qingru, Xie Xiaoyang. One-dimensional Localization Algorithm Based on Signal Strength Ratio. International Journal of Distributed Sensor Networks[J]. 2009: 5 (1): 79

[11] Kong Qingru, Yang Xinyu, Xie Xiaoyang. A Novel Localization Algorithm Based on Received Signal Strength Ratio [C]. Proceedings of 4th International Conference on Wireless Communications, Networking and Mobile Computing, 2008

[12] Patil S, Das S R, Nasipuri A. Serial data fusion using space-filling curves in wireless sensor networks[C]. Proceedings of First Annual IEEE Communications Society Conference, 2004

[13] Oweiss K G. Data fusion in wireless sensor array networks with signal and noise correlation mismatch[C]. Proceedings of IEEE International Conference on Acoustics, Speech, and

Signal Processing,2004

[14] Honarbacht A,Rauschert P,Kummert A. Data fusion in wireless sensor networks: a new application for Kalman filtering[C]. IEEE Region 10 Conference,2004

[15] Loureiro A F,Nogueira J M S,Ruiz L B. Management of wireless sensor networks[C]. Proceedings of 9th IFIP/IEEE International Symposium on Integrated Network Management,2005

[16] Kay J,Frolik J. Quality of service analysis and control for wireless sensor networks[C]. Proceedings of IEEE International Conference on Mobile Ad-hoc and Sensor Systems,2004

[17] Sancak S,Cayirci E,Coskun V,Levi A. Sensor wars: detecting and defending against spam attacks in wireless sensor networks[C]. Proceedings of IEEE International Conference on Communications,2004

[18] 周贤伟,覃伯平,徐福华. 无线传感器网络与安全[M]. 北京:国防工业出版社,2007

[19] Wu J,Zhang L,Bai Y,Sun Y.Cluster-Based Consensus Time Synchronization for Wireless Sensor Networks[J]. IEEE Sensors Journal,2015,vol. 15(3):1404-1413.doi: 10.1109/JSEN.2014.2363471

[20] 耿毅斌,刘静,刘涵. 基于分簇的信息交换参数估计时间同步算法[C]. 第九届中国信息融合大会,2019

[21] Liu X,Su S,Han F,et al.A Range-Based Secure Localization Algorithm for Wireless Sensor Networks[J]. IEEE Sensors Journal, 2019, vol. 19(2): 785 - 796, doi: 10.1109/JSEN.2018.2877306

[22] 李振源,刘静,刘涵. 无线传感器网络中的定位技术研究[C]. 第九届中国信息融合大会,2019

[23] Shang Yi,Meng Jing,Shi Hongchi. A New Algorithm for Relative Localization in Wireless Sensor Networks[C]. Proceedings of the $18^{th}$ International Parallel and Distributed Processing Symposium(IPDPS04),2004,26-30:24

# 第 5 章　传感器

本章主要介绍传感器的原理、定义、主要分类和工作过程。针对无线传感器网络中对传感器尺寸的特殊要求，特别介绍了微型传感器系统。

## 5.1　传感器概述

人们为了从外界获取信息，必须借助于感觉器官。而单靠人们自身的感觉器官，在研究自然现象和规律及其在生产活动中的应用是远远不够的。为适应这种情况，就需要传感器。因此可以说，传感器是人类感官的功能延伸。

### 5.1.1　传感器的定义

国家标准 GB/T 7665—2005 中对传感器的定义是：“能感受被测量并按照一定的规律转换成可用输出信号的器件或装置，通常由敏感元件和转换元件组成。”传感器是一种检测装置，能感受到被测量的信息，并能将检测感受到的信息按一定规律变换成为电信号或其他所需形式的信息输出，以满足信息的传输、处理、存储、显示、记录和控制等要求[1,2]。

在现代工业生产尤其是自动化生产过程中，要用各种传感器来监视和控制生产过程中的各个参数，使设备工作在正常状态或最佳状态，并使产品达到最好的质量。因此可以说，没有众多优良的传感器，现代化生产也就失去了基础。

由此可见，传感器技术在发展经济、推动社会进步方面的重要作用是十分明显的。世界各国都十分重视这个领域的发展。

## 5.1.2 传感器的分类

传感器的用途广泛、原理各异、形式多样,它的分类方法也很多。

• 按被测量与输出电量的转换原理划分,可分为能量转换型和能量控制型两大类。能量转换型传感器直接将被测对象(如机械量)的输入转换成电能,属于这种类型的传感器包括压电式传感器、磁电式传感器、热电式传感器等。能量控制型传感器直接将被测量转换成电参量(如电阻等),依靠外部辅助电源才能工作,并且由被测量控制外部供给能量的变化,属于这种类型的传感器包括电阻式传感器、电容式传感器、电感式传感器等[3,4]。

• 按被测参数分类,包括尺寸与形状、位置、温度、速度、力、振动、加速度、流量、湿度、黏度、颜色、照度和视觉图像等非电量传感器。

• 按测量原理分类,主要有物理和化学原理,包括电参量式、磁电式、磁致伸缩式、压电式、半导体式等传感器。

• 按被测量的性质不同划分为位移传感器、力传感器、温度传感器等。

• 按输出信号的性质可分为开关型(二值型)、数字型、模拟型。数字式传感器能把被测得模拟量直接转化成数字量,它的特点是抗干扰能力强、稳定性强、易于与计算机连接、便于信号处理和实现自动化测量。

## 5.1.3 传感器的特性

### 1. 传感器静态特性

传感器的静态特性是指测量静态输入信号时,传感器的输出量与输入量之间所具有的相互关系。因为这时输入量和输出量都与时间无关,所以输入与输出之间的关系,即传感器的静态特性可用一个不含时间变量的代数方程,或以输入量作横坐标,把与其对应的输出量作纵坐标而画出的特性曲线来描述。表征传感器静态特性的主要参数有线性度、灵敏度、迟滞、重复性、漂移等[5]。

• 线性度:指传感器输出量与输入量之间的实际关系曲线偏离拟合直线的程度。定义为在全量程范围内实际特性曲线与拟合直线之间的最大偏差值与满量程输出值之比。

• 灵敏度:传感器静态特性的一个重要指标,其定义为输出量的增量与引起该增量的相应输入量增量之比,用 S 表示灵敏度。

• 迟滞:传感器在输入量由小到大(正行程)及输入量由大到小(反行程)

变化期间其输入和输出特性曲线不重合的现象称为迟滞。对于同一大小的输入信号,传感器的正反行程输出信号大小不相等,这个差值称为迟滞差值。

• 重复性:指传感器在输入量按同一方向进行全量程连续多次变化时,所得特性曲线不一致的程度。

• 漂移:指在输入量不变的情况下,传感器输出量随着时间变化,此现象称为漂移。产生漂移的原因有两个方面,一是传感器自身结构参数;二是周围环境(如温度、湿度等)。

2. 传感器动态特性

所谓动态特性,指传感器在输入变化时其输出的特性。在实际工作中,传感器的动态特性常用它对某些标准输入信号的响应来表示。这是因为传感器对标准输入信号的响应容易用实验方法求得,并且它对标准输入信号的响应与它对任意输入信号的响应之间存在一定的关系,往往知道了前者就能推定后者。最常用的标准输入信号有阶跃信号和正弦信号两种,所以传感器的动态特性也常用阶跃响应和频率响应来表示。

## 5.2 常见传感器

根据工作原理,传感器可分为物理传感器和化学传感器两大类。物理传感器应用的是诸如压电效应,磁致伸缩现象,离化、极化、热电、光电、磁电等物理效应。化学传感器是以化学吸附、电化学反应等现象为基本原理的传感器。目前,大多数传感器是基于物理原理工作的。化学传感器由于技术问题较多,如可靠性问题、规模生产问题等,目前使用量还无法比拟物理传感器。

### 5.2.1 电阻式传感器

电阻式传感器是把测量量,如位移、力、压力、加速度、扭矩等非电物理量转换为电阻值变化的传感器,主要包括电阻应变式传感器、电位器式传感器(位移传感器)、锰铜压阻传感器等。电阻式传感器与相应的测量电路组成的测力、测压、称重、测位移、测加速度、测扭矩等测量仪表是冶金、电力、交通、石化、商业、生物医学和国防等部门进行自动称重、过程检测和实现生产过程自动化不可缺少的工具之一。

电阻应变式传感器是利用电阻应变效应,由电阻应变片和弹性敏感元件组合起来的传感器。将应变片黏贴在各种弹性敏感元件上，当弹性元件感受到外力、位移、加速度等参数作用，弹性敏感元件产生应变，再通过黏贴在上面的电阻应变片将其转换成电阻值的变化。通常，电阻应变式传感器主要由敏感元件、基底、引线和覆盖层组成。其核心元件是电阻应变片，即敏感元件。应变片包括金属电阻应变片和半导体式应变片。

电位器式传感器的结构由电阻元件及电刷（活动触点）两个基本部分组成。电刷相对于电阻元件的运动可以是直线运动、转动和螺旋运动，因而可以将直线位移或角位移转换为与其成一定函数关系的电阻或电压输出。

电位器的材料有以下几个。

- 电阻丝：康铜丝、铂铱合金及卡玛丝等。
- 电刷：常用银、铂铱、铂铑等金属。
- 骨架：常用材料为陶瓷、酚醛树脂、夹布胶木等绝缘材料，骨架的结构形式很多，常用矩形。

### 5.2.2 电容式传感器

电容式传感器以不同类型的电容作为传感元件，并通过电容传感元件把被测物理量的变化转换成电容量的变化，然后再经过变送器转换成电压、电流或频率等信号输出。电容式传感器在非电测量和自动检测中有着广泛的应用，主要用于测量位移、振动、角度、加速度等信号量，还可扩展至压力、差压、液面等方面的测量。

电容传感器包括如下一些特点。

- 自身发热小。由于电容值只与电极的几何尺寸有关，而与电极材料无关，且电容式传感器大多采用真空空气和其他气体作为绝缘介质，其介质损耗非常小，热能的损失也很小。因此，电容式传感器的自身发热几乎可以忽略。
- 静态引力小。在信号检测过程中，只需要施加较小的作用力就可获得较大的电容量。
- 动态响应好。具有良好的动态响应能力，工作频率可以达到几兆赫兹。
- 结构简单，适应性强。电容式传感器结构简单，易于制造，可以保证较高的精度，且体积小，便于特定场合的应用。
- 非接触式测量。在进行振动测量时，可以将运动机件作为电容器的极板，将测量探头作为另一个极板，实现非接触式测量。

当然，电容式传感器自身的输出阻抗较高、带负载能力差，以及寄生电容对策良知的影响也是电容式传感器的不足之处。

### 5.2.3 电感式传感器

电感式传感器利用电磁感应原理将被测量的变化转换成线圈自感系数的变化,主要用于测量直线位移或角位移。此外,经过转换,还可以测量振动、压力、应变、流量等信号的变化。

电感式传感器的特点包括:

- 结构简单,电感式传感器无活动触点,工作可靠。
- 灵敏度和分辨率高。
- 线性度和重复性较好。

### 5.2.4 温度传感器

利用物质各种物理性质随温度变化的规律把温度转换为可用输出信号的传感器。温度传感器是温度测量仪表的核心部分,品种繁多。按测量方式可分为接触式和非接触式两大类,按照传感器材料及电子元件特性分为热电阻和热电偶两类。

1. 接触式温度传感器

接触式温度传感器的检测部分与被测对象有良好的接触,又称温度计。

温度计通过传导或对流达到热平衡,从而使温度计的指示值能直接表示被测对象的温度,一般测量精度较高。在一定的测温范围内,温度计也可测量物体内部的温度分布。但对于运动体、小目标或热容量很小的对象则会产生较大的测量误差,常用的温度计有双金属温度计、玻璃液体温度计、压力式温度计、电阻温度计、热敏电阻、温差电偶等。它们广泛应用于工业、农业、商业等部门,在日常生活中人们也常常使用这些温度计。随着低温技术在国防工程、空间技术、冶金、电子、食品、医药、石油化工等领域的广泛应用,以及超导技术的发展,测量120 K以下温度的低温温度计得到了发展,如低温气体温度计、蒸汽压温度计、声学温度计、量子温度计、低温热电阻、低温温差电偶等。低温温度计要求感温元件体积小、准确度高、复现性和稳定性好。利用多孔高硅氧玻璃渗碳烧结而成的渗碳玻璃热电阻就是低温温度计的一种感温元件,可用于测量1.6~300 K范围内的温度。

2. 非接触式温度传感器

非接触式温度传感器的敏感元件与被测对象互不接触,又称非接触式测温仪表。这种仪表可用来测量运动物体、小目标和热容量小或温度变化迅速(瞬变)对象的表面温度,也可用于测量温度场的温度分布。

最常用的非接触式测温仪表基于黑体辐射的基本定律,称为辐射测温仪表。辐射测温法包括亮度法(如光学高温计)、辐射法(如辐射高温计)和比色法(如比色温度计)。各类辐射测温方法只能测出对应的光度温度、辐射温度或比色温度。只有对黑体(吸收全部辐射并不反射光的物体)所测温度才是真实温度。如欲测定物体的真实温度,则必须进行材料表面发射率的修正。而材料表面发射率不仅取决于温度和波长,而且还与表面状态、涂膜和微观组织等有关,因此很难精确测量。在自动化生产中往往需要利用辐射测温法来测量或控制某些物体的表面温度,如冶金中的钢带轧制温度、轧辊温度、锻件温度和各种熔融金属在冶炼炉或坩埚中的温度。在这些具体情况下,物体表面发射率的测量是相当困难的。对于固体表面温度自动测量和控制,可以采用附加的反射镜使与被测表面一起组成黑体空腔。附加辐射的影响能提高被测表面的有效辐射和有效发射系数。利用有效发射系数通过仪表对实测温度进行相应的修正,最终可得到被测表面的真实温度。最为典型的附加反射镜是半球反射镜,球中心附近被测表面的漫射辐射能受半球镜反射回到表面而形成附加辐射,从而提高有效发射系数。至于气体和液体介质真实温度的辐射测量,则可以用插入耐热材料管至一定深度以形成黑体空腔的方法,通过计算求出与介质达到热平衡后的圆筒空腔的有效发射系数。在自动测量和控制中就可以用此值对所测腔底温度(即介质温度)进行修正而得到介质的真实温度。

### 5.2.5 压力传感器

压力传感器是工业实践中最为常用的一种传感器,广泛应用于各种工业自控环境,涉及水利水电、铁路交通、智能建筑、生产自控、航空航天、国防、石化、油井、电力、船舶、机床、管道等众多行业。

通常使用的压力传感器主要是利用压电效应制造而成的,这样的传感器也称为压电传感器。

晶体是各向异性的,非晶体是各向同性的。某些晶体介质,当沿着一定方向受到机械力作用发生变形时就产生了极化效应,即电效应;当机械力撤掉之后又会重新回到不带电的状态。科学家就是根据这个效应研制出了压力传感器。

压电传感器中主要使用的压电材料包括石英(二氧化硅)、酒石酸钾钠和磷酸二氢胺。其中石英是一种天然晶体,压电效应就是在这种晶体中发现的。在一定的温度范围之内,压电性质一直存在,但温度超过这个范围之后,压电性质完全消失(这个高温就是所谓的“居里点”)。由于随着应力的变化电场变化微小(也就说压电系数比较低),所以石英逐渐被其他的压电晶体所替代。而酒石酸钾钠具有很大的压电灵敏度和压电系数,但是它只能在室温和湿度比较低的环境下才能够应用。磷酸二氢胺属于人造晶体,能够承受高温和相当高的湿度,所以得到了广泛的应用。

目前压电效应也应用在多晶体上,如压电陶瓷,包括钛酸钡压电陶瓷、PZT压电陶瓷(锆钛酸铅:其中P是铅元素Pb的缩写,Z是锆元素Zr的缩写,T是钛元素Ti的缩写)、铌酸盐系压电陶瓷、铌镁酸铅压电陶瓷等。

压电效应是压电传感器的主要工作原理,压电传感器不能用于静态测量,因为经过外力作用后的电荷只有在回路具有无限大的输入阻抗时才得到保存。实际的情况不是这样的,所以这决定了压电传感器只能够测量动态的应力。

压电传感器主要应用在加速度、压力等的测量中。压电式加速度传感器是一种常用的加速度计,具有结构简单、体积小、重量轻、使用寿命长等优异的特点。压电式加速度传感器在飞机、汽车、船舶、桥梁和建筑的振动和冲击测量中已经得到了广泛的应用,特别是航空和宇航领域中更有它的特殊地位。压电式传感器也可以用在发动机内部燃烧压力的测量与真空度的测量。也可以用于国防工业,例如用它来测量枪炮子弹在膛中击发瞬间的膛压变化和炮口的冲击波压力。它既可以用来测量大的压力,也可以用来测量微小的压力。压电式传感器也广泛应用在生物医学测量中,比如心音传感器。因为测量动态压力是如此普遍,所以压电传感器的应用非常广。

除了压电传感器之外,还有利用压阻效应制造的压阻传感器,利用应变效应制造的应变式传感器等。这些不同的压力传感器利用不同的效应和不同的材料,在不同的场合能够发挥它们独特的用途。

### 5.2.6 压电式传感器

基于压电效应的传感器其敏感元件由压电材料制成。压电材料受力后表面产生电荷。此电荷经电荷放大器、测量电路放大和变换阻抗后就成为正比于所受外力的电量输出。压电式传感器用于测量力和能变换为力的非电物理量。压电式传感器的工作原理是基于压电材料的压电效应,将力、压力、加速度、力矩等非电量转换为电量的器件。

压电式传感器的特点是使用频带宽、灵敏度高、信噪比高、结构简单、工作可靠、重量轻。

压电传感器的缺点:某些压电材料需要防潮措施,而且输出的直流响应差,需要采用高输入阻抗电路或电荷放大器来克服这一缺陷。

常用的压电材料主要分为两大类:压电晶体和压电陶瓷。这两种压电材料都具有较大的压电常数,机械性能优良,时间稳定性和温度稳定性好等优点,是较为理想的压电材料。

### 5.2.7 气体、湿度传感器

声表面波器件的波速和频率会随外界环境的变化而发生漂移。气体传感器就是利用这种性能在压电晶体表面涂覆一层选择性吸附某气体的气敏薄膜,当该气敏薄膜与待测气体相互作用(化学作用或生物作用,或者是物理吸附),使得气敏薄膜的膜层质量和导电率发生变化时,引起压电晶体的声表面波频率发生漂移;气体浓度不同,膜层质量和导电率变化程度也不同,即引起声表面波频率的变化也不同。通过测量声表面波频率的变化就可以准确地反映气体浓度的变化。

气体传感器是一种检测特定气体的传感器,主要包括半导体气体传感器、接触燃烧式气体传感器、电化学气体传感器等,其中用得最多的是半导体气体传感器。气体传感器可以用于检测一氧化碳、瓦斯、煤气、氟利昂(R11、R12)等,以及呼气中的乙醇、人体口腔气味等。

气体传感器将气体种类及其与浓度有关的信息转换成电信号,根据这些电信号的强弱就可以获得与待测气体在环境中的存在情况有关的信息,从而可以进行检测、监控和报警;还可以通过接口电路与计算机组成自动检测、控制和报警系统。

测量湿度的传感器种类很多,传统的有毛发湿度计、干湿球温度计等,后来发展的有中子水分仪和微波水分仪,但这些都不能与现代电子技术相结合。20世纪60年代发展起来的半导体湿度传感器,尤其是金属氧化物半导体湿敏元件能够很好地满足上述要求。金属氧化物半导体陶瓷材料是多孔状的多晶体,具有较好的热稳定性和抗污的特点,因此在目前湿度传感器的生产和应用中占有很重要的地位。

### 5.2.8 光传感器

光[学量]传感器是利用光敏元件将光信号转换为电信号的传感器,它的敏感波长在可见光波长附近,包括红外线波长和紫外线波长。光传感器不只局限于对光的探测,它还可以作为探测元件组成其他传感器对许多非电量进行检测,只要将这些非电量转换为光信号的变化即可。

光传感器是最常见的传感器之一,它的种类繁多,主要有光电管、光电倍增管、光敏电阻、光敏三极管、太阳能电池、红外光传感器、紫外光传感器、光纤式光电传感器、色彩传感器、电荷耦合元件(charge coupled device,CCD)和互补金属氧化物半导体(complementary metal Oxide semiconductor,CMOS)图像传感器等。光传感器是目前产量最多、应用最广的传感器之一,它在自动控制和非电量电测技术中占有非常重要的地位。最简单的光传感器是光敏电阻,当光子冲击接合处就会产生电流。

### 5.2.9 超声传感器

通常,振动频率低于 16 Hz 的机械波称为次声波,振动频率介于 16 Hz 到 20 kHz 之间的机械波称为声波,20 kHz 上的机械波称为超声波。当波在传播过程中由一种介质进入另一种介质时,由于两种介质的传播速度不同,在介质之间的界面上会产生波的反射、折射、波形转换等现象。超声[波]传感器正是利用这一现象来进行信息量的测量。

超声波的穿透性较强,且具有一定的方向性,传输过程中的衰减较小,反射能力较强,在实际中,超声传感器的应用十分广泛。

按照原理不同,超声传感器可以分为压电式、磁致伸缩式、电磁式等。其中压电式超声传感器最为常用。

## 5.3 传感器的工作过程

传感器的工作过程主要包括两个步骤:根据测试要求选取合适的传感器;设计相配套的工作电路。

选择传感器需要依据传感器的静态特性和动态特性。静态特性指的是线性度、灵敏度、重复性、漂移和迟滞等特性。动态特性主要通过频率响应来体现。

### 5.3.1 传感器的选型

现代传感器在原理和结构上千差万别，如何根据具体的测量目的、测量对象和测量环境合理选用传感器，是在进行某个量的测量时首先要解决的问题。当传感器的型号确定之后，与之相配套的测量方法和设备也就可以确定了。测量结果的成败很大程度上取决于传感器的选用是否合理，以下选型原则是通常需要重点考虑的事项。

1. 测量对象与环境

要进行某项具体的测量工作，首先要考虑采用何种原理的传感器，这需要分析多方面的因素之后才能确定。因为即使是测量同一物理量，也有多种原理的传感器可供选择，究竟哪种原理的传感器更为合适，则需要根据被测量的特点和传感器的使用条件考虑以下问题：量程的大小，被测位置对传感器体积的要求，测量方式为接触式还是非接触式，信号的输出方法，有线或非接触测量，传感器的来源，价格能否承受，是否自行研制。

在考虑上述问题后，就能确定选用何种类型的传感器。然后再考虑传感器的具体性能指标，即具体型号。

2. 灵敏度

通常在传感器的线性范围内，传感器的灵敏度越高越好。因为只有灵敏度高时，与被测量变化对应的输出信号的值才会变大，这有利于信号处理。但传感器的灵敏度较高时，与被测量无关的外界噪声也容易混入，也会被放大系统放大，从而影响测量精度。因此，选用传感器本身应具有较高的信噪比，尽量减少从外界引入的干扰信号。

传感器的灵敏度是有方向性的。当被测量是单向量，而且对方向性要求较高时，应选择在其他方向上灵敏度小的传感器；如果被测量是多维向量，则要求传感器的交叉灵敏度越小越好。

3. 频率响应特性

传感器的频率响应特性决定了被测量的频率范围，必须在允许频率范围内保持不失真的测量条件，实际上传感器的响应时间总有一定的延迟，通常希望延迟时间越短越好。

传感器的频率响应越高，则可测的信号频率范围越宽。由于受到结构特性的影响,机械系统的惯性较大,因而传感器的频率低,则可测信号的频率就较低。在动态测量中,应根据信号的特点选择传感器,以免产生过大的误差。

4. 线性范围

传感器的线性范围是指输出与输入成线性的范围,理论上就在此范围内灵敏度保持定值。传感器的线性范围越宽,它的量程就越大,并且能保证一定的测量精度。在选择传感器时,当传感器的种类确定之后就要看它的量程是否满足要求。

但在实际应用中,任何传感器都不能保证绝对的线性,它的线性度也是相对的。当所要求测量精度比较低时,在一定的范围内可将非线性误差较小的传感器近似看作是线性的,这会给测量工作带来很大的方便。

5. 稳定性

传感器在使用一段时间后,它的稳定性会受到影响。影响传感器长期稳定性的因素除传感器本身的结构以外,还包括传感器的使用环境。因此,要使传感器具有良好的稳定性,需要有较强的环境适应能力。

在选择传感器之前应对它的使用环境进行调查,并根据具体的使用环境来选择合适的传感器,或采取适当的措施减小环境的影响。

传感器的稳定性有定量指标,在超过使用期之后,在使用前应重新进行标定,以确定传感器的性能是否发生变化。

在某些要求传感器能长期使用而又不能轻易更换或标定的场合,所选用的传感器的稳定性要求更严格,要能够经受长时间的使用考验。

6. 精度

精度是传感器的一个重要的性能指标,它是关系到整个测量系统准确程度的一个重要因素。传感器的精度越高,价格就越昂贵。因此,传感器的精度只要满足整个测量系统的精度要求就可以了,不必过高。这样可以在满足同一测量目的的诸多传感器中选择比较便宜和简单的传感器。

如果测量的目的是定性分析,选用相对精度高的传感器即可,不宜选用绝对量值精度高的型号;如果是为了定量分析,必须获得精确的测量值,就要选用精度等级能满足要求的型号。

对某些特殊的使用场合,无法选择到适宜的传感器时,则需自行设计制造传感器,或者委托其他单位加工制作。

### 5.3.2 典型电路

传感器一般由敏感元件、转换元件和信号处理电路组成,如图5.1所示。敏感元件是传感器中能感受或响应被测量的部分,转换元件是将敏感元件感受或响应的被测量转换成适于传输或测量的信号(一般指电信号)的部分,信号处理电路可以对获得的微弱电信号进行放大、运算调制等。另外,信号处理电路工作时必须要有电源。

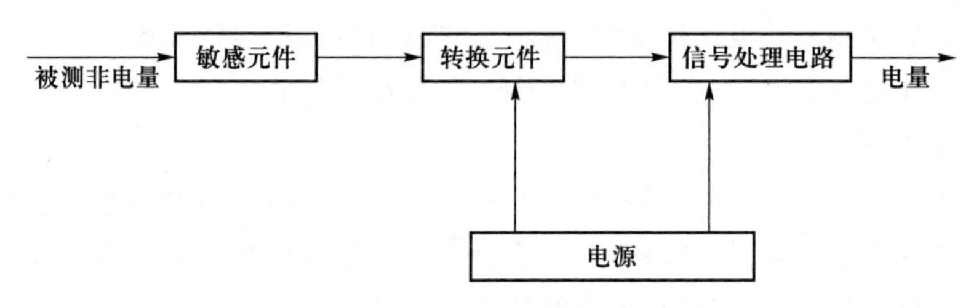


图5.1 传感器组成结构

传感器接口技术是非常实用和重要的技术。各种物理量用传感器将其变成电信号,经由诸如放大、滤波、干扰控制、多路转换等信号检测和预处理技术,将模拟量的电压或电流送A/D转换,变成数字量,供计算机或者微处理器处理。

## 5.4 微型传感器

与传统的传感器相比,微传感器的体积很小,传感元件的尺寸一般在0.1~100 μm之间。当然,微型传感器并非只是将传统传感器按比例缩小而已,而是在理论基础、结构工艺、设计方法等方面都有一套特殊的理论和规律[6]。微型传感器涉及多方面的专门知识。

### 5.4.1 微机电系统简介

微机电系统(microelectromechanical system,MEMS)是指可批量制作的,集微型机构、微传感器、微执行器,以及信号处理和控制电路、接口、电源等于一体的微型器件或系统。

微机电系统基本上是指尺寸在几厘米以下乃至更小的小型装置,是一个独立的智能系统,主要由传感器、执行器和微能源3部分组成。概括起来,微机电系统具有微型化、智能化、多功能、高集成度和适于大批量生产等主要特点。微机电系统技术的目标是通过系统的微型化、集成化来探索具有新原理、新功能的元件和系统。微机电系统涉及物理学、化学、医学、电子工程、材料工程、机械工程、信息工程及生物工程等多个学科,目前在合成生物学与微流控技术等领域有广阔的用途。微机电系统的制造工艺主要有集成电路工艺、微米/纳米制造工艺、小机械工艺和其他特种加工工种。微机电系统在国民经济和军事系统方面有着广泛的应用前景,主要领域是医学、电子和航空航天。微机电系统在航空航天系统的应用可大大节省费用,提高系统的灵活性,并将导致航空航天系统的变革。例如,一种微型惯性测量装置的样机外形尺寸为2 cm×2 cm×0.5 cm,质量5 g。此外,微机电系统可以应用于个人导航用的小型惯性测量装置、大容量数据存储器件、小型分析仪器、医用传感器、光纤网络开关、环境与安全监测用的分布式无人值守传感等方面。

微机电系统的研究内容一般可以归结为以下3个方面。

- 理论基础:在当前微机电系统所能达到的尺度下,宏观世界基本的物理规律仍然起作用,但由于尺寸缩小带来的影响,许多物理现象与宏观世界有很大区别,因此许多原来的理论基础都会发生变化,如力的尺寸效应、微结构的表面效应、微观摩擦机理等。因此有必要对微动力学、微流体力学、微热力学、微摩擦学、微光学和微结构学进行深入的研究。这一方面的研究虽然受到重视,但难度较大,往往需要多学科的学者进行基础研究。

- 技术基础:主要分为设计与仿真技术、材料与加工技术、封装与装配技术、测量与测试技术、集成与系统技术等。

- 应用研究:人们不仅要开发各种制造微机电系统的技术,更重要的是如何将微机电系统技术与航空航天、信息通信、生物化学、医疗、自动控制、消费电子等应用领域相结合,制作出符合各领域要求的微传感器、微执行器、微结构等微机电系统器件与系统。

### 5.4.2 微光机电系统

微光机电系统(micro-optical-electro mechanical system, MOEMS)是近几年在微机电系统(MEMS)中发展起来的极具活力的新技术系统,它是由微光学、微电子和微机械相结合而产生的一种新型的微光学结构系统。

微光机电系统的领域可以从微光学、微电子与微机械3个领域之间的关系来了解。微光学与微电子的交集为光电领域,微光学与微机械的交集为光机领域,微电子与微机械的交集是微机电系统领域,而光学微机电系统(MOEMS)领域则是三者的交集,或称为微光机电系统。

微光机电系统是一种可控的微光学系统,该系统中的微光学元件在微电子和微机械装置的作用下能够对光束进行汇聚、衍射和反射等控制,从而可最终实现光开关、衰减、扫描和成像等功能。该系统把微光学元件、微电子和微机械装置有机地集成在一起,能够充分发挥三者的综合性能,不仅能够使光学系统微型化而降低成本,而且可实现光学元件间的自对准,更重要的是这种组合还会产生新的光学器件和装置。

微光机电系统与常规系统相比,具有体积小、重量轻、与大规模集成电路的制作工艺相兼容、易于大批量生产、成本低等显著优点。同时,传感器、信号处理电路与微执行器的集成,可使微弱信号的放大、校正和补偿等在同一芯片中进行,不需要经过较长距离的传输,这样可以极大地抑制噪声的干扰,提高输出信号的品质。因此,微光机电技术的应用已经深入到许多不同的应用领域。目前,不但实现了一些小型化、集成化和智能化的光学系统,而且导致了新一代器件的诞生,如光学神经网络芯片、微光机电系统光处理芯片等。这一切必将影响光通信、光数据存储、信息处理、航空航天、医疗器械、仪器仪表等应用领域,从而对未来的科学技术、生产方式、人类生活产生深远的影响。微光机电系统的出现将极大地促进信息通信、航天技术和光学工具的发展,对整个信息化时代将生产深远的影响。

比较成熟的微机电系统技术为微光机电系统的集成与微动作的实现提供了标准工艺和结构,微光机电系统能把各种微机电系统结构件与微光学器件、光波导器件、半导体激光器、光电检测器件等完整地集成在一起,形成一种全新的功能部件或系统。

微光机电系统可以实现大批量生产。由于采用了集成电路芯片的生产技术,微光机电系统芯片本身的封装已经达到了高度的集成化,其生产成本也大幅度降低。微光机电系统的体积非常小,尺寸小至几微米,大不过几毫米;响应时间在 100 ns~1 s 的范围内;可动结构通常由静电致动;结构可以做到相当复杂,可包含 100 多个元件。通过精确地驱动和控制,微光机电系统中的微光学元件可实现一定程度或范围的动作,这种动态的操作包括光波波幅或波长的调整、瞬态的延迟、衍射、反射、折射及简单的空间自调整。上述任何操作的结合都可以对入射光形成复杂的操作,甚至实现光运算和信号处理。如何通过微型光学元件来实现上述操作是微光机电系统区别于传统物理光学系统的关键。

### 5.4.3 微型传感器分类

比较常见的微型传感器分类标准包括如下几种。

1. 按供电类型可分为有源和无源微传感器

有源微传感器也称为能量转换型微传感器或换能器,其敏感元件本身能够将非电量直接转换成电信号。而无源微传感器的敏感元件本身没有能量转换能力,而是随输入信号改变自身的电特性,因此,必须采用外加激励源来进行激励才能得到输出信号。微传感器中的大部分类型都属于无源微传感器。

无源微传感器由于需要激励信号,因此其灵敏度会受到激励信号的影响,并且需要增加额外的引线,在某些特殊情况下,激励源还有可能引起易燃易爆气体的爆炸。

2. 按信号输出类型可分为模拟和数字式微传感器

模拟微传感器将被测的非电量转换成模拟电信号。数字微传感器将被测信息转换为数字信号输出,不仅重复性好,可靠性高,而且不需要进行模拟/数字转换,就可直接输入计算机系统。

在实际使用中,由于敏感机理等原因,真正的数字传感器种类并不多,大多数数字式微传感器采用了准数字式的设计。所谓准数字式微传感器是将被测信号量转换为方波进行输出,利用方波的频率或占空比来表示被测量的变化情况。这种传感器的输出信号可以直接输入到微处理器内,利用计数器进行测量值的提取和转换。

3. 按工作方式可分为偏转型和零示型

偏转型传感器工作时,被测量产生某种效应,利用传感器中的部件转换为可测量的效应。例如将压力转换为电阻阻值。

零示型的微传感器一般是物理量传感器,通过采用某种与被测量所产生的物理效应相反的已知效应来防止测量系统偏离零点。这种微型传感器需要使用失衡检测装置检测并恢复平衡。传统零示型传感器的典型例子是天平。在传感器中,可以将天平的砝码由电磁反馈的方式替代,使得系统恢复并保持平衡。

两种类型的传感器相比较,通常情况下,零示型测量方法的精度更高。但是,由于检测和保持平衡需要时间,因此,其响应时间较长。

4. 按检测对象可分为物理量微传感器和化学量微传感器

物理量包括温度、压力、流量、液位、位移等微传感器,化学量包括化学成分、气味、基因、蛋白质等微传感器。

5. 按照微传感器的敏感原理划分

这种分类方法是相关研究人员常用的分类方法,有助于研究人员更加清晰地对传感器进行划分,减少类别数。

表5.1所示为两种分类方法对传感器分类的比较。

表5.1 微传感器分类方式

| 分类方式 | 微传感器类别 |
| --- | --- |
| 微传感器用途 | 位移微传感器 |
| | 力微传感器 |
| | 负荷微传感器 |
| | 速度微传感器 |
| | 振动微传感器 |
| | 温度微传感器 |
| | 湿度微传感器 |
| | 密度微传感器 |
| | 气体微传感器 |
| | …… |
| 微传感器工作原理 | 电阻式微传感器 |
| | 电感式微传感器 |
| | 电容式微传感器 |
| | 电涡流式微传感器 |
| | 磁电式微传感器 |
| | 压电式微传感器 |
| | 光电式微传感器 |
| | 磁弹性式微传感器 |
| | 谐振式微传感器 |
| | …… |

### 5.4.4 微传感器系统

微传感器系统主要基于两种技术。首先,微传感器自身体积的小型化和低能耗为微传感器系统提供了技术基础,随着微机电技术的发展,微传感器系统的种类和性价比迅速提高。其次,微传感器系统在资源利用方面的显著优势,为其提供了应用基础。微传感器系统并不是微传感器的简单叠加,而是可以共享计算和通信资源的系统[7,8]。

1. 微传感器系统的组成

在微传感器系统中,可以将微处理器、电源和微传感器安放在一起,减少电缆和数据传输的开销。在无线传感器网络中,传感器的数据经过微处理器的处理和过滤,大大减少了需要进行传输的数据量,节约了带宽和能量。

微传感器系统应该包括:

① 微传感器;

② 接口电路;

③ 微处理器或计算单元;

④ 通信单元;

⑤ 电源;

⑥ 衬底材料或电路板;

⑦ 外壳。

2. 微传感器

目前已经市场化且比较常用的微传感器主要有以下几种。

- 压力微传感器:应用于汽车发动机系统的压力检测、轮胎压力检测、人体血压检测等。
- 加速度微传感器:应用于汽车防撞系统、电动玩具控制系统。
- 化学气体微传感器:敏感气体检测。
- 视觉微传感器:包括电荷耦合器件(CCD)、互补金属氧化物半导体(CMOS)两大类,主要应用于数字照相机、工业视觉检测等领域。

3. 计算单元

微传感器系统对计算单元的要求包括:

- 利用存储在内存中的标定曲线或表格将测量数据转换成有用的信息。
- 对温度、湿度及其他因素导致的漂移进行补偿。
- 对测量结果进行平均、傅里叶变换分析。

- 信息存储和信息传输。

微传感器系统使用的计算单元主要有3种：微处理器、数字信号处理器（DSP）和现场可编程门阵列（FPGA）。数字信号处理器芯片可视为特殊的处理器，以降低编程灵活性换取高速度的计算。现场可编程门阵列是一种可根据用户需要进行编程的逻辑器件，可以实现微传感器系统所需要的一些特殊计算功能。

此外，以单片机为代表的微控制器也是微传感器系统中经常使用的器件。随着技术的发展，微控制器的功能越来越强，性价比越来越高。微控制器的时钟速度一般都较低，同时集成有A/D转换器，可以直接输出数字信号。而对于微传感器系统来说，其数据量往往较小，计算速度的要求并不高，因此，微控制器目前被普遍采用到微传感器系统中。

4. 通信单元

根据所采用的传输介质，微传感器系统所使用的通信方式可分为有线和无线两大类。

目前微传感器在无线传感器网络中应用使得无线连接方式的相关研究日益重要。一般情况下，有线连接更适合于数据量较大的传输，而传感器测量的大多是变化缓慢的状态量信号，因此非常适合无线传输方式。

对于工作于水下的传感器可以采用声波进行通信，为了避免给人或动物造成影响，可以采用50 kHz的超声波。由于声波的衰减较快，因此，一般适合短距离的通信。

采用无线通信方式的微传感器系统为无线传感器网络的兴起提供了可能。使得传感器的布设不再受制于有线连接，其应用前景十分广阔。

5. 微传感器能耗

微传感器系统的能耗对于微传感器的设计是至关重要的。能耗通常决定了传感器的外形尺寸和使用的时间。在实际应用中，可以采用电池、太阳能或可充电电池对传感器供电。而采用有线连接无疑将造成成本的大幅度上升。此外，从原理上来说，采用光、电磁波或声波供电也是可行的，但在实际应用中非常少见。

对于微传感器系统来说，虽然各个单元的能耗都是固定的，但在系统设计环节还是可以通过协调优化措施使得整个系统的能耗进一步降低。例如，由于通信单元占到传感器耗电的大部分，因此在设计系统时序时，可以考虑将计算等其他单元的工作时序与通信单元错开，这样就不会超过电池的最大输出功率限制，也更加适合电池的供电特性，延长电池的使用寿命。

处理器的能耗与其性能有很大关系,尤其是时钟速度。速度越快,能耗越大。值得注意的是,处理器在休眠状态时能耗很低。因此,结合系统性能的要求,合理利用休眠状态,可以有效地延长电池的供电时间。

通信模块的工作模式对能耗的影响最大。在实际使用中,应该在尽可能短的时间内将数据发送出去。因此,可以采用数据累积等方式,将数据累积到一定数量后,在短时间内打包发送,采用这种方式会比连续传输模式的能耗降低很多。

## 本章小结

由于传感器在工业生产和日常生活中的大量使用,处理的信息千差万别,其种类十分丰富,本章只选取了部分典型的传感器进行介绍。此外,包括微型传感器技术在内的微机电系统为无线传感器网络的普及提供了重要的技术基础。在这一领域展开的大量的研究也将推动人们生活方式的改变。

## 思考题

1. 什么是传感器?
2. 传感器由哪几部分组成? 各部分的功能是什么?
3. 传感器有几种分类方法?
4. 选择传感器依据哪些特性?
5. 什么是灵敏度?
6. 什么是线性度?
7. 什么是传感器的漂移特性?
8. 微型传感器系统包括哪些组成部分?

## 参考文献

[1] 孟立凡.传感器原理与应用[M].北京:电子工业出版社,2011

[2] 中国电子学会敏感技术分会.传感器与执行器大全[M].北京:机械工业出版社,2011

[3] 刘爱华,满宝元.传感器原理与应用技术[M].北京:人民邮电出版社,2010
[4] 杨帆,吴晗平.传感器技术及其应用[M].北京:化学工业出版社,2010
[5] 周杏鹏.传感器与检测技术[M].北京:清华大学出版社,2010
[6] 朱勇,张海霞.微纳传感器及其应用[M].北京:北京大学出版社,2010
[7] 赵燕.传感器原理及应用[M].北京:北京大学出版社,2010
[8] 付少波,付兰芳.传感器及其应用电路[M].北京:化学工业出版社,2011

# 第6章　无线传感器网络开发

本章主要介绍无线传感器网络的仿真平台、开发系统、语言,以及典型的传感器结点硬件设计和开发实例。

## 6.1　仿真平台

无线传感器网络的目的是进行实时监测、感知和采集各种环境对象的数据,因此是与应用环境密切相关的网络技术。由于真实实验环境的建立存在诸多限制,如成本高、周期长、效果差等,因此需要软件仿真技术来模拟无线传感器网络的运行状况。需要说明的是,仿真结果并不能代替实际环境的实现,仅能作为研发设计的参考。

### 6.1.1　传感器网络的仿真技术概述

网络仿真通过对网络设备、通信链路、网络流量等进行建模,模拟网络数据在网络中的传输、交换等过程,并通过统计分析获得网络各项性能指标的估计,使设计者能较好地评价所设计网络的性能,并据此做出修改或调整,以完善网络的设计及具体功能。

无线传感器网络属于大规模网络,物理实验测试难以实行,且成本太高。无线传感器网络仿真是评估无线传感器网络性能的有效方法之一,其优越性体现在初期应用成本不高,构建好的网络模型可以延续使用,后期投资不断下降。因此,对无线传感器网络仿真平台的关键技术进行研究是相当重要的。

无线传感器网络的仿真与传统网络仿真的主要区别有以下几点。

• 分布性:无线传感器网络属于分布式网络,每个结点都具有相对独立的处理能力。

- 动态性:无线传感器网络在实际运行时,经常处于动态变化的状况,仿真工具和模型必须能够反映出这种动态变化对整个网络的影响。
- 综合性:与传统网络相比,无线传感器网络涉及的领域更多,需要传感、通信、处理等多方面的模拟和仿真。

### 6.1.2　NS-2

NS-2(network simulator version 2)是由加州大学伯克利分校等学校开发的一种源代码开放的共享软件,是一种可扩展、可重用、基于离散事件驱动、面向对象的通用网络仿真工具。因为 NS-2 可扩展且是开源的,能够使所有使用者参与维护,因此在学术界使用广泛[1]。

NS-2 可以用于仿真各种不同的 IP 网,实现对多播、介质访问控制层协议、网络传输协议(如 TCP/UDP 协议)、业务源流量产生器、路由队列管理机制和路由算法等的仿真。其支持的拓扑结构有星形拓扑(单跳)和对等式拓扑(多跳)两种。

对于传感器网络,NS-2 支持 IEEE 802.11 和 IEEE 802.15.4 两种无线介质访问控制层协议。而 IEEE 802.15.4 协议更适合传感器网络,因为它包含了基本的能量模型,并且更接近于普通传感器结点所用的无线协议。

NS-2 所支持的路由算法涵盖了标准 Ad hoc 协议,在仿真场景中还支持结点的简单移动,对于更复杂的移动可以引入其他程序来实现。

在 NS-2 的设计中,使用了 C++和 OTCL 两种程序设计语言,C++是一种相对运行速度较快但转换比较慢的语言,所以 C++语言用来实现网络协议,编写 NS-2 底层的引擎;OTCL 运行速度慢,但可以快速转换脚本语言,正好与 C++互补,所以 OTCL 语言用来配置仿真中的各种参数,建立仿真的整体结构。仿真结果被保存在记录文档里,也可以通过图形化的 NAM(Network AniMator)工具来观看。

NS-2 中也定义了无线信道、无线信号传输模型、天线等,但是没有考虑环境因素,比如障碍物阻挡的影响等,只是简单地定义了信号的发送、接收空闲等待。NS-2 不能建模操作系统和应用程序层代码执行的实时延迟,但可以定义介质访问控制层和无线信道的延迟。

NS-2 不适合大规模传感器网络的仿真,因为仿真时间会随着结点数的增加而呈现指数级的延长。另外 NS-2 缺乏应用层的建模,并且所提供的协议和硬件模型与真正传感器结点上用的有很大区别。NS-2 提供了大量的仿真环境元素,如仿真器、结点、链路和延迟、队列管理和分组调度、代理、分组头及其格式、错误模型、无线传播模型、能量模型、局域网、移动网络、卫星网络等,还提供了相应的数学函数支持及完整的路由支持。

NS-2 的功能模块包括仿真器、结点、代理和链路。

1. 仿真器

仿真器是由 TCL 语言描述的,提供一系列用于配置的仿真参数的图形界面,也提供了选择事件调度程序类型的界面以驱动整个仿真。仿真器提供了 4 种调度程序:链表调度、堆栈调度、时序调度和实时调度。每种调度程序由不同的数据结构实现,时序调度是系统默认的调度方式。调度程序是仿真器的核心部分,用于记录当前时间,调度网络事件链表中的事件,仿真器设有一个静态成员变量供所有的结点类访问同一个调度器,指定事件发生的时间。

2. 结点

结点类用来描述实际网络中的结点和路由器。多个业务源可以连接到一个结点的不同端口,但一个结点的端口数是有限制的。结点有一个路由表,路由算法基于目的地址转发数据包,结点本身不产生分组而是由代理来产生和消费分组。一个结点是由结点入口对象和一系列分类器组成的混合对象。NS-2 中定义了单播结点和多播结点两种结点类型。一个单播结点具有一个单播路由的地址分类器和一个端口分类器;而一个多播结点有一个完成多播路由的分类器来区分单播分组和多播分组。

3. 代理

代理是实际产生和接收数据包的对象,代表了网络层数据包的端点,属于传输实体,运行在主机端。结点的每一个代理自动被赋予一个唯一的端口号,代理需要知道与它相连的结点,以便把数据包转发给结点。此外,代理还需要了解数据包的大小、业务类型和目的地址。NS-2 用代理来模拟各层协议。

4. 链路

链路是 NS-2 中的一个重要部分,用来连接结点和路由器。一个结点可以有一条或多条链路。所有链路都以队列的形式来管理分组到达、离开或丢弃,统计并保存字节数和分组数,另外有一个独立的对象来跟踪队列日志。

### 6.1.3 OPNET

OPNET 是一个强大的、面向对象的、离散事件驱动的通用网络仿真环境,由 MIL3 公司开发。作为一个全面的集成开发环境,在无线传输建模方面可以对各阶段进行仿真研究，包括模型设计、仿真、数据搜集和数据分析，所有的无线特性与高层协议模型无缝连接。OPNET最初是为军事目的而开发的，后来逐步发展成为商业网络仿真和建模工具。OPNET可以作为研究工具，也可以用于网络的设计和分析。

由于OPNET最初用于仿真固定的网络，因此包含了来自固定网络的硬件、协议模型及扩展库。改进的版本则包含了用于无线网络仿真的大量选项，例如IEEE 802.15.4协议。OPNET在无线网络仿真中的特点在于其准确的信号通信模型，对物理层的信号接收、天线、天线辐射方向等都进行了详细的建模。在OPNET仿真时，可以把环境中的障碍影响都考虑进去，比如地形变化或建筑物遮挡等。OPNET的缺点是提供用于新的无线网络的模块组件相对较少。

OPNET采用3层建模机制，最顶层为网络模型，包含了工程编辑器，可以设计网络拓扑；中间层为结点层，由相应的协议模型构成；最底层为处理编辑器，用有限状态机来描述协议。OPNET同时还提供了一个称为ESD(external system domain)的工具，用于和外部软件或系统进行连接。通过ESD，外部软件可以与OPNET的仿真数据进行交换[2-4]。

MIL3公司首先开发的产品是Modeler，并在此基础上扩充和完善了其产品系列。

1. Modeler

Modeler主要面向研发，为研究人员提供建模、仿真及分析工具。Modeler提供了集成的仿真环境，包括编辑器、分析工具和网络模型；此外，Modeler还提供了进行产品测试的虚拟网络环境，以便在完成实际产品设计前进行充分验证，避免出现错误和缺陷，缩短了研发的周期。

Modeler的主要特点包括：

• 网络模型设计层次化。允许进行层次模型嵌套，通过这种层次模型嵌套来模拟结构复杂的网络模型。

• 建模方法简单。Modeler的建模过程分为3个层次：过程、结点和网络。过程层次主要模拟单个对象的行为；结点层次将这些对象组装成各种网络设备；网络层次将这些网络设备连接构成网络。

• Modeler在过程层次的建模采用有限状态机来对协议和其他过程建模，在有限状态机的状态和转换条件中使用C/C++语言进行描述，并对过程进行模拟。由有限状态机、标准C/C++及400多个函数库组成的Modeler核心被称为"Proto C语言"。

• 源代码开放。Modeler的所有源代码都是开源的，用户可以在Modeler提供的标准协议上根据自己的需要对源代码进行添加、删除和修改。

• 集成的调试和分析工具。为了快速验证、发现模型仿真代码中的问题，Modeler 提供了调试工具 OPNET Debugger，并在 Windows 平台下支持与 Visual C++的联合调试。Modeler 提供了显示仿真结果的界面，可以分析和绘制各种数据曲线，并支持将数据导到其他的数据分析工具进行进一步分析。

• 功能强大、齐全的编辑器。Modeler 提供了十几个编辑器，包括项目编辑器、结点编辑器、链路编辑器、天线编辑器、数据包编辑器等。这些编辑器各自完成一定的功能，只需通过在图形化界面上完成一系列设置即可编写出所需要的代码。

2. ITGuru

ITGuru 主要面向企业网络管理人员，用于提高其发现和解决网络问题的能力。ITGuru 的特点在于能够辨别整个网络，包括路由器、交换机、服务器，甚至是协议及其所支持的各种网络业务。

ITGuru 通过建立虚拟网络环境进行网络规划设计、优化和网络问题诊断。ITGuru 通过建立网络拓扑结构、流量模型和各种协议的配置来建立虚拟网络环境。ITGuru 的虚拟网络环境可以重现实际的网络行为，包括路由器、服务器、协议和各种具体应用。通过在虚拟网络环境下对网络的仿真，网络管理和操作人员可以更加有效地诊断故障，对所做的更改进行验证，对可能造成的结果进行预测，显然这一功能对网络的设计者同样有很大帮助。

3. SPGuru

与 ITGuru 一样，SPGuru 也能够对整个网络进行识别，包括网络中的路由器、交换机、服务器、协议及各种应用业务。与 ITGuru 相比，SPGuru 的功能更为丰富和强大，且主要面向大规模的网络仿真。

SPGuru 的主要功能包括：

• 自动模型建立，包括拓扑、配置、流量和使用率。
• 对网络技术、协议及设备制造商的设备模型提供全面支持。
• 离散时间、仿真引擎及混合仿真功能。
• 可扩展的配置验证。
• 可扩展的交互性的流分析和详细报表。
• 自动的流量控制级目的 IP 地址可达性分析。

4. ODK 和 NetBiz

ODK（OPNET Development Kit）主要由两部分组成：ODK 库和 ODK 工具。ODK 库包含了十多个 API 集，包括用户界面、图形图像、导入导出及优化算法等方面的功能,ODK工具则包含了通用的编辑器及一些特殊的编辑器(例如对话框编辑器);此外,ODK还提供了优化算法函数,用户可以通过ODK开发更具针对性的网络工具。

5. WDMGuru

WDMGuru是面向运营商的网络规划和设计工具,专门针对光纤网络。

### 6.1.4 OMNeT++

OMNeT++(Objective Modular Network Testbed in C++)是一种开源的基于组件的模块化开放网络仿真平台,为基于进程驱动和事件驱动的两种方式仿真提供支持。作为离散事件仿真器,具备完善的图形界面接口和可嵌入式仿真内核,可运行于多个操作系统平台,可以简便定义网络拓扑结构,具备编程、调试和跟踪支持等功能,主要支持标准的有线和无线通信网络仿真,用于通信网络和分布式系统的仿真[5]。

OMNeT++采用了混合的建模方式,同时使用NED语言和C++语言进行建模。OMNeT++首先采用NED语言对网络模型拓扑进行描述,采用C++语言建立仿真模型;然后,用高层语言NED把这些仿真模块组装成更大的组件,再用OMNeT++所提供的编译工具编译成.cpp文件;最后,使用C++编译器将这些文件与用户自己设计的简单模块程序链接起来。OMNeT++提供了用于建立仿真和实施评估结果的图形界面。

通过NesCT,TinyOS的源代码被翻译成能在OMNeT++下运行的对应的C++代码,因此OMNeT++可以运行大多数TinyOS的仿真程序。但是,只有在一些特定的情况下,才能把仿真代码转换为可在平台上执行的代码,因为仿真时许多协议都进行了简化,并不是所有硬件都支持。OMNeT++仿真规模仅受所运行计算机的内存限制,因此可以仿真大规模的网络。

OMNeT++仿真模型由分级嵌套的模块组成。模块之间通过消息传递机制来进行通信。OMNeT++为用户提供了描述网络系统的工具,包括分级嵌套模块、模块间的通信机制和拓扑描述语言。

OMNeT++模型由一些分级嵌套的模块组成,模块之间以消息机制进行通信。最顶层的模块为系统模块,其他模块都为系统模块的子模块或更下层的子模块,模块的嵌套深度没有限制,用户可以充分利用嵌套模块结构来反映实际系统。包含子模块的模块称为复合模块,没有子模块的模块为简单模块。描述整个网络时,由用户定义模块类型。定义的模块类型可以用于构建更为复杂的模块类型。用户创建了模块类型后,可以选取某个模块类型的实体作为系统模块。

模块通过交换消息建立通信。在实际仿真中,消息可以表示计算机网络中的帧、信息包、网络队列中任务或其他可移动的实体等,消息可以包含任意复杂的数据结构。

OMNeT++中,模型的拓扑结构可以用 NED 语言描述。NED 语言使得网络拓扑模型描述可以由大量的部件描述组成,一个网络拓扑模型描述的信道、简单/复合模块等信息可以在另一个网络拓扑模块中重用。

### 6.1.5 TOSSIM

TinyOS 是加州大学伯克利分校开发的开源操作系统,专为嵌入式无线传感器网络设计,操作系统基于构件的架构可以快速地更新系统的功能。目前,TinyOS 已被应用于多个平台中,并且发布版本里包含了一个叫作 TOSSIM (TinyOS simulator)的仿真工具。TOSSIM 用于对采用 TinyOS 的传感器结点进行数位级的仿真。TOSSIM 将 TinyOS 环境下的 nesC 代码直接编译为可在 PC 环境下运行的可执行文件,在 TOSSIM 环境下,不用将程序下载到真实的传感器结点上就可以对程序进行测试[6]。

开发人员对 TOSSIM 设定了 4 个要求:伸缩性、完整性、真实性和移植性。

针对伸缩性,一个仿真工具应该在有上千个结点的网络规模下仍能灵活地进行各种配置变化。为了实现这个目的,TOSSIM 中的每个结点都被连接到一个有向图中,并且每条边都有自己的位错误概率。对于完整性,一个仿真工具应该能捕获系统各个层次上的行为和交互。对于真实性,一个仿真工具应该能够捕捉结点与结点之间即使很短暂的交互行为。对于移植性,要求仿真工具下的代码可以在真实结点上直接运行。

相对于其他仿真工具来说,TOSSIM 更类似于一个模拟器,可以直接运行实际的应用程序代码,仿真程序代码也可以直接传送到平台上运行。由于在 TOSSIM 仿真时对某些假设进行简化,因此可能有些代码无法在真实的结点上运行。例如 TOSSIM 中无线介质的位错误概率模型,使得 TOSSIM 可以进行高效的扩展,但同时也使得 TOSSIM 无法评估较低层次的协议。另一个简化限制就是在 TOSSIM 中,每个结点都要运行确定的代码,当 TOSSIM 仿真一个结点的硬件时,如 I/O、ADC 等,没有为感知的外界现象建模。TOSSIM 的一个最大缺点就是缺乏能量消耗模型,而能量消耗模型对传感器网络来说是非常重要的。

对于 TOSSIM 的扩展,TinyViz 提供了一个显示 TOSSIM 仿真情况的图形界面,PowerTOSSIM 是一个能量消耗模型插件。TOSSIM 也提供了可与其他程序进行交互的服务,外面的程序可以利用 TCP 套接字与 TOSSIM 进行连接并观察和触发仿真行为。

TOSSIM 的体系结构如下。

- 编译器:TOSSIM 改进了 nesC 编译器,通过选择不同的选项,用户可以把硬件结点上的代码编译成仿真程序。
- 执行模式:TOSSIM 的核心是仿真时间队列。在 TOSSIM 中,硬件中断被模拟成仿真事件插入队列,仿真事件调用中断处理程序,中断处理程序再调用 TinyOS 的命令或触发 TinyOS 的事件。这些 TinyOS 事件和命令处理程序又会生成新的任务并插入队列,一直重复到整个仿真过程结束。
- 硬件模拟:TinyOS 把结点的硬件资源抽象为一系列的组件,将硬件中断替换成离散事件,将硬件资源抽象为组件。TOSSIM 通过对组件行为的模拟,为上层提供与硬件相同的标准接口。
- 无线模型:TOSSIM 允许开发者选择具有不同精确度和复杂度的无线模型。这个无线模型独立于仿真器之外,这样可以保证仿真器的简单和高效。
- 仿真监控:用户可以自行开发应用软件来监控 TOSSIM 的仿真执行过程,两者通过 TCP/IP 协议通信。TOSSIM 为监控软件提供了实时的仿真数据,包括在 TinyOS 源代码中加入的 Debug 信息、各种数据包和传感器的采样值等。监控软件可以根据这些数据显示仿真执行的情况,同时允许监控软件以命令调用的方式更改仿真程序的内部状态,达到控制仿真进程的目的。

## 6.2 无线传感器网络的硬件开发

传感器网络具有很强的应用相关性,在不同应用要求下需要配套不同的网络模型、软件系统和硬件平台。可以说传感器网络是在特定应用背景下,以一定的网络模型规划的一组传感器结点的集合,而传感器结点是为传感器网络特别设计的微型计算机系统。

目前使用得最为广泛的传感器结点是 Smart dust 和 Mote。事实上这两种称谓都有尘埃和微粒的意思,意指传感器结点体积非常小。Smart dust 直译为智能灰尘,是美国国防部资助的一个传感器网络项目的名称,该项目开发的产品也称为 Smart dust。Mote 系列结点也由美国军方资助,是加州大学伯克利分校主持开发的低功耗、自组织、可重构的无线传感器结点系列[7]。

在传感器结点硬件设计中需要从以下几个方面考虑。

- 无线传感器结点应该在体积上足够小,保证对目标系统本身的特性不会造成影响,或者所造成的影响可忽略不计。在某些场合甚至需要目标系统能够小到不容易被人所察觉的程度,以完成一些特殊任务。

- 无线传感器结点需要定义统一、完整的外部接口,在需要添加新的硬件部件时可以在现有结点上直接添加,而不需要开发新的结点。同时,结点可以按照功能拆分成多个组件,组件之间通过标准接口自由组合。在不同的应用环境下选择不同的组件自由配置系统,这样就不必为每个应用都开发一套全新的硬件系统。当然,部件的扩展性和灵活性应该以保证系统的稳定性为前提,必须考虑连接器件的性能。

- 硬件的稳定性要求结点的各个部件都能够在给定的外部环境变化范围内正常工作。在给定的温度、湿度、压力等外部条件下,传感器结点的处理器、无线通信模块、电源模块要保证正常的功能;同时,传感器部件要保证工作在各自量程范围内。另外,结点硬件在恶劣环境下要能够稳定工作,一方面系统在各种恶劣的气候条件下不会损坏,另一方面所有测量探头都能够尽量接近检测环境以获得最真实的参数信息。

- 低成本是传感器结点的基本要求。只有低成本,才能大量地布置在目标区域中,表现出传感器网络的各种优点。低成本对传感器各个部件都提出了苛刻的要求。首先,供电模块不能使用复杂而且昂贵的方案。其次,能源有限的限制又要求所有的器件都必须是低功耗的。最后,传感器不能使用精度太高、线性很好的部件,这样会造成传感器模块成本过高。

### 6.2.1 传感器结点的模块化设计

无线传感器结点作为一个完整的微型计算机系统,要求其组成部分的性能必须是协调和高效的,各个模块实现技术的选择需要根据实际的应用系统要求进行权衡和取舍。图 6.1 描述了构成传感器结点的各部件性能需求的依赖关系[8]。

应用背景对传感器的种类、精度和采样频率提出要求,同时对无线通信使用的频段、传输距离、数据收发速率提出要求;传感器网络的能源技术则对传感器技术和通信技术的能耗作出具体的约束,同时要求处理器本身必须是超低功耗的,并且支持休眠模式;传感器的选取、应用背景要求的采样频率和通信技术的

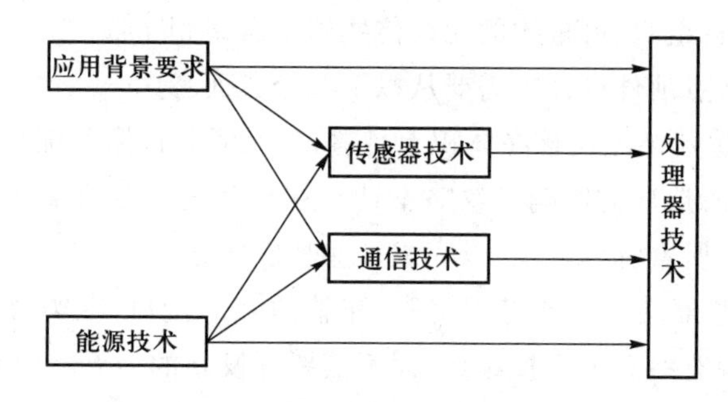


图 6.1　传感器结点各部件性能需求的依赖关系

数据收发速率对处理器的处理能力、数据采样速度和精度，以及通用 I/O 控制端口的数量提出具体要求；处理器的选择则由所有这些技术要求所制约。

1. 数据处理模块设计

无线传感器网络采用的数据处理方式是分布式的。每个传感器结点都具有一定的智能性，能够对数据进行预处理，并能够根据感知的信息进行不同的处理。这种智能性主要依赖数据处理模块实现；此外，包括网络协议栈的通信协议、各种调度管理、数据融合等算法都需要由数据处理模块来实现。可见数据处理模块是传感器的核心模块之一。对于数据处理模块的设计，需要考虑 5 个方面的问题。

- 节能设计：在无线传感器结点的各个模块中，除了通信模块外，数据处理模块也是主要的耗能部件。因此，应尽量使用低功耗的微处理器和存储器芯片。

在处理器的选择方面，由于结点处理的数据有限，因此不需要选择高速处理芯片，速度高意味着耗能也高。此外，选择处理器还需要选择具有休眠功能的处理器，这样可以进一步降低能耗。

- 处理速度的选择：如前所述，过快的处理速度会增加系统的能耗；但是，如果处理器处理的任务较为繁重，始终处于工作状态而无法进入睡眠状态，则对于整体能耗也会有所增加，因此，处理器速度的选择必须依据实际的处理需要综合考虑。

- 低成本：低成本是无线传感器网络实用化的前提条件。在某些情况下，数据处理模块的成本占到总成本的 90%以上。片上系统需要的器件数量少，系统设计简单，成本则低。但是，目前基于片上系统的设计通常适用于某些特殊的应用。

- 体积小：结点的微型化要求尽量减少处理模块的体积。

• 安全性:要求处理器具有安全保密机制,尤其是对于某些对安全性有要求的应用场合尤为重要。

2. 换能器模块设计

换能器模块包括传感器和执行器两部分。传感器包含各种类型,如前面介绍过的温度传感器、湿度传感器、压力传感器等。同时,传感器结点还可能包含一些执行器,如电子开关、声光报警设备、微型电机等。

大部分传感器的输出是模拟信号,但通常无线传感器网络传输的是数字信号,因此首先需要进行模-数转换。类似地,在对执行器进行输出时,往往需要数-模转换。在结点中配置数-模和模-数转换器可以有效地降低系统的成本。在设计时,可以由一个转换器为多个传感器提供数据转换。

3. 无线通信模块设计

无线通信模块由无线射频电路和天线组成,目前采用的传输介质主要包括无线电、红外线、光波等。无线通信模块是传感器结点的主要耗能模块,所以也是传感器结点的设计重点。

(1) 无线电传输

无线电波易于产生,传播距离较远,容易穿透建筑物,在通信方面没有特别的限制,比较适合在未知环境中的自主通信需求,是目前传感器网络的主流传输方式。

频率选择一般选择 ISM 频段。这主要是因为此频段无须注册公用频段,具有较大范围的可选频段;且没有特定标准,可灵活使用。

在无线传感器网络中,由于结点能量受限,需要设计以节能和低成本为主要指标的调制机制。此外,在设计通信模块时需要采用无线唤醒装置,使得结点可以进入睡眠模式。

(2) 红外线传输

红外线作为传感器网络的可选传输方式,其最大优点是这种传输不受无线电干扰,且红外线的使用也不受通信管制。但是,红外线的穿透性很差,当传输路线上存在障碍物时,其使用将受到限制,因此一般用于短距离通信。

(3) 光波传输

与无线电传输相比,光波传输不需要复杂的调制、解调过程,接收电路简单,传输功率也较小。光波与红外线相似,当传输路线上存在障碍物时,将无法使用,因此其应用场合是受限的。

4. 电源模块设计

电源模块是传感器结点必备的基础模块。电池供电则是目前传感器网络结点最常用的供电方式。在某些情况下,传感器结点可以直接从外界环境中获取能量,例如太阳能、机械能、风能、电磁能等。

传感器结点所需的电压通常不止一种。因为模拟电路和数字电路所要求的供电电压不同,通常,存储器、换能器等需要较高的电源电压。所以在电源模块的设计中需要考虑电压转换电路的设计,并需要充分考虑这些转换电路所产生的能量损耗。

5. 外围模块设计

传感器结点的外围电路主要包括定时器电路(也称“看门狗”)、输入/输出电路和系统检测电路等。

(1) 定时器电路

设计“看门狗”是为了增加电路系统的鲁棒性,使得结点能够防止各种原因造成的系统死机。传感器结点的工作环境往往复杂多变,存在各种各样的干扰,因此系统会出现计数器出错、程序“跑飞”等软件故障。“看门狗”的基本原理就是利用计数器的定时中断,当程序出现“跑飞”等故障时,由于程序无法正常运行,无法按时将计数器复位,导致计数器到达溢出值从而产生计数器中断,使得整个系统复位。

(2) 输入/输出电路

输入/输出模块的设计中需要考虑系统是否能够支持输入/输出模块的睡眠状态。在传感器结点中,休眠状态下,一般是处理器模块和通信模块先休眠,如果为了更加省电,就必须进一步将输入/输出电路置于休眠状态,即所谓深睡眠状态。与此对应,处于深睡眠时,重要信息必须要保存到非易失性的存储介质中。

(3) 系统检测电路

系统检测主要是对整个系统的电源情况进行检测。在电量将耗尽时发出指示,提醒相邻结点。此外就是在由于干扰而出现电源波动时及时采取措施,避免设备损坏。

### 6.2.2 传感器结点的开发实例

本节简要介绍一个在传感器网络研究中开发出来的传感器结点原型。

Smart dust 是结合 MEMS 技术和集成电路技术,体积不超过 1 $mm^3$,使用太阳能电池,具有光通信能力的自治传感器结点。由于体积小、重量轻,该结点可以附着在其他物体上,甚至在空气中浮动。

图 6.2 给出了 Smart dust 的系统结构。传感器模块根据应用需求可以将光、温度、振动、电磁、声音和风向等传感器集成在一起，用来测量被监测对象的各项参数。通信模块由发射系统和接收系统组成：发射系统由主动式和被动式两种发射器组成，实现数据和控制信号的发送；接收系统由光电探测器接收组成，将收到的光信号转换为电信号，然后把电信号送到主机模块。主机模块是一个具有信号处理、系统控制、数据存储、能量管理等功能的集成电路。电源模块由厚膜电池和太阳能电池组成，给结点提供能量。

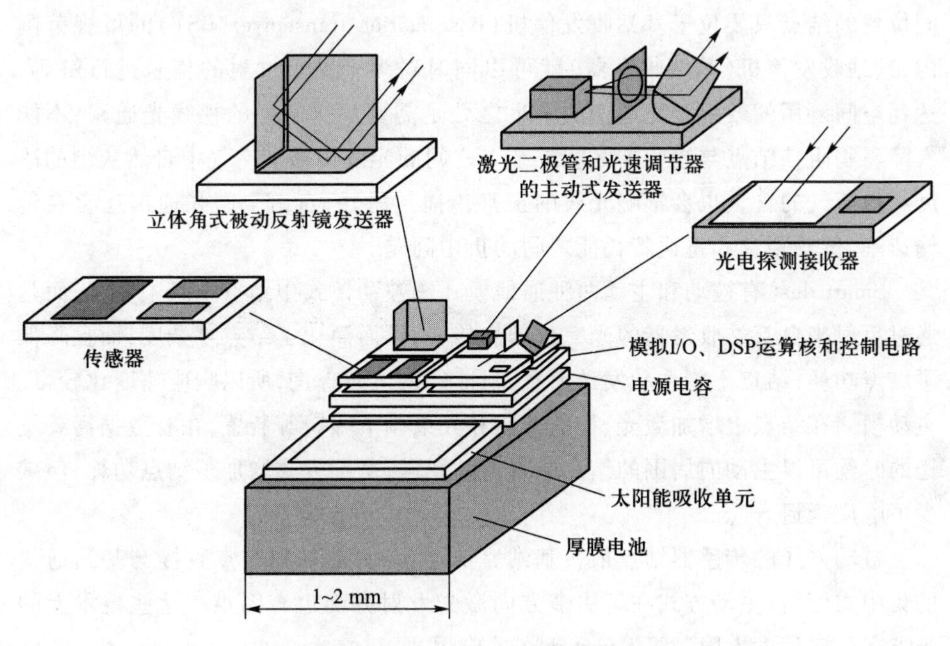


图 6.2 Smart dust 的系统结构图

1. Smart dust 结点的主要特点

- 采用 MEMS 技术，体积微小，整个传感器结点可以控制在 1 $mm^3$ 左右。
- 使用太阳能作为其工作能量的来源，具有长期工作的潜力。
- 采用光通信方式。一方面功耗比无线电小（如果采用被动光反射技术，则耗能更小）；另一方面不需要长长的天线，在体积上可以做得非常小。另外，通信信道空分复用，所以基站可以同时与多个结点通信。
- 光通信方式降低了结点功耗，但是其传输的方向性、无视线阻碍的要求给结点的部署带来很大挑战。

2. Smart dust 结点的通信机制

对于射频（RF）通信和光通信两种方式，Smart dust 系统选择用光进行通信。

如果使用射频通信,面临的一个突出问题是Smart dust给天线提供的空间非常小,需要使用非常短的波长(高频)通信,这就要求耗费较高的发射功率才能实现。另外,使用射频通信时需要带通滤波器和解调电路,进行频率或空间复用时还需要多点接入电路等,电路复杂,而且很难使能耗减少到毫瓦级。

使用光通信时,光链路只需要简单的基带模拟或数字电路,不需要调制器、带通滤波器和解调器电路。接近于可见光或近红外线的短波长使得一个毫米级的设备,就可以获得高的天线增益。使用光通信的另外一个好处是许多位于不同位置的结点只要位于基站收发信机(base station transceiver,BST)的可视范围内,基站收发信机(基站收发器)就可以同时对多个结点发射的信号进行解码,达到空间复用的效果。光通信的不足之处是需要不受阻断的视线光通路,不能有障碍物阻挡结点与接收器之间或结点之间的光线传播。空气中自然灰尘的浓度和水蒸气的含量也会影响光线的正常传播。另外,自由空间光通信还存在传输速率、传输距离和每比特耗能之间的折中问题。

Smart dust有被动和主动两种通信模式。被动模式中结点本身不发光,而是通过反射来自基站收发器的光完成信息传递,从而简化了结点复杂度,而且降低了结点功耗;结点不能主动发送消息,只能等待主站查询,所以响应速度比较慢。主动模式在结点上增加激光、校准透镜和光束调节微镜等装置,在有数据需要发送的时候可以主动向周围的结点或者主站发送,这种方式增加了结点功耗,但减少了响应延迟。

被动方式的传感器结点依赖基站完成通信,只能构建结点直接与基站通信的集中式网络;主动方式在解决多方向激光发射方面也有困难。这些技术上的难点在一定程度上限制了Smart dust的应用。

## 6.3　无线传感器网络操作系统和编程语言

无线传感器网络的操作系统是运行在每个传感器结点上的核心软件,能够有效地管理硬件资源和任务的执行,并且使用户不需要直接面对硬件开发程序,增强了开发的效率和软件的可重用性。由于传感器结点本身的资源限制,传统的嵌入式操作系统无法在传感器网络上运行。

在为无线传感器网络设计操作系统时,会针对具体的应用设计系统的结构,而不像传统的操作系统,为应用开发提供独立于具体应用的通用编程接口。在传统操作系统中,可以通过这些接口完成用户需要的特定功能。在无线传感器网络中,必须面向应用,对特定的应用做特别的处理,最大限度地减少操作系统的复杂度。

对无线传感器网络操作系统的设计必须考虑如下一些要求。

- 由于传感器结点资源有限,因此操作系统的代码量应该尽量小,复杂度要尽可能低,减少对能量、存储、计算等资源的占用。
- 无线传感器网络的规模有可能非常大,而且网络的拓扑结构会不定期地发生变化,应用于无线传感器网络的操作系统需要充分考虑这些可能出现的情况。
- 某些应用下,传感器网络对所监控的事件必须做出快速的判断和反应,因此传感器网络对系统的实时性有一定要求。
- 无线传感器网络的操作系统应该是多任务操作系统,并且能够支持任务间快速而频繁的切换。
- 传感器网络的操作系统还应该是一种分布式操作系统,整个网络的资源可以共享或者协同完成更加复杂的任务。
- 基于无线传感器的操作系统应该提供方便高效的编程方法,开发者能够快捷地开发应用程序,不必关注低层硬件的具体操作。
- 对于部署在危险区域的传感器结点,操作系统需要具备远程配置结点的功能,通过传输技术对大量结点在线动态发布代码。

目前,常用的基于无线传感器网络的操作系统有5种。

(1) TinyOS

TinyOS是加州大学伯克利分校开发的传感器网络操作系统,支持nesC语言。TinyOS采用基于组件的体系结构,应用程序的各个功能由组件实现,完整的应用程序由多个组件构成。系统采用了事件驱动机制,能够快速处理由事件产生的硬件中断,并在处理完后进入休眠状态,提高了处理器模块的利用率。

(2) MagnetOS

MagnetOS是由康奈尔大学开发的传感器网络操作系统,采用了虚拟机的设计,通过运行在边界结点上的程序分割服务将应用程序分成多个对象后注入传感器网络,每个对象完成某种特定功能,系统根据应用的需求将对象自动迁移到最合适的结点上。

(3) MANTIS

MANTIS是由科罗拉多大学开发的传感器网络操作系统,在设计和编程方面采用了分层的多线程体系结构和标准C语言编写的内核与应用程序接口。

系统提供无线代码发布功能,能够由基站向结点发送新的代码,新代码可以用于更新变量、线程甚至整个操作系统。

(4) SenOS

SenOS是基于有限状态机模型的传感器网络操作系统,其内核结构由3部分组成:由状态序列器和事件队列组成的内核、状态转换表和回调函数库。状态转换表记录了根据输入确定的状态转换过程和内核检查事件队列中是否由事件发生。对于每个事件,内核根据状态转换表触发系统转换状态,并且调用相关回调函数库内的输出函数。在SenOS上能够较为方便地开发应用程序。

(5) PEEROS

PEEROS具有抢占式的实时内核,其调度器是基于轻量级版本的实时调度算法。为了减少对存储资源的需求,系统将当前不用的驱动器存放到电可擦可编程只读存储器(electrically erasable programmable read only memory,EEPROM或$E^2PROM$),在需要时再通过模块管理器载入。

### 6.3.1　TinyOS操作系统

由于无线传感器网络结点的资源十分有限,传统的嵌入式操作系统难以正常有效地运行和工作,特别对能量和内存的需求矛盾比较突出。因此,需要一种全新的嵌入式操作系统来满足无线传感器结点的基本需求。TinyOS操作系统是针对无线传感器网络设计的开源嵌入式操作系统,主要采用了轻量级线程、主动消息通信、事件驱动模式、组件化编程等技术[9-10]。

TinyOS操作系统最初使用汇编语言和C语言。但经研究人员进一步地研究及使用后发现,C语言并不能有效和方便地支持无线传感器网络应用程序的开发。因而在对C语言进行了一定扩展的基础上,提出了支持组件化编程的nesC语言,该语言可以把组件化、模块化思想和基于事件驱动的执行模型结合起来。

TinyOS是一款自由和开源的基于元件(component-based)的操作系统和平台,主要针对无线传感器网络。TinyOS首先是作为加州大学伯克利分校和Intel研究所合作实验室的开发项目,用来嵌入智能微机当中,之后慢慢演变成一个国际合作项目,即TinyOS联盟。

TinyOS操作系统具有4个特点。

1. 基于组件的结构

TinyOS 提供一系列可重用的组件,一个应用程序可以通过连接配置文件将各种组件连接起来,以完成所需要的功能。采用组建结构可以提高系统的紧凑性,减少代码量和占用的存储空间。

2. 基于事件驱动的结构

TinyOS 的应用程序都是基于事件驱动模式的,采用事件触发去唤醒传感器工作。事件驱动模式尤其适用于结点较多、并发操作频繁的应用情况。当事件对应的硬件中断发生时,TinyOS 能够快速地调用相关的事件处理程序,响应外部事件并执行相应的处理操作。在处理完毕后,系统可以将结点转入休眠状态,从而有效地节省了能量。

3. 任务和事件并发模型

任务(task)一般用在对于时间要求不是很高的应用中,任务之间是平等的,即在执行时按顺序先后执行,而不能互相占先执行。一般为了减少任务的运行时间,要求每一个任务都很短小,能够使系统的负担较轻。

事件(event)一般用在对于时间要求很严格的应用中,而且可以优于任务或其他事件执行,可以被来自外部环境的事件触发,在 TinyOS 中一般由硬件中断处理来驱动事件。

4. 分段执行

在 TinyOS 中由于任务之间不能互相占先执行,所以 TinyOS 没有提供任何阻塞操作,为了让一个耗时较长的操作尽快完成,一般来说都是对这个操作的需求和完成分开实现,以便获得较高的执行效率。

### 6.3.2 nesC 语言

nesC 是一种扩展的 C 编程语言,主要用于传感器网络的编程开发,是加州大学伯克利分校研发人员专为无线传感器网络平台微型操作系统 TinyOS 开发的编程语言。

一个 nesC 应用程序由 3 个部分组成:一组 C 声明和定义、一组接口类型和一组组件。最外层的全局命名环境,包含 3 个命名域:一个 C 变量,一个用于 C 声明和定义的 C 标签命名域,一个用于组件和接口类型的组件和接口类型命名域。

通常,C 声明和定义可以在全局命名环境内部引入自己的嵌套命名域,用于函数声明和定义函数内部代码段。

每个接口类型引入一个命名域,用于保存接口的指令或事件。这种命名域是嵌套于全局命名环境的,所以指令和事件定义能影响全局命名环境中的C类型和标签定义。

每个组件引入两个新命名域:规格命名域,嵌套于全局命名环境,包含一个变量命名域用于存放组件规格元素;实现命名域,嵌套于规格命名域,包含一个变量和一个标签命名域。

nesC 语言的特点如下:

- 结构和内容相分离。程序由组件构成,组件装配在一起构成完整的程序。组件定义两类域,一类用于组件的描述,另一类用于组件的补充。组件内部存在作业形式的协作,控制线程可以通过接口进入组件,这些线程产生于作业或硬件中断。

- 根据接口的设置说明组件功能。接口可以由组件提供或使用。组件通过接口静态连接,这样有利于提高程序的运行效率,增强程序的鲁棒性。每个组件分为两部分,一是对该组件的说明,二是组件的执行或实现部分。组件说明使用接口来描述该组件使用了哪些服务及能够使用哪些服务,可以将 nesC 程序看作由若干接口连接而成的一系列组件。程序中的每个组件必须说明定义该组件使用了哪些接口,同时又为其他组件提供了哪些接口。

- 接口双向性:组件的接口是实现组件间联系的通道。接口要列出其使用者可以调用的命令或者必须处理的事件,从而将不同的组件联系起来。接口的典型用法是:命令向下调用,例如应用层组件可以调用硬件相关层组件提供的接口命令;事件向上触发,原始事件都与特定的硬件中断相关联。

- 组件按照功能的不同分为两类:配件和模块。配件指的是描述不同组件接口之间的关系的组件文件;模块指的是描述组件提供的接口函数功能及其实现过程的组件文件。

- nesC 语言的并发模型是基于开始直至完成(run to completion)的任务构建方式。事件处理程序能中断任务,也能被其他事件处理程序中断。由于事件处理程序处理的工作量很小,因此执行速度非常快,所以可以保证被中断的任务不会被无限期地挂起。

### 6.3.3 基于 TinyOS 的软件开发

为了适应无线传感器网络的特点,TinyOS 操作系统使用了组件化编程、轻量级线程、主动消息通信和事件驱动模型4种主要技术。

1. 组件化编程

TinyOS 操作系统中的组件有 4 个相互关联的部分:一组命令处理程序句柄、一组事件处理程序句柄、一个经过封装的私有数据帧和一组简单的任务。任务、命令和事件处理程序在私有数据帧的上下文中执行并切换帧的状态。

TinyOS 操作系统中的组件通常分为硬件抽象组件、合成组件、高层次的软件组件 3 类。其中,硬件抽象组件用于将物理硬件映射成为 TinyOS 操作系统中的组件,无线发送模块就是一种硬件抽象组件,可提供命令来操纵与射频收发器相连的各个单独的 I/O 引脚,并且发送信号给事件,将数据位的发送和接收通知其他组件,图 6.3 所示是无线传感器应用程序的组件结构。合成组件可以模拟高级硬件的行为,图 6.3 中的 Radio Byte 组件就属于合成组件。合成组件以字节为单位与上层组件交互,并以位为单位与下层无线发送模块组件交互,最后将无线接口映射到通用异步收发器(universal asynchronous transmitter,UART)接口上。高层次的软件组件可完成控制、路由、数据传输等功能,图 6.3 中的主动消息处理模块属于高层次软件组件。这类组件可以在传输前将要发送的数据进行打包,以及将收到的消息分发给相应的任务。

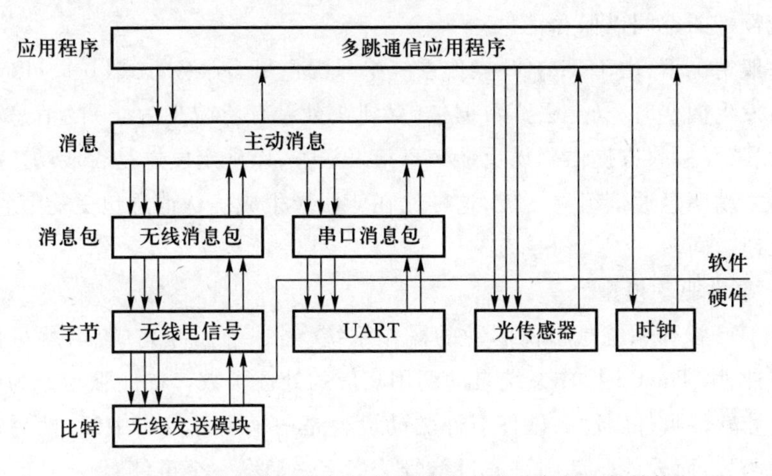


图 6.3 支持多跳无线通信的传感器应用程序的组件结构

2. 轻量级线程

在 TinyOS 操作系统中,一般的轻量级线程(task,即 TinyOS 操作系统中的任务)可按照先进先出的方式进行调度,轻量级线程之间不允许抢占。任务一旦执行,就必须执行完毕,不能被其他任务中断。而硬件处理线程(即中断处理线程)则可以打断用户的轻量级线程和低优先级的中断处理线程,故可对硬件中断做出快速响应。

3. 主动消息通信

主动消息通信是一个面向消息通信的高性能通信模型。在无线传感器网络中采用主动消息机制的主要目的是使无线传感器结点的计算能力和通信重叠。为使主动消息更适用于无线传感器网络的需求,主动消息提供了3个最基本的通信机制,一是带确认的消息传递,二是有明确的消息地址,三是消息分发。在TinyOS操作系统中,主动消息通信被视为一个系统组件,它屏蔽了下层各种不同的通信硬件,从而为上层提供一致的通信原语,为开发人员实现各种功能的高层通信组件提供方便。

在TinyOS的主动通信中,当数据到达传感器结点时,首先进行缓存,然后由主动消息把缓存中的数据分发到上层应用。TinyOS操作系统不支持动态内存分配,所以要求每个应用程序在其所需的消息被释放后能够返回一块未使用的消息缓存,用于接收下一个将要来到的消息。因为在TinyOS操作系统中,各个应用程序之间的执行是不能抢占的,所以不会出现多个未使用的消息缓存发生冲突。这样,TinyOS操作系统的主动消息通信组件只需要维持一个额外的消息缓存。如果一个应用程序需要同时存储多个消息,则需要在其私有数据帧上静态分配额外的空间以保存消息。

一般情况下,由于TinyOS操作系统中只提供尽力服务方式(best-effort,在网络接口发生拥塞时,马上丢弃数据包,直到业务量有所减少为止)的消息传递机制,所以需要接收方提供确认反馈信息给发送方,以确定发送是否成功。确认消息可由主动消息通信组件生成,这样比在应用层生成确认消息包更能节省开销,而且反馈时间短。

4. 事件驱动模型

TinyOS操作系统是事件驱动的操作系统,当一个任务完成后,就可以触发一个事件,由TinyOS操作系统自动调用相应的处理函数。事件驱动分为硬件事件驱动和软件事件驱动。硬件事件驱动也就是一个硬件发出中断,然后进入中断处理函数;而软件驱动则是通过信号关键字来触发一个事件。

### 6.3.4 后台管理软件

可视化的后台管理软件是传感器网络系统的一个重要组成部分,是获取和分析传感器网络数据的重要工具。在选定传感器网络的硬件平台和操作系统之后,通过设计相应的网络通信协议,将这些硬件设备组建为网络。在这个过程中需要对网络进行分析,了解传感器网络的拓扑结构变化、协议运行、功耗和数据处理等方面的情况。这都需要获取关于传感器网络运行状态和网络性能的宏观和微观信息，通过对这些信息进行处理，才能对网络进行定性或者定量分析。

由于传感器网络本质上是一种资源受限的分布式系统，网络中大量的无线自主结点相互协作分工，完成数据采集、处理和传输任务。从微观角度来看，传感器网络结点状态的获取难度远大于普通网络的结点。从宏观角度上分析，传感器网络的运行效率和性能也比一般网络难以度量和分析。因此传感器网络的分析和管理是应用的重点和难点，传感器网络的分析和管理需要一个后台系统来支持。

通常传感器网络在采集探测数据后，通过传输网络将数据传输给后台管理软件。后台管理软件对这些数据进行分析、处理和存储，得到传感器网络的相关管理信息和目标探测信息。后台管理软件可以提供多种形式的用户接口，包括拓扑树、结点分布、实时曲线、数据查询和结点列表等。

另外，后台管理软件也可以发起数据查询任务，通过传输网络告知探测结点执行查询任务。例如后台管理软件询问“温度超过 80 ℃的地区有哪些”，网络在接收到这种查询信息后，将温度超过 80 ℃地区的数据信息返回给后台管理软件。

后台管理软件通常由数据库、数据处理引擎、图形用户界面和后台组件 4 个部分组成。

数据库用于存储所有数据，主要涉及网络管理信息和传感器探测数据信息，包括传感器网络的配置信息、结点属性、探测数据和网络运行的一些信息等。

数据处理引擎负责传输网络和后台管理软件之间的数据交换、分析和处理，将数据存储到数据库。另外它还负责从数据库中读取数据，将数据按照某种方式传递给图形用户界面、接受图形用户界面产生的数据等。

后台组件利用数据库中的数据实现一些逻辑功能或者图形显示功能，它主要涉及网络拓扑显示组件、网络结点显示组件、图形绘制组件等。个人计算机的操作系统、选用的数据库系统和一些图形软件工具都可以提供这类组件，协助开发人员设计和丰富后台管理系统的功能。

图形用户界面是用户对传感器网络进行检测的可视化窗口，用户通过它可以了解网络的运行状态，也可以给网络分配任务。该界面既要保证操作人员对整个网络系统的管理，又要方便使用和操作。

目前在传感器网络领域出现了一些后台管理软件工具，如克尔斯博公司开发的 Mote View、加州大学伯克利分校的 Tiny Viz、加州大学洛杉矶分校的 EmStar、中科院的 SNAMP 等软件。这些软件都在传感器网络的数据收集和网络管理中得到了应用。

## 本章小结

本章介绍了 NS-2、OPNET、OMNeT++和 TOSSIM 仿真工具；讲解了 TinyOS 操作系统的功能及配套的 nesC 语言使用；在硬件开发部分，列举了典型的节电设计方案和实例；最后对后台管理软件进行了简单的介绍。

## 思考题

1. 列举常用的无线传感器网络仿真软件，说明各自的技术特点。
2. 选择无线传感器网络仿真平台时应该注意哪些问题？
3. 列举几种常用的传感器处理器芯片。
4. TinyOS 操作系统有哪些特点？

## 参考文献

[1] Xue Y J, Lee H S, Yang M, et al. Performance evaluation of NS-2 simulator for wireless sensor networks [C]. Proceedings of Canadian Conference on Electrical and Computer Engineering, 2007

[2] Hammoodi I S, Stewart B G, Kocian A, et al. A comprehensive performance study of OPNET modeler for ZigBee wireless sensor networks [C]. Proceedings of Third International Conference on Next Generation Mobile Applications, Services and Technologies, 2009

[3] Jiang Bing, Zhang XueWu, Chen ShiZhi, et al. Study and simulation of QOS-based routing for wireless sensor networks based on OPNET[C]. Proceedings of IET International Conference on Wireless, Mobile and Multimedia Networks, 2006

[4] Chen Min, Miao Yiming, Iztok Humar. Opnet IoT Simulation[M]. Singapore: Springer, 2019

[5] Wang S, Liu KZ, Hu FP. Simulation of wireless sensor networks localization with OMNeT[C]. Proceedings of the 2nd International Conference on Mobile Technology, Applications and Systems, 2005

[6] Notani S A. Performance simulation of multihop routing algorithms for Ad-Hoc wireless sensor

networks using TOSSIM[C].Proceedings of the 10th International Conference on Advanced Communication Technology,2008

[7] Pister K S J.Smart dust-hardware limits to wireless sensor networks[C].Proceedings of the 23rd International Conference on Distributed Computing Systems,2003

[8] Halit Eren.无线传感器及元器件:网络、设计与应用[M].纪晓东,等,译.北京:机械工业出版社,2007

[9] Liang Yuguo.Study of protocol for wireless sensor network based on TinyOS[C].Proceedings of International Conference on Computer Design and Applications,2010

[10] Gao Rui,Zhou Hong,Su Gang.Structure of wireless sensors network based on TinyOS[C].Proceedings of International Conference on Control, Automation and Systems Engineering,2011

[11] 崔逊学,赵湛,王成.无线传感器网络的领域应用与设计技术[M].北京:国防工业出版社,2009

[12] 杜晓通,等.无线传感器网络技术与工程应用[M].北京:机械工业出版社,2010

# 第7章　无线传感器网络的典型应用

20世纪90年代,美国开始了无线传感器网络相关技术及其应用的研究。起初主要是应用于军事的研究,后来由于无线传感器网络在各行业广阔的应用前景,得到了工业及学术界的广泛关注,并被列为“21世纪最重要的技术之一”。为了满足应用中对设备小型化、低成本、低功耗、高可靠性的要求,ZigBee技术应运而生。2009年,由IBM提出了智慧地球(smart planet)的概念,把传感器嵌入或装备到电网、桥梁、公路、建筑、油气管道等各种物体中,相互连接形成物联网,通过超级计算机和云计算将之整合,使人类以更精细和动态的方式管理生产和生活,达到全球“智慧”状态。

本章介绍无线传感器网络的两个典型应用:一个是在工业监控系统中,针对工业现场的实际特点对标准协议进行改进,并设计实际应用的基于无线传感器网络的监控系统;另一个是在矿井安全监测系统中,对矿井的具体情况进行分析,设计相配套的结点软硬件方案。

## 7.1　基于无线传感器网络的工业监控系统

工业监控类应用是无线传感器网络最重要的发展方向之一。在各类复杂的工厂环境下,无线传感器网络以其组网灵活、移动方便、容易更换及可扩展性强等优势避免了传统有线网络中布线困难、监测点位置固定等问题。而且,随着电子技术的逐步完善,无线传感器网络的应用大大降低了工业监控网络的组网成本及更新难度。由于工业监控类应用需求的不断加大,工业界均致力于硬件平台及协议标准的研发和制订。应用较多的工业协议标准包括ZigBee[1]、ISA-SP100[2]、Wireless HART[3]等。但是,由于工厂环境下对象多变且干扰严重,无线传感器网络仍难以在复杂的工业环境中大规模应用。以下几个方面是无线传感器网络在工业监控应用中需要解决的问题[4-6]。

• 抗干扰能力差,通信可靠性低。工厂环境下往往存在较强的多径效应和电磁干扰,严重限制了无线传感器网络的通信效率,降低了结点的接包率。

• 能量消耗较高,持续工作时间有限。由于传感器结点大多由电池供电,各类冗繁的无效信息会加大能量消耗,导致结点失效甚至死亡[7,8]。

• 通信距离有限,影响数据传输。某些工厂环境中,由于某些设备间跨度较大,对数据传输距离有较高要求,而现有结点较低的远距离通信能力限制了结点在大型工厂场景中的应用。

本节主要介绍无线传感器网络在工业监控领域的应用,包括专为工业现场应用而开发的高可靠性能量均衡跨层通信协议(high reliability and energy-efficient cross-layer protocol,HREE),以及以该协议为基础,针对机电装备监控进行的装置改进。

高可靠性能量均衡跨层通信协议(HREE)由可靠高效非均匀簇路由协议(reliable efficient uneven cluster routing protocol,REUC)及基于单接口的多信道介质访问控制层协议(single interface based multi-channel mac protocol,SIMC)组成,REUC 以能量感知的结点密度门限值合理选择簇头,避免了随机选取模式中的簇头边缘化及网络重叠问题,通过结点与汇聚点间距离构建非均匀簇以平衡簇头功耗,并根据能量分布及链路质量选择高质量的可靠转发路径。SIMC 以非均匀簇为框架,通过接包率预测信道质量,为各簇分配独立的基础信道以隔离簇间隐藏/暴露终端问题,并在簇内通信阶段实时监测链路质量,根据信道接包率动态调整通信信道,以此达到抵御频段选择性干扰和提高局部信道利用率的目的。仿真结果表明,相比传统的单层协议,高可靠性能量均衡跨层通信协议能有效改善无线传感器网络的能量利用效率并显著提高无线传感器网络的通信可靠性,更适用于工业监控领域[9-11]。

### 7.1.1 工业监控无线传感器网络的特点及相关协议分析

#### 1. 工业监控无线传感器网络特点

与一般应用场景不同,工业监控现场由于物理环境复杂,障碍物移动频繁,信号在无线信道传输过程中会产生较多的反射和折射,这些反射波、折射波和原直射波叠加后会导致无线信号的衰落和相移,产生严重的多径效应,从而影响通信可靠性和数据的接收效率[12]。

而且,无线传感器网络在进行无线通信时,周边大型机电设备的邻频辐射,以及外围移动装置(如手机、蓝牙等)会产生电磁脉冲噪声,对数据传输造成较强的通信干扰,严重影响网络的吞吐量和数据传递率[13-15]。有研究表明:使用IEEE 802.11 b/g(Wi-Fi)协议的移动设备是无线传感器网络的干扰源之一,图7.1是IEEE 802.15.4和IEEE 802.11 b/g在2.4 GHz频段的信道分布,对于重叠频道,室内的IEEE 802.11 b/g辐射功率是IEEE 802.15.4的10~100倍,而在室外将达到400倍,这将严重降低无线传感器网络的通信质量。图7.2为部分无线传感器网络信道在引入无线路由器前后接包率(packet reception rate, PRR)的累积分布函数(cumulative distribution function, CDF)曲线,信道22和信道26的接包率在加入无线路由器后显著降低。类似地,IEEE 802.15.1(蓝牙)和各类常见的微波设备都会对无线传感器网络造成不同程度的干扰,而且无线信号传输过程中的多普勒效应,以及信道间的网内干扰也会影响信道的链路质量,继而造成信道拥塞和数据吞吐量降低。而且大量的重传还会过度耗能从而导致网络寿命的降低。所以工业现场的无线传感器网络为达到可靠传输及延长续航能力的目的,必须要求各结点具备足够强的抗干扰能力。

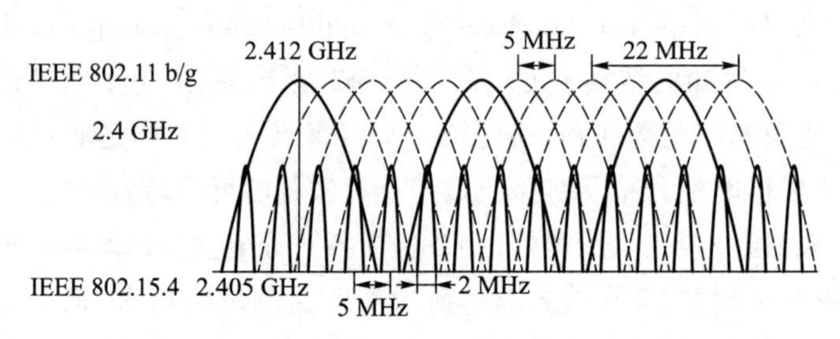


图7.1　IEEE 802.15.4及IEEE 802.11 b/g信道分布

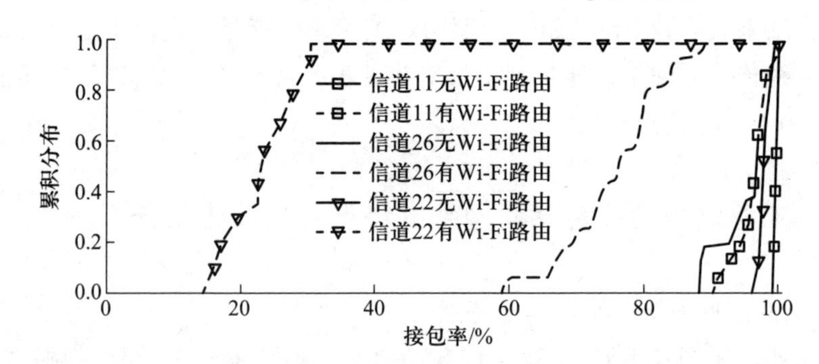


图7.2　信道11、22和26的接包率累积分布函数曲线

另外,从系统角度看,工业监控无线传感器网络具备结点相对集中,位置固定,数据容量小等特性,拓扑结构通常采用多对一的模式。工业无线传感器网络采用典型的多对一拓扑模型及硬件配置,具体如下:网络中共有$N$个位置随机的无线传感器网络结点($n_1, n_2, \cdots, n_N$),所有结点将监测数据发送至唯一的汇聚

结点。各结点预设全网唯一的识别代码并配置一个半双工无线射频模块,有效通信半径 0~200 m(视功率调节而定),该通信距离可以覆盖结点间的最大距离,同一时间各结点只能完成单一信道的收/发任务,射频模块可以在 200 μs 内完成跳频。汇聚结点具备较强的处理能力且通信距离可覆盖全网。另外还要求所有结点间通信链路对称,且一跳相邻结点可以实现时间同步。

2. 相关标准及协议分析

由于 ZigBee 协议在前面已介绍,因此下面只对工业监控系统中使用的介质访问控制层协议和路由协议进行介绍。

(1) 典型介质访问控制层协议分析

介质访问控制层改进一直是无线传感器网络的研究热点之一[16]。目前从信道使用数量上来看,介质访问控制层协议主要可以划分为两大类:一类是典型的单信道协议,即网络中所有传感器结点共用同一个无线信道,较经典的协议有 IEEE 802.15.4、传感器介质访问控制(S-MAC)协议、超时介质访问控制(T-MAC)协议等。单信道协议对结点处理器的处理能力要求较低,易于实现,但信道利用率低,抗干扰能力差,在复杂场景下,经常由于信道拥塞和外部干扰导致传输可靠性降低。另一类为多信道协议,即网络中结点同时使用多个无线信道进行数据收发。多信道协议能够充分利用信道资源,并提供良好的抗干扰能力,典型的多信道协议包括多信道介质访问控制层协议(muti-channel MAC,MMAC)[17]、无线传感器网络多频段介质访问控制层协议(multi-frequency MAC for wireless sensor networks,MMSN)[18]等。

- 多通道介质访问控制层协议分析。多通道介质访问控制层协议是较早提出的一种以 IEEE 802.11 标准为基础的介质访问控制层协议,它通过动态的信道切换技术解决了限制通信效率的隐藏/暴露终端问题,以达到提高网络数据吞吐能力的目的。多信道介质访问控制协议通过在控制信道交换信道质量信息,控制结点间通信信道的使用情况,并以信道使用频度为标准将信道质量分为高、中、低三档:高质量信道是结点正在使用的信道,中质量信道是没有被邻居结点使用的信道,低质量信道是已被邻居结点使用的信道。信道切换及数据交互流程如图 7.3 所示,多信道介质访问控制协议借鉴了 IEEE 802.11 中的通信量指示消息(announcement traffic indication message,ATIM)技术,所有结点在通信量指示消息窗内监听控制信道的通信量指示消息,当某结点 $A$ 有数据包要发送时,首先在通信量指示消息窗内通过控制信道向目的结点 $B$ 发送包含待选信道的通信量指示消息包;结点 $B$ 收到 $A$ 的通信量指示消息包后在 $A$、$B$ 的信道列表选择质量最好的信道,并将该选定结果通过ATIM-ACK 包通知 $A$(此时 $B$ 的邻居

结点 $C$ 会侦听到该消息并将结点 $B$ 选定的信道的质量级别下调,当结点 $D$ 与其通信时,结点 $C$ 会避开此信道),结点 $A$ 收到此消息后,通过 ATIM-RES 确认信道协商,然后于协定的信道发送数据。

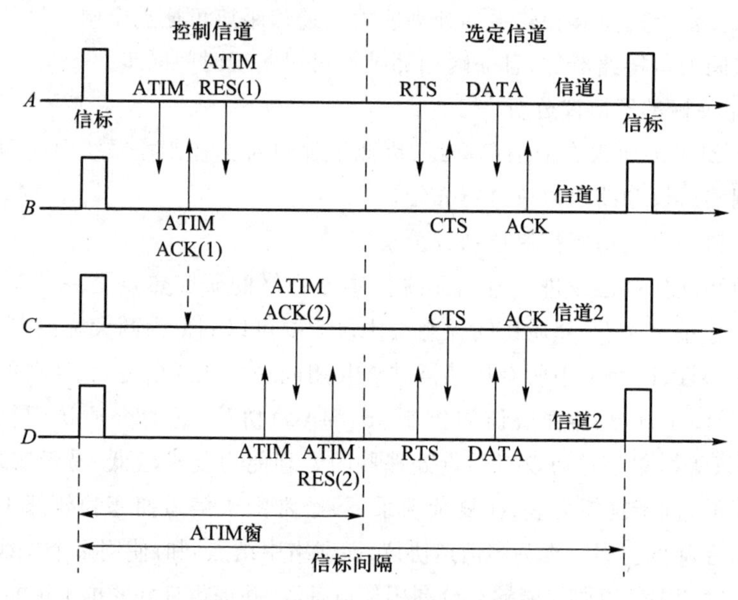


图 7.3　信道切换及数据交换过程

在协商过程中,信道的选择标准是:如果结点 $B$ 有高质量的信道 1,便选用信道 1;否则若结点 $A$ 有高质量的信道 2,便选用信道 2;若二者均无高质量的信道,则参照上述过程选择中质量的信道 3;若同样没有中质量信道待选,则选用两结点使用次数之和最小的低质量信道 4。

多信道介质访问控制协议信道接入策略的主要目的是结点间的无干扰通信,它避免了无线通信中常见的信道拥塞问题,并提高了信道的利用率,理想状态下可以显著提高无线传感器网络的数据吞吐量。但是以下几个问题限制了多信道介质访问控制协议在实际工业场景中的应用性能:

① 所有结点与唯一的控制信道完成信道协商,控制信道任务繁重,易产生拥塞并导致网络失控。

② 网络内所有结点需要严格地进行时间同步,否则会发生协商失败甚至结点丢失。

③ 每次通信前控制信息交互过于烦冗,不仅影响了有效数据的发送效率,而且增加了网络的功耗和延时。

④ 信道质量仅通过信道使用频度间接判定,不能如实反映信道的实际情

况。一方面有可能低估信道质量,另一方面无法衡量外部干扰对信道的影响。

• 无线传感器网络多频段介质访问控制层协议(MMSN)分析。MMSN协议同样是典型的采用了多信道技术的介质访问控制层协议。MMSN针对不同的物理条件提供了4种特定的信道接入算法:平稳选择(even selection)、专一频道分配(exclusive-frequency-assignment)、监听分配(eavesdropping)和一致分配(implicit-consensus)。其中,一致分配是MMSN的核心信道分配策略,它是一种将固定信道分配策略与CSMA/CA竞争接入相结合的介质访问控制层协议。一致分配假设所在频段内有足够多的非重叠物理信道,将信道依序号$F_{\text{index}}$进行排序,并为所有两跳内结点分配不同的通信信道。结点$\text{ID}_i$统计并记录自己两跳内的所有邻居结点信息,然后采用式(7-1)所示的固定伪随机码生成器Random()得到结点自身及两跳内邻居结点竞争信道$F_{\text{index}}$时所用的伪随机码$\text{Rnd}_i$:

$$\text{Rnd}_i = \text{Random}(\text{ID}_i, F_{\text{index}}) \tag{7-1}$$

由于所有结点采用相同的伪随机码生成器,故结点只需知道邻居结点的ID即可获悉其伪随机竞争码,因而无须任何额外的信息交互即可完成信道分配,使两跳内无重复信道。各结点伪随机码计算完毕后,开始进行信道竞争:对当前信道$F_{\text{index}}$,若结点自身的伪随机码$\text{Rnd}_i$为两跳内最大,则赢得竞争,获得信道使用权;若两跳内有两个以上最大值重叠,则ID最大结点赢得竞争;结点依次竞争每个信道,直到赢得某信道使用权后退出竞争。

一致分配算法通过获取两跳邻居结点信息和采用统一伪随机码生成器的手段避免了在信道竞争过程中冗繁的信息交互,减少了发送功耗和发送延时,同时在局部网络内保证了较高的信道利用率和较低的信道负载,使网络吞吐量和传输可靠性得到了保证。但是,CSMA/CA的一致分配算法是建立在信道足够多的前提条件下,而目前主流射频芯片在2.4 GHz频段内只能提供IEEE 802.15.4定义的16个标准物理信道,这就严重限制了一致分配算法的组网规模和实用性能。在工业监控网络中,若网内结点过多,会导致因部分结点无信道可用而造成的结点丢失甚至组网失败。同时,一致分配算法的信道竞争策略中,由于结点赢得竞争后不发送获取信道通知,其两跳邻居结点在竞争时仍保留其ID信息,导致对某些信道的竞争失败,从而潜在增大了信道需求。另外,为发现两跳内邻居结点和保持全网时间同步,MMSN需利用控制信道在每个信标周期内发送两个信标帧,容易造成控制信道拥塞,影响组网效率。

(2) 典型分簇路由协议分析

典型的分簇路由协议包括低能耗自适应聚类层次协议(LEACH)、能量高效的非均匀簇(energy-efficient uneven clustering,EEUC)路由协议[19]及蚁群优化的非均匀簇(ant colony optimization based uneven clustering, ACOUC)路由协议[20]等。

• 低能耗自适应聚类层次协议分析。低能耗自适应聚类层次协议是无线传感器网络领域内最早提出数据聚合的分簇路由协议,其他分簇路由协议大多以低能自适应聚类路由协议为基础完成设计。LEACH 对无线传感器网络结点和基本网络模型做了一些假设:所有结点具有足够的远距离发送能力;所有结点具有支持不同介质访问控制层协议的能力及进行数据处理的能力;所有结点总有数据发送给汇聚结点且相邻结点的数据内容具有相关性。

在低能耗自适应聚类层次协议中,各个无线传感器网络结点通过自组织划分为簇,各个非簇头结点将其数据发送给簇头,同时簇头接收簇内结点信息,然后对数据进行信号处理并将数据发送给汇聚结点或监控平台。在这种模式下,簇头结点较簇内结点将耗费更多能量。因此,LEACH 引入了一种高剩余能量簇头随机选取算法,以循环的方式选择簇头结点,将能量负载平均分配到每个无线传感器网络结点中,以避免簇头结点能量的快速耗尽,使整个网络工作寿命得以延长。

LEACH 通信过程以“轮”来划分,每轮由簇建立过程和数据传输过程组成。簇建立过程中,LEACH 采用了一种分布式算法:在第 $r+1$ 轮的开始时刻 $t$,各结点以概率 $P_n(t)$ 选择自己作为簇头,$P_n(t)$ 满足本轮簇头结点期望个数为 $k$。因此,若无线传感器网络中共有 $N$ 个结点,则

$$\sum_{n=1}^{N} P_n(t) = k \tag{7-2}$$

各结点随机产生一个 0~1 之间的概率 $p$,若 $p$ 小于预设门限值 $P_n(t)$,则结点成为簇头。$P_n(t)$ 的计算公式如下:

$$P_n(t) = \begin{cases} \dfrac{k}{N - k \times \left(r \bmod \dfrac{N}{k}\right)}, & C_n(t) = 1 \\ 0, & C_n(t) = 0 \end{cases} \tag{7-3}$$

其中,$k$ 为本轮簇头结点的期望个数;$N$ 为网络内总结点数;$r$ 为选举轮数;$C_n(t)$ 为结点 $n$ 在最近几轮中是否作为簇头结点的指示函数,若结点 $n$ 已成为簇头,则 $C_n(t)=0$,否则 $C_n(t)=1$。

结点被选为簇头后,通过广播通知其余结点。普通结点以接收的信号强度选择加入分簇并通知簇头。分簇建立完成后,进入数据传输阶段:簇头以

TDMA 方式为簇内结点分配通信时隙并处理簇内数据,然后直接将处理后数据发送给汇聚结点。持续一段时间后,无线传感器网络重新选择簇头,不断循环。

低能耗自适应聚类层次协议进行分布式计算以减少控制信息发送量,并通过簇头结点轮换避免簇头结点能量的过度消耗,提高了网络的生存时间。数据融合有效降低了数据通信量,进一步降低了网络功耗。另外,LEACH 提出的分簇网络这种模式为许多后续研究打下了良好的理论基础,成为此类协议的雏形。但是,LEACH 自身仍有部分不足,其一跳通信互达模式虽然减小了传输延时并在一定程度上提高了系统抗干扰能力,但在工业监控现场,一跳互达所要求的结点通信距离是难以实现的,即使网络规模较小的网络,距汇聚结点较远的结点也将由于大发送功率而导致较高的能量损耗。另外,低能自适应聚类路由协议的随机选取簇头机制容易导致网内簇头分布不均,使部分簇内结点通信距离过大,发送功耗上升。

- 高效能非均匀簇路由协议(EEUC)分析。EEUC 是一种基于低能耗自适应聚类层次协议而改进的路由协议,它指出了分簇无线传感器网络中普遍存在的“热区”问题:大型分簇网络中,距离汇聚结点近的簇头结点不仅要处理簇内结点的数据,还要承担距离汇聚结点较远的分簇的信息的转发任务,在采集周期与分簇规模相同的情况下,近端簇头结点的能量消耗会远大于远端簇头结点的能量消耗。

为解决上述问题,EEUC 提出了非均匀簇网络架构。距离汇聚结点较近的分簇内结点数较小,而距离汇聚结点较远的分簇内结点数较多。通过减少近端分簇的簇内负载来平衡其簇头因转发任务而额外耗费的能量。

EEUC 是一个分布式的竞争算法,以结点的剩余能量为主要比较依据,主要分为簇头结点竞选、转发路径搜索和簇间多跳通信 3 个阶段。与 LEACH 相似,EEUC 在每轮数据通信周期的开始重新选择簇头并构造分簇。

簇头选择过程:仿照 LEACH 在网络内依概率选择部分结点成为候选簇头进行竞选,候选簇头依自身到汇聚结点的距离计算其竞争区域。在竞争区域内,结点等待剩余能量比自身大的邻居簇头结点先做决策,若收到邻簇头竞选成功消息,则退出竞选;否则,结点成为簇头结点,并广播竞选成功消息。

此法保证了在候选簇头的竞争区域内,只有剩余能量最高的结点能够成为簇头,从而平衡了簇头的能量消耗。簇头选择完成后,各普通结点采用与 LEACH 相同的方法加入分簇并通知相应簇头。

非均匀簇构建完成后,开始选择簇间的多跳转发路径。EEUC 引入了一个直传门限值 TD_MAX，当簇头与汇聚结点距离小于 TD_MAX 时，簇头与汇聚结点直接进行一跳通信，无须其他结点转发；否则，簇头使用多跳转发方式与汇聚结点通信。转发路径选择过程中，累积通信距离最短的路径将被优先选择，即路径选择同样以能量因素为主要考虑依据以降低转发能耗。

在 EEUC 的非均匀簇建立算法开始阶段，有 $N×p$ 个无线传感器网络结点成为候选簇头，共发送 $N×p$ 个竞选消息，然后各簇头还会发送 $N×p$ 个竞选结果消息，若最终产生 $k$ 个簇头，则发送 $k$ 个成簇消息及 $N-k$ 个非簇头结点的入簇消息。故整个成簇过程中的网络开销为：

$$N \times p + N \times p + k + N - k = (2p + 1)N = O(N) \tag{7-4}$$

由式(7-4)可知，在 $N$ 个结点的网络中，EEUC 成簇的算法复杂度为 $O(N)$，通信开销很低，所产生的网络延迟和能量损耗也比较小。而且，通过差异化网络结构平均分配网络负载的非均匀簇路由结构为解决“热区”问题提供了良好的思路。但是 EEUC 的主要目标是均衡结点的能量消耗，延长网络寿命，并没有针对增强无线传感器网络通信可靠性方面的专门设计。所以在工业现场中，EEUC 信道利用率较低，且容易受到环境干扰的严重影响。

(3) 蚁群优化的非均匀簇路由协议(ACOUC)分析

蚁群优化的非均匀簇路由协议是一种分簇路由算法，它延续了 EEUC 的架构，并通过无线传感器网络蚁群算法对转发路径选择问题进行优化。该算法由分簇建立和蚁群优化组成。

ACOUC 的分簇建立部分与 EEUC 相似，其路径搜索在分簇划分后进行，簇头结点是搜索对象。目标是寻找极低成本转发路径，转发成本定义为耗费的能量、链路可靠性和数据延迟代价之和。ACOUC 以 $G=G(V,E)$ 表示整个无线传感器网络，其中：$V$ 表示所有簇头结点和汇聚结点，$E$ 表示路径集合。令簇头结点集合 $S$ 中包含 $N$ 个元素，汇聚结点为 $SD$，问题解决过程可为 $p_s = U_{j=1}^{N} b^{(j)}$，其中，$p_s$ 为 $N$ 个簇头到汇聚结点的路径，$b^{(j)}$ 为簇头 $s_j$ 到汇聚结点的路径，需符合以下要求：

① $b^{(j)} = s_0^{(j)} s_1^{(j)} \ldots s_{nj}^{(j)}$，$j=1,2,\cdots,N$；

② $s_0^{(j)} = s_j, p_s = U_{j=1}^{N} b^{(j)}, s_{n_j}^{(j)} = \mathrm{SD}$；

③ $s_i^{(j)} s_{i+1}^{(j)} \in E, i=0,1,2,\cdots,n_j-1$；

④ 若 $m \neq n$，则 $s_m^{(j)} \neq s_n^{(j)}$。

ACOUC 的目标是路由代价 $f(p_s)$ 最低：

$$\begin{aligned} f(p_s) &= \sum_{j=1}^{N} (c_e + c_t + c_q) \\ &= \sum_{j=1}^{N} \sum_{i=0}^{n_j-1} (E(s_i^{(j)} s_{i+1}^{(j)}) + \tau(s_i^{(j)} s_{i+1}^{(j)}) + T(s_i^{(j)} s_{i+1}^{(j)})) \end{aligned} \tag{7-5}$$

其中,$c_e$ 表示能量消耗,一次转发的 $c_e$ 可表示为 $E(s_i^{(j)} s_{i+1}^{(j)})$;$c_t$ 表示传输延迟代价,一次转发的 $c_t$ 可表示为 $\tau(s_i^{(j)} s_{i+1}^{(j)})$;$c_q$ 表示链路可靠性;$T(s_i^{(j)} s_{i+1}^{(j)})$可通过如下公式计算:

$$\begin{aligned} T(s_i^{(j)} s_{i+1}^{(j)}) &= \sum_{k=1}^{\infty} k \times s(k)_{ii+1} = \frac{1}{1 - p_{ii+1}} \\ &= \frac{1}{(1 - p_{ii+1}^{f})(1 - p_{ii+1}^{b})} \end{aligned} \tag{7-6}$$

其中,$p_{ii+1}^{f}$、$p_{ii+1}^{b}$ 为 $s_i$ 与 $s_{i+1}$ 的正反向丢包率,可由物理层的 LQI 得出。目标函数为:

$$\begin{aligned} \min f(p_s) &= \min \sum_{j=1}^{N} (c_e + c_q + c_t) \\ &= \min \sum_{j=1}^{N} \sum_{i=0}^{n_j-1} (E(s_i^{(j)} s_{i+1}^{(j)}) + T(s_i^{(j)} s_{i+1}^{(j)}) + \tau(s_i^{(j)} s_{i+1}^{(j)})) \end{aligned} \tag{7-7}$$

路径选择过程中,数据源释放搜寻蚂蚁,定位每一条联通路径,各簇头维护并更新路由表。

蚁群优化的非均匀簇路由协议在高效能的非均匀簇层次协议的非均匀簇路由的基础上综合考虑了实时性、可靠性,以及无线传感器网络结点的剩余能量等关键问题,并通过无线传感器网络基于蚁群优化的路由算法(ant colony optimization based routing algorithm for wireless sensor networks, ARAWSN)得到了一个性能均衡的解决方案,在有效延长网络寿命的同时,还得到了无线传感器网络在实时性和可靠性上的显著提高。但是由于 ACOUC 在利用 ARAWSN 解决优化问题时计算量过大,而一般的无线传感器网络结点往往不具备这样的数据处理能力,所以该算法仍难以广泛应用于结点成本受限的工业监控现场。

### 7.1.2 高可靠性能量均衡跨层通信协议

在工业无线网络中,为了达到更好的通信性能,协议栈各层协议往往需要打破独立,实现信息的共享。例如:物理层需要向介质访问控制层、网络层提供其误码率、信噪比及传输速率等状态参数,作为后者的结构优化依据;介质访问控制层的信道划分关系到网络层的路由选择,同时介质访问控制层需要依据传输层的数据流类型来决定信道分配状态;网络层的路由信息影响介质访问控制层与物理层的状态参数;等等。

然而多数传统的路由协议及介质访问控制层协议均是分层协议,其层间的关系是相互独立的,各层间信息完全封闭,不同层间往往需要经过大量的重复计算和交互才能获取某些在其他层已经得到的数据,无谓地耗费了时间和资源。这种严格分层的体系结构降低了通信协议对应用场景的适应能力,不符合动态变化的网络特点,无法保证稳定的网络性能。尤其在干扰严重的工业测控场景中,此类协议由于只能掌握局部信息,通信性能将受到影响。例如较为经典的高效能非均匀簇路由协议和多频段介质访问控制层协议基于单接口的多信道介质访问控制层协议:高效能的非均匀簇路由协议在网络划分及路径规划过程中由于不能掌握链路质量,可能导致无效重传甚至结点丢失,可靠性降低;多频段介质访问控制层协议由于不能掌握准确的路由信息,信道需求量骤增,实用性严重受限。

为改变这种封闭的消息结构,跨层协议被引入无线传感器网络的设计之中。跨层协议是一种全面考虑无线传感器网络各个层次设计特点并允许任意层次和功能载体间自由分享和交互信息的设计模式,它并非摒弃了无线传感器网络传统五层系统模型,而是综合分析性能需求,从整体对协议栈进行设计,将分布在各个层次的性能参数和数据实时融合,并令各层次能够对其他层次的变化做出反馈,以实现自适应机制。

跨层协议允许设计者结合场景的应用特点来完成协议栈的设计,采用一种基于网络特点和应用的协议结构。在原有的分层协议栈基础上引入跨层优化设计可以得到特定目标的跨层协议栈,其优势在于通过使用层次信息交互,优化了协议栈的整体性能,提升了系统的适应能力,减少了通信开销。

1. 跨层通信协议

为提高无线传感器网络在干扰严重的工业监控现场的综合性能,引入了具有高可靠性能量均衡跨层通信协议(high reliability and energy-efficient cross-layer protocol,HREE)。HREE 的设计目标是在均衡网络能量消耗、延长网络寿命的同时,提高无线传感器网络的可靠性、抗干扰能力和数据吞吐量。

(1) 技术要点

高可靠性能量均衡跨层通信协议由基于单接口的多信道介质访问控制层协

议(SIMC)和可靠高效非均匀簇路由协议(REUC)两个主体协议组成。SIMC 提供了良好的抵御外部干扰和内部信道拥塞的信道接入控制机制,REUC 提供了相对完善的能量管理和可靠转发路径选择服务。

高可靠性能量均衡跨层通信协议中,REUC 主要延续了低能耗自适应聚类层次协议和高效能非均匀簇路由协议的路由思想,采用了非均匀分簇的路由体系,并对低能耗自适应聚类层次协议、高效能非均匀簇路由协议的簇头选择方式及转发路径决策条件进行了改进和完善。因为 EEUC 采用随机选取候选簇头的机制,簇头的出现位置间没有相对关系,这就有可能会导致如图 7.4 所示簇头位置边缘化问题。由图 7.4 可见,网络中形成了 5 个分簇,簇头 $n_1, n_2, \cdots, n_5$ 所在簇均符合非均匀簇思想,由近到远簇内结点依次增多,其中簇头 $n_4$ 与 $n_5$ 距汇聚结点距离相似,但簇头 $n_5$ 所在簇的簇内结点远多于前者,二者能耗水平将严重失衡。另外,由于簇头 $n_5$ 处于所在簇的边缘位置,簇内通信时,远距离结点通信功耗骤增、可靠性降低。为解决簇头边缘化问题,REUC 引入了一种能量感知的结点密度评价体系,使剩余能量充足时,簇头总产生于结点密度较高的区域。另外,EEUC 在选择转发路径时,主要以路由损耗及剩余能量为选择依据,未引入可靠链路方面的考虑。然而在工业监测现场,各种大型机电设备运转时的电磁辐射及其他无线网络的邻频干扰均会对无线传感器网络通信造成严重影响,所以除了能量利用效率外,通信可靠性及数据吞吐量同样是工业监控无线传感器网络非常重要的性能评价指标。REUC 通过掌握结点分布信息来优化簇头位置分布,同时采用合理的链路质量评价机制选择可靠的路由路径,从而抵御外部干

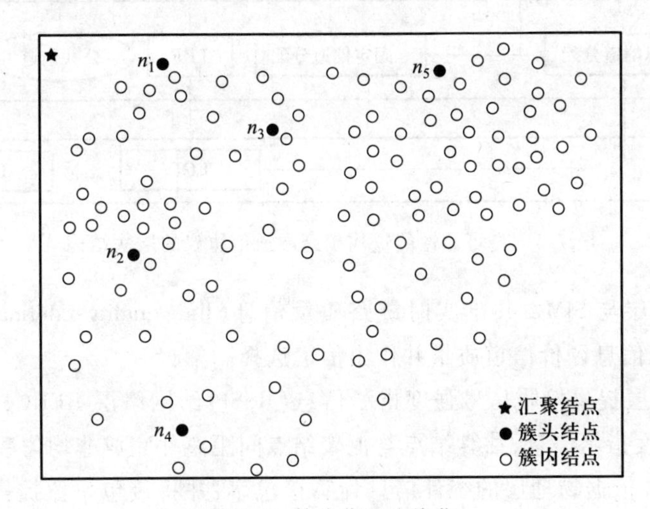


图 7.4 簇头位置边缘化

扰,提高无线传感器网络的可靠性。

SIMC 以 REUC 建立的分簇结构为基础,采用簇间多信道分配替代了 ZigBee 的单信道传输模式。多信道模式不仅可以提高信道的利用率,而且可以根据通信质量实时调整信道,达到抵御干扰、提高可靠性的目的。SIMC 由固定信道分配与动态信道分配两部分组成,固定信道分配为各个分簇配置与邻居簇头不同的基础信道,从而减少分簇之间的信道干扰;动态信道切换依据簇内信道质量实时调整簇内结点通信信道,抵御外部干扰并避免信道拥塞。

(2) 体系结构

高可靠性能量均衡跨层通信协议采用跨层的结构模型,实现了网络层协议 REUC、SIMC 及物理层(PHY)3 个协议层状态信息及关键数据的共享和实时交互。图 7.5 为高可靠性能量均衡跨层通信协议的协议层次结构。其中,高可靠性能量均衡跨层通信协议只涉及网络层以下的 3 个层次,且主体结构仍依照传统的五层模型,只是在五层模型基础上加入层次间信息交互的拓展。

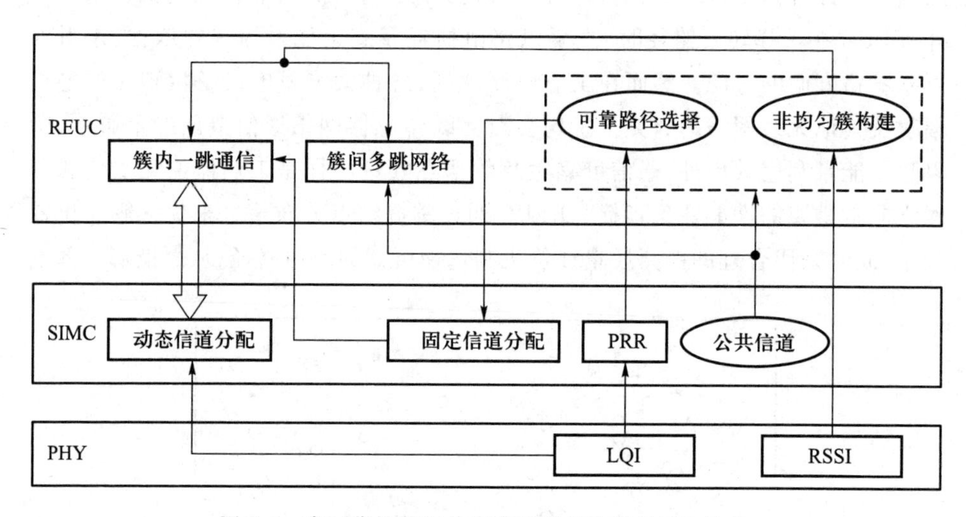


图 7.5 高可靠性能量均衡跨层通信协议的层次结构

• 物理层与 SIMC 共享实时链路质量信息(link quality information,LQI),SIMC 参考此信息评价信道质量并作出信道选择。

• 物理层提供接收信号强度指示信息(RSSI)给网络层 REUC,REUC 依据接收信号强度指示信息,估算结点与汇聚结点间距离并完成非均匀簇构建。

• SIMC 依据物理层的统计信息计算接包率,并将接包率值提供给 REUC,REUC 根据接包率值评估转发路径质量,以此作为路径选择依据。

• SIMC 选定公共信道,用于完成 REUC 的初始化过程(包括分簇建立和转发路径选择)及簇间的多跳通信。

• SIMC 分配基础信道给各个非均匀簇路由协议分簇以完成簇内可靠通信。

• REUC 在路径选择阶段提供邻居簇头信息给 SIMC,用于完成固定信道分配,避免 SIMC 在信道分配阶段重新收集邻居信息,减少额外通信开销。

• REUC 在各分簇内将簇内结点信息通知簇头的 SIMC,SIMC 以此为依据安排轮询及动态信道分配。

(3) 通信结构

高可靠性能量均衡跨层通信协议采用非均匀簇结构,距离汇聚结点远的分簇簇内结点少,距离汇聚结点近的分簇簇内结点多,通过减少近端簇头的簇内负载来均衡其所承担的较大的转发能耗。REUC 将无线传感器网络划分成双层网络。第一层为由汇聚结点和各分簇簇头结点组成的单信道(公共信道)多跳网络;第二层为在各个分簇内由簇头结点和簇内结点组成的多信道一跳(星形)网络,簇间相互独立,无重叠结点。

高可靠性能量均衡跨层通信协议通信采用“轮”的模式,每轮通信周期时长固定,循环进行,如图 7.6 所示。一轮通信由网络初始化阶段和通信阶段两部分组成。

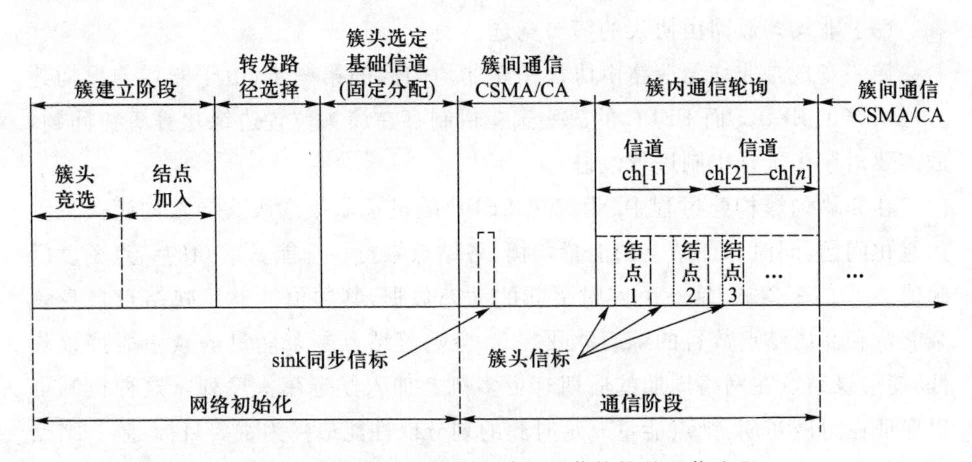


图 7.6 高可靠性能量均衡跨层通信协议的通信流程

网络初始化阶段:首先,REUC 完成簇头结点竞选和簇内结点的入簇,然后 REUC 为簇头选择簇间通信的可靠转发路径,最后由 SIMC 依据邻簇信息为各个分簇分配簇内通信时所使用的基础信道。

通信阶段由簇内通信轮询和簇间通信两部分组成。簇间通信采用多跳CSMA/CA模式，由簇头结点和汇聚结点参与，通过公共信道完成通信。簇间通信负责完成各个分簇簇头向汇聚结点发送监测数据，汇聚结点向各簇头下传控制信息及时间同步信标等通信任务。簇内通信采用一跳轮询模式，以基础信道及动态多信道切换为数据通信载体在簇头及其相应簇内结点间进行，主要完成监测数据的收集及控制信息的交互。时间同步方面，汇聚结点在簇间通信通过汇聚结点同步信标负责簇头层时间同步及矫正，簇头结点在簇内通信时通过簇头同步信标负责簇内结点时间同步及矫正。在簇内数据通信过程中，结点会根据信道的实时质量进行选择，受干扰严重的信道会被剔除网络，直至干扰消失。信道评判的标准在IEEE 802.15.4定义的“接收器能量探测RSSI/LQI”的基础上引入结点接包率门限值以增强对信道质量的预测精度。

2. 高可靠性非均匀簇路由协议

非均匀簇路由协议是一种针对工业监测场景特别设计的路由协议，其主要思想来自低能耗自适应聚类层次协议（LEACH）和高效能非均匀簇路由协议（EEUC），以非均匀簇为基础构架。其主要特点是可靠性高、能量均衡且易于实现。非均匀簇路由协议主要由簇头竞选、结点加入分簇及可靠转发路径选择3个部分组成。

（1）非均匀簇路由协议的簇头竞选

簇头竞选是非均匀簇路由协议构建非均匀簇的第一步，由于非均匀簇构建方法沿袭了EEUC，而EEUC的簇头选择机制存在簇头位置边缘化等潜在问题，故需要对簇头选择机制进行改进。

在非均匀簇构建过程中，为避免EEUC随机选取候选簇头导致的簇头位置边缘化问题，同时保证结点的能量均衡，各结点维持一个能量感知的结点密度门限值$N_i$。门限值$N_i$是一个实时更新的动态数据，其数值能够反映结点自身剩余能量和邻居结点数目的综合水平。$N_i$会随着结点剩余能量的减小而持续降低，使边缘结点在网络周期的后期有更多机会加入候选簇头序列。这种机制可以保证在组网初期，结点能量充足时簇的划分以性能最优为主要目标：簇头结点均处于局部结点密度较大的中心位置，与汇聚结点距离相近的分簇的结点容量相当，簇内通信距离平均，避免了部分簇头位于网络的边缘区域及簇内出现远距离通信。而在网络周期后期，部分局部区域的中心位置结点剩余能量不足时，簇的划分以延长网络周期为主要目标：边缘位置结点因剩余能量较多而可以替换中心位置结点，有更多机会成为候选簇头，从而均衡结点间能量消耗、延长无线传感器网络生存周期。

另外,构建非均匀簇的关键技术之一是计算簇头结点在簇内通信阶段所使用的发射半径的算法。为了达到非均匀簇的效果,簇内通信的竞争半径应随着簇头结点和汇聚结点间距离的增大而相应增大,以加大自身的覆盖范围。

簇头竞选任务启动后,各结点收集一跳邻居结点的分布信息,根据结点密度信息决定自己是否能够成为候选簇头以参与簇头竞选。未参与竞选的结点转入休眠状态等待加入分簇。结点 $n_i$ 根据自身到距汇聚结点的距离 $d(n_i,\mathrm{SD})$ 分别计算竞争发射半径 $R_i$(通过发射功率控制)及能量感知的结点密度门限值 $N_i$,计算公式如下:

$$R_i=\left(1-c\cdot\frac{d_{\max}-d(n_i,\mathrm{SD})}{d_{\max}-d_{\min}}\right)R_c^0,\quad c\in(0,1) \tag{7-8}$$

$$N_i=\left\lceil\frac{R_i}{R_c^0/n}\right\rceil\cdot N'\cdot Q_i'=\left\lceil n-cn\cdot\frac{d_{\max}-d(n_i,\mathrm{SD})}{d_{\max}-d_{\min}}\right\rceil\cdot\frac{N}{m}\cdot\frac{E_i}{E_{i\text{-total}}},\quad n\in Z^+ \tag{7-9}$$

其中,$c$、$n$ 为控制取值范围的参数,$R_c^0$ 为簇头结点的最大竞争半径;$d_{\max}$ 为网络中各结点到汇聚结点的最大距离;$d_{\min}$ 为网络中结点到汇聚结点的最小距离;$n$ 为网络级数,根据网络规模将一个距离段内的结点划入一个级别并统一计算 $N_i$;$E_i$ 为结点 $n_i$ 的剩余能量;$E_{i\text{-total}}$ 为 $n_i$ 的初始能量;$Q_i'=E_i/E_{i\text{-total}}$ 为 $n_i$ 的剩余能量比值。每轮竞选中,随着 $Q_i'$ 减小,$N_i$ 相应减小,使低密度结点有机会在周期末段成为候选簇头,防止中心位置结点因过度承担簇头任务而较早耗尽能量。$n_i$ 到汇聚结点间距离 $d(n_i,\mathrm{SD})$ 可通过物理层在每次通信时提供的接收信号强度指示(RSSI)值得到,接收信号强度指示与 $d(n_i,\mathrm{SD})$ 的函数关系如下:

$$\mathrm{RSSI}=-(10\alpha\lg d(n_i,\mathrm{SD})+A) \tag{7-10}$$

其中,$\alpha$ 表示信号传播常量,也称为传播损耗指数,$A$ 为 1 m 范围内的接收信号强度。从而,

$$d(n_i,\mathrm{SD})=10^{\frac{|\mathrm{RSSI}|-A}{10\alpha}} \tag{7-11}$$

由于此处接收信号强度值仅用于大致估算距离 $d(n_i,\mathrm{SD})$,而非用于精确的结点定位,故无须再对接收信号强度指示值进行进一步的滤波等提精处理。若物理层不直接提供接收信号强度指示值,可通过式(7-12)由链路质量指示链路质量信息转化成接收信号强度值,二者关系为

$$\mathrm{RSSI}=-\left(81-\frac{(\mathrm{LQI}\times 91)}{255}\right) \tag{7-12}$$

候选簇头竞争成为簇头的规则为:当候选簇头 $n_i$ 具有在邻候选簇头集合 $n_i \cdot S_{\mathrm{UCH}}$ 中最大的剩余能量时,$n_i$ 成为候选簇头。另外,在竞选过程中,若 $n_i$ 成为簇头,则其竞争发射半径范围内不允许再有其他簇头产生。

候选簇头的模拟分布图如图 7.7 所示,圆圈内为圆心处候选簇头的竞争范围。按照上述规则,候选簇头 $n_1$ 与 $n_2$ 可以同时成为簇头,因为两者均不在对方的竞争范围内;而候选簇头 $n_3$ 与 $n_4$ 在同一轮中则只能有一个成为簇头,因为 $n_4$ 在 $n_3$ 的竞争范围内。

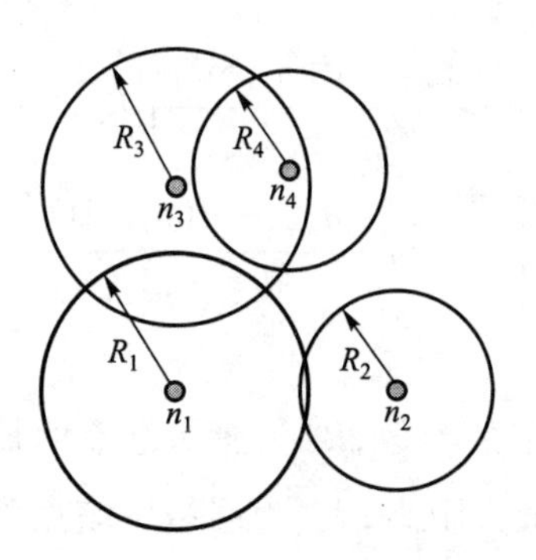


图 7.7 候选簇头竞争区域

非均匀簇路由协议的簇头竞选过程涉及的消息类型见表 7.1。

**表 7.1 簇头竞选消息类型**

| 消息名称 | 消息携带内容 | 消息功能 |
| --- | --- | --- |
| SINK_CPCH_MSG | 同步时间、结点总数 | 发起簇头竞选,供结点估算距离 |
| NODE_NBDR_MSG | 结点 ID、剩余能量 | 邻居结点发现,剩余能量通告 |
| HEAD_CPTE_MSG | 结点 ID、竞争发射半径 $R_i$、剩余能量 $E_i$ | 传递簇头竞选的相关参数 |
| WIN_HEAD_MSG | 结点 ID、竞选结果标志(成功) | 广播竞选结果,避免簇头重叠 |
| QUIT_HEAD_MSG | 结点 ID、竞选结果标志(失败) | 广播竞选结果,减少邻结点运算量 |

非均匀簇路由协议簇头竞选流程如图 7.8 所示,具体步骤如下:

① 汇聚结点以全功率向网络覆盖范围内的所有无线传感器网络结点广播包含同步时间及网络结点总数 $N$ 的候选簇头竞选消息 SINK_CPCH_MSG,通知

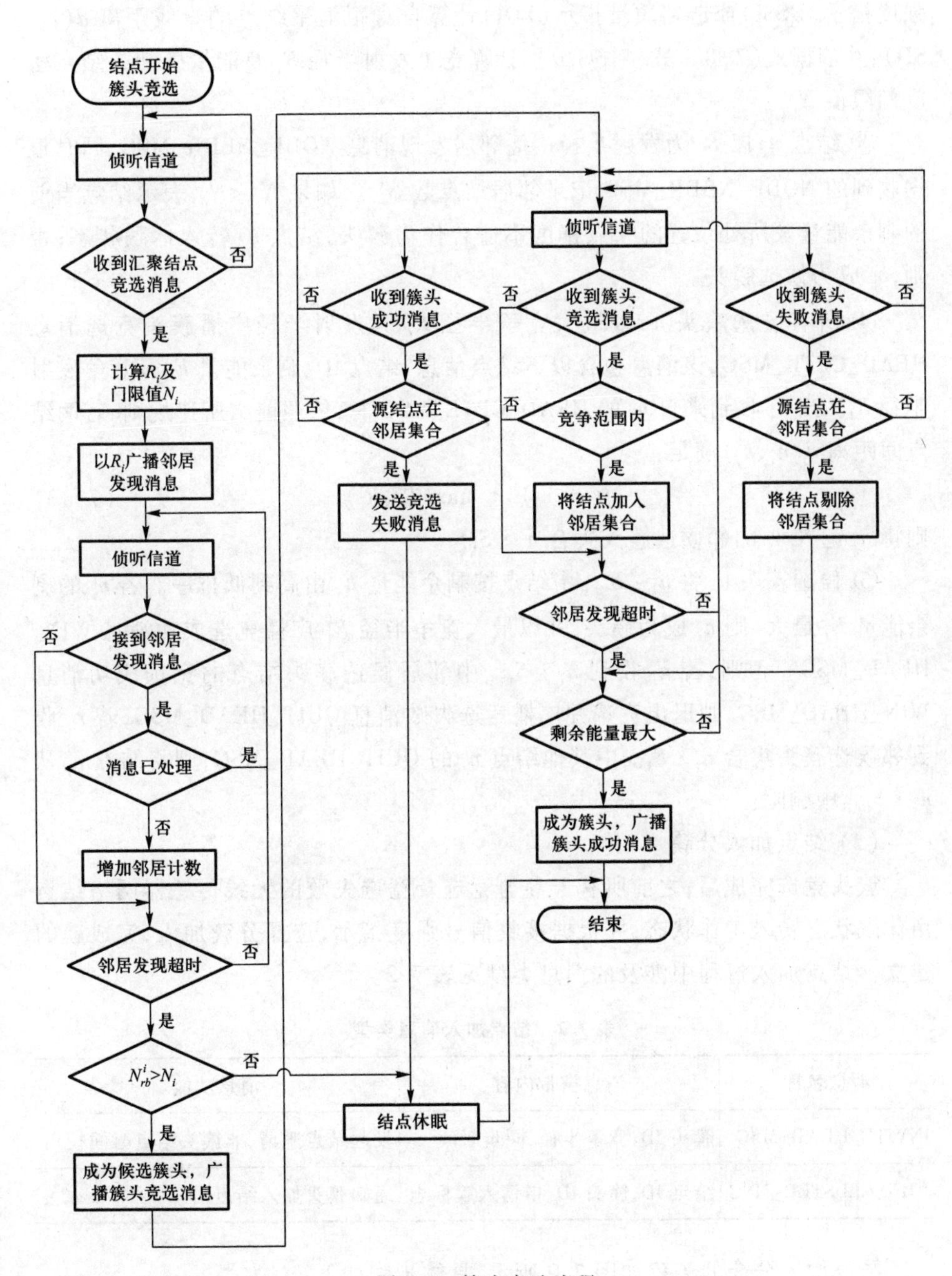


图 7.8 簇头竞选流程

所有结点开始进行簇头竞选。

② 结点 $n_i$ 接收来自汇聚结点的 SINK_CPCH_MSG 消息后，依据接收信号

强度指示(RSSI)或链路质量指示(LQI)计算自身距汇聚结点的直线距离 $d(n_i, SD)$,并依据式(7-8)、式(7-9)分别计算竞争发射半径 $R_i$ 及能量感知的结点密度门限值 $N_i$。

③ 结点 $n_i$ 以 $R_i$ 为发射半径广播邻居发现消息 NODE_NBDR_MSG,同时根据收到的 NODE_NBDR_MSG 记录邻居结点数 $N_{nb}^i$。如果 $N_{nb}^i<N_i$,表示结点当前的剩余能量及所处位置的结点密度不适合作为簇头,结点 $n_i$ 转入休眠状态;否则,$n_i$ 成为候选簇头。

④ 所有候选簇头 $n_i$ 以最大竞争半径 $R_c^0$ 为发射半径广播簇头竞选消息 HEAD_CPTE_MSG,该消息包含以下结点信息:结点 ID、剩余能量 $E_i$ 及竞争发射半径 $R_i$。当 $n_i$ 收到来自 $n_j$ 的 HEAD_CPTE_MSG 时,依照前文所述规则,若两结点间距离 $d(n_i,n_j)$ 满足:

$$d(n_i,n_j) < \max(R_i,R_j) \tag{7-13}$$

则将 $n_j$ 记入 $n_i$ 的邻候选簇头集合 $n_i \cdot S_{UCH}$。

⑤ 候选簇头 $n_i$ 将 $n_i \cdot S_{UCH}$ 中结点按剩余能量 $E_i$ 由高到低排序。若 $n_i$ 的剩余能量 $E_i$ 最大,则 $n_i$ 成为簇头,并以最大竞争半径 $R_c^0$ 广播竞选成功消息 WIN_HEAD_MSG。否则,若 $n_i$ 收到 $n_i \cdot S_{UCH}$ 中邻居候选簇头结点的竞选成功消息 WIN_HEAD_MSG,则退出竞选并广播竞选失败消息 QUIT_HEAD_MSG;若 $n_i$ 收到邻候选簇头集合 $n_i \cdot S_{UCH}$ 中其他结点 $n_j$ 的 QUIT_HEAD_MSG,则将结点 $n_j$ 从 $n_i \cdot S_{UCH}$ 中删除。

(2) 结点加入分簇

簇头竞选完成后,之前所有未参与竞选及竞选失败的无线传感器网络结点由休眠状态转入工作状态,并根据接收信号强度指示,选择分簇加入,完成簇的建立。结点加入过程中涉及的消息类型见表 7.2。

**表 7.2　结点加入消息类型**

| 消息名称 | 消息携带内容 | 消息功能 |
| --- | --- | --- |
| INVITE_HEAD_MSG | 簇头 ID、竞争半径、同步时间 | 发起结点邀请,非簇头结点时间校正 |
| JOIN_CLUSTER_MSG | 结点 ID、簇头 ID、申请入簇标志 | 通知簇头加入结点信息 |

结点加入分簇的流程如图 7.9 所示,具体步骤如下:

① 所有非簇头停止休眠,开始侦听公共信道。

② 各簇头结点以 $R_i$ 为半径广播结点邀请消息 INVITE_HEAD_MSG,等待竞争范围内的非簇头结点加入。

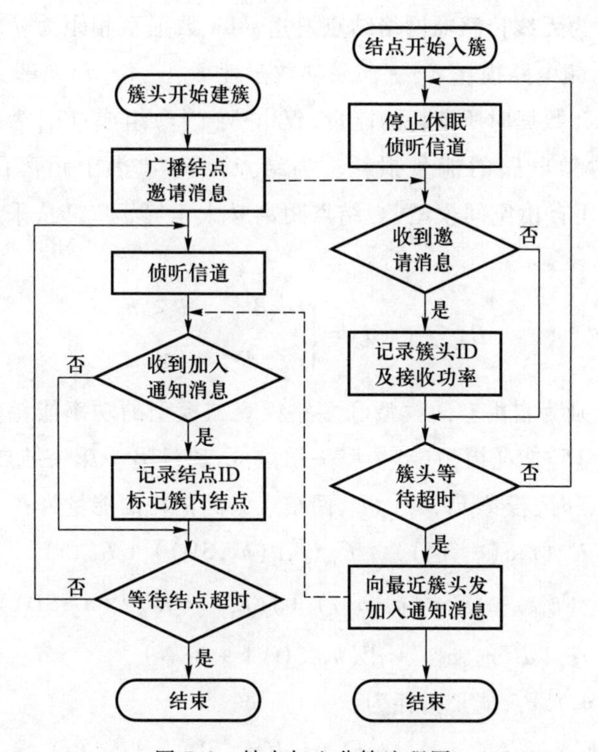


图 7.9 结点加入分簇流程图

③ 非簇头结点在固定时间内接收来自簇头的 INVITE_HEAD_MSG 消息,然后选择接收信号强度指示 RSSI 最大(直线距离最近)的簇头为目标簇头,并向其发送请求加入消息 JOIN_CLUSTER_MSG 以完成结点加入。

④ 簇头接收各结点的 JOIN_CLUSTER_MSG,同时将源结点标记为簇内结点。

(3) 非均匀簇路由协议转发路径选择

非均匀簇路由协议在完成分簇建立后,需要为各个簇头选择一条用于簇间通信的路由路径,该路径提供数据转发服务,使簇头与汇聚结点能够完成数据和指令的交互。在选择簇头结点的转发路径时,转发效率及能量消耗都需得到充分的考虑,以提高无线传感器网络的整体性能。

为了便于估算转发路径的能量消耗及算法仿真时预测结点寿命,此处采用射频无线通信能量消耗模型,无线传感器网络结点在发送和接收数据时所消耗的能量分别为:

$$E_{Tx}(r,d)=E_{\text{radio}}(r)+E_{Tx-\text{amp}}(r,d) \tag{7-14}$$

$$E_{Rx}(r)=E_{\text{radio}}(r)=rE_{\text{elec}} \tag{7-15}$$

其中,$E_{Tx}(r,d)$为无线传感器网络结点发送 $r$ bit 数据至相距为 $d$ 的结点所消耗的能量,它由射频电路损耗 $E_{radio}(r)$及功放损耗 $E_{Tx\text{-}amp}(r,d)$两部分组成;$E_{Rx}(r)$为结点接收 $r$ bit 数据时所消耗的能量,仅由 $E_{radio}(r)$组成;$E_{elec}$为每发送或接收 1 bit 数据时射频电路的能量损耗。当结点距离 $d$ 小于距离门限值 $d_0$ 时,$E_{Tx\text{-}amp}(r,d)$采用自由空间模型,当结点距离 $d$ 大于等于 $d_0$ 时,采用多路径衰减模型:

$$E_{Tx\text{-}amp}(r,d)=\begin{cases} r\varepsilon_{fs}d^2, & d<d_0 \\ r\varepsilon_{mp}d^4, & d\geqslant d_0 \end{cases} \tag{7-16}$$

其中,$\varepsilon_{fs}$、$\varepsilon_{mp}$分别为自由空间模型和多路径衰减模型的功率能耗参数。基于式(7-14)、式(7-15)能耗模型,当某簇头结点 $n_1$ 通过另一簇头结点 $n_2$ 转发 $r$ bit 数据至汇聚结点时,若 $d(n_1,n_2)<d_0$,两结点共同消耗的能量为:

$$\begin{aligned} E_{1\text{-}2\text{-}SD} &= E_{Tx}(r,d(n_1,n_2)) + E_{Tx}(r,d(n_2,SD)) + E_{Rx}(r) \\ &= r(E_{elec} + r\varepsilon_{fs}d^2(n_1,n_2)) + r(E_{elec} + r\varepsilon_{fs}d^2(n_2,SD)) + rE_{elec} \\ &= r\varepsilon_{fs}[d^2(n_1,n_2) + d^2(n_2,SD)] + 3rE_{elec} \end{aligned} \tag{7-17}$$

同理,若 $d(n_1,n_2)>d_0$,能量消耗为:

$$\begin{aligned} E'_{1\text{-}2\text{-}SD} &= E'_{Tx}(r,d(n_1,n_2)) + E'_{Tx}(r,d(n_2,SD)) + E_{Rx}(r) \\ &= r(E_{elec} + r\varepsilon_{mp}d^4(n_1,n_2)) + rE_{elec} + r(E_{elec} + r\varepsilon_{mp}d^4(n_2,SD)) \\ &= 3rE_{elec} + r\varepsilon_{mp}[d^4(n_1,n_2) + d^4(n_2,SD)] \end{aligned} \tag{7-18}$$

由式(7-17)和式(7-18)可知,数据转发时影响能量消耗水平的主要因素为源、宿结点与汇聚结点间的相对位置关系:$d^2(n_1,n_2)+d^2(n_2,SD)$和 $d^4(n_1,n_2)+d^4(n_2,SD)$。故为保证结点的能量使用效率,只有处于源结点与汇聚结点之间区域的结点才有可能成为转发结点,即簇头 $n_i$ 的转发结点 $n_j$ 必须满足:

$$d(n_i,SD) > \max(d(n_i,n_j),d(n_j,SD)) \tag{7-19}$$

另外,由于工业现场电磁环境较为复杂,单纯以能量优化为目标而选择的转发路径往往由于可靠性不足而导致大量的拥塞,甚至是数据丢失。为加强无线传感器网络对干扰环境的适应能力,非均匀簇路由协议引入链路可靠性 $S$ 作为簇间路径的选择标准之一,以此来建立高可靠性的通信网络。链路质量采用无线传感器网络结点的数据接包率来作为衡量标准,链路可靠性 $S$ 及接包率 $P_{i,j}(T)$定义如下:

$$S_i = \prod_{k=i}^{SD} P_k = P_{i,j}(T)\cdot S_j \tag{7-20}$$

$$P_{i,j}(T)=\frac{m_{i,j}(T)}{\mu_i\times T} \tag{7-21}$$

其中,$S_i$ 为结点 $n_i$ 到汇聚结点的路径上各转发结点接包率的乘积,$n_j$ 为 $n_i$ 的上一跳转发结点;$m_{i,j}(T)$ 为结点 $n_i$ 在 $T$ 时间内接收的来自结点 $n_j$ 的有效数据包的个数,$\mu_i$ 为 $T$ 时间内结点 $n_j$ 的平均发包速率。通过接包率 $P_{i,j}(T)$ 可以间接地反映一跳内的链路质量。在所有符合相对位置关系的簇头结点中,非均匀簇路由协议采用了转发路径的能量-可靠性系数 $\sigma$ 来作为转发结点的选择依据,其形式如下:

$$\sigma_{j,i}=S_i\cdot\frac{E_j}{E_{j\text{-total}}}=P_{i,j}(F_{\text{index}})\cdot S_j\cdot\frac{E_j}{E_{j\text{-total}}} \tag{7-22}$$

其中,$\sigma_{j,i}$ 为结点 $n_j$ 成为结点 $n_i$ 转发结点的能量-可靠性系数,$\sigma_{j,i}$ 越大,说明结点 $n_j$ 的剩余能量及经由其形成的连通汇聚结点的通信链路综合性能越佳。该系数通过乘积关系反映了路径的整体性能,在兼顾结点间能量均衡的同时,避免了传统转发路径选择算法中抗干扰能力差及容易受信道拥塞影响的问题,使无线传感器网络能够在多跳簇间传输中获得较好的传递效率。

非均匀簇路由协议在路径选择过程中涉及的消息类型见表 7.3。

**表 7.3 路径选择消息类型**

| 消息名称 | 消息携带内容 | 消息功能 |
| --- | --- | --- |
| PRR_SINK_MSG | 结点 ID、链路可靠性指数、结点剩余能量 | 结点接包率监测,决策信息传递 |
| PRR_CHFW_MSG | 结点 ID、链路可靠性指数、结点剩余能量、结点与汇聚结点的位置关系 | 间接结点接包率监测,决策信息传递 |

路径选择流程如图 7.10 所示,具体步骤如下:

① 汇聚结点在给定时间内,以最大功率向整个网络重复广播接包率监测消息 PRR_SINK_MSG,包含信息设置为:$ID=ID_{SD}$、$S_{SD}=1$,$E_j/E_{j\text{-total}}=100\%$。

② 各簇头结点初始化链路可靠性指数 $S_{\text{forward}}=0$ 及一跳转发结点剩余能量 $E_{\text{forward}}=0$ 后,侦听信道,等待汇聚结点或簇头结点接包率监测消息。

③ 若簇头结点 $n_i$ 接收到汇聚结点的 PRR_SINK_MSG 消息,以自身实际计算出的 $S_{\text{forward}}$、$E_{\text{forward}}$ 等值刷新 PRR_SINK_MSG 消息,并将自身与汇聚结点的距离信息 $d(n_i,\text{SD})$ 加入其中,组成接包率转发监测消息 PRR_CHFW_MSG,以最大竞争半径 $R_c^0$ 广播。若簇头结点 $n_i$ 接收到来自簇头结点 $n_j$ 转发的 PRR_

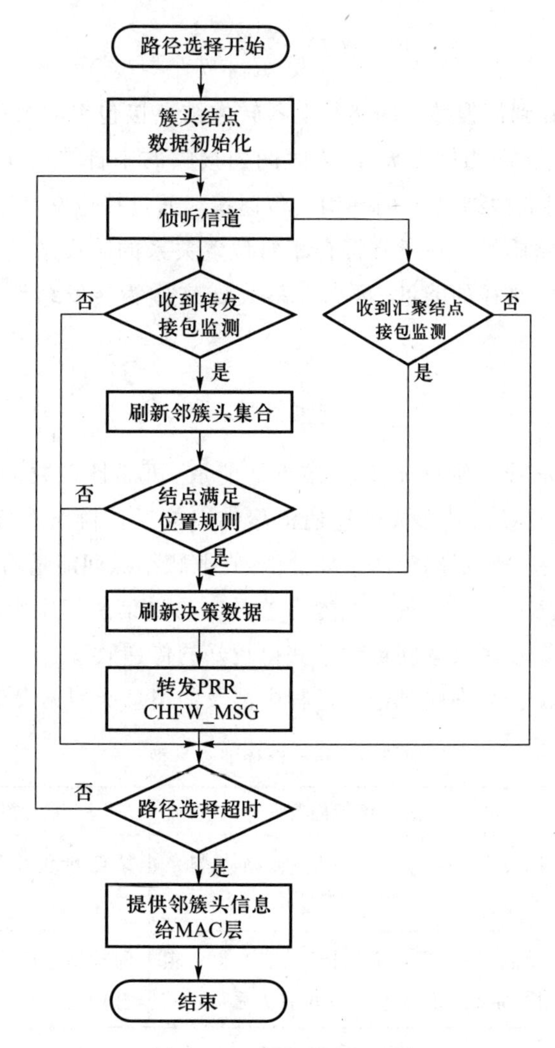


图 7.10　路径选择流程图

CHFW_MSG，将 $n_j$ 加入 $n_i$ 的邻簇头集合 $n_i \cdot S_{\text{NBCH}}$，并在接包率统计超时后提供给介质访问控制层。

④ 若 $n_j$ 满足式(7-19)所示规则，则将 $n_j$ 进一步加入 $n_i$ 的候选转发簇头集合 $n_i \cdot S_{\text{UFCH}}$，如 $\sigma_{j,i} > \sigma_{\text{forward}}$。令 $\sigma_{\text{forward}} = \sigma_{j,i}$，按式(7-20)刷新 $S_i$，更新 $n_j$ 为转发结点并类似步骤③，刷新结点 ID、$E_{\text{forward}}$ 及 $S_{\text{forward}}$ 后转发 PRR_CHFW_MSG 消息。否则，放弃步骤③，接收 PRR_CHFW_MSG 消息。

⑤ 返回步骤②，侦听信道，更新路径信息。

通过在路径选择阶段内结点间信息的不断交互，所有簇头结点将确定一条多跳的转发路径,该路径兼顾簇头间的能量均衡性及数据的可靠性,在延长网络寿命的同时提高了网络的传输效率,减少了干扰对无线传感器网络的影响和拥塞重传导致的额外功耗。

3. 基于单接口的多信道介质访问控制层协议

基于单接口的多信道介质访问控制层协议是针对复杂干扰环境而特别设计的。它基于目前市场上主流传感器结点所采用的单接口结构而设计,以非均匀簇路由协议的分簇网络为载体,通过动态信道分配与固定信道分配相结合的技术,分层次地保证了无线传感器网络的整体通信可靠性,并在一定程度上提高了网络的数据吞吐量。基于单接口的多信道介质访问控制层协议的主体内容由固定信道分配与动态信道分配两部分组成。

(1) 固定信道分配

基于单接口的多信道介质访问控制层协议的固定信道分配(fixed channel assignment,FCA)应用于每轮开始时的网络初始化阶段,主要负责为各个分簇分配簇内通信阶段所使用的基础信道。基于单接口的多信道介质访问控制层协议采用分布式计算的方法,以很小的通信代价和物理信道需求量实现了为所有一跳邻居分簇分配不同通信信道的目标。

与传统的单层网络不同,非均匀簇路由协议在完成分簇的划分后,各分簇主体之间距离远大于单层网络中普通结点之间的距离,而且簇内通信时簇头结点均以受限半径(非均匀簇竞争半径限制)完成数据发送。所以在这种情况下,只要保证一跳邻簇间使用不同的物理信道作为簇内通信基础信道,即可避免分簇之间在簇内通信阶段的相互干扰并防止某些固定频段的干扰源对整个网络造成影响。

基于单接口的多信道介质访问控制层协议借助分簇结构,以分簇为单位替代了传统固定信道分配算法中的结点,为一跳邻簇分配不同信道,实现了物理信道需求的大幅降低,使目前主流射频芯片(CC2420、CC2430 等)所支持 IEEE 802.15.4 标准在 2.4 GHz 频段内所定义的 15 个非重叠的物理信道完全可以满足大多数网络的信道分配需求。另外,相比于传统的随机分配算法,基于单接口的多信道介质访问控制层协议的固定信道分配算法可以利用有限次竞选完成所有结点的信道分配,同时也能够解决单纯的识别代码映射信道序号类算法所存在的一跳邻居分簇信道重叠问题。

在基于单接口的多信道介质访问控制层协议中,固定信道分配在簇头结点间完成,各簇头结点使用相同的竞争机制(伪随机码生成器)竞选信道,保证各个簇头结点只需要掌握待选信道序列和所有一跳邻居簇头结点的 ID,即可以完成簇内通信基础信道的竞争。伪随机码生成器如下：

$$h_{i,\text{index}}=\frac{\beta\times(|F_{\text{index}}-F_{15}|+1)^{\gamma}}{2\text{ID}_i} \tag{7-23}$$

其中，$h_{i,\text{index}}$为簇头结点 $n_i$ 在竞争信道 $F_{\text{index}}$时产生的伪随机数，$\gamma$ 是一个调节平衡参数，用以控制 $h_{i,\text{index}}$的规模，$\beta$ 用来匹配结点控制器的运算精度，$F_{15}$为 IEEE 802.15.4 的第 15 信道，一般应用背景下，该信道受其他无线网络干扰最为轻微，采用该信道作为整个网络簇间通信的公共信道，以保证公共信道受到的干扰强度最低。因为各簇头结点有唯一的 ID，故式(7-23)可以保证对任意的候选信道 $F_{\text{index}}$，各簇头结点都会获得全网唯一的伪随机码用于信道竞争，在信道竞争过程中，评判标准如下：

$$\text{DF}_i=\{F_{\text{index}}\mid h_{i,\text{index}}=\max(h_{i,\text{index}},h_{n_i\cdot S_{\text{NBCH}}[1],\text{index}},h_{n_i\cdot S_{\text{NBCH}}[2],\text{index}\cdots})\} \tag{7-24}$$

其中，$\text{DF}_i$ 为簇头结点 $n_i$ 分配到的信道序号，$n_i\cdot S_{\text{NBCH}}[\ ]$为非均匀簇路由协议传递给基于单接口的多信道介质访问控制层协议的邻居簇头集合。

若簇头 $\text{ID}_i$ 的伪随机数 $h_{i,\text{index}}$大于所有邻簇簇头的伪随机数，则 $n_i$ 所在簇获得信道 $F_{\text{index}}$作为簇内通信基础信道。

由式(7-23)可知，对于任意固定的 $F_{\text{index}}$，都有

$$h_{i,\text{index}}\propto\frac{1}{\text{ID}_i} \tag{7-25}$$

于是，为了进一步简化竞争过程，减少组网时间，在实时性要求较高的应用场景中，基于单接口的多信道介质访问控制层协议在以邻簇代替相邻结点来限制信道需求数量的基础上，通过直接比较簇头结点 ID 来决定信道竞争结果，此时信道分配标准如下：

$$\text{DF}_i=\{F_{\text{index}}\mid(\text{ID}_i\leqslant\min(\text{ID}_{n_i\cdot S_{\text{NBCH}}[1]},\text{ID}_{n_i\cdot S_{\text{NBCH}}[2]},\text{ID}_{n_i\cdot S_{\text{NBCH}}[3]\cdots})\} \tag{7-26}$$

若簇头结点 $n_i$ 的 ID 小于 $n_i\cdot S_{\text{NBCH}}[\ ]$内所有邻簇头的 ID，则 $n_i$ 获得 $F_{\text{index}}$作为簇内通信阶段的基础信道。此改良方法有效减少运算复杂度，并通过 ID 的唯一性保证了每轮信道分配的有效性，避免了传统算法中由生成器非单调性造成的信道重叠问题。

固定信道分配与非均匀簇路由协议的路由路径选择同步进行。当簇头结点 $n_i$ 获得邻簇头集合 $n_i\cdot S_{\text{NBCH}}[\ ]$后，开始固定信道分配。固定信道分配涉及的消息类型见表 7.4。

**表 7.4 固定信道分配消息类型**

| 消息名称 | 消息携带内容 | 消息功能 |
| --- | --- | --- |
| CHANNEL_WIN_MSG | 簇头结点 ID、基础信道序号 | 通知信道分配成功 |

图 7.11 为基于单接口的多信道介质访问控制层协议固定信道分配的流程图,具体算法如下:

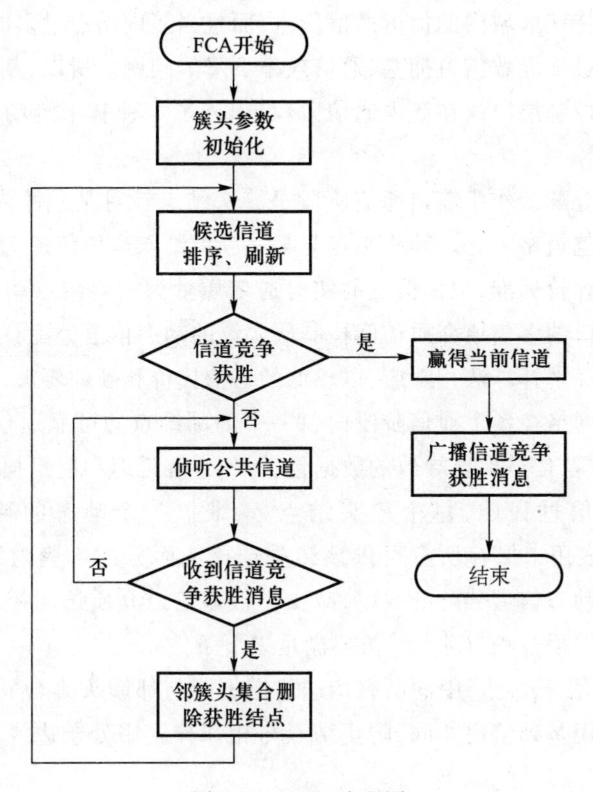


图 7.11 FCA 流程图

① 簇头结点初始化各参数,按信道序号 $F_{\text{index}}$ 升序排列信道并核对来自路由层的邻簇头集合 $n_i \cdot S_{\text{NBCH}}[\ ]$。

② 簇头竞争当前信道,各簇头结点按式(7-26)判断竞争结果。若簇头结点满足赢得竞争条件,执行步骤⑤;否则,执行步骤③。

③ 簇头结点竞争信道 $F_{\text{index}}$ 失败,侦听公共信道。

④ 当簇头结点收到来自一跳邻簇头结点的 CHANNEL_WIN_MSG 消息后,在 $n_i \cdot S_{\text{NBCH}}[\ ]$ 中删除获得当前信道 $F_{\text{index}}$ 的簇头结点,令 index = index+1,返回步骤②,开始下一轮信道竞争。

⑤ 簇头结点竞争信道 $F_{index}$ 成功，簇头结点获得当前待竞争信道 $F_{index}$ 作为簇内通信阶段的基础信道，然后退出竞争，并与公共信道广播信道 $F_{index}$ 竞争胜利消息 CHANNEL_WIN_MSG。

（2）动态信道分配（dynamic channel allocation，DCA）

虽然在基于单接口的多信道介质访问控制层协议的固定信道分配后，簇内通信期间的簇间干扰得到避免，但在工业监测现场，各种突发的局部干扰仍会影响特定频段或特定区域内的信道通信质量，而且当簇内结点过多时，簇内基础信道可能因负载过重导致信道拥塞、通信效率下降等问题。所以，基于单接口的多信道介质访问控制层协议在簇内通信阶段，引入了一种基于滑动门限值的动态信道分配算法。

动态信道分配工作于簇内通信阶段是簇头结点针对某一簇内结点的短时、局部的信道调整策略。它以簇头结点与某一簇内结点通信信道上的接包率预测值为信道质量评价标准，根据信道的实时通信质量为簇内结点动态分配通信信道。基于单接口的多信道介质访问控制层协议的动态信道分配算法与非均匀簇路由协议的路径选择算法相呼应，以较低的通信代价和硬件要求，从整体上保证了无线传感器网络在各个通信阶段内每一个局部结点的可靠通信，避免了外部干扰、无效重传及信道拥塞导致的数据包丢失、系统延迟和能量损耗。

在簇内通信过程中，每个簇头结点 $n_i$ 维护一个动态的待选信道列表 $F_i[j_{max}]$，该列表用来保存所有可供该簇头选择从而分配给簇内结点的通信信道。为了保证动态信道分配的效率，减少类似多信道介质访问控制层协议中冗繁的信道协商握手过程，$F_i[j_{max}]$ 需要满足以下条件：

- 信道列表 $F_i[j_{max}]$ 中的所有待选信道不能与邻簇头集合 $n_i \cdot S_{NBCH}[\ ]$ 中任意簇头所使用基础信道相同，防止结点与相邻分簇中处于边缘位置的结点产生隐藏/暴露终端问题。

- 信道列表 $F_i[j_{max}]$ 中信道初始化时按照序号升序排列，其中与相邻分簇基础信道中心频率间隔最大的信道总置于列表的最前端，保证簇间干扰最小的信道得到优先使用。

- 在动态信道分配过程中，被淘汰的信道按接包率降序置于信道列表 $F_i[j_{max}]$ 末尾，避免短时间内受干扰较严重的信道被二次使用。

- 信道列表 $F_i[j_{max}]$ 随动态信道分配进行实时调整，在所有信道都有了信道质量记录后，按照在分配过程中监测到的信道质量由高到低降序排列，保证高质量信道得到优先使用。

采用动态信道列表虽然增加了无线传感器网络结点的内存开销，但相比传统多信道协议中随机选择的分配信道方式,不仅增加了信道分配的针对性,减少了低质量信道的无效切换,还使簇内信道相对集中,更加便于簇头结点管理;而相比多信道介质访问控制层协议中冗繁的控制信道握手协商的方式,也减少了通信开销和系统时延。

基于单接口的多信道介质访问控制层协议通过估算簇内通信信道的数据包接收率来评价其信道质量。动态信道分配过程中,簇头结点在簇内通信阶段计算各簇内结点在其当前信道的接包率,对于发包速率高且数据连贯性强的结点,直接采用接包率统计值评估信道质量,对于数据交换率较低的结点采用指数加权移动平均值(exponentially weighted moving average,EWMA)预估器得到接包率的预测值进行信道质量评估,指数加权移动平均值计算如下:

$$\mathrm{PRR}_t(n_j,F_{\mathrm{index}})=\frac{m_t(n_j,F_{\mathrm{index}})}{M_t(n_j,F_{\mathrm{index}})} \tag{7-27}$$

$$E_t(n_j,F_{\mathrm{index}})=\sigma E_{t-1}(n_j,F_{\mathrm{index}})+(1-\sigma)\mathrm{PRR}_t(n_j,F_{\mathrm{index}}),\quad (0<\sigma<1) \tag{7-28}$$

其中,$m_t(n_j,F_{\mathrm{index}})$为第 $t$ 个簇内接包率统计周期内簇头结点在信道 $F_{\mathrm{index}}$上收到来自簇内结点 $n_j$ 的有效数据包数;$M_t(n_j,F_{\mathrm{index}})$为 $t$ 周期内结点 $n_j$ 在信道 $F_{\mathrm{index}}$上发给簇头结点的有效包数(不包含控制信息和握手信息);$\mathrm{PRR}_t(n_j,F_{\mathrm{index}})$为簇头结点在当前信道 $F_{\mathrm{index}}$上对结点 $n_j$ 接包率的统计值;$E_t(n_j,F_{\mathrm{index}})$为簇头结点与簇内结点 $n_j$ 间第 $t$ 次对信道 $F_{\mathrm{index}}$的接包率预测值;$E_{t-1}(n_j,F_{\mathrm{index}})$为第 $t-1$ 次的接包率预测值;$\sigma$ 为权重系数,起到调节指数加权移动平均值预估器的作用。$\sigma$ 越大,指数加权移动平均值平稳性越强,即 $E_{t-1}(n_j,F_{\mathrm{index}})$的主导作用越强,$E_t(n_j,F_{\mathrm{index}})$抗突发干扰能力变强,同时也更稳定;$\sigma$ 越小,指数加权移动平均值灵敏度越强,即 $\mathrm{PRR}_t(n_j,F_{\mathrm{index}})$的主导作用越强,$E_t(n_j,F_{\mathrm{index}})$对 $\mathrm{PRR}_t(n_j,F_{\mathrm{index}})$变化更为敏感,指数加权移动平均值具有更强的时效性。

采用指数加权移动平均值预估器后,基于单接口的多信道介质访问控制层协议的动态信道分配算法可以在评估信道质量时提高预测准确性,同时降低突发统计误差和误码对长通信周期和通信频率较低的结点的信道质量预测的不利影响。在实际应用中,可以通过调节权重系数 $\sigma$ 使基于单接口的多信道介质访问控制层协议满足不同场合(数据发送周期)的需要。

接包率的指数加权移动平均值预测值可以反映信道的实际通信质量,当接包率预测值低于预期水平时,表示该信道遇到了严重的干扰,质量变差,已经不适于继续承载数据收发任务,此时簇头结点应为受影响的簇内结点重新分配通信信道以改善网络质量。由于无线射频模块在切换信道时会产生相应的时延,如芯片 CC2420 在 2.4 GHz 频段上从当前物理信道跳频至一个新的信道最多可产生 48 μs 的延迟,这在高速传输过程中是一个不可忽略的量值,而且切换过于频繁还会导致功耗的增加,甚至导致结点丢失,所以簇内通信阶段的动态信道分配信道分配频率不可过高。另外,在工业现场往往出现因瞬间的强噪声(大型电磁设备启/停,移动通信设备接入网络等)导致信道质量突然大幅下降,但在很短的时间内噪声立刻消失,信道质量迅速恢复的情况。如果这类情况下簇头结点对受扰簇内结点盲目地进行信道切换,不仅不能有效地提高无线传感器网络的整体性能,而且还增加了通信延迟和能量消耗,浪费了有限的信道资源。

为了减少此类无效切换的发生,增强无线传感器网络对瞬态干扰的容忍度,基于单接口的多信道介质访问控制层协议采用一种滑动门限值信道选择算法:给定判定信道质量的指数加权移动平均值门限值 $E_{TH}$,用 $num_{bad} \in [N_{low}, N_{high}]$ 统计 $E_t(n_j, F_{index}) < E_{TH}$ 的次数,若 $num_{bad}$ 小于滑动门限值 $N_{TH}$ 的下限,则切换信道;若信道质量恢复,即 $E_t(n_j, F_{index}) \geq E_{TH}$,则向上限滑动 $N_{TH}$ 以增加簇头结点对当前信道瞬态干扰的容忍度,并保持当前信道。滑动门限值 $N_{TH}$ 与信道质量的恢复能力相关,恢复能力越高,信道容忍度越高。门限值 $E_{TH}$ 由应用场景对数据传输的可靠性及实时性要求决定。

基于单接口的多信道介质访问控制层协议执行过程中的消息类型见表 7.5。

**表 7.5　基于单接口的多信道介质访问控制层协议消息类型**

| 消息名称 | 消息携带内容 | 消息功能 |
| --- | --- | --- |
| SWTICH_CHAN_MSG | 簇头结点 ID、分簇号、目标结点序号、预分配通信信道 | 通知簇内结点切换通信信道 |
| SWTICH_ACK_MSG | 结点 ID、待发消息数量、所切换信道 | 确认信道切换 |
| DATA_ASK_MSG | 簇内结点 ID、轮时长、同步时间 | 时间同步、轮询数据请求 |
| DATA_SEND_MSG | 结点 ID、数据标志(有)、待发送数据 | 通知簇头有数据发送、数据发送 |
| DATA_NONE_MSG | 结点 ID、数据标志(无) | 通知簇头无数据发送 |

图 7.12 为基于单接口的多信道介质访问控制层协议动态信道分配的滑动门限值信道选择算法流程图。滑动门限值信道选择算法具体步骤如下:

① 簇头结点完成各参数初始值设置,其中信道质量差计数 $num_{bad} = 0$,门限值 $N_{TH} = N_{low}$,令当前信道为簇内通信基础信道,即 $F_{index} = DF_i$。

② 接包率预测值统计。簇头结点侦听分配给目标簇内结点的通信信道

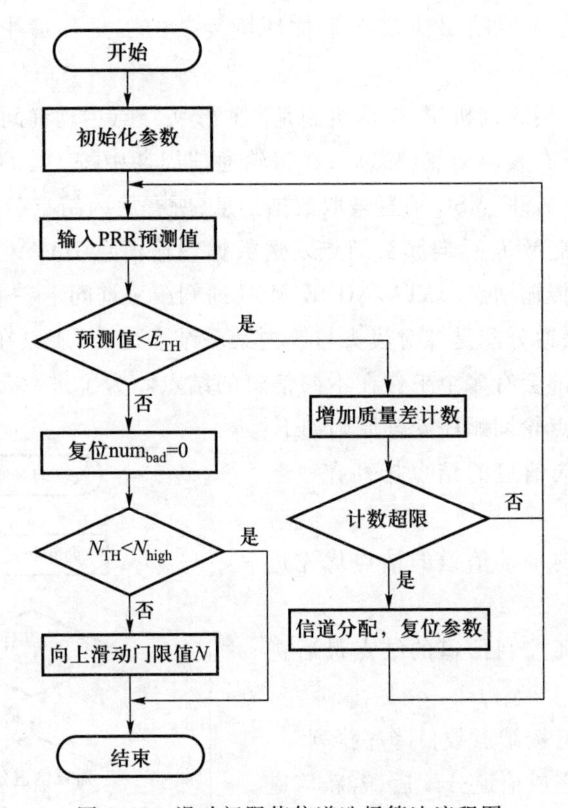


图 7.12　滑动门限值信道选择算法流程图

$F_{index}$,收到来自簇内结点的有效数据包后,按式(7-27)和式(7-28)计算该信道的接包率预测值 $E_t(n_j,F_{index})$。

③ 信道质量判定。若信道 $F_{index}$ 的接包率预测值小于门限值,即 $E_t(n_j,F_{index})<E_{TH}$,信道质量差,执行步骤④;否则,信道质量好,执行步骤⑥。

④ 信道分配判定:首先记录信道质量差次数,$num_{bad}=num_{bad}+1$。若 $num_{bad}<N_{TH}$,则信道 $F_{index}$ 的通信质量仍在容忍范围之内,继续完成数据传输,返回步骤②;否则,执行步骤⑤。

⑤ 实施信道分配:簇头结点以 $E_t(n_j,F_{index})$标记当前信道的接包率预测值,实时调整待选信道列表 $F_i[j_{max}]$。指定新通信信道 $F_{index}=F_i[1]$,启动信道分配进程,复位 $num_{bad}=0,N_{TH}=N_{low}$。返回步骤②。

⑥ 增加信道容忍度,门限值滑动:复位 $num_{bad}=0$ 并在$[N_{low},N_{high}]$内向上限滑动 $N_{TH}$。

滑动门限值信道选择算法可以在保证高可靠性、高吞吐量的同时有效降低信道分配的频率和盲目性,避免结点因信道切换紊乱而脱离网络,使基于单接口的多信道介质访问控制层协议在干扰环境复杂的工厂环境中具有更高的实用性。

簇内通信采用轮询机制:轮询机制是一种簇头结点主动询问的通信模式,簇头结点在掌握所有簇内结点信息后,在每轮通信周期中按一定顺序逐个向簇内结点通过 DATA_ASK_MSG 消息索取数据信息,所有簇内结点若需发送数据,在收到 DATA_ASK_MSG 后向簇头结点发送数据传输消息 DATA_SEND_MSG,否则,发送无数据传输消息 DATA_NONE_MSG 通知簇头询问下一个结点。

由于动态信道分配是针对簇头与簇内某一结点而言,所以在复杂的干扰环境中,每一簇内都会有多个工作在不同信道的结点。为了进一步降低簇头的跳频频率,簇头结点轮询顺序安排原则如下:

- 使用相同信道的结点排列在一起待询。
- 使用簇内基础信道的结点优先进行数据交换。
- 使用簇间控制信道的结点最后进行数据交换。
- 其余信道按结点数目降序排列。
- 某结点完成信道分配后,若新信道待询位置在原信道后,该结点自动插入新信道序列,否则直接完成数据交换。

经过滑动门限值信道选择算法,在簇头结点启动信道分配进程后,轮询及信道分配流程如图 7.13 所示。

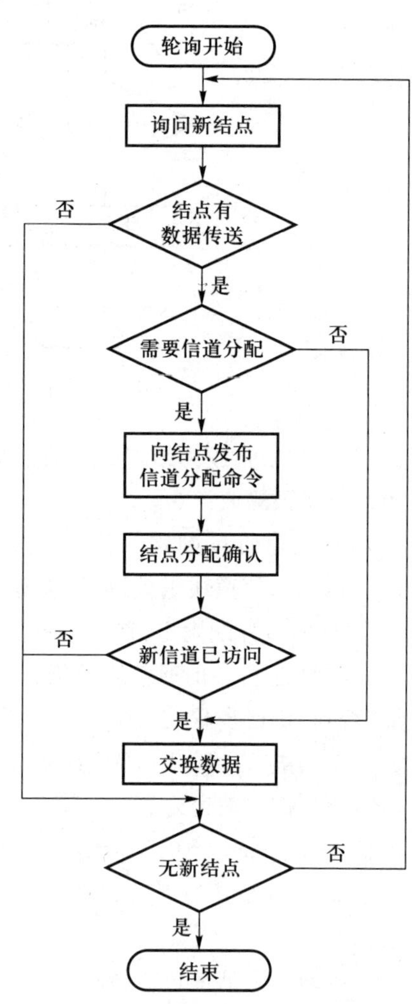


图 7.13　轮询、信道分配流程

簇头结点于当前信道向目标结点发布信道分配命令 SWTICH_CHAN_MSG,该消息中包含了簇头结点为目标簇内结点预分配的信道序号,当目标簇内结点收到来自簇头结点的 SWTICH_CHAN_MSG 后,向簇头结点发送信道分配确认消息 SWTICH_ACK_MSG,并切换至 SWTICH_CHAN_MSG 消息中指定的新信道等待数据传输,待簇头收到目标结点 SWTICH_ACK_MSG 后,可使用新信道与目标结点进行数据交换。

### 7.1.3 跨层协议仿真及性能分析

1. 仿真环境

NS-2 是一种以有线、无线网络仿真为主要目的,源码公开且无须付费的离散事件型网络模拟器,采用较为常见的系统模型。离散事件模拟就是事件规定了系统状态的改变,且状态的修改仅在事件发生时进行。在 NS-2 中,常见的事件类型包括分组到达、定时器超时等。NS-2 的核心部分是一个离散事件模拟引擎,通过该引擎,原则上允许用户模拟任何系统,而非仅局限于通信网络。

NS-2 的功能扩展通过组件的添加来完成。目前,NS-2 的组件支持局域网、广域网、移动通信网络及卫星通信网络等网络类型,并且支持分层路由、多播路由、动态路由等路由方式。另外,NS-2 还提供了用于跟踪事件进度的跟踪(trace)操作,可以把网络模拟过程中沿时间顺序发生的事件和状态信息记录在 trace 文件中以备研究分析。

NS-2 采用了一种分裂对象模型,即每一个组件都由 C++和 ObjectTcl (OTcl)两种面向对象语言来编写。其中 C++是常见的程序设计语言,而 OTcl 是 MIT 开发的 Tcl 脚本语言的一种面向对象的扩展,主要在 Tcl 中引入了对象、类、继承等面向对象的技术。C++主要负责组件功能的具体实现,OTcl 负责在运行脚本过程中完成组件的批量配置。因为 OTcl 不需要编译,所以这种分裂对象设计可以大幅提高 NS-2 的运行效率。

2. 高可靠性能量均衡跨层通信协议模型的构建及配置

(1) 移动结点模型

NS-2 无线网络模型的基础为移动结点(mobile node)模型,并通过特定的组件来支持无线网络的模拟。移动结点模型最早由卡内基梅隆大学的 Monarch 完成,其组成结构如图 7.14 所示,包括信道(channel)、结点物理接口(network interface)、无线传播模型(radio propagation)、介质访问控制层协议、接口队列(interface queue)、链路层(link layer)、地址解析协议(address resolution protocol, ARP)、路由协议等。其结点移动、位置更新、拓扑维护、接口管理、数据传输等结点功能均通过 C++完成,而诸如介质访问控制层、链路层、通道等构件的配置均在 OTcl 中完成。

移动结点模型中几个主要组件功能介绍如下。

- 无线信号传输模型:根据距离和发送功率信息计算结点接收数据包时的

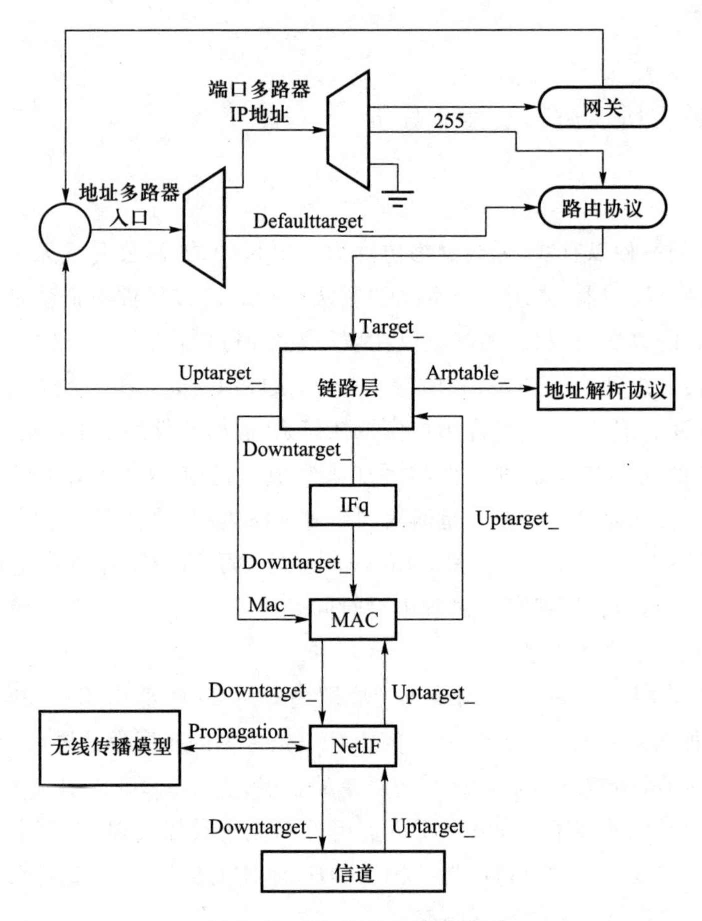


图 7.14　NS-2 移动结点模型

信号强度。

• 信道:无线信道的功能是将数据包复制给除源结点外所有连接到本信道上的移动结点,所有结点需根据传播模型判断数据包是否能够有效接收。

• 介质访问控制层:NS-2 中现有介质访问控制层协议模型实现的是 IEEE 802.11 中的分布式协调功能(distributed coordination function,DCF)介质访问协议。

(2) 高可靠性能量均衡跨层通信协议模型

由于高可靠性能量均衡跨层通信协议中多信道介质访问控制层协议为基于单物理接口,而非采用多接口硬件,与 NS-2 中模型有相似之处,所以为了提高模型建立效率和对顶层协议的兼容性,应以 NS-2 原移动结点信道模块为基础扩展结点模型。扩展过程中主要涉及两方面内容:一是移动结点对多信道的支持;二是移动结点对信道动态切换的支持。扩展多信道后,多信道移动结点模型如图 7.15 所示。

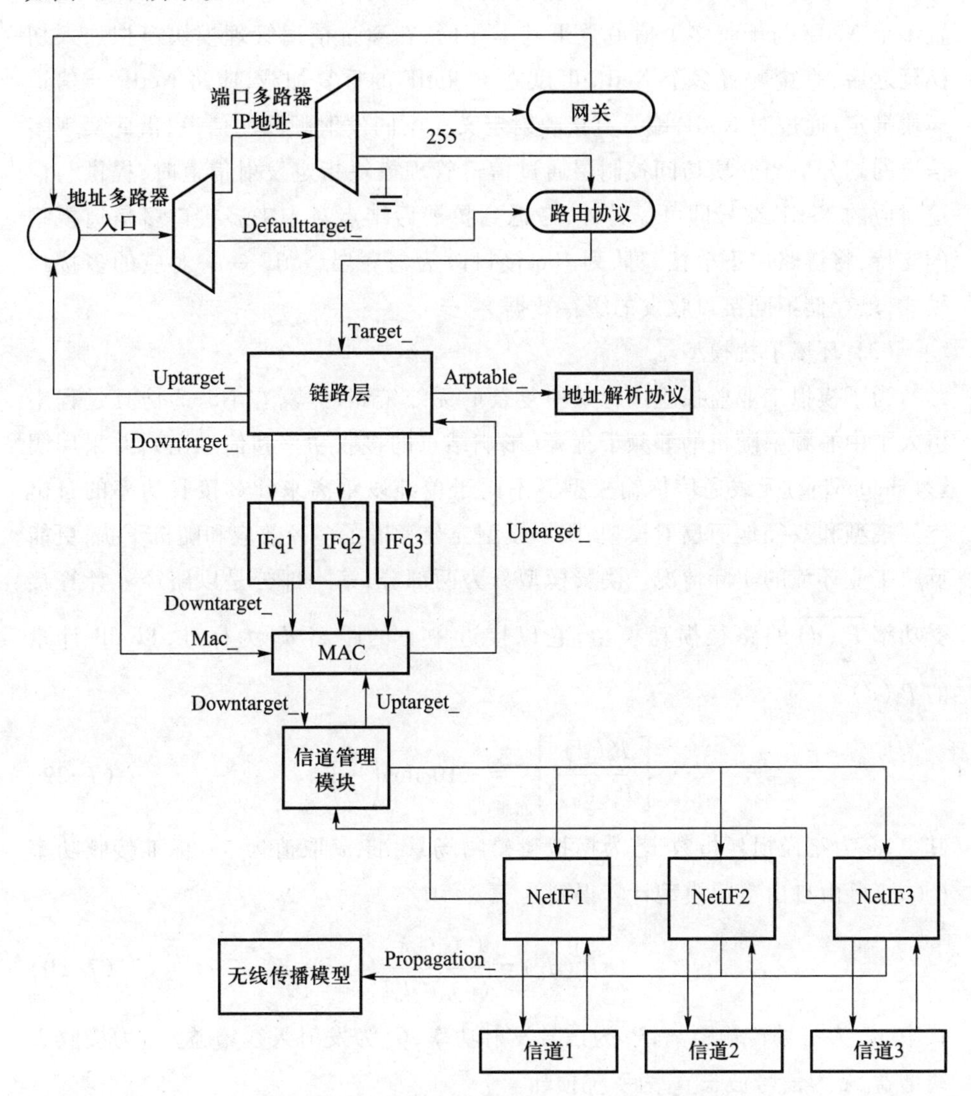


图 7.15 多信道(多接口)NS-2 移动结点模型

在扩展过程中,信道接入控制主要由介质访问控制层完成,而所有信道共用同样的介质访问控制层协议是基于单接口的多信道介质访问控制层协议,所以 NS-2 中介质访问控制层以上模块划分无须改变,只需在原有模块下实现高可靠性能量均衡跨层通信协议的具体协议内容即可。而对介质访问控制层以下部分,首先加入一个信道管理模块(ChanAss),该模块负责收集和管理各信道实时的通信质量,包括信道负载、结点数量、当前传输模型下干扰强度等信息。另外,介质访问控制层的信道接入、切换决策通过该模块执行。由于在仿真环境下,配置多个 NetIF 与配置多个信道效果基本相同,在通过信道管理模块模拟加入切换延迟后,直接配置多个 NetIF 可以避免 NetIF 的重复加载,应将 NetIF 与信道模块绑定,通过对 NetIF 编号直接映射定义在不同发射频段的信道,借此实现多信道的划分。当介质访问控制层通过信道管理模块指定发射信道时,提供与信道对应的 NetIF 编号即可。另外,考虑到扩展后结点对未来多接口多信道模型的支持,将链路层下单接口队列 IFq 接口改为与底层 NetIF 一一对应的多接口模式,以存储不同接口收发的缓存数据。

(3) 环境干扰模型

为了模拟工业监控应用背景中复杂的无线链路环境,在 NS-2 仿真过程中引入了中心频率随机的邻频干扰源(影响结点的接收功率和信噪比),并采用阴影(shadowing)无线通信传输模型。不同于单纯以距离来计算接收功率的自由空间模型和双径地面反射模型,阴影模型充分考虑了多径效应和随机干扰,更能反映工业环境的实际情况。阴影模型分为两部分,第一部分是以路径 $d$ 计算接受功率 $\overline{P_r(d)}$ 的路径损耗模型,它以接近中心的距离 $d_0$ 为标准,以 dB 计量的 $\overline{P_r(d)}$:

$$\left[\frac{\overline{P_r(d)}}{P_r(d_0)}\right]_{\mathrm{dB}} = -10\omega\log\left(\frac{d}{d_0}\right) \tag{7-29}$$

其中,$\omega$ 为路径损耗指数,若为模拟障碍物场景,将 $\omega$ 取值为 5。标准接收功率 $P_r(d_0)$ 可由自由空间模型计算得到:

$$P_r(d_0) = \frac{P_t G_t G_r \lambda^2}{(4\pi)^2 d_0^2 L} \tag{7-30}$$

式中,$d_0$ 为信号传输距离,$P_t$ 为信号发射功率,$G_t$ 为发射天线增益,$G_r$ 为接收天线增益,$\lambda$ 为信号波长,$L$ 为系统损耗。

阴影模型的第二部分是传输距离固定时接收功率的正态随机变化值,以 dB 表示时,该变化值符合高斯分布,故阴影模型可以表示为:

$$\left[\frac{\overline{P_r(d)}}{P_r(d_0)}\right]_{\mathrm{dB}} = -10\omega\log\left(\frac{d}{d_0}\right) + X_{\mathrm{dB}} \tag{7-31}$$

其中,$X_{\mathrm{dB}}$ 为高斯随机变量,均值等于 0,其方差 $\sigma_{\mathrm{dB}}$ 即阴影方差,此处取 $\sigma_{\mathrm{dB}} = 6.8$ 以模拟工厂环境。

3. 仿真结果与性能分析

(1) 基于单接口的多信道介质访问控制层协议性能分析

在路由层协议均使用 NS-2 提供的简化分层路由协议的情况下，将基于单接口的多信道介质访问控制层协议与 IEEE 802.15.4 的 CSMA/CA 机制多信道介质访问控制层协议在数据吞吐量、数据包投递率等方面进行了对比。

图 7.16 为基于单接口的多信道介质访问控制层协议在分别使用 4 个信道和 16 个信道的情况下与使用单一信道的 IEEE 802.15.4 的吞吐量比较。可以看出，随着网内分簇数的不断增加，簇间形成多跳网络，控制(公共)信道负载加剧，无线传感器网络吞吐量较在簇头数较少时的星形网络降低。但基于单接口的多信道介质访问控制层协议由于在簇内通信阶段采用多信道机制，高负载情况下吞吐量明显优于单信道的 IEEE 802.15.4，而且在同等负载下，候选信道越多，数据吞吐量越高。

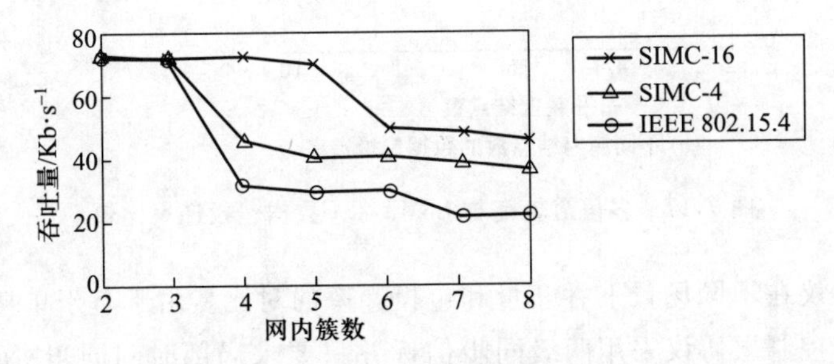


图 7.16 基于单接口的多信道介质访问控制层协议与 802.15.4 吞吐量对比

图 7.17 为基于单接口的多信道介质访问控制层协议多信道轮询机制与 CSMA/CA 机制的数据包投递率的比较。由图 7.17(a)可见，在发包速率较低时，由于信道负载不高，基于单接口的多信道介质访问控制层协议的多信道轮询机制与 CSMA/CA 信道接入机制丢包率相近；但随着发包速率的不断提高，信道负载迅速超过额定容量，单信道 CSMA/CA 机制中，信道开始产生拥塞，导致数据丢包情况逐渐严重；而多信道轮询机制中，当信道拥塞导致接包率出现下降趋势时，一方面轮询机制使通信负载平均分布在整个簇内通信阶段，另一方面滑动门限值信道选择算法实时对受影响结点启动信道切换，通过引入新的信道来分担原信道的负载，使接包率始终维持在预设的接包率门限值 $E_{TH}$ 以上。图 7.17(b)中，在簇内结点增多导致信道质量下降的情况下，基于单接口的多信道介质访问控制层协议同样通过多信道轮询机制较 IEEE 802.15.4 的 CSMA/CA 获得了更高的数据包投递效率。

图 7.18 给出了基于单接口的多信道介质访问控制层协议与多信道介质访

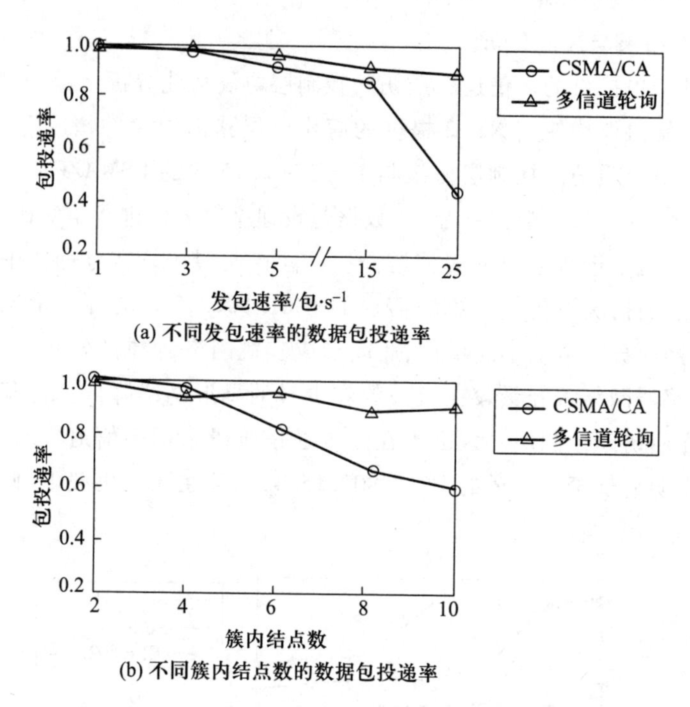


图 7.17 多信道轮询与 CSMA/CA 数据包投递率比较

问控制层协议在不同场景下吞吐量和包投递率的对比。由于基于单接口的多信道介质访问控制层协议采用两级同步信标并只要求局部时间同步,所以不会像多信道介质访问控制层协议一样由于时钟误差导致 ATIM 窗口漂移,继而造成协商失败、数据包丢失甚至结点脱网;同时,基于单接口的多信道介质访问控制层协议采用轮询和滑动门限值信道选择算法信道分配机制,避免了多信道介质访问控制层协议在每次通信前必须进行的三次协商通信,显著提高了网络通信效率。图 7.18(a)给出了不同发包速率下基于单接口的多信道介质访问控制层协议较多信道介质访问控制层协议吞吐量的提高,在常用的发包速率范围内,基于单接口的多信道介质访问控制层协议在吞吐量方面至少可以获得 14.1%的提高。另外,由于簇头数目较少,基于单接口的多信道介质访问控制层协议在簇间直接采用控制信道交换数据,汇聚结点无须在不同信道间频繁切换,源结点等待时间减少,丢包降低;而且基于单接口的多信道介质访问控制层协议以接包率评估信道质量,相比多信道介质访问控制层协议以信道使用次数进行评估的方案,在考虑外部干扰的实际场景中更为有效。图 7.18(b)显示在各种数据流数下,基于单接口的多信道介质访问控制层协议的包投递率均高于多信道介质访问控制层协议。

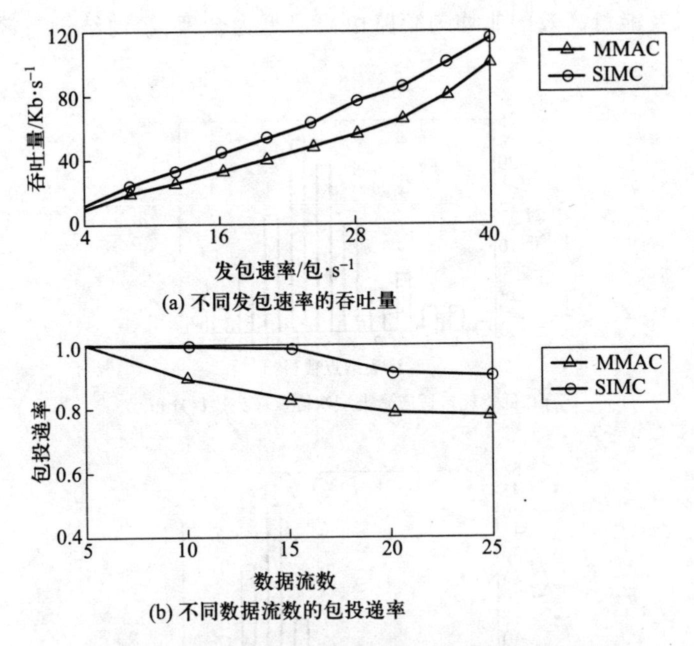


图 7.18 基于单接口的多信道介质访问控制层协议与
多信道介质访问控制层协议性能对比

（2）高可靠性能量均衡跨层通信协议性能分析

利用 NS-2 对高可靠性能量均衡跨层通信协议进行了仿真并将其与经典的低能耗自适应聚类层次协议和高效能非均匀簇路由协议进行了性能对比。

高可靠性能量均衡跨层通信协议采用非均匀簇路由结构，并在簇头结点选择上保持局部竞争机制，避免了簇头数目的大幅波动。另外还引入了结点分布和剩余能量的双重考量，保证了在能量充足时处于局部中心位置的无线传感器网络结点成为簇头结点，降低簇内通信功耗，提高簇内通信效率；而当中心位置结点能量不足时，边缘位置结点才成为簇头，以缓解中心结点损耗，延长网络寿命。图 7.19、图 7.20 分别为低能耗自适应聚类层次协议、高效能非均匀簇路由协议和高可靠性能量均衡跨层通信协议随机选取 100 轮采集周期中簇头数目分布及前 400 轮（结点存活率高）簇内结点与簇头间直线距离的均方差对比。由图 7.19 可见，高可靠性能量均衡跨层通信协议中的非均匀簇路由协议保持了能量高效的非均匀簇路由协议良好的稳定性。由于场景中 $R_c^0$ 取值较小，故网络划分的分簇数目集中于 8~12 之间。簇头结点的合理分布降低了分簇的规模，避免了因簇数过多导致的簇间通信时多跳网络可靠性及接包率的降低。同时，图 7.20 表明高可靠性能量均衡跨层通信协议中簇头结点分布较低能耗自适应聚类层次协议及能量高效的非均匀簇路由协议更为合理,簇内结点与簇头间距离更为平均。

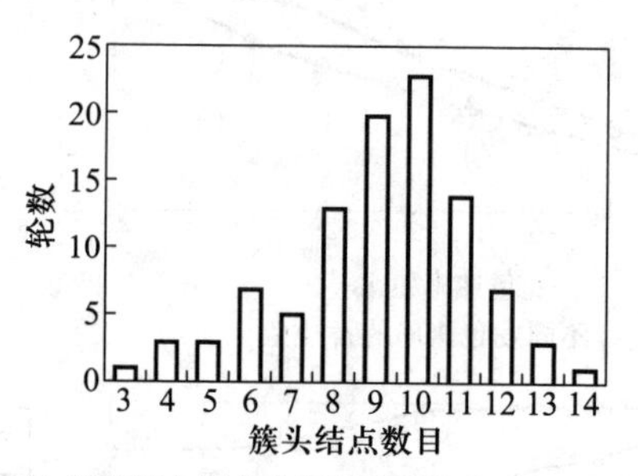


(a) 低能耗自适应聚类层次协议簇头数目分布

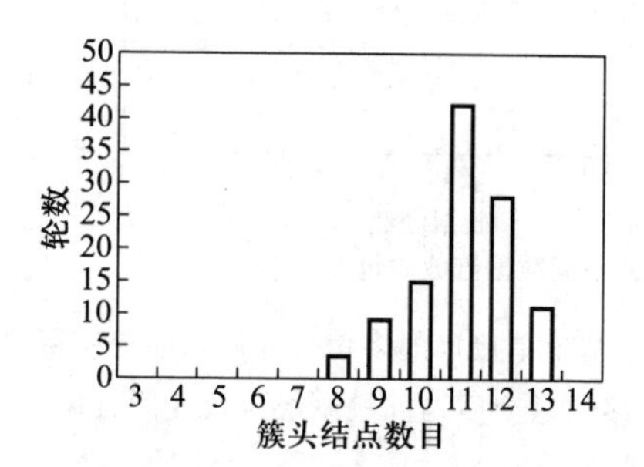


(b) 高效能非均匀簇路由协议簇头数目分布

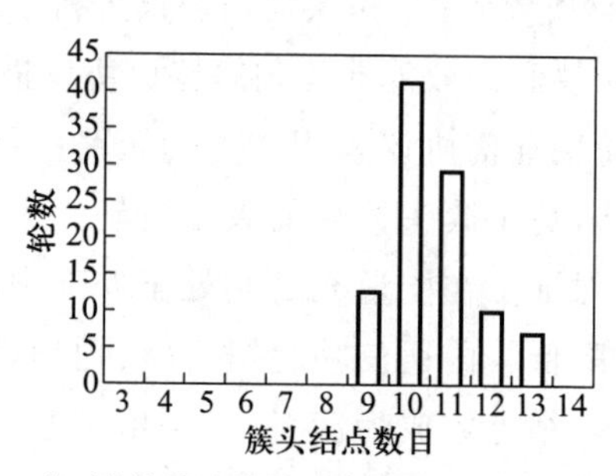


(c) 高可靠性能量均衡跨层通信协议簇头数目分布

图 7.19　各协议簇头数目分布

在工业监测应用中,网络生存周期是衡量无线传感器网络整体性能的重要指标之一。图 7.21 给出了高可靠性能量均衡跨层通信协议、低能耗自适应聚类层次协议及高效能非均匀簇路由协议在不同时间段存活结点数目的比较。高可靠性能量均衡跨层通信协议由于采用非均匀簇的多跳结构,使得结点寿命优于簇头与汇聚结点间直接通信的低能耗自适应聚类层次协议。另外,与采用低耗

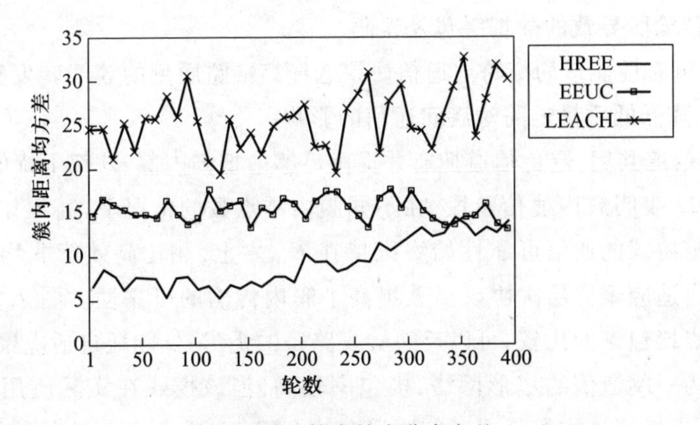


图 7.20 簇内结点分布方差

转发路径的高效能非均匀簇路由协议相比,高可靠性能量均衡跨层通信协议虽然在路径选择时以可靠性为主要标准,但由于簇头分布更加合理,同时兼顾了能量效率,且多信道的运用及路径的高可靠性降低了无效重传及信道拥塞带来的能量消耗,故在衰亡期前段,高可靠性能量均衡跨层通信协议存活结点数较多;而在衰亡期后段,随着能量降低,$N_i$ 减小,簇头选取机制趋于与高效能非均匀簇路由协议效果相同,两者结点消亡趋势基本持平。

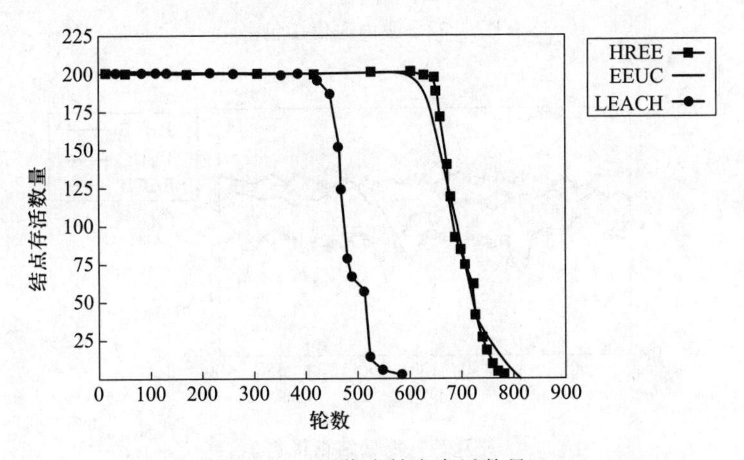


图 7.21 网络内结点存活数量

不同于高效能非均匀簇路由协议和低能耗自适应聚类层次协议的单信道传输模式,高可靠性能量均衡跨层通信协议在非均匀簇的基础架构上,采用了多信道的传输机制,通过以下 3 个方面协同优化无线传感器网络的可靠传输。

- 高可靠性能量均衡跨层通信协议优化了簇头结点的选取机制,避免了簇内远距离传输所导致的数据丢包及误码。

- 高可靠性能量均衡跨层通信协议选择高链路质量的簇间转发路径，提高传输效率，降低低质量链路对簇间通信的影响。
- 多信道共用，避免信道拥塞并提供足够的抵御内部、外部干扰的能力。

图7.22表明簇内通信阶段，在不同簇内结点数的情况下，高可靠性能量均衡跨层通信协议的通信可靠性始终维持在$E_{TH}$之上，相比高效能非均匀簇路由和低能耗自适应聚类层次协议显著提高了簇内传输的可靠性。图7.23为各协议汇聚结点接包率的比较，可以反映转发路径的优劣：低能耗自适应聚类层次协议因簇间为一跳通信的星形网络，接包率较高，但该模式在实际应用中难以实现，而高可靠性能量均衡跨层通信协议在结点配备正常射频模块的前提下，转发成功率和可靠性较能量高效的非均匀簇路由有明显提高。

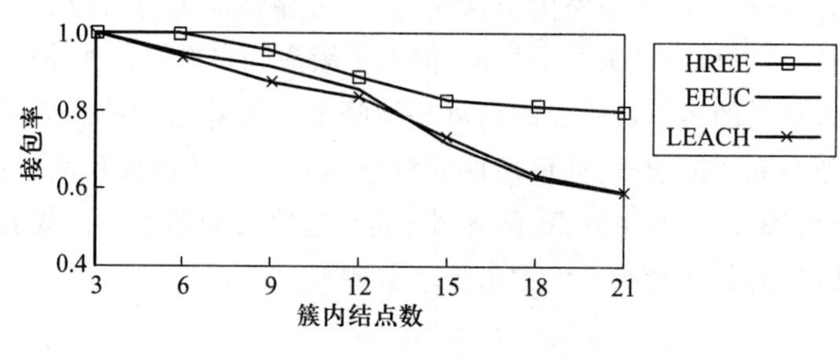


图7.22 簇内通信接包率

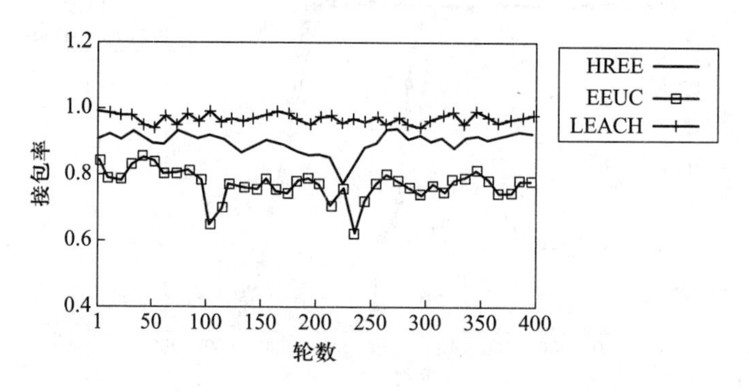


图7.23 汇聚结点接包率

### 7.1.4 基于无线传感器网络的工业监控系统

机电装备监控无线传感器网络是运行在工业现场，利用无线传感器技术完成现场机电设备重要数据采集、传输、处理及监控等功能的综合管理系统，由无线传感器结点及上位机监控软件组成。由于无线传感器网络结点采集的数据通常关系到设备的安全运行及实时状态，且机电设备体积庞大，所以机电设备监控无线传感器网络必须具备足够的可靠性及远距离通信能力。为进一步提高无线传感器网络在工业现场的适用性，需要对现有无线传感器网络结点进行射频前端改进，并对上位机监控软件和结点协议栈进行多信道通信功能的扩展。

1. 无线传感器网络结点无线射频模块

(1) 无线传感器网络结点模块

无线传感器网络结点模块集数据采集、数据处理及无线收发等功能于一体，主要由无线射频模块、处理器模块、电源管理模块、传感器模块、外围接口及串口通信模块组成，如图 7.24 所示。

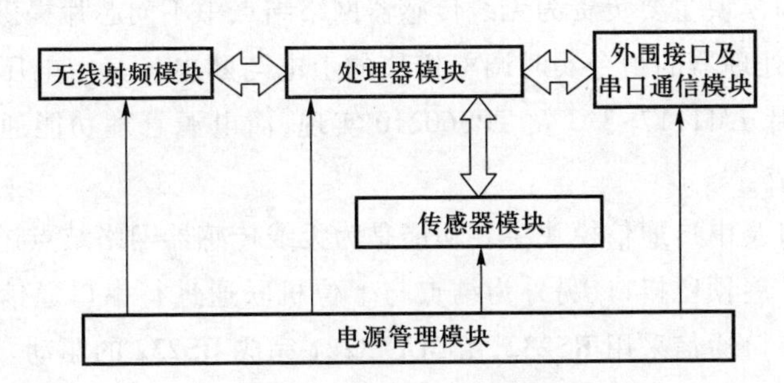


图 7.24　无线传感器网络结点硬件结构图

无线传感器网络结点系统实现框图如图 7.25 所示。

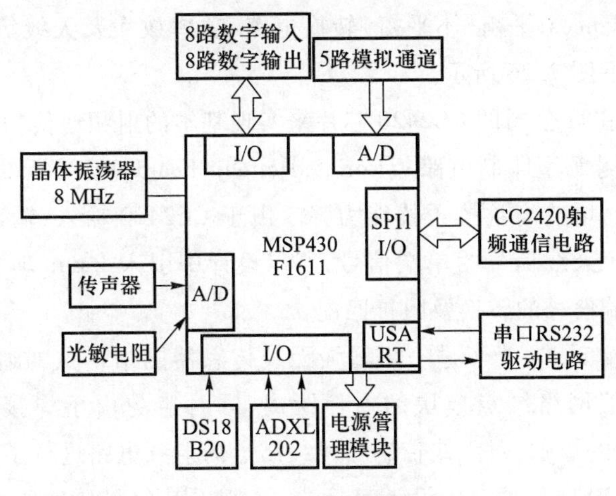


图 7.25　结点系统框图

处理器模块采用TI公司生产的16位RICS超低功耗的MSP430F1611单片机作为处理核心，主要完成结点的任务控制、时序控制、采集数据处理及模块管理等核心功能。

传感器模块负责完成对监控目标主要数据的采集，目前无线传感器网络结点已配备的特定类型传感器及功能见表7.6。

**表7.6　传感器功能说明**

| 传感器 | 功能 | 传感器 | 功能 |
| --- | --- | --- | --- |
| 驻极体传声器 | 声音采集 | 光敏电阻 | 光照监测 |
| DS18B20 | 温度采集 | ADXL202 | 加速度(姿态)监测 |

电源管理模块主要负责为无线传感器网络结点中不同芯片提供不同要求的电源，并根据处理器的指令实时调整模块的上电与断电。其中电压转换功能主要由LDO芯片LM1117-3.3及TPS60210实现，而电源管理功能通过模拟开关MAX4678完成。

外围接口及串口通信模块主要功能是为无线传感器网络结点进行如新增传感器等功能扩展预留接口，另外为结点与上位机联通进行串口通信及程序调试提供通路。串口通信采用RS232，由MAX3221完成RS232的驱动。

(2) 无线射频模块

• 原射频电路设计：射频模块部分主要完成无线信号的收发任务，通过四线制SPI接口与处理器MSP430F1611相连。该部分主要包括射频芯片、Balun(balances-unbalances，平衡-不平衡)转换电路、功率放大及天线等几部分，改进前电路结构如下图7.26所示。

原设计采用TI公司的CC2420芯片来实现基本的射频通信功能。发射天线采用非平衡的倒F型印制电路板(printed circuit board，PCB)天线，其优点是体积小、结构简单、增益高且抗干扰能力强。由于CC2420输入、输出均为差分信号，而PCB倒F天线信号为单端信号，所以设计中引入Balun转换电路来完成差分信号到单端信号的转换及阻抗匹配。

• 射频电路改进：为了进一步增强无线传感器网络结点的通信能力，延长当前无线传感器网络结点模块的通信距离，同时避免由于焊接、布线误差对Balun电路造成的影响，对无线传感器网络结点的射频电路进行了改进。

由于CC2420以低功耗为设计目标之一，所以其信号传输距离受到发送功率峰值的限制。为了在CC2420的基础上延长通信距离，需要在射频前端加入

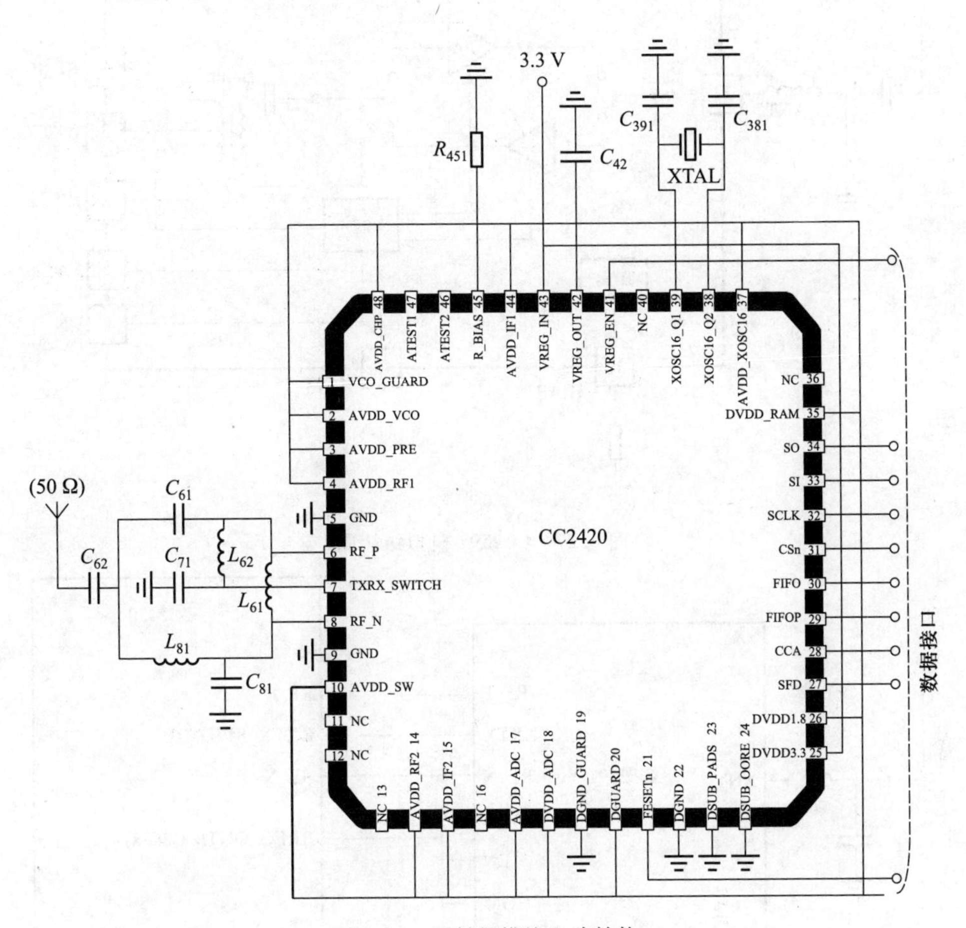


图 7.26 原射频模块电路结构

功率放大电路，可采用 TI 公司推出的高性能低成本的 2.4 GHz 频段射频前端 CC2591，其内部模拟结构如图 7.27 所示。CC2591 适用于所有 2.4 GHz 无线系统，它集成了可以将输出功率提高+22 dBm 的功率放大器和可以将接收灵敏度提高+6 dBm 的低噪声放大器，能够显著改善无线信号的发射距离和信号接收时的灵敏度。另外，CC2591 还自带了 Balun 转换电路和射频匹配网络，可以取代原设计中的 Balun 转换电路，实现 CC2420 的差分信号与倒 F 天线的单端信号的阻抗匹配和转换。

CC2591 与 CC2420 共同组成射频前端时的典型电路如图 7.28 所示。其中 CC2591 的 PAEN、EN、HGM 及 RXTX 4 个数字控制管脚负责 CC2591 收发模式的设定，具体控制逻辑说明见表 7.7。

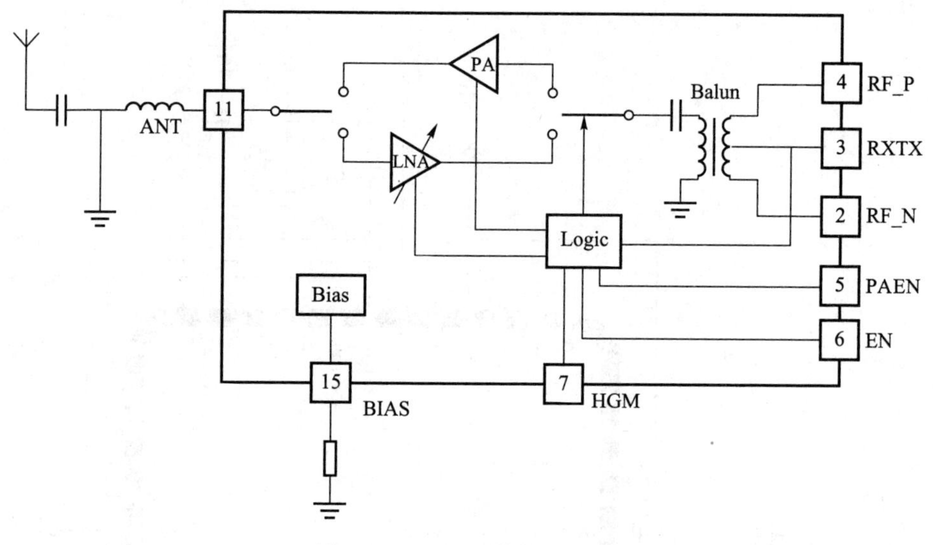


图7.27　CC2591模拟结构图

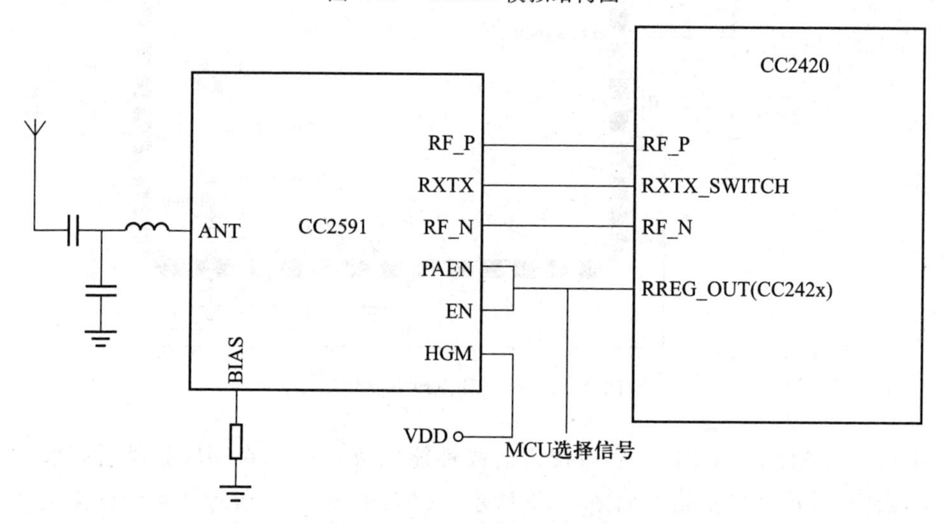


图7.28　CC2591与CC2420连接图

**表7.7　CC2591控制逻辑**

| PAEN=EN | RXTX | HGM | 收发模式 |
| --- | --- | --- | --- |
| 0 | — | — | 关闭 |
| 1 | 0 | 0 | 低增益接收 |
| 1 | 0 | 1 | 高增益接收 |
| 1 | 1 | — | 高增益发送 |

为提高无线传感器网络结点发射功率及接收灵敏度,将 CC2591 的增益控制引脚 HGM 接高电平(+3.3 V),而收发控制引脚 RXTX 直接由 CC2420 的模式切换控制管脚 RXTX_SWTICH 控制,CC2591 控制引脚默认+1.6 V 以上为高电平,而当供电电压为+3.6 V 时,CC2420 的 RXTX_SWTICH 变化范围为 0~1.8 V,足够控制 CC2591 的 RXTX 管脚。当 CC2420 通过 SPI 接口收到处理器通信任务时,经由 RXTX_SWTICH 切换 CC2591 的射频工作模式。当无线传感器网络结点处于休眠状态时,可以通过 PAEN 关闭 CC2591,节省能耗。

改进后的 CC2591 和 CC2420 组成的射频通信板实物图如图 7.29 所示。

图 7.29 改进后射频板实物图

2. 机电装备监控无线传感器网络的多信道扩展

无线传感器网络结点根据功能需求的不同,分为汇聚结点、路由结点及检测结点 3 种,相应地有 3 种不同功能的协议栈与之对应。在现有协议栈的基础上,对介质访问控制层进行多信道动态切换扩充,可使无线传感器网络结点在不同的信道间进行协商切换,完成可靠的数据传输。

汇聚结点是 3 类结点中功能最完整的结点,其软件结构如图 7.30 所示。其余两类结点的协议栈均可通过在汇聚结点的协议框架下定制而来。

多信道的扩展主要涉及结点软件结构中的上位机通信部分、无线传感器网络协议栈部分及射频驱动部分。协议栈部分变化主要是在介质访问控制层引入了新的控制帧以完成结点间信道切换握手,同时提供了相应的控制帧处理机制。射频驱动部分主要变化为:将信道选择从主体驱动程序中剥离出来,供每次信道

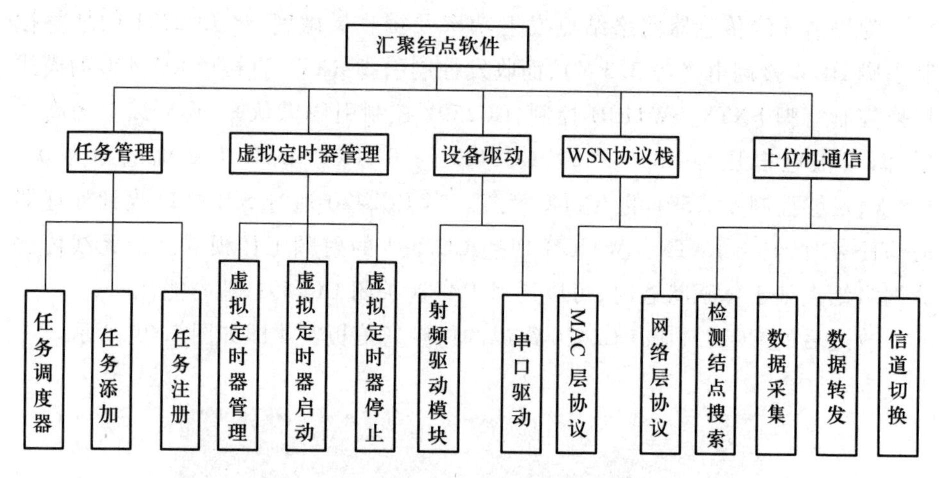


图7.30　汇聚结点软件结构

切换时完成模块的信道选择，避免因信道切换而导致整个模块全部重新驱动，减少切换时延和能量损耗。上位机通信部分主要增加了与信道切换任务对应的判断条件CMD_SWTICH_CHANNEL，该条件等级与上位机的数据采集、设备搜索等条件并列，用于启动簇头结点向目标结点发布信道切换命令，具体命令见表7.8。同时，在上位机人机界面中网络拓扑菜单下可增加信道切换按钮以实现手动控制信道的切换。

**表7.8　上位机串口命令**

| 名称 | 值 | 功能 |
| --- | --- | --- |
| CMD_COM_SENSOR | 0x01 | 指定采集信号 |
| CMD_NET_FIND | 0x02 | 设备结点搜索 |
| CMD_SWTICH_CHANNEL | 0x04 | 启动信道切换 |

协议栈支持两种信道切换方式，一种为链路质量检测模式（主动），另一种为上位机控制模式（被动）。

在链路质量检测模式中，信道切换为主动进行，流程如图7.31所示。汇聚结点将不断根据CC2420的链路质量指示LQI来间接地估计信道使用情况，当信道信噪比过低时，汇聚结点启动信道切换处理进程，在完成信道选择、结点确认、射频初始化等过程后，在新信道进行数据交换。

在上位机控制模式中，结点的信道切换为被动进行，受上位机控制，流程如图7.32所示。当汇聚结点自串口收到上位机发送的信道切换消息CMD_

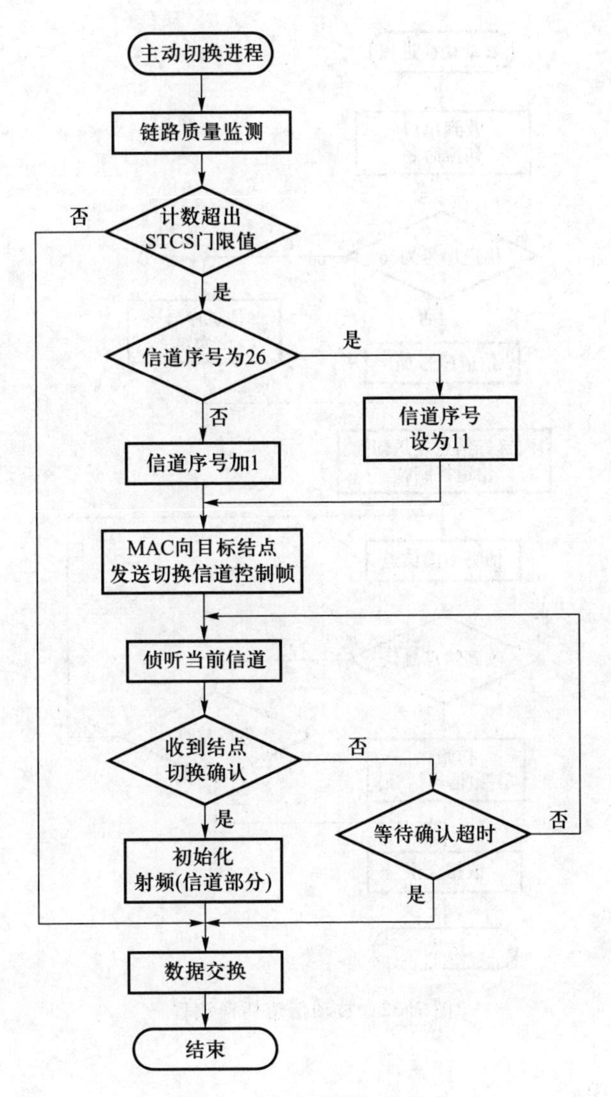


图 7.31 主动信道切换流程

SWTICH_CHANNEL 时,与主动切换相似,启动信道切换处理进程。在完成信道选择、结点确认、射频初始化等过程后,在新信道进行数据交换。

3. 系统测试

首先对上位机监控平台软件进行结点连通实验,操作界面如图 7.33 所示,监控平台能够通过串口准确采集传感器结点的温度、光照、声音、加速度等监控信息,同时,在原有功能基础上增加了信道切换控制(被动控制)功能。然后根据无线传感器网络平台的改进目标对改进前与改进后结点的通信距离及可靠性

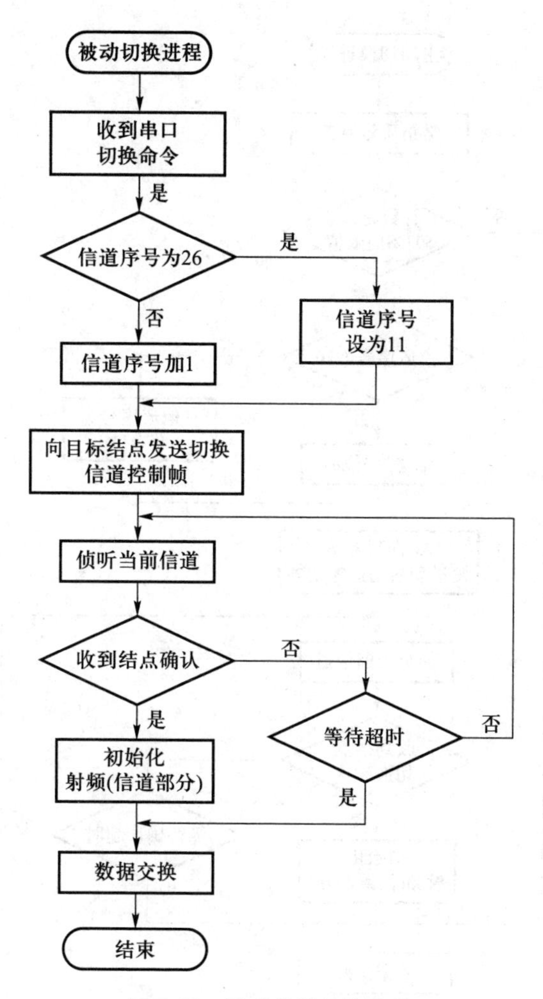


图7.32　被动信道切换流程

进行测试和对比。

为了完成改进后无线传感器网络结点通信距离的测定，分别采用如图7.34、图7.35所示改进前的射频前端电路板与图7.35所示两类无线传感器网络结点母板组成收发设备，在室内环境和室外环境进行通信测试，室内无线传感器网络监控系统如图7.36所示。

室内环境模拟测试多障碍物及强多径效应下结点通信能力，障碍物为距离不等的室内墙体，汇聚结点分别位于走廊与房间内，检测结点逐渐远离直至结点间无法完成通信。室外环境实验分别在不同时段进行。清晨由于行驶车辆且行人（无线通信设备）较少，用于模拟无干扰环境；傍晚由于行驶车辆及行人较多，

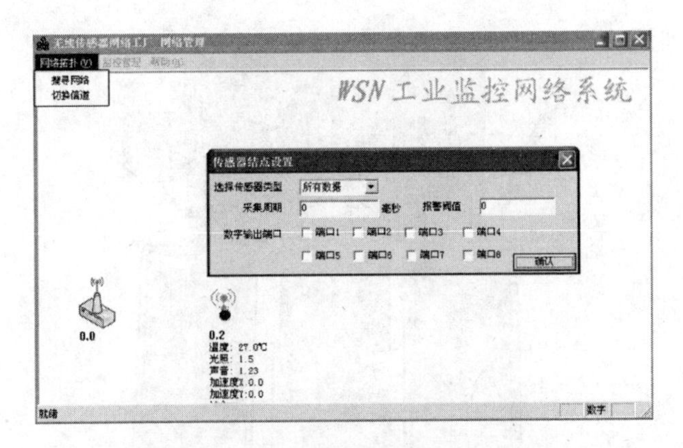


图 7.33 上位机监控界面运行效果

图 7.34 改进前射频前端电路板

模拟干扰环境。结点配置、移动方式与室内环境相同。各种环境下得到的通信距离实验数据见表 7.9。

**表 7.9 通信距离实验数据**

| 结点状态 | 室内(房间内)/m | 室内(走廊)/m | 室外(清晨)/m | 室外(傍晚)/m |
| --- | --- | --- | --- | --- |
| 改进前 | 35 | 48 | 320 | 260 |
| 改进后 | 50 | 120 | 950 | 780 |

由表 7.9 可见,障碍物及多径效应会对无线传感器网络结点的通信距离造成影响,同一结点在室内与室外的通信距离有明显差别,但经过改进后的结点由

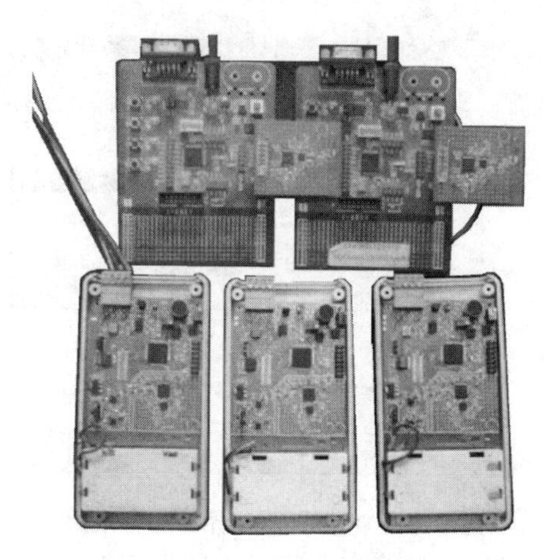

图 7.35　两类无线传感器网络结点母板

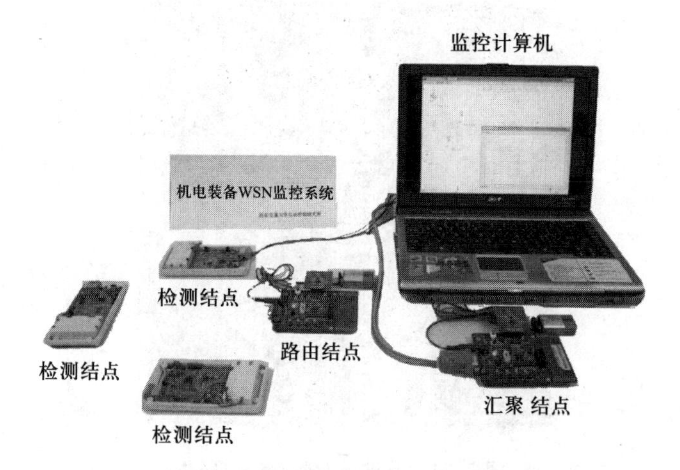


图 7.36　无线传感器网络监控系统

于发射功率和接收灵敏度均有提高,故各种环境下通信距离均高于改进前的结点。而且,在室外实验中,虽然傍晚的干扰环境会对结点造成影响,但改进后的无线传感器网络结点在通信能力上较改进前仍有明显提高。

另外,在室外通信距离实验中还对改进前后无线传感器网络结点进行了接包率对比,结点可靠性实验数据对比如图 7.37 所示。改进后结点的通信可靠性明显优于改进前结点,主要原因有两方面:一方面是改进后结点发射功率得到提高,因此信号的信噪比随之提高,误码率及丢包率相应降低;另一方面,多信道通信技术使结点总是利用质量最好的信道进行通信,避开了受干扰严重的信道,进而提高了通信的可靠性。

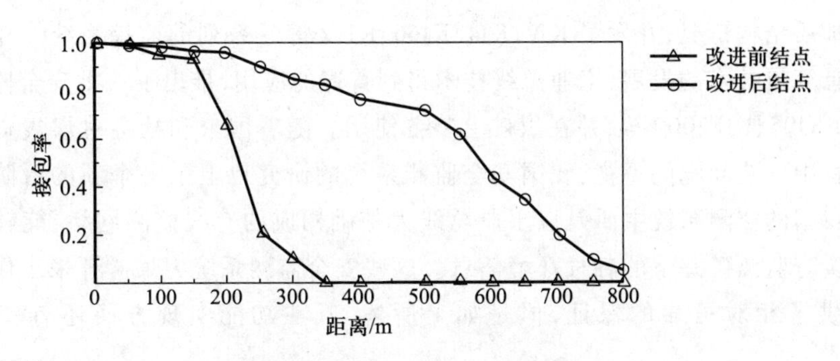


图 7.37 结点可靠性实验数据对比

## 7.2 用于矿井安全的无线传感器网络系统

在以井工开采为主方式下,由于井下环境的特殊性、条件的多变性,矿井存在瓦斯、煤尘、火灾等隐患。目前,安全监测系统主要以现场总线为主,通过有线方式进行信息数据的收集和传输,这在矿井这个特殊的环境下存在许多的弊端,主要问题有:

- 井下监测点数量有限,重点区域存在监控盲区。
- 传感器接入不灵活,随着矿井挖掘的深入,传感器无法实现快速跟进。
- 一旦有线网络发生故障或遭到破坏,系统瘫痪将造成严重的后果。

近几年,国家和社会对矿井开采工作中的安全问题高度重视,投入很大精力在安全隐患的防治工作上。随着无线传感器网络技术的日渐成熟,WSN 成为解决矿井开采中安全问题的有效途径。无线传感器网络具有自组织、扩展方便、结点不受限制等特点,可以弥补目前矿井安全监测系统存在的缺点。其使用的 ZigBee 协议具有低功耗、低成本的特性降低了大量布置结点的成本,且采用电池供电就可以维持结点使用几个月到几年的时间。无线传感器网络技术的出现,为现阶段矿井安全监测系统提供了很好的解决方案,在未来基于无线传感器网络的安全监测系统一定会在矿井开采中得到广泛使用[3,4]。

### 7.2.1 无线传感器网络技术应用于矿井安全监测的可行性

在对煤炭行业进行优化结构的同时,国家还加大了对矿井开采过程中安全监测监控系统和安全救灾系统研究的投入[24-25]。20 世纪 80 年代,基于我国矿井的地质结构情况,开发了 KJ2、KJ4、KJ66、KJ92 等一系列的监控系统。随着电子及计算机技术的发展,工业总线技术得到普遍的应用,推出了一批安全监测系统,如 KJ95、KJF2000 等,并在煤矿上装备使用。随着国家和社会对煤炭资源开采过程中安全问题的重视,我国安全监测系统的研究也上了一个新的台阶。现阶段我国的监测系统主要是以工业总线为基础构成的有线监测网络,能够通过网络实时监测矿井下的各种环境信息。这些安全监测系统为煤矿开采工作的工人提供了相对可靠的保证,但是如上所述,其在功能实现方面还有一定的缺陷[26]。

随着传感器、无线通信等技术的发展,无线传感器网络在煤炭领域的应用也得到了越来越多的关注。无线传感器网络的网络自组织、结构灵活、以数据为中心等特点都很适合矿井开采环境监测领域的应用,ZigBee 技术的低功耗、高可靠性等也为系统的维护和安全性方面提供了保证[27]。

最近几年,国内外对无线传感器网络的领域应用研究热情高涨,取得了丰硕的成果[28-30]。美国在矿井安全监测领域的研究正在开展中,矿业安全管理部门正致力于矿用无线传感器网络定位与通信的相关研究[31];在加拿大,基于地下无线通信和精确定位系统的无线智能采矿技术已经开始使用;在我国,"矿井工作面无线传感器组网技术"和"矿井救灾通信系统"等项目,已经将无线传感器网络技术应用于矿井安全监控和安全救灾项目中。

我国采用 2.4 GHz 作为 ISM 频段,在该频段上常用的无线通信技术有 Wi-Fi、蓝牙、ZigBee 等。Wi-Fi 技术使用的是 IEEE 802.11b 通信协议,数据传输速率最大可以达到 10 Mb/s,传输距离达到 10~100 m,但是其功耗较大,普通电池只能维持结点一周左右的使用时间。蓝牙技术使用 IEEE 802.15.1 通信协议,传输速率为 1 Mb/s,传输距离只有 10 m,且结点耗能大、成本较高。ZigBee 技术采用的是 802.15.4 通信协议,传输速率较低,为 250 Kb/s,传输距离一般在 75~100 m,ZigBee 主要的特点是功耗低,普通电池的寿命可达半年至数年之久。针对无线传感器网络矿井安全监测系统需要大范围布局、可扩展性强、低功耗、高可靠性等要求,Wi-Fi 和蓝牙技术并不适用于矿井安全监测系统的应用。ZigBee 技术采用自组网,可随意扩展,且功耗只有几毫瓦,成本相对较低,适合大范围布局,这些特点都符合无线传感器网络矿井安全监测系统的要求,非常适合在矿井安全监测系统中进行应用[32-34]。

ZigBee 无线传感器网络在矿井安全监测中的应用与目前常用的安全监测系统相比,有无法比拟的优势,主要表现在:

- 无线传感器网络采用自组织网络,有很好的扩展性,随着煤矿的挖掘进程深入可以随时布置新的传感器结点并及时加入网络。

• 传感器结点的布置位置灵活，解决了有线网络中结点布置受线路的影响，有效地避免了有线通信网络中容易出现的监测盲点现象。

• 当一个结点出现问题的时候，系统可以自己重新构建网络，减少了由于线路出现问题导致的安全隐患。

无线传感器网络的这些特性，很好地弥补了上一代安全监测系统的不足，对整个煤炭行业生产环境的安全监测领域意义重大。

### 7.2.2 安全监测系统硬件设计方案

1. 总体框架

根据我国矿井的结构和分布的特点，应用于矿井安全监测系统的无线传感器网络应具备以下特点[35]：

• 能够及时收集各种相关的环境信息数据，并在环境数据超出范围，出现安全隐患的时候发出警报。

• 煤矿的巷道狭长，无线传感器网络拓扑结构适宜选择树形结构。

• 随着巷道向深处挖掘，需要及时增加监测点，整个网络的结构要能够随时扩展和延伸。

• 矿井安全监测系统需要大范围布置结点，要求传感器结点成本低。

• 传感器结点设备采用电池供电，要求结点在工作中的功耗低。

• 矿井巷道曲折狭长，巷道中有大型机电设备及堆放的杂物，系统在无线通信过程中往往会受到较强的干扰，所以要求系统具有较强的抗干扰性能。

基于上述矿井安全监测系统的要求，相关的矿井安全监测系统方案设计如图 7.38 所示。

树形拓扑结构的缺点是维护能力较差，煤矿井下的复杂环境又易造成结点的损坏。如果网络中某段的路由结点不能正常工作的话，可能导致部分终端结点与网络的联系中断，所以在巷道中布置路由结点的时候可以采用双路径网络。当网络某个路径中的路由结点损坏时，可以采用另一条路径继续通信，使系统能够更可靠地运行。

矿井安全监测系统井下部分为由结点构成的 ZigBee 网络，包括路由结点和传感器终端结点。终端结点上使用瓦斯传感器、温湿度传感器等对井下相关环境数据进行采集，并通过 ZigBee 网络发送给井上的协调器结点。协调器结点与监控计算机（监控主机）相连，通过串行接口将数据传输给监控计算机。监

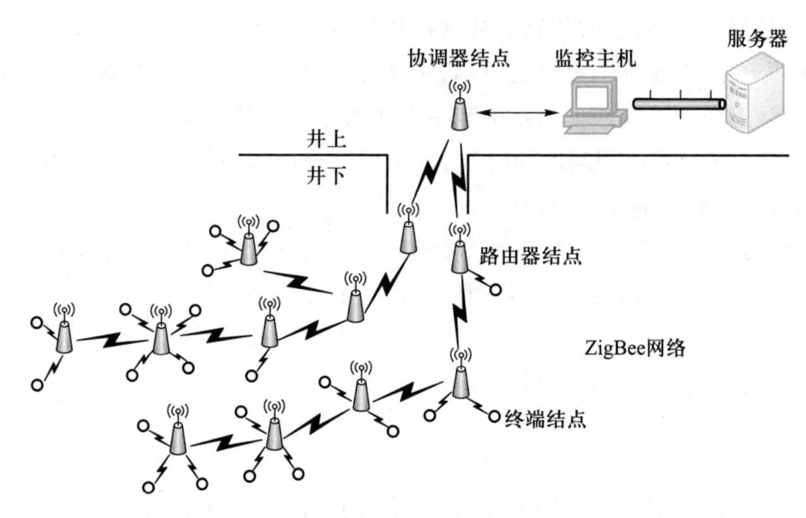


图7.38 基于ZigBee技术的矿井安全监测系统

控计算机可以对数据进行实时监测，并能够通过以太网将数据传送给其他设备或服务器。

考虑到无线矿井安全监测系统的低功耗和可靠性等要求，传感器结点采用低耗能、性能稳定的PIC18F4620单片机和外围电路简单、支持ZigBee协议的CC2420射频芯片进行硬件平台的方案设计，其设计结构如图7.39所示。

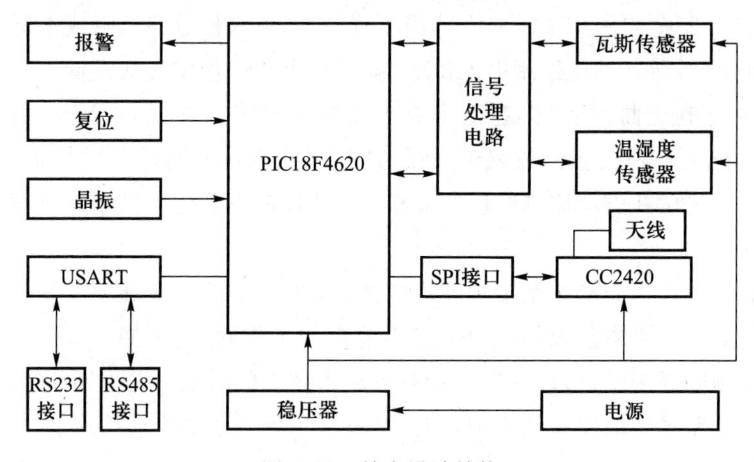


图7.39 结点设计结构

该结点硬件平台以PIC18F4620单片机和CC2420无线射频芯片为核心，在PIC18F2620上扩展出SPI接口与CC2420进行连接，它们之间采用主从模式进行通信，同时还在外围扩展了RS232和RS485接口电路。针对矿井安全环境因素，系统主要采用瓦斯传感器和温湿度传感器对矿井环境相关数据信息进行采集，传感器采集的数据经过信号放大、A/D 转换等处理后传输给控制器。结点利用 CC2420 射频收发器通过无线通信网络将数据发送给中心结点，当数据值超标，产生安全隐患时启动报警装置发出警报。结点采用 9V 电池供电，通过稳压器将电压输出转换为系统可用电压，为结点提供能量供应。

2. 基于矿井应用的主要传感器

引起矿难事故的环境因素很多，温度、湿度、瓦斯、振动、明火及粉尘等都是导致煤矿事故发生的影响因素。在这些环境因素中，瓦斯、温度和湿度是最为重要的因素。

（1）瓦斯传感器

矿井瓦斯是指在煤矿的生产过程中，从煤和岩层内涌出的有毒、有害气体的总称。它的主要成分是烷烃，其中绝大部分是甲烷（$CH_4$），还有少量的乙烷、丙烷、丁烷等。在空气中当瓦斯浓度达到 5%～16%的时候，遇到明火就会发生爆炸，从而威胁到矿工的生命安全。

瓦斯传感器的主要任务是将环境中的瓦斯浓度进行转化，变成相应的电信号。系统选用 MJC4/3.0L 瓦斯传感器作为终端结点采集瓦斯数据的设备，该传感器具有响应速度快、线性输出、可重复性好、工作稳定等特点。传感器采集的数据要经过信号处理电路和 A/D 转换电路，把数据转换成适宜传输的数字量，其实物图和基本测试电路如图 7.40 所示。MJC4/3.0L 瓦斯传感器属于催化燃

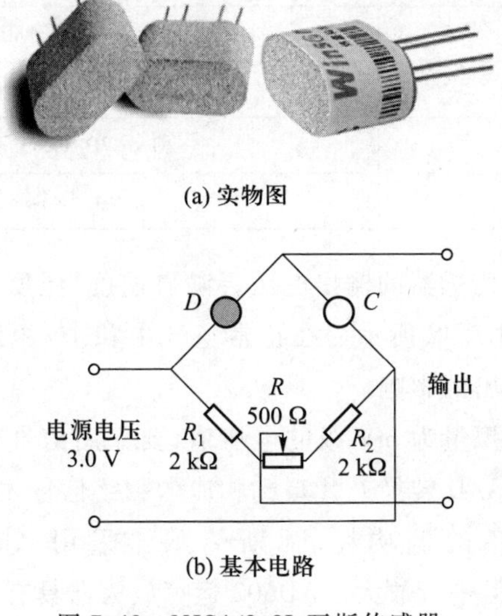


(a) 实物图

(b) 基本电路

图 7.40 MJC4/3.0L 瓦斯传感器

烧式传感器,催化检测元件内部是一个铂丝线圈和包裹的氧化铝,外面敷有一层催化层,铂丝通电使检测元件保持高温,若有甲烷气体,就会在催化剂层发生催化燃烧反应,放出热量,铂丝受热温度升高电阻值变大。

在实际应用中,一般采用电桥输出,电桥中黑元件为催化检测元件;白元件没有催化层,为补偿元件。当环境中的甲烷气体浓度增大时,检测元件由于催化燃烧反应导致电阻值变大,电桥的输出也随之变化。

MJC4/3. 0L 瓦斯传感器的工作电压为 3. 0±0. 1 V,工作电流为 110±10 mA,可用电池供电,具有响应速度快、可重复性好等特点,并具有良好的可靠性和稳定性。MJC4/3. 0L 瓦斯传感器的具体技术参数见表 7. 10。

**表 7. 10 MJC4/3. 0L 瓦斯传感器的技术参数**

| 参数属性 | | 参数值 |
|---|---|---|
| 工作电流/mA | | 110±10 |
| 工作电压/V | | 3. 0±0. 1 |
| 灵敏度/mV | 1%甲烷 | 20~40 |
| | 1%丁烷 | 30~50 |
| | 1%氢气 | 25~45 |
| 线形度/% | | ≤5 |
| 测量范围/%LEL | | 0~100 |
| 响应时间/s | | 小于 10 |
| 恢复时间/s | | 小于 30 |
| 使用环境 | | -40~+70 ℃ 低于 95%RH |
| 储存环境 | | -20~+70 ℃ 低于 95%RH |
| 外形尺寸/mm | | 9. 5×14×19 |

MJC4/3. 0L 瓦斯传感器的输出电压会随着温度、湿度等数据的变化出现较小的变化,图 7. 41、图 7. 42 所示为在正常空气中和 1%甲烷浓度的空气中温度和湿度对该传感器输出的影响。

传感器得到的模拟量为 mV 级的电压值,要先用信号放大电路将信号放大到 V 级值,然后经过 A/D 转换芯片得到相应的数字信号才能进行数据传输。

考虑到结点设备的低功耗,瓦斯传感器采用 AD602 运算放大器对 MJC4/3. 0L的输出信号进行放大。AD602 运算放大器具有低功耗、体积小、工作电源范围广等特点,适宜在监测设备、传感器接口等应用中使用。采集的信号经

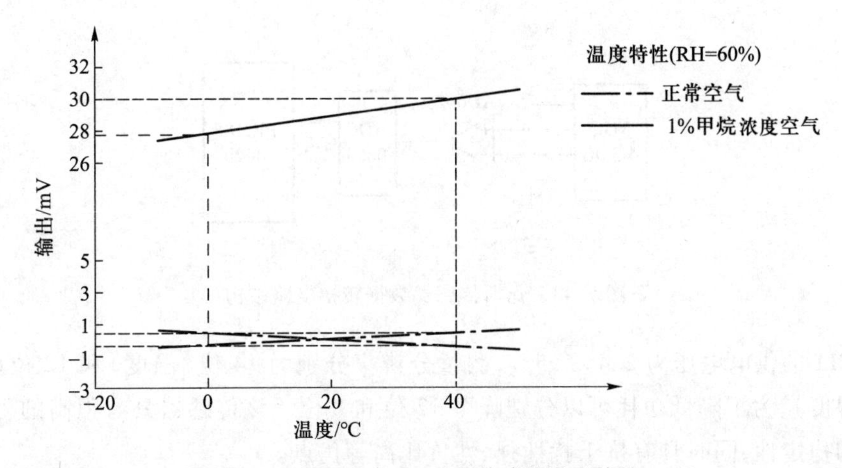


图 7.41 MJC4/3.0L 瓦斯传感器温度特性

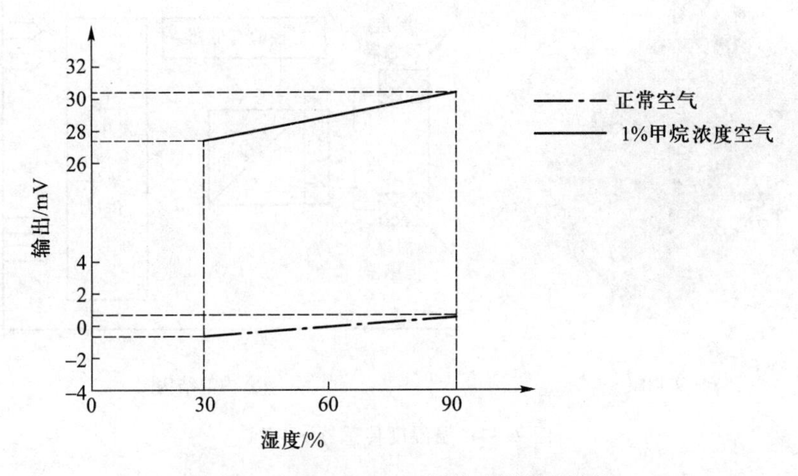


图 7.42 MJC4/3.0L 瓦斯传感器湿度特性

信号放大后的数据由 ADC0809 转换成数字信号传送给单片机。ADC0809 采用 5 V 电源供电,功耗为 15 mW,满足设备的低功耗需求。瓦斯传感器数据转换电路结构如图 7.43 所示。

(2) 温湿度传感器

矿井内的温度和湿度对矿井的安全生产也有较大的影响,本方案中采用 SENSIRION 公司的 SHT11 温湿度传感器来实现对环境中的温度和湿度数据的采集。SHT11 单芯片传感器采用 COMS 电路,只有一个火柴头大小,该芯片集成了传感器元件、A/D 转换器和串行接口。其中传感器元件有两个:一个电容式聚合体的测湿元件和一个能隙式的测温元件,实物和内部结构如图 7.44 所示。

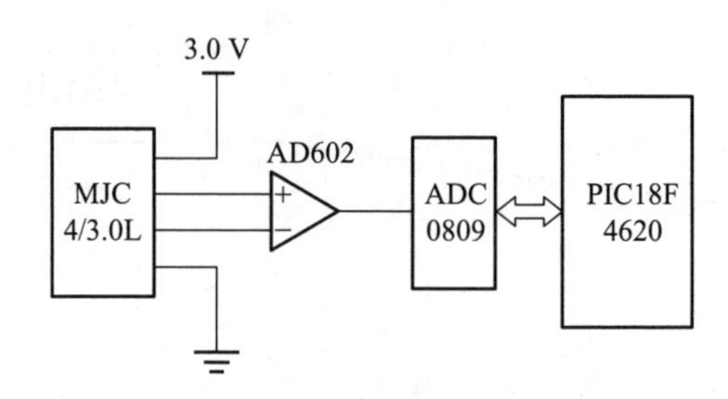


图 7.43　瓦斯传感器数据转换电路结构

SHT11 的供电电压为 2.4~5.5 V,测量分辨率分别为 14 位(温度)和 12 位(相对湿度),为了降低功耗可以分别降至 12 位和 8 位。该传感器具有很高的可靠性和稳定性,同时具有抗干扰性强、性价比高等优点。

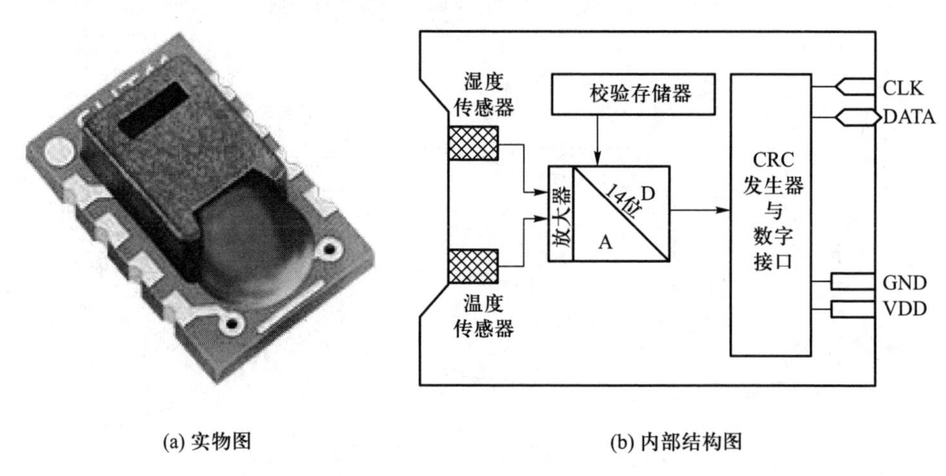


(a) 实物图　(b) 内部结构图

图 7.44　温湿度传感器 SHT11

温湿度传感器芯片内部集成了 A/D 转换电路和串行接口电路,所以不用对数据进行额外的处理,输出的数据可以直接传送给控制器。SHT11 温湿度传感器与控制器的接口电路如图 7.45 所示,CLK 用于传感器与控制器的同步通信,可用 I/O 接口的模拟时钟实现,DATA 为三态门串行输入/输出口,在 CLK 上升沿有效。为了避免数据传输时的冲突,增加上拉电阻。

在需要测量数据的时候,控制器首先发送一组时序对器件进行初始化,然后发送一组 8 位的测试命令。命令包括 3 位地址位和 5 位命令位,SHT11 目前支持的地址位为 000,命令位包括对传感器的选择和状态寄存器的读/写等,使用的命令集见表 7.11。

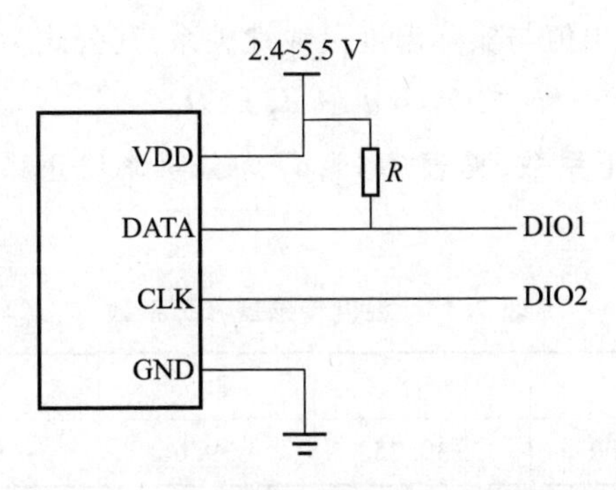


图 7.45 温湿度传感器 SHT11 接口电路

**表 7.11 SHT11 命令集**

| 代码 | 命令 |
| --- | --- |
| 11110 | 复位 |
| 00101 | 湿度测量 |
| 00011 | 温度测量 |
| 00111 | 读状态寄存器 |
| 00110 | 写状态寄存器 |

SHT11 温湿度传感器输出的数据量需要一定的公式转化才能与真正的物理量相匹配。其中湿度传感器的输出值与实际的相对湿度呈非线性关系,要得到相对湿度首先要对其进行修正,修正公式为:

$$RH_{\text{linear}} = C_1 + C_2 \cdot SO_{\text{RH}} + C_3 \cdot SO_{\text{RH}}^2 \tag{7-32}$$

式中,$SO_{\text{RH}}$为输出值,$C_1$、$C_2$、$C_3$ 为输出值修正系数,见表 7.12。

相对湿度的输出值以温度为 25 ℃为标准,所以其真实值还要考虑温度补偿,转换公式为:

$$RH = (T_{\text{C}} - 25) \cdot (t_1 + t_2 \cdot SO_{\text{RH}}) + RH_{\text{linear}} \tag{7-33}$$

式中,$T_{\text{C}}$ 为当前温度值,$t_1$、$t_2$ 为温度修正系数见表 7.12。

**表 7.12 湿度传感器修正系数**

| $SO_{\text{RH}}$ | $C_1$ | $C_2$ | $C_3$ | $t_1$ | $t_2$ |
| --- | --- | --- | --- | --- | --- |
| 12 位 | −4 | 0.0405 | $-2.8\times10^{-6}$ | 0.01 | 0.000 08 |
| 8 位 | −4 | 0.648 | $-7.2\times10^{-4}$ | 0.01 | 0.001 28 |

温度传感器的输出值与实际温度呈线性关系，其公式为：

$$T_C = d_1 + d_2 \cdot SO_T \tag{7-34}$$

式中，$d_1$ 为输出值修正系数，见表 7.13；$d_2$ 为分辨率修正系数，为 0.01（14 位）或 0.04（12 位）。

**表 7.13 温度传感器修正系数**

| VDD/V | 5 | 4 | 3.5 | 3 | 2.5 |
|---|---|---|---|---|---|
| $d_1$ | -40.00 | -39.75 | -39.66 | -39.60 | -39.55 |

## 7.2.3 软件设计与实现

1. 开发环境

应用层程序是由 MPLAB IDE V8.63 开发工具实现的。MPLAB IDE 是 Microchip 公司用于 PIC 系列单片机应用编程的集成开发环境。MPLAB IDE 可以用其内置的编辑器编辑源代码，使用汇编语言或 C 语言进行编程，用 C18 编译器进行编译操作。程序通过 MPLAB ICD 2 仿真器进行在线仿真和向单片机中烧写[36]。

ZigBee 协议栈由 Microchip ZigBee Stack V 1.0-3.5 实现。能够在 PIC18 系列的单片机上进行移植应用，并支持各种 ZigBee 网络拓扑结构，能够实现全功能设备和精简功能设备的功能。

2. ZigBee 协议栈程序

ZigBee 协议栈是随着 ZigBee 无线通信协议规范不断发展的，ZigBee 协议栈 Microchip ZigBee Stack V 1.0-3.5 在原始 ZigBee 协议栈的基础上完善。而为 ZigBee 协议栈创建的结点至少要满足以下条件：一个带有 SPI 接口的单片机，一个带有外部元件的无线射频收发器，以及一根天线。ZigBee 协议栈中包含多个源文件，有的是 ZigBee 应用程序所公用的，有的则是提供给某些特定的应用程序所用。

在 ZigBee 协议栈的源文件中，ZigBeeStack 文件夹中的源文件是 ZigBee 应用程序经常要用到的文件，主要包含的文件见表 7.14。还有一部分根据应用程序的功能特点所特有的文件，在本系统中根据结点设备的功能不同，均有各自的应用层程序文件 Coordinator.c、Router.c 和 RFD.c。这 3 个文件分别是协调器结点、路由结点和终端结点的应用程序，分别实现了各自的功能。

**表 7.14 ZigBee 协议栈源程序文件**

| 文件名 | 文件说明 |
| --- | --- |
| zigbee.h | 声明 ZigBee.c 中用到的函数,定义协议常量 |
| ZigBeeTask.c & ZigBeeTask.h | 对协议栈各层程序的执行流程进行控制 |
| Console.c & Console.h | 串口通信的接口参数配置执行文件 |
| MSPI.c & MSPI.h | SPI 接口通信的配置及执行文件 |
| SymbolTime.c & SymbolTime.h | 为 ZigBee 协议栈工作时提供计时功能和时间信息的文件 |
| zAPL.h | ZigBee 应用层接口的头文件,定义了应用支持的 API |
| zAPS.c & zAPS.h | ZigBee 协议应用支持子层的源文件 |
| zMAC.h | ZigBee 使用的 IEEE 802.15.4 介质访问控制层通用头文件 |
| zMAC_CC2420.c & zMAC_CC2420.h | 针对 CC2420 无线收发芯片的 IEEE 802.15.4 介质访问控制层文件 |
| zNWK.c & NWK.h | ZigBee 协议网络层源程序文件 |
| zPHY.h | ZigBee 协议 IEEE 802.15.4 物理层通用头文件 |
| zPHY_CC2420.c & zPHY_CC2420.h | 针对 CC2420 无线收发芯片的 IEEE 802.15.4 物理层源程序文件 |
| zZDO.c & zZDO.h | ZigBee 协议的 ZDO 层源文件 |

3. 结点程序设计

在 ZigBee 技术基础上的矿井安全监测系统的应用开发中,整个无线传感器网络的程序设计框架主要在功能实现上分为传感器终端结点、路由结点和协调器结点的程序设计。传感器终端结点的应用层程序实现的主要功能是通过瓦斯传感器和温湿度传感器来实时获取矿井内相应的环境数据信息,并将数据发送给协调器结点;路由结点应用层程序主要任务是网络路由的维护、结点的管理和数据的传输等;协调器结点的任务是创建及管理整个网络,并将传感器结点传输来的数据通过串行口传输给监控计算机,同时将控制命令发送给网络中的结点。

在矿井安全监测系统中,对于实现不同功能的协调器结点、路由结点和终端结点,它们的应用程序都是通过调用原语,通过改变原语的状态使 ZigBee 协议栈的各子层实现相应的操作来实现的。在程序的初始阶段都要先对"看门狗"、

硬件、协议栈及其他部分进行初始化操作,具体编程如下:

```
void main(void)
{
    CLRWDT();                          //清"看门狗"
    ENABLE_WDT();                      //使能"看门狗"定时器
    currentPrimitive=NO_PRIMITIVE;
    ConsoleInit();                     //串口的初始化操作
    HardwareInit();                    //硬件的初始化,包括定义及设置变量
    ZigBeeInit();                      //协议栈的初始化
    .....                              //其他初始化设置
    .....                              //功能任务程序
}
```

结点进行初始化后,协调器结点要建立并维护网络,路由结点和终端结点在协调器建好网络后搜索并加入网络,负责各自在网络中的任务。根据各自结点的需求不同,对应用层程序进行设计以实现相应的功能。

(1) 协调器结点程序设计

协调器结点作为网络的中心结点,是无线传感器网络和监控计算机的纽带。它一方面要创建网络,对网络地址进行分配,并维护网络状态;另一方面要在收到数据请求时从终端设备结点读取数据信息,并将这些数据传送给监控计算机。在协调器结点开始运行后,要先对 PIC 单片机和 CC2420 芯片进行初始化操作,然后创建网络并对网络进行侦听,将接收的数据发送给监控计算机。协调器结点的程序流程图如图 7.46 所示。

(2) 路由结点程序设计

终端结点和协调器结点之间可能因为距离等问题无法直接进行数据的传输,路由结点的功能主要是帮助协调器结点建立完整的网络,管理网络中传感器结点并对网络中传输的数据信息进行转发,相当于一个网络中继站。在网络管理方面,当协调器结点创建网络以后,路由结点要搜索并加入网络,然后管理其覆盖范围内的传感器终端结点加入或离开网络。路由结点的程序流程图如图 7.47 所示。

(3) 终端结点程序设计

系统的终端结点实现的功能是利用结点上的传感器对环境对象的数据进行感知和采集,对采集的数据进行一定的处理,然后通过 CC2420 射频芯片将数据通过网络发送给协调器结点。终端结点在收到协调器结点的数据请求命令后才

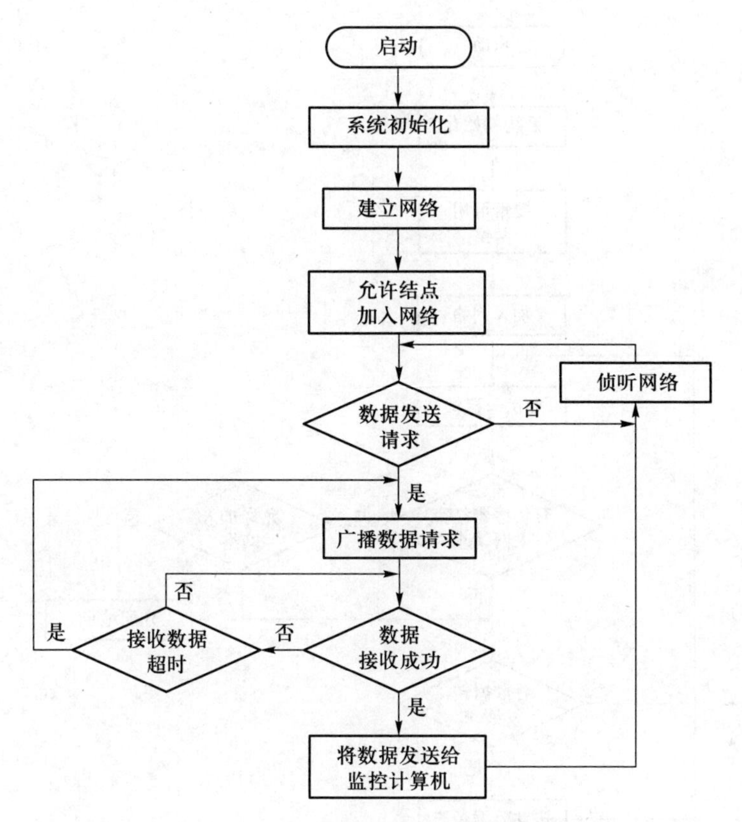


图 7.46 协调器结点程序流程图

会进行相关数据的采集和发送,在没有数据请求的时候处于休眠状态,以减少能量消耗。终端结点的程序流程图如图 7.48 所示。

4. 网络自组织过程

由于整个监控系统建立在网络基础之上,所以 ZigBee 网络的建立是所有工作得以进行的前提。在 ZigBee 网络中,只有协调器结点才能够创建新的网络,网络的建立过程是通过原语来实现的。当协调器结点上电开始工作后,其应用层便通过 NLME_NETWORK_FORMATION.request 原语来请求发起新网络的建立,网络层收到请求后通过 NLME_SCAN.request 请求介质访问控制层对信道进行扫描,介质访问控制层扫描后将可用的信道用 NLME_SCAN.confirm 原语报告给网络层,网络层再次发出 NLME_SCAN.request 请求介质访问控制层搜索其中使用最少或未使用的信道,并将结果再次回传给网络层。协调器结点对使用的信道确定一个 PAN ID 和 16 位的网络地址,其中 PAN ID 应该在 0x0000~0x3fff 之间。网络层向介质访问控制层发出 MLME_SET.request 命令对这些参数进行

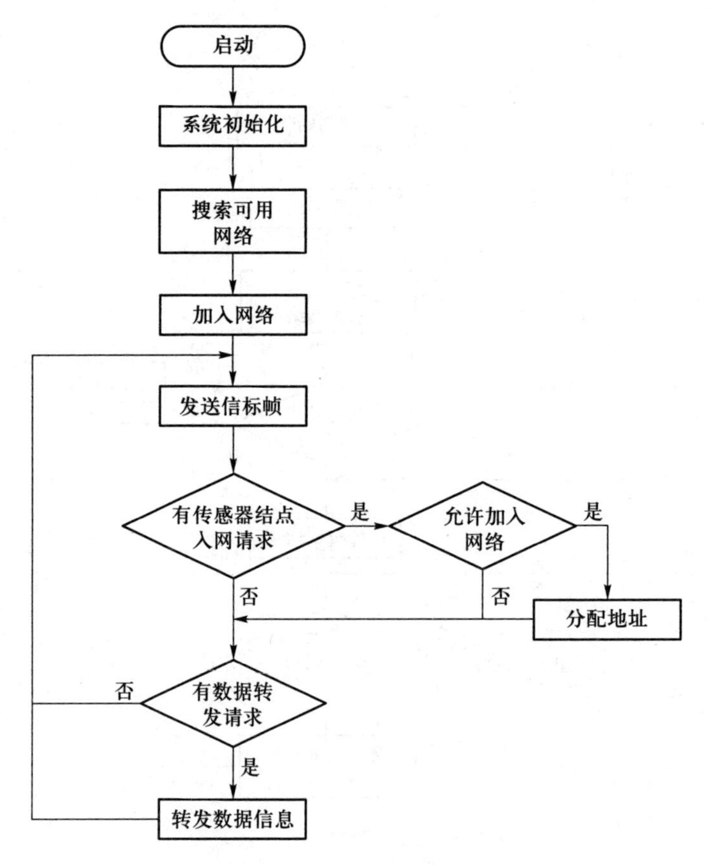


图 7.47　路由结点程序流程图

设置,收到介质访问控制层的确认后再向介质访问控制层发送 MLME_START.request 原语,请求启动新建立的网络,经确认后通过 NLME_NETWORK_FORMATION.confirm 向应用层报告结果。协调器结点创建新网络的流程如图 7.49 所示。

新的 ZigBee 网络建立后,其他结点都要加入这个网络中,ZigBee 网络中结点的加入方式有两种:父结点主动邀请和子结点主动关联。父结点主动邀请加入方式中,父结点要已知子结点的伪扩展地址,并根据地址与其建立父子关系,这个过程不需要子结点的参与;子结点主动关联方式中,父结点处于等待状态,子结点通过网络发现和结点关联来加入网络。在这个过程中,子结点首先向网络层发送 NLME_NETWORK_DISCOVERY.request 原语请求网络关联,网络层要求介质访问控制层进行信标信息扫描,并将扫描的信息报告给应用层,应用层选择要加入的网络,向网络层发出 NLME_JOIN.request 原语进行关联请求,网络层

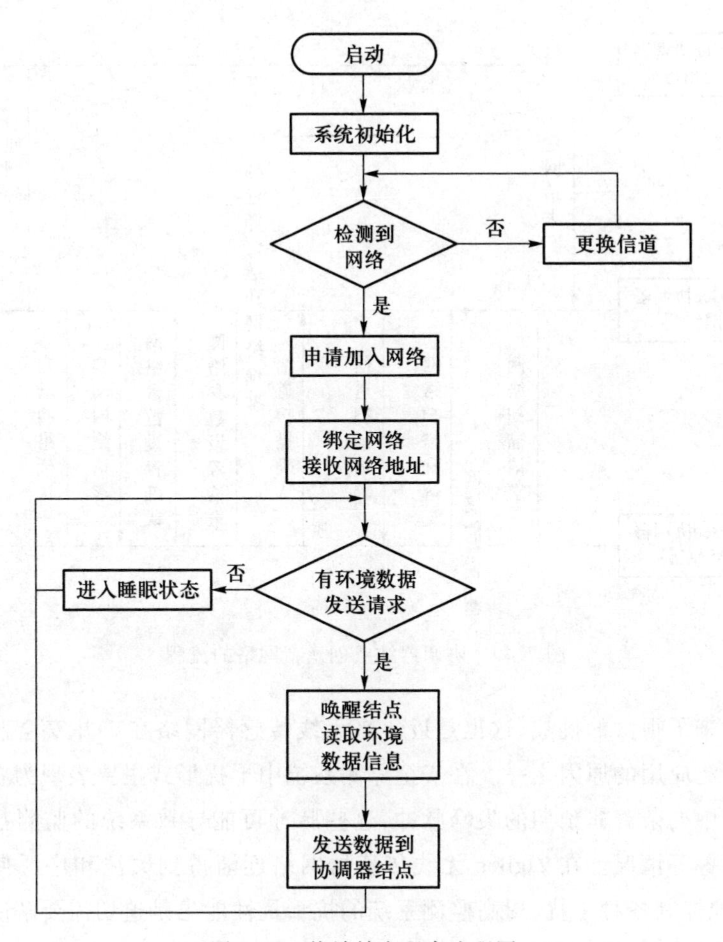


图 7.48 终端结点程序流程图

找到要加入的网络中到协调器路径最近的父结点并进行关联,最后将关联结果返回子结点的应用层,完成网络中结点的加入。整个网络建立完成后就可以等待数据并请求进行数据传输。

## 7.2.4 系统抗干扰性能分析

1. 系统的干扰源

在煤矿的开采过程中,安全监测系统是矿井安全生产的一双“眼睛”,是对矿工生命安全的重要保障。由于矿井下环境条件的特殊性,使得安全监测系统受到各种各样因素的干扰,对无线通信系统的影响极大。随着生产过程中大型的电气设备、大功率变频器和其他无线设备的普遍使用,给安全监测系统的抗干

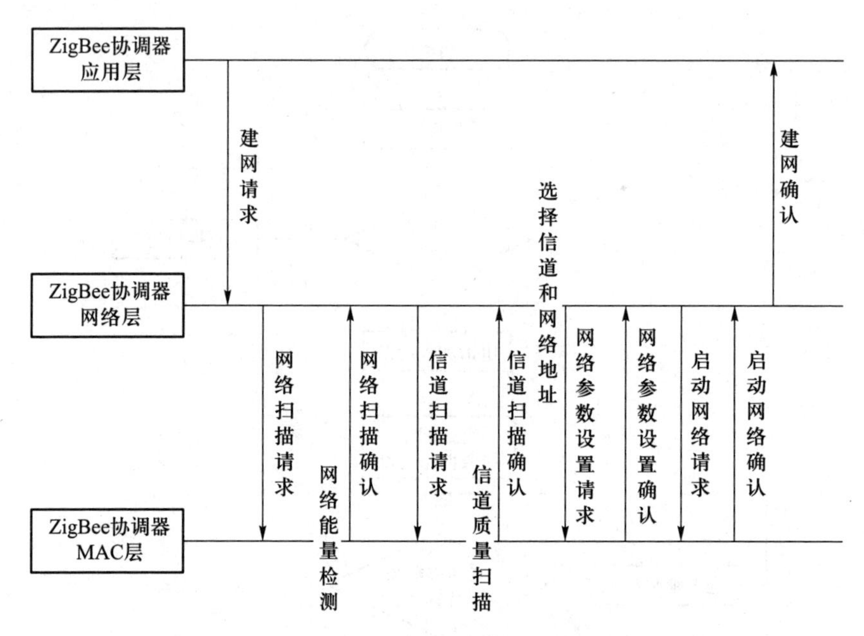


图7.49　协调器结点创建新网络的流程

扰性能带来了很大的挑战，这也是近年来无线传感器网络在矿井安全监测领域得不到广泛应用的原因之一。在安全监测系统中干扰形式主要表现为在正常传输的信号中夹杂着非预期的尖峰脉冲，这些脉冲可能导致系统的监测数据失真及错误报警等情况。在ZigBee无线传感器网络逐渐得到关注和广泛使用的今天，有效地抑制各种干扰，提高监测系统的抗干扰性能也是迫切需要解决的问题之一。

在矿井的开采环境中，系统受到干扰的干扰源主要有以下几种。

(1) 电磁感应干扰

在矿井的生产现场，开采设备都是大功率的电器设备。这些设备在工作过程中无规律地启动和停止，还有防爆开关等设备内的电压互感器、电流互感器上电压电流的频繁变化，都会产生较大的电磁感应干扰，影响监测信号。同时，随着采掘设备需求的不断升高，上千伏的高压线缆将直接进入矿井工作场地中，井下长距离吊挂的高压线缆会产生较强的干扰电压，对安全监测系统的稳定性会产生一定的影响。

(2) 噪声干扰

采矿设备一般是24小时不间断工作，工作过程中会产生强大的噪声。在通信系统中，电器噪声也是影响通信质量的因素之一。

(3) 多径干扰

多径干扰是指由于井下巷道弯曲不平、空间狭小,信号在传输过程中通过巷道时,会被粗糙不平的巷道壁、巷道中的物体反射和散射。设备接收的信号除了直接到达的信号外,还有来自不同路径的反射和散射信号,这些信号会导致有效信号的衰落和相移,影响通信的质量。

(4) 其他无线通信系统的干扰

在无线通信领域,除了 ZigBee 为代表的无线传感器网络外,还有蓝牙、GPRS、Wi-Fi 等都在使用无线方式进行通信。蓝牙、Wi-Fi 网络等通信技术也和 ZigBee 一样,使用的是无须授权的 2.4GHz ISM 频段信号。随着无线通信技术越来越广泛的应用,ISM 频段会日益拥挤,各种系统间的干扰也将不可避免地出现。

因为在矿井环境中无线通信系统受到干扰较强,并且干扰因素复杂,所以需要从多方面采取措施来抵抗外界的干扰。在系统的设计中要全面考虑,从硬件、软件和路由协议等方面同时入手,尽可能地提高系统的抗干扰能力,使系统能够稳定、可靠地运行。

2. 硬件抗干扰措施

干扰源要对系统产生影响,还要具备干扰途径和敏感元件等条件,加强硬件电路的抗干扰能力主要是降低硬件电路元件对干扰源的敏感程度,从而减小干扰源对系统的影响。硬件电路的抗干扰措施主要包括以下几个方面。

(1) PCB 布局

PCB 上集合了系统中主要的器件和信号线,PCB 的布局好坏对系统硬件的抗干扰能力有举足轻重的作用。首先,PCB 的尺寸大小要合适。尺寸过大会导致阻抗增加,抗噪声能力下降;尺寸过小则临近线条之间容易引起干扰,且散热性能不好。其次,PCB 在线路布局时相关联的元件和线路尽量靠近在一起,这样可以缩短引线长度;同时布线时要尽量减小回路的面积,以达到降低回路感应噪声的目的。最后,对于 PCB 空置的部分进行敷铜处理,这也可以减小地线的阻抗,提高其抗干扰能力。

(2) 去耦电容

在电路中比较重要的位置增加去耦电容,可以有效地提高电路的抗干扰能力。去耦电容可以滤掉电路中的电压扰动,提高系统的可靠性和稳定性。

(3) "看门狗"定时器

PIC 单片机内置了一个"看门狗"定时器(WDT),它是一个自振式的 RC 振荡计时器。当系统工作且"看门狗"定时器打开时,系统会定期通过 CLR WDT

指令清除 DWT 的计数值，当由于某种干扰导致系统的程序失控时，DWT 的计数值不能得到及时的清除，就会导致数值溢出，从而产生 RESET 信号使系统复位，有效地避免了由于干扰等因素引起的系统瘫痪。

3. 软件抗干扰措施

(1) 软件陷阱

在程序存储器中，往往有一部分空间并未写入程序指令。当运行中的程序由于干扰或其他因素跑飞至这些区域时，就无法继续执行下去从而导致系统故障。为了防止这种故障的出现，可以在设计中采用软件陷阱，将跑飞的程序引导到程序入口地址。

在程序存储器的非程序区，通常使用长转移指令来引入软件陷阱，具体编程如下：

```
NOP
NOP
LJMP 0000H
```

当程序跳入这些区域时，就会执行这几条指令，使程序复位重新运行，有效地避免了程序受到干扰引起的跑飞问题。

(2) 扩频技术

在本系统中，数据信息在网络中通过 CC2420 射频芯片进行数据的传递，CC2420 在传递数据的过程中采用了直接序列扩频技术[37,38]。扩频通信技术作为无线通信技术的一种方法，具有功耗低、抗干扰性能强并且稳定性好等特点，适合在矿井的环境复杂、干扰噪声大的条件下使用。

在直接序列扩频技术中，先将需要发送的每个字节数据分成两个 4 位的数据符号，每个数据符号用一个 32 位的伪噪声码片序列进行编码，扩频后的码片速率可以达到 2Mchip/s，共有 16 个伪噪声码片序列。用扩频后的码片序列直接调制载波信号，将需要发送的数据信息扩展成频带较宽、功率谱密度相对较低的信号。接收端收到数据信号后用相同的伪噪声码对其进行解扩，则接收到的数据又恢复为原来的窄带数据信号。同时由于干扰信号与扩频码无关，在解扩的同时扩宽了频谱，再通过滤波技术滤除大部分干扰信号，从而大大提高了系统的抗干扰能力。扩频过程中数据信号和干扰信号的变化示意图如图 7.50 所示。

4. 路由协议的抗干扰分析

由于现在无线网络的布局和应用范围日益增大，ISM 频段也越来越拥挤。

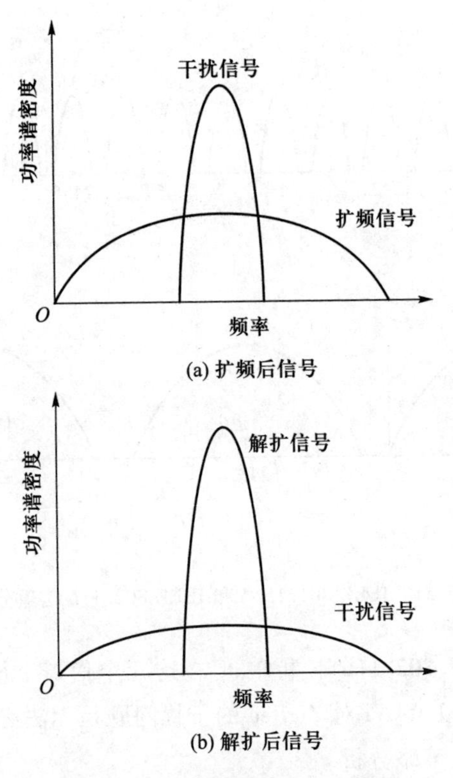


图 7.50 扩频技术抗干扰示意图

以 ZigBee 为代表的无线传感器网络在工作过程中难免会受到频段内各种异构网络的干扰。其中相对 ZigBee 网络而言,Wi-Fi 网络的干扰最为严重。之前研究人员对于 ZigBee 受异构网络干扰的研究更偏重于其物理层自身的抗干扰性能,以及与其他网络的相互协调机制,而针对干扰环境下路由协议的抗干扰性能优化相对较少。下面基于对 ZigBee 影响较大的 Wi-Fi 网络的干扰情况,从路由角度对 ZigBee 的抗干扰性能进行分析。

(1) ZigBee 与 Wi-Fi 的信道分配

ZigBee 采用的 IEEE 802.15.4 协议在 2.4GHz 频段共有 16 个信道,在信道范围内不叠加均匀分布;Wi-Fi 采用的是 IEEE 802.11b 协议,IEEE 802.11 在 2.4 GHz 频段共有 13 个信道,其中 12、13 信道在法国可用。Wi-Fi 的信道带宽为22 MHz,其两个信道之间的大部分带宽是重叠在一起的,相互之间没有重叠的信道很少。图 7.51 为 IEEE 802.15.4 信道和部分 IEEE 802.11b 信道的分布情况,其中 IEEE 802.11b 选取了不重叠的信道 1、6、11。

由图 7.51 信道的分布情况可以看出,IEEE 802.15.4 信道只有信道 15、20、

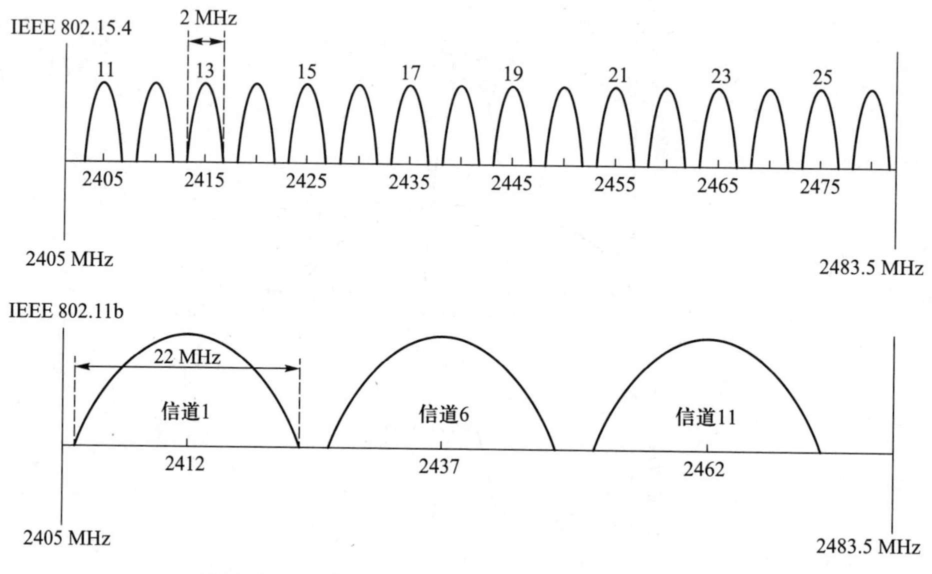


图 7.51　IEEE 801.15.4 和 IEEE 802.11b 信道分布

25、26 等信道与 IEEE 802.11b 不重叠，但在这几个信道上依然有 Wi-Fi 等其他信道的能量存在，所以 Wi-Fi 对 ZigBee 的干扰问题是无法避免的。

（2）抗干扰路由策略分析

ZigBee 技术是专门为低功耗、低成本和高可靠性的应用需求而产生的，为了满足这些要求，ZigBee 网络通常采用的路由算法 ZBR 是一种基于 Cluster-tree+AODVjr 的路由算法[39]。

ZigBee 网络的邻居结点是以父子关系的形式存在的。Cluster-tree 算法中，结点在传输数据的时候通过目标结点的网络地址来计算网络分组的下一跳，当目标地址大于本地地址时说明目标结点是该结点的下级设备，则结点将数据分组发送给它的子结点，否则就发送给它的父结点。AODVjr 是一种简化的自组织按需距离向量（Ad hoc on demand distance vector，AODV）的路由协议，它取消了 AODV 的 HELLO 消息机制，从而控制了路由开销。由于这种路由协议信道固定，结构不够灵活，对于 Wi-Fi 等异构系统的抗干扰能力较弱。

针对 ZigBee 网络受异构干扰的问题，国内外研究人员在路由的优化方面也做过一定的研究[40-43]：刘瑞霞等人基于分簇网络的优势提出了分簇路由协议；Kang 等人提出了一种多信道分簇的信道分配策略，采用多信道能够有效减少网络中结点数据的碰撞；Deuk 等人提出了一种动态簇调整的方法来解决网络中的断簇问题。通过对国内外 ZigBee 网络抗干扰相关研究进行总结和分析，在目前针对 ZigBee 网络的抗干扰路由研究中,抗干扰性能是比较理想的为基于干扰认知的动态多信道切换分簇路由协议(IAMCC)。

在该协议中,整个 ZigBee 网络由多个分簇网络组成,簇间采用多信道分配策略,簇头结点管理该簇的信道分配和切换任务。其主要思想如下:

• 在组网时,将网络分为多个结点簇,由路由结点担任簇头结点,簇与簇之间相互独立。簇内统一信道,簇与簇之间通过簇头结点进行通信。

• 簇头结点负责簇内的信道分配,簇内结点数据向上传递和基站向下的各种指令的传达。

• 当簇内结点在该信道上受到其他系统干扰时,结点向簇头结点发送信道切换请求,簇头结点收到请求后选择一个合适的信道,再由簇头结点发起并通知簇内结点进行信道切换。

在多信道切换的过程中,通常是用伪随机函数来产生新的信道,新信道的产生与簇 ID、计数器等有关。当切换的信道仍然受到干扰时,就进行下一次的信道切换。这种切换方式不仅收敛速度慢,而且信道的切换过程会产生大量额外的能量消耗,不利于 ZigBee 低功耗网络的工作。因此对于新信道的选择策略可以加以改进,在簇头结点需要切换信道时,先收集各个结点可用的频谱资源,并对收集的频谱资源情况进行分析和计算,选出一个适合簇内各个结点使用的最佳信道,然后向簇内结点发布信道切换要求和新信道的相关信息。这种新信道选择策略可以尽量保证切换后的信道是簇内各个结点都能够使用的,有效地避免了系统受干扰时的信道切换次数,同时降低了能耗。

(3) 基于干扰认知的多信道簇间路由算法

• 干扰强度及代价。在使用 2.4 GHz 频段的无线网络中,ZigBee 网络设备的发射功率为 1 mW,即为 0 dBm,Wi-Fi 使用的 IEEE 802.11b 要求的发射功率为 14 dBm。为了给干扰强度制订一个标准,将网络工作过程中检测到的噪声能量定义为:

$$e_n=\begin{cases}0, & e_n \leqslant w \\ e_n, & w<e_n<w+14 \\ e_n+14, & e_n \geqslant w+14\end{cases} \tag{7-35}$$

式中,$e_n$ 为结点检测到的噪声能量,$w$ 为设备可承受的白噪声能量上限。

当 $e_n \leqslant w$ 时表示结点受到的干扰为白噪声干扰,并不严重;当 $e_n \geqslant w+14$ 时,表示结点受到严重的干扰,且对其通信质量已经产生很大的影响。

这里,定义干扰的路由代价函数为:

$$C_j = e_n \cdot w_j \tag{7-36}$$

式中，$w_j$ 为结点在单位干扰情况下的抗干扰代价。

通过式(7-36)可以知道，受干扰的强度大小与结点抗干扰的代价是成正比的，在抗干扰路由算法中要考虑干扰强度对应的抗干扰代价。

- 信道切换代价。在动态多信道切换分簇策略中，由于干扰源的存在使网络的簇间采用不同的信道进行通信。簇内受到干扰时进行信道切换，采用不同信道的簇间进行通信时也要进行信道切换，这些信道切换都要带来结点能量的损耗和时间延迟。在 2.4 GHz 频段内，每 10 MHz 的频谱变化将产生一定的延迟和额外的能量损耗，因此在路由算法的设计中要考虑信道切换的代价。在此定义信道切换代价函数为：

$$C_s = |S_d - S_s| \cdot w(S_s) \tag{7-37}$$

式中，$S_d$ 为需要切换到的信道频谱，$S_s$ 为信道切换前的频谱，$w(S_s)$ 为一个与原信道有关的改变单位频谱所要消耗的代价。

- 路由算法描述及分析。由上述的路由策略分析，以及路由代价函数的计算，该路由的建立过程如下：

① 源结点在需要建立路由时，先在路由表中查找目的结点，没有找到则广播一个路由请求；

② 当其他结点收到路由请求后，首先看自己是否为目的结点，若不是则根据代价公式计算出路由代价，然后向邻居结点转发该路由请求，并记录相关信息；如果是目的结点，则选择路由代价最小的路径进行路由答复；

③ 源结点收到路由答复后即可建立路由，进行数据通信。

根据抗干扰路由算法 IAMCC，对 ZigBee 网络性能进行仿真分析。在 150 m×150 m 的仿真环境中布置 30 个结点，在 Wi-Fi 网络干扰模型的构建方面，用与频谱偏差和距离相关的函数来模拟干扰模型。在仿真过程中，干扰强度由改变受干扰的结点数量来表示，通过网络仿真，从数据平均时延和接包率等角度来分析该路由和 ZBR 路由的抗干扰性能。

在不同干扰情况下两种路由的数据传输时延如图 7.52 所示，通过仿真可以发现：由于 ZBR 路由协议是基于最小跳数的，所以在未受干扰时两者的数据传输时延基本一致，随着受干扰结点数量的增大，ZBR 路由的传输时延显著增大；而采用多信道分簇策略的 IAMCC 路由传输时延则没有明显增大。

两种路由在不同干扰强度下的接包率变化情况如图 7.53 所示。可以发现，在受到轻微干扰的情况下，两者的接包率都保持在较高水平；随着受干扰结点个数的增加，两者的接包率都有不同程度的下降；当网络中有较多结点都受到干扰

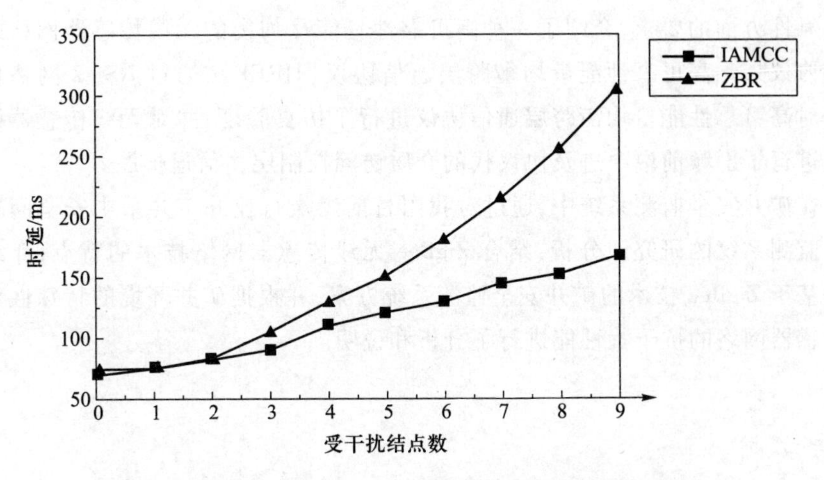


图 7.52 两种路由在不同干扰强度下的时延变化曲线

时,ZBR 路由接包率已经严重影响了数据的传输,IAMCC 路由由于可以对受干扰的信道进行切换,其接包率还控制在一个可接受的水平。

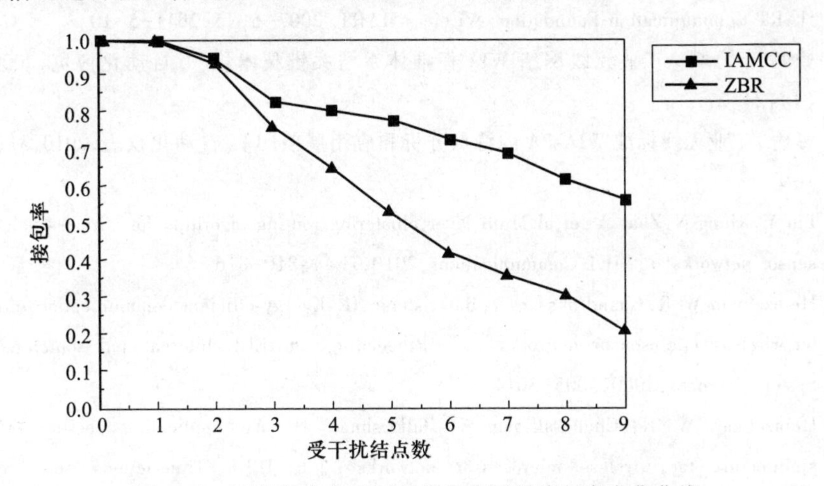


图 7.53 两种路由在不同干扰强度下的接包率变化曲线

## 本章小结

在现代工业生产中,大量使用的工业传感器使得无线传感器网络技术在该领域拥有巨大的发展前景,本章选取了两个较为典型的应用场景进行介绍。

在工业监控系统中,针对工业监控应用对无线传感器网络的网络寿命及数据可靠性方面的要求，介绍了一种高可靠性且能量均衡的无线传感器网络跨层通信协议——高可靠性能量均衡跨层通信协议(HREE)，通过NS-2网络仿真平台对高可靠性能量均衡跨层通信协议进行了仿真验证，并对无线传感器网络结点进行了射频前端改进及协议栈的介质访问控制层多信道扩展。

在矿井安全监测系统中，通过对我国目前煤炭行业井工开采中安全问题和安全监测系统的研究和分析，结合ZigBee无线传感器网络技术的特点，介绍了一种基于ZigBee技术的矿井安全监测系统方案，并根据矿井环境的特殊性对无线传感器网络的抗干扰性能进行了分析和说明。

# 参考文献


[1] ZigBee Alliance, ZigBee Specification, 2007

[2] ISA-SP100 Society. ISA-SP100. 2008-1-15[2011-5-10]

[3] HART Communication Foundation. Wireless HART. 2007-6-15[2011-5-10]

[4] 曾鹏，于海斌. 工业无线网络WIA标准体系与关键技术[J]. 自动化博览，2009，26(1)：24-27

[5] 彭瑜. 工业无线标准WIA-PA的特点分析和应用展望[J]. 自动化仪表，2010，31(1)：1-9

[6] Liu Y, Xiong N, Zhao Y, et al. Multi-layer clustering routing algorithm for wireless vehicular sensor networks[J]. IET Communications, 2010, 7(4):810-816

[7] Heinzelman W R, Chandrakasan A, Balkrishnan H. Energy-efficient communication protocol for wireless microsensor networks[C]. Proceedings of IEEE International conference on System Sciences, 2000, 3005-3014

[8] Heinzelman W R, Chandrakasan A, Balkrishnan H. An application-specific protocol architecture for wireless microsensor networks[J]. IEEE Transactions on Wireless Communications, 2002, 1(4):660-670

[9] Chang R S, Kuo C J. An energy efficient routing mechanism for wireless sensor networks[C]. Proceedings of the 20th International Conference on Advanced Information Networking and Applications, 2006

[10] Lindsey S, Raghavendra C S. PEGASIS: power-efficient gathering in sensor information systems[C]. Proceedings of 2002 IEEE Aerospace Conference, 2002

[11] Manjeshwar A, Agrawal D P. TEEN: a routing protocol for enhanced efficiency in wireless sensor networks[C]. Proceedings of the 15th International Parallel and Distributed Processing Symposium, 2001

[12] Willig A, Matheus K, Wolisz A. Wireless technology in industrial networks[J]. Proceedings of the IEEE, 2005, 93(6): 1130-1151

[13] Pollin S, Tan L, Hodge B, et al. Harmful coexistance between 802.15.4 and 802.11: a meansurement based study[C]. Proceedings of the International Confefence on Cognitive Radio Oriented Wireless Networks and Communications, 2008

[14] Herrera M M, Bonastre A, Capella J V. Performance study of non-beaconed and beacon-enabled modes in IEEE 802.15.4 under bluetooth interference[C]. Preceedings of the Second International Conference on Mobile Ubiquitous Computing, Systems, Services and Technologies, 2008

[15] Xing G L, Sha M, Huang J, et al. Multi-channel interference measurement and modeling in low-power wireless networks[C]. Preceedings of the 30th IEEE Real-Time Systems Symposium, 2009

[16] 蹇强,龚正虎,朱培栋,等. 无线传感器网络 MAC 协议研究进展[J]. 软件学报, 2008, 19(2): 389-403

[17] Jovanovi M D, Djordjevic G L. TFMAC: multi-channel MAC protocol for wireless sensor networks[C]. Proceedings of the 8th International Conference on Telecommunications in Modern Satelite, Cable and Broadcasting Services, 2007

[18] Zhou G, Huang CD, YAN T, et al. MMSN: multi-Frequency media access control for wireless sensor networks[C]. Proceedings of IEEE INFOCOM, 2006

[19] 李成法,陈贵海,叶懋,等. 一种基于非均匀分簇的无线传感器网络路由协议[J]. 计算机学报, 2007, 30(1): 27-36

[20] 张荣博,曹建福. 利用蚁群优化的非均匀分簇无线传感器网络路由算法[J]. 西安交通大学学报, 2010, 44(6): 33-38

[21] 国家煤矿安全监察局. 煤矿安全统计分析.

[22] Bandyopadhyay L K, Chaulya S K, Mishra P K, et al. Wireless information and safety system for mines[J]. Journal of Scientific & Industrial Research, 2009, 68 (2)

[23] Yang W, Huang Y. Wireless Sensor Network Based Coal Mine Wireless and Integrated Security Monitoring Information System[C]. Networking, ICN 2007 IEEE 6th International Conference, 2007

[24] 孙继平. 煤矿安全监控技术与系统[J]. 煤炭科学技术, 2010, (10): 1-4

[25] 张国盛,林安栋. 矿井监测监控系统的发展历史及趋势[J]. 煤炭技术, 2009, (02): 8-9

[26] 李继林. 煤矿安全监控系统的现状与发展趋势[J]. 煤炭技术, 2008, 27(11): 3-5

[27] 钟新跃,谢完成. 无线传感器网络在煤矿环境监测中的应用[J]. 煤炭技术, 2009, 28 (9): 102-103

[28] Yarkan S, Guzelgoz S, Arslan H, et al. Underground mine communications: a survey[J].

IEEE Communications Surveys & Tutorials, 2009, 11(3): 125-142

[29] Chaamwe N, Liu W Y, Jiang H B. An assesment of underground mine enviromental monitoring methods at Zambia's copper mines[J]. Research Journal of Applied Science, 2010, 5(5): 345-351

[30] Bian Jing. Application of the wireless sensor network based on ZigBee technology in monitoring system for coal mine safety[C]. 2010 International Conference on Computer, Mechatronics, Control and Electronic Engineering(CMCE)

[31] Misra P, Kanhere S. Safety assurance and rescue communication systems in high-stress environments: a mining case study[J]. IEEE Communications Magazine, 2010: 66-73

[32] 孙彦景,钱建生,李世银,等.煤矿物联网络系统理论与关键技术[J].煤炭科学技术,2011(02):69-72,79

[33] 刘洋. 基于ZigBee技术的矿用无线传感器网络研究[D].太原:太原理工大学,2010

[34] Akyildiz I F, Stuntebeck E P. Wireless underground sensor networks: Research challenges [J]. Ad Hoc Networks, 2006, 4(6): 669-686

[35] 中国矿业大学(北京),煤炭科学研究总院常州自动化研究所,平顶山煤业(集团)有限责任公司.AQ 6201-2006 煤矿安全监控系统通用技术要求[S]. 2006

[36] MPLAB ICD 2 In Circuit Debugger User Guide

[37] 姚善化,吴晶.扩频技术在矿井移动通信中的应用[J].煤炭科学技术,2003,(08):5-8

[38] 张同星,邱书波,古帅,等.直扩O-QPSK在ZigBee技术中仿真分析[C].第29届中国控制会议论文集,2010:5629-5632

[39] Sun J, Wang ZX, Wang H, et al. Research on routing protocols based on ZigBee network. Iintelligent Information Hiding and Multimedia Signal Processing, 2007, Third International Conference, 2007, 1(26): 639-642

[40] Kang M S, Chong J W, Hyun H, et al. Adaptive interference-aware multi-channel clustering algorithm in a Zigbee Network in the Presence of WLAN interference[C]. Proceedings of IEEE 2nd International Symposium on Wireless Pervasive Computing, 2007

[41] 金枫,郑辑光,曹建福,等.一种高吞吐量的无线传感器网络多信道MAC协议[J].西安交通大学学报,2010,44(12):32-37

[42] 刘斌新,蒋挺.基于认知的无线传感器网络抗干扰路由算法[J].数字通信,2010,37(1):66-71

[43] 刘瑞霞.基于ZigBee网状网络的分簇路由协议[J].计算机工程,35(3),2009

# 第8章　无线传感器网络在物联网中的应用

无线传感器网络被称为物联网的末梢神经,物联网正是其发展所依托的平台之一。目前,国内无线传感器大多仍处于发展阶段,但是其对人类未来生活的影响已经日益凸显。

## 8.1　物联网简介

物联网(internet of things,IoT)是新一代信息技术的重要组成部分,IT行业又称"泛互联",意指物物相连,万物万联。由此,"物联网就是物物相连的互联网"有两层意思:第一,物联网的核心和基础仍然是互联网,是在互联网基础上的延伸和扩展的网络;第二,其用户端延伸和扩展到了任何物品与物品之间,进行信息交换和通信。因此,物联网的定义是通过射频识别、红外感应器、全球定位系统、激光扫描器等信息传感设备,按约定的协议,把任何物品与互联网相连接,进行信息交换和通信,以实现对物品的智能化识别、定位、跟踪、监控和管理的一种网络[1]。

### 8.1.1　物联网发展历史

物联网的概念最早出现在《未来之路》一书,只是当时受限于无线网络、硬件及传感设备的发展,并未引起世人的重视。

1998年,美国麻省理工学院创造性地提出了当时被称作EPC系统的"物联网"的构想[3]。

1999年,美国Auto-ID提出"物联网"的概念主要是建立在物品编码、RFID技术和互联网的基础上。

中科院在1999年启动了传感网的研究,并已取得了一些科研成果,建立了一些适用的传感网。

2003年,美国《技术评论》提出传感网络技术将是未来改变人们生活的十大技术之首。

2005年,传感器网络作为优先发展主题,被列入我国《国家中长期科学和技术发展规划纲要》。

2005年,信息社会世界峰会(WSIS)上,国际电信联盟(ITU)发布了《ITU互联网报告2005:物联网》,正式提出了"物联网"的概念[4]。报告指出,无所不在的"物联网"通信时代即将来临,世界上所有的物体,从轮胎到牙刷、从房屋到纸巾都可以通过因特网主动进行信息交换。射频识别技术(RFID)、传感器技术、纳米技术、智能嵌入技术将得到更加广泛的应用。

2008年,第一届国际物联网大会在瑞士苏黎世举行。正是这一年,物联网设备数量首次超过了地球上人口的数量。

2009年,谷歌启动了自动驾驶汽车测试项目,圣犹达医疗公司发布了连网心脏起搏器。此外,比特币开始运营,这是区块链技术的先驱,而且很可能成为物联网的重要组成部分。

2010年,国务院《政府工作报告》指出:加快物联网的研发应用。Nest公司发布了一款智能恒温器,它可以学习个人的习惯,并自动调节家的温度。Nest让"智能家居"概念成为众人瞩目的焦点。

2013年,谷歌眼镜(GoogleGlass)发布,这是物联网和可穿戴技术的一次革命性进步。

2014年,亚马逊发布了Echo智能扬声器,为进军智能家居中心市场铺平了道路。在其他新闻中,工业物联网标准联盟的成立证明了物联网有可能改变制造和供应链流程的运行方式。

2016年,通用汽车、Lyft、特斯拉和Uber都在测试自动驾驶汽车。不幸的是,第一次大规模的物联网恶意软件攻击发生,Mirai僵尸网络用制造商默认的用户名和密码来攻击物联网设备,并接管它们,随后将其用于分布式拒绝服务(DDoS)攻击。

2017—2019年,物联网开发变得更便宜、更容易,也更被广泛接受,从而导致整个行业掀起了一股创新浪潮。自动驾驶汽车不断改进,区块链和人工智能开始融入物联网平台,智能手机/宽带普及率的提高继续使物联网成为一个吸引人的价值主张。

### 8.1.2 物联网特征

从通信对象和过程来看,物与物、人与物之间的信息交互是物联网基本特征的核心。物联网的基本特征可概括为整体感知、可靠传输和智能处理。

整体感知:可以利用射频识别、二维码、智能传感器等感知设备感知获取物体的各类信息。

可靠传输:通过对互联网、无线网络的融合,将物体的信息实时、准确地传送,以便信息交流、分享。

智能处理:使用各种智能技术,对感知和传送到的数据、信息进行分析处理,实现监测与控制的智能化。

### 8.1.3 物联网关键技术

物联网的技术包括但不限于:电子产品编码、电子产品标签、识读器、神经网络软件、对象名解析服务、实体标记语言、射频识别技术、传感网、M2M 框架结构和云计算等。

1. 电子产品编码和标签

电子产品编码是物联网的重要组成部分,它是对实体及实体的相关信息进行代码化,通过统一并规范化的编码建立全球通用的信息交换语言。电子产品编码是 EAN.UCC 系统(欧洲物品编码,European Article Number,EAN;美国统一代码委员会,Uniform Code Council,UCC)在原有全球统一编码体系基础上提出的新一代全球统一标志的编码体系,是对现行编码体系的一个补充。电子产品编码有 3 类 7 种类型,分别为 EPC-64-Ⅰ、EPC-64-Ⅱ、EPC-64-Ⅲ、EPC-96-Ⅰ、EPC-256-Ⅰ、EPC-256-Ⅱ和 EPC-256-Ⅲ。

2. 射频识读器

在射频识别系统中,射频读写器是将标签中的信息读出,或将标签所需要存储的信息写入标签的装置。读写器读出的标签信息通过计算机及网络系统进行管理和信息传输。

3. 神经网络软件

每件产品都加上射频识别(radio frequency identification,RFID)标签之后,在产品的生产、运输和销售过程中,识读器将不断地收到一连串的产品电子编码。整个过程中最为重要、同时也是最困难的环节就是传送和管理这些数据。Auto-

ID中心(20世纪末由麻省理工学院等大学创建)提出一种名叫Savant的软件中间件技术,相当于该新式网络的神经系统,负责处理各种不同应用的数据读取和传输。

4. 对象名解析服务

电子产品编码标签对于一个开放式、全球性的追踪物品的网络需要一些特殊的网络结构。因为标签中只存储了产品电子代码,计算机还需要一些将产品电子代码匹配到相应商品信息的方法。对象名称解析服务是一个自动的网络服务系统。

5. 实体标记语言

在物联网中,所有需要识别的产品信息都需要用一种标准计算机语言——实体标记语言来书写,实体标记语言是基于被人们广为接受的可扩展标识语言发展而来的。实体标记语言提供了一个描述自然物体、过程和环境的标准,并可供工业和商业中的软件开发、数据存储和分析工具之用。它将提供一种动态的环境,使与物体相关的静态、暂时、动态和统计加工过的数据可以互相交换。因为它将会成为描述所有自然物体、过程和环境的统一标准,实体标记语言的应用将会非常广泛,并将进入所有行业。

6. 传感器网络

微机电系统(MEMS)是由微传感器、微执行器、信号处理和控制电路、通信接口和电源等部件组成的一体化的微型器件系统。其目标是把信息的获取、处理和执行集成在一起,组成具有多功能的微型系统,集成于大尺寸系统中,从而大幅度地提高系统的自动化、智能化和可靠性水平。它是比较通用的传感器。因为MEMS赋予了普通物体属于自己的数据传输通路、存储功能、操作系统和专门的应用程序,从而形成一个庞大的传感器网络(简称传感网),让物联网能够通过物品来实现对人的监控与保护。例如,遇到酒后驾驶的情况,如果在汽车和汽车钥匙上植入微型感应器,那么当喝了酒的司机掏出汽车钥匙时,钥匙能透过气味感应器察觉到一股酒气,就通过无线信号立即通知汽车“暂停发动”,汽车便会处于休息状态;同时“命令”司机的手机给他的亲朋好友发短信,告知司机所在位置,提醒亲友尽快来处理。不仅如此,未来衣服可以“告诉”洗衣机放多少水和洗衣粉最经济;文件夹会“检查”我们忘带了什么重要文件;食品蔬菜的标签会向顾客的手机介绍“自己”是否真正“绿色安全”。这就是物联网世界中被“物”化的结果。

7. M2M系统框架

M2M是Machine-to-Machine/Man的简称,是一种以机器终端智能交互为核心、网络化的应用与服务,使对象实现智能化的控制。M2M 技术涉及 5 个重要的技术部分:机器、M2M 硬件、通信网络、中间件和应用。基于云计算平台和智能网络,可以依据传感器网络获取的数据进行决策,改变对象的行为控制和反馈。例如智能停车场,当车辆驶入或离开时,自动识别装置通过非接触式卡或车牌识别系统,对出入此区域的车辆实施判断识别、准入/拒绝、引导、记录、收费、放行等管理,有效地控制车辆与人员的出入,记录通过时间、车牌号码、驾驶员等信息并自动计算收费额度,实现对场内车辆与收费的安全管理。另外,家中老人戴上嵌入智能传感器的手表,在外地的子女可以随时通过手机查询父母的血压、心跳等情况;而在智能化的住宅,当主人上班时,传感器自动关闭水电气和门窗,定时向主人的手机发送消息,汇报安全情况。

8. 云计算

云计算旨在通过网络把多个成本相对较低的计算实体整合成一个具有强大计算能力的系统,并借助先进的商业模式让终端用户可以得到这些强大计算能力的服务。如果将计算能力比作发电能力,那么从古老的单机发电模式转向现代电厂集中供电的模式,就好比现在大家习惯的单机计算模式转向云计算模式。这意味着计算能力也可以作为一种商品进行流通,就像燃气、水、电一样,取用方便、费用低廉,以至于用户无须自己配备。与电力是通过电网传输不同,计算能力是通过各种有线、无线网络传输的。因此,云计算的一个核心理念就是通过不断提高“云”的处理能力,不断减少用户终端的处理负担,最终使其简化成一个单纯的输入输出设备,并能按需享受“云”强大的计算处理能力。物联网感知层获取大量数据信息,在经过网络层传输以后,放到一个标准平台上,再利用高性能的云计算对其进行处理,赋予这些数据智能,最终转换成对终端用户有用的信息。

### 8.1.4 物联网面临的挑战

虽然物联网近年来的发展已经渐成规模,各国都投入了巨大的人力、物力、财力来进行研究和开发。但是在技术、管理、成本、安全等方面仍然存在许多需要攻克的难题。

1. 技术标准的统一与协调

目前,传统互联网的标准并不适合物联网。物联网感知层的数据多源异构,不同的设备有不同的接口、不同的技术标准;网络层、应用层也由于使用的网络类型不同、行业的应用方向不同而存在不同的网络协议和体系结构。如何建立统一的物联网体系架构和统一的技术标准,是物联网现在正在面对的难题。

2. 管理平台问题

物联网自身就是一个复杂的网络体系,加之应用领域遍及各行各业,不可避免地存在很大的交叉性。如果这个网络体系没有一个专门的综合平台对信息进行分类管理,就会出现大量信息冗余、重复工作、重复建设造成资源浪费的状况。不同行业的应用各自独立,成本高、效率低,体现不出物联网的优势,势必会影响物联网的推广。物联网急需要一个能整合各行业资源的统一管理平台,使其能形成一个完整的产业链模式。

3. 成本问题

就目前来看,各国都积极支持物联网发展,但看似繁荣的背后,能够真正投入并大规模使用的物联网项目少之又少。譬如,实现 RFID 技术最基本的电子标签和读卡器,成本价格一直无法达到企业的预期,性价比不高。传感网络是一种多跳自组织网络,极易遭到环境因素或人为因素的破坏,若要保证网络通畅,并能实时安全传送可靠信息,网络的维护成本高。在成本没有达到普遍可以接受的范围内时,物联网的发展只能是空谈。

4. 安全性问题

传统的互联网发展成熟、应用广泛,尚存在安全漏洞。物联网作为新兴产物,体系结构更复杂、没有统一标准,各方面的安全问题更加突出。其关键实现技术是传感器网络,传感器暴露的自然环境下,特别是一些放置在恶劣环境中的传感器,如何长期维持网络的完整性对传感器技术提出了新的要求,即传感器网络必须有自愈的功能。这不仅仅受环境因素影响,人为因素的影响更严峻。RFID 是另一个关键实现技术,需要事先将电子标签置入物品中以达到实时监控的状态,这对于部分标签物的所有者势必会造成一些个人隐私的暴露,个人信息的安全性存在问题。不仅仅是个人信息安全,如今企业之间、国家之间合作都相当普遍,一旦网络遭到攻击,后果将更不敢想象。所以,如何在使用物联网的过程做到信息化和安全化的平衡至关重要。

## 8.2 物联网智能家居无线传感器网络

随着物联网技术的发展,无线智能家居系统成为智能家居系统发展的主流。智能家居系统使用无线传感器网络技术不但克服了有线系统的高成本和不方便等缺点,而且能够快捷地管理家务、监测家居环境、遥控家用电器等,具有成本低、功耗低、快速、开放的特点，有很强的推广价值和广阔的市场前景。

### 8.2.1 智能家居网络关键技术

通信网络是智能家居系统的枢纽，本节所介绍的智能家居网络采用 ZigBee 无线传感器网络为控制系统提供无线通信。针对智能家居系统应用需求，需要采用合适的网络拓扑结构，配置 ZigBee 协议栈，并选用低功耗、高可靠的路由算法延长设备工作时间。此外，为保证系统的灵活性及安全性，需要对网络管理方式及通信安全策略进行设计[1-2]。

1. 智能家居网络拓扑结构设计

分析家居环境，可得到以下特点：

- 房型结构不一，通信距离范围变化大。
- 受控设备之间无信息传递。
- 墙体阻隔及干扰物多。
- 受控设备位置分散，数目多达几十个。

根据上述特点，在设计 ZigBee 网络拓扑结构时，需要选择通信可靠、延迟小、效率高、容错性强的结构。针对 ZigBee 常用网络研究结果，得出以下结论[3-5]：

- 星形结构虽然通信延迟小、效率高，但由于 ZigBee 信号穿墙能力差，缺乏中继传输，对于多阻隔的家居环境容易导致信号衰减与丢失。
- 网状结构通过多跳方式虽能保障传输的可靠性，但其结构的复杂性带来的高网络维护消耗与多跳传输导致的通信高延迟都是智能家居系统应用所不能接收的。
- 树簇形结构集合了星形结构与网状结构的优点，平衡了可靠性与实时性因素，通过在智能家居环境中灵活的设置若干冗余路由结点，即可在保障星形结构的高效、低延迟特性基础上，提高抗阻隔抗干扰能力。因此，本系统采用树簇形网络拓扑结构。

2. 智能家居 ZigBee 协议栈设计

ZigBee 协议栈是保障智能家居 ZigBee 网络功能的底层协议基础，通过分层协作方式保障 ZigBee 网络信息交互的快速、准确、可靠。

ZigBee 2007/Pro 协议标准只规定了 ZigBee 网络各层次的功能及协议理论基础，实际应用中还需要选用厂商开发的软件协议栈并根据系统需要进行功能配置。目前常用的软件协议栈包括：TI 公司设计的 Z-Stack 开源协议栈，Ember 公司开发的 ZNet-Stack 协议栈，FREESCALE 公司开发的协议栈等[6-10]。

由于智能家居系统结构复杂,对网络的稳定性、实时性要求很高,鉴于EmberZNet协议栈在功能性、可靠性及技术支持方面的优势,本系统中选用Ember公司的EmberZNet 3.5协议栈为结点提供基础网络及信息分层处理功能。

EmberZNet 3.5提供了丰富的API接口资源供开发调用,这些API包含网络管理、消息收发、包缓存、安全加密、终端设备管理、事件调度等。同时,还开放了更下层的绑定机制、设备配置、ZDO命令、启动引导(bootloader)等程序供用户根据应用需求更改。此外,还提供了功能测试库、调试工具等。

系统采用EmberZNet 3.5提供的家庭自动化(home automation,HA)应用框架,封装了ZigBee协议栈的介质访问控制层、网络层、应用层功能,并提供了对底层芯片的控制和服务访问接口。系统中用到的ZNet 3.5协议栈服务接口包括系统初始化接口、网络操作接口、消息收发接口、路由探测接口等[13-14],其中:系统初始化接口及功能见表8.1,网络操作接口及功能见表8.2,消息收发接口及功能见表8.3,路由探测接口及功能见表8.4。

**表8.1　ZNet3.5协议栈系统初始化接口及功能描述表**

| 接口API名称 | 接口功能 |
| --- | --- |
| emberInit() | 初始化结点芯片 |
| emberNetworkInit() | 初始化结点协议栈 |
| emberTick() | 保持结点时间同步 |

**表8.2　ZNet3.5协议栈网络操作接口及功能描述表**

| 接口API名称 | 接口功能 |
| --- | --- |
| emberFormNetwork() | 命令协调器组建网络 |
| emberPermitJoining() | 协调器在一定时间内允许结点加入网络 |
| emberJoinNetwork() | 结点申请加入网络 |
| emberLeaveNetwork() | 结点宣告退出网络 |

**表8.3　ZNet3.5协议栈消息收发接口及功能描述表**

| 接口API名称 | 接口功能 |
| --- | --- |
| emberSendUnicast() | 向指定结点地址通过路由表优化路径发送一帧信息 |
| emberSendBroadcast() | 向周围 $n$ 跳范围内的结点发送一帧信息 |
| emberIncomingMessageHandler() | 处理收到的一帧ZigBee信息 |

续表

| 接口 API 名称 | 接口功能 |
| --- | --- |
| emberGetSender( ) | 获取信息发送的源结点地址 |
| emberGetSenderEui64( ) | 获取信息发送的源结点 IEEE 地址 |
| emberGetLastHopLqi( ) | 获取信息发送的 LQI 参数 |
| emberGetLastHopRssi( ) | 获取信息发送的 RSSI 参数 |

**表 8.4 ZNet3.5 协议栈路由探测接口及功能描述表**

| 接口 API 名称 | 接口功能 |
| --- | --- |
| emberSendManyToOneRouteRequest( ) | 发送一对多路由发现请求 |
| emberAppendSourceRouteHandler( ) | 结点在路由表中新加一条路由信息 |
| emberIncomingRouteRecordHandler( ) | 结点对新发现路由信息的处理接口 |
| emberIncomingManyToOneRouteRequestHandler( ) | 结点收到一对多路由发现请求后的处理接口 |

3. 智能家居网络路由算法设计

智能家居系统环境存在较多的阻隔和干扰情况,加之 2.4 GHz 频段短距离、低穿透性的特点,需要通过树簇形网络保障多跳传输,但同时会对传输实时性有所影响。路由算法设计的目的就在于寻找消息端点间最优化路径,保证消息的准确快速到达[11]。

虽然 Cluster-Tree 算法及 AODVjr 算法均具有路由探测、优化路径功能,但实际应用时仍存在一些不足,主要包含以下方面。

• 使用 Cluster-Tree 分配地址时,算法受可分配的路由结点数、分配结点数、网络最大深度影响。在实际应用时,网络是以自组织(Ad hoc)的形式组建的,即网络中的结点是根据周围结点的信号强度自动选择最优结点作为父结点,因此这种非自适应算法选择的路由将不是最优路由。

• 根据 Cluster-Tree 算法,树形层次的路由方式将会使得靠近树根的簇头结点通信负荷较大,能量衰减快,当簇头能源耗尽时,就会导致网络分割、通信不畅的问题。

• AODVjr 算法是基于对称链路而设计的,即计算得到的路由是双向通信可靠路由。但无线信道受环境影响大,路由信道常会出现单方向通畅、反方向阻碍的现象,此时 AODVjr 算法不能很好地识别非对称链路的情况。

根据上述分析,系统结合 Cluster-Tree 地址分配策略与 AODVjr 路由算法的优点,做出以下改进。

- 网络构成初期的结点地址分配仍采用 Cluster-Tree 算法分配,此时并非最优路由。在随后的消息传输中,采用 AODVjr 路由算法进行路径的识别与地址修正,采用这种方式既可以发挥 Cluster-Tree 算法在路由计算方面的快速性,又可结合 AODVjr 算法的路由发现与维护优势。
- 采用簇头轮换机制平衡网络中树簇结点的能源消耗。

根据系统需要设定一个最小簇头能耗门限,结点网络深度越大,其作为簇头消耗的能量就越多,通过公式(8-1)可计算出处于网络深度 $d$ 的结点作为簇头所需的能量:

$$E = E_{min} + \frac{k_1}{d + 1} \tag{8-1}$$

式中:

$E_{min}$ 最小簇头能耗门限;

$k_1$ 结点附加能耗计算系数;

$d$ 结点所在的网络深度。

对于网络中原来的簇头结点而言,可以通过公式(8-2)反映出时间 $t$ 后的剩余能量:

$$P = E_0 - \frac{k_2 t}{d + 1} \tag{8-2}$$

式中:

$E_0$ 结点成为簇头的初始能量;

$k_2$ 结点附加能耗计算系数;

$d$ 结点所在的网络深度。

当簇头结点剩余能量小于所需能量时,簇头结点向协调器申请更换簇头。随后,协调器向结点发布簇头竞争消息,具备能量要求的结点采用 AODVjr 路由算法的路由请求包(RREQ)附加簇头申请广播给邻居结点,所有接收路由请求包的结点都需回复路由请求包,由申请结点修改邻居信息表。随后,将邻居信息表发送给协调器。协调器收到多个申请结点的邻居信息表后,选择邻居结点最多的结点作为新的簇头。新的簇头结点广播簇头信息,供周围结点修改路由信息。

采用 ZigBee 2007/Pro 规范中的网络连接状态消息(network link status message,NLSM)解决 AODVjr 算法中非对称链路问题。设计思想为:路由结点 1 周期性地向邻居结点发送网络连接状态消息,包含结点的邻居表。当结点 5 收到结点 1 发来的网络连接状态消息后，在自身结点邻居表中未查找到源结点 1，或者自身邻居表中有结点 1 但一定时间内未收到它的网络连接状态消息，则可判断出结点 5 与源结点 1 之间为非对称链路，在消息传输时选择其他路径，避免通过该链路传输。

4. 智能家居网络管理功能设计

智能家居网络管理功能是与用户应用开发最直接相关的部分，研究网络管理功能有助于掌握 ZigBee 网络的运行流程及网络服务，便于上层应用。ZigBee 网络管理包括网络组建、网络加入与网络释放，以下分别说明其执行过程。

(1) 网络组建

在 ZigBee 网络中只有协调器具有新网建立的功能。当协调器上电后，需要判断是否断电前已建立网络，如有网络则恢复原来网络，否则开始建立新网络。协调器组建网络流程如图 8.1 所示。

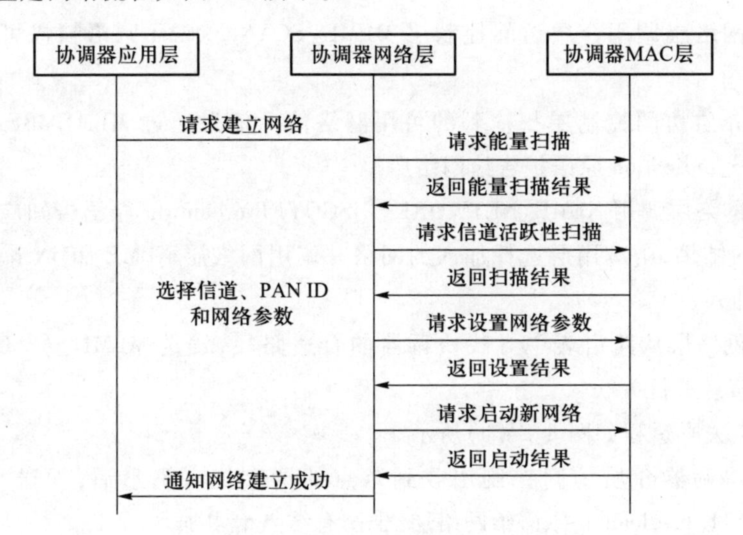


图 8.1 协调器组建网络流程

① 应用层调用 NLME_NETWORK_FORMATION.request 原语发起建网进程。

② 网络层收到请求后，调用 NLME_SCAN.request 原语要求介质访问控制层执行信道能量扫描任务。

③ 介质访问控制层调用 NLME_SCAN.confirm 原语将扫描的可用信道报告给网络层。

④ 网络层重复调用 NLME_SCAN.request 原语，要求介质访问控制层对可用信道执行信道活跃性扫描。

⑤ 介质访问控制层将扫描结果报告给网络层。

⑥ 协调器选择一个可用信道，随机选择一个 PAN ID，将自身网络地址标记为 0x0000。随后调用 MLME_SET.request 原语通知介质访问控制层设置如上参数。

⑦ 介质访问控制层设置参数成功后发回确定信息，网络层调用 MLME_START.request 原语启动新网络建立，并发送 NLME_NETWORK_FORMATION.confirm 原语通知应用层网络已经建立。

（2）网络加入

智能家居采用自组织网络，结点入网由协调器统一管理和安排。ZigBee 结点加入网络的过程包括网络发现和结点关联两步，网络发现过程如图 8.2（a）所示。

① 结点应用层调用网络层的 NLME_NETWORK_DISCOVERY.request 原语要求进行网络发现。

② 网络层调用介质访问控制层 MLME_SCAN.request 原语扫描可加入的网络。

③ 介质访问控制层扫描到的可用网络信标信息通过 MLME_BEACON _NOTIFY-_indication 原语报告给网络层。

④ 网络层调用 NLME_NETWORK_DISCOVERY.confirm 原语告知应用层网络扫描的结果，由应用层选择加入的网络并调用网络层 NLME_JOIN.request 原语请求加入。

⑤ 网络层从路由表中寻找协调器的合适路径，发送 MLME_ASSOCIATE.request 信息进行关联。

结点关联过程如图 8.2（b）所示。

① 协调器介质访问控制层收到结点的请求加入消息后，发送 MLME_ASSOCIATE.in-dicaiton 原语给网络层，告知有结点请求加入。

② 网络层检查结点的 IEEE 地址，根据本地资源及安全规则分配网络地址，并调用 MLME_ ASSOCIATE.response 原语给介质访问控制层；随后将网络参数转发给结点。

（3）网络释放

智能家居系统的网络释放包含结点退网及协调器断网两种情况。

结点退网发生在结点设备因网络障碍需要重新入网的情况下，其执行过程为：

① 结点应用层向网络层发送 NLME_LEAVE.request 信息，请求退网。

② 网络层调用介质访问控制层 MLME_DISASSOCIATE.request 原语，向协

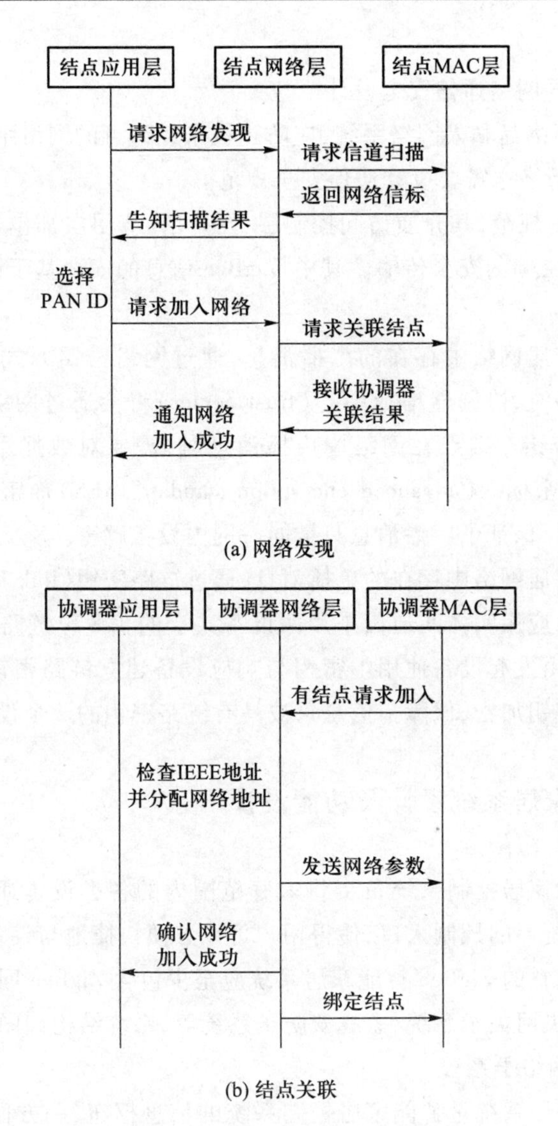


图 8.2 结点加入网络流程

调器发送退网消息,并尝试断开连接。

③ 介质访问控制层断开连接后,通知网络层,网络层调用 NLME_LEAVE.confirm 原语,将介质访问控制层返回的操作状态报告给应用层。

④ 协调器如收到结点的退网消息,则将结点从网络删除;如未收到退网消息情况下,一定时间内未收到结点的反馈消息,则自动删除网络结点。

协调器断网与结点退网过程类似,但协调器在退网时无法通知网络其他结点退网,因此结点需判断是否与协调器在一定时间内未通信,若是则自动退出网络。

5. 智能家居网络通信安全设计

智能家居网络是私人网络系统,应防止被未经许可的网络结点侵入和控制,因此在 ZigBee 网络中需要设计通信安全规范。

根据 ZigBee 规范,其介质访问控制层、网络层、应用层都包含了安全处理机制,分别负责各层帧的安全传输。其中,ZigBee 信息的安全基于链路密钥和网络密钥机制。

对于智能家居网络中存在的广播消息,通过网络密钥方式实现安全保证。当结点加入网络时,协调器信托中心(trust center)将会通过网络消息包形式向结点传送网络密钥。结点在网络中广播消息时,需要对数据用网络密钥进行128位的高级加密标准(advanced encryption standard,AES)加密,接收方采用相同密钥解密数据,保证了广播消息只被同一网内设备解密。

对于智能家居网络中存在的单播消息,通过链路密钥(link key)方式保障安全。两个对等的应用实体间通信采用两设备共享的128位链路密钥,采用对称密钥建立协议,由发起设备使用主密钥与响应设备建立链路密钥。随后的设备通信采用链路密钥加密,保障了信息只被具有链路密钥的两个设备知悉。

## 8.2.2 智能家居系统设计及功能设计

ZigBee 智能家居控制系统负责将家庭范围内的各类设备通过 ZigBee 网络连接起来,提供统一的控制入口,使得用户可以方便快捷地与设备进行远程的交互控制。一个完整的 ZigBee 智能家居系统应至少包含 ZigBee 网络子系统、家庭控制子系统、中央网关子系统、家庭安防子系统等,系统结构如图 8.3 所示。

1. ZigBee 网络子系统

ZigBee 网络子系统是智能家居控制系统的信息枢纽,一方面通过网络协调器组建和管理 ZigBee 网络,将家庭控制子系统、家庭安防子系统中的设备以网络结点形式纳入网络中,实现稳定可靠安全的网络连接和信息交换;另一方面通过硬件接口与中央网关子系统通信,汇报家庭终端设备的实时信息,接受网关传递的控制命令并选择发送给对应的设备控制器。具体来说,ZigBee 网络子系统需要完成4个方面的功能。

(1) 网络管理

网络管理完成对 ZigBee 网络的管理与维护,包括网络配置、网络的建立与释放、结点发现与绑定管理、网络探测与维护等。

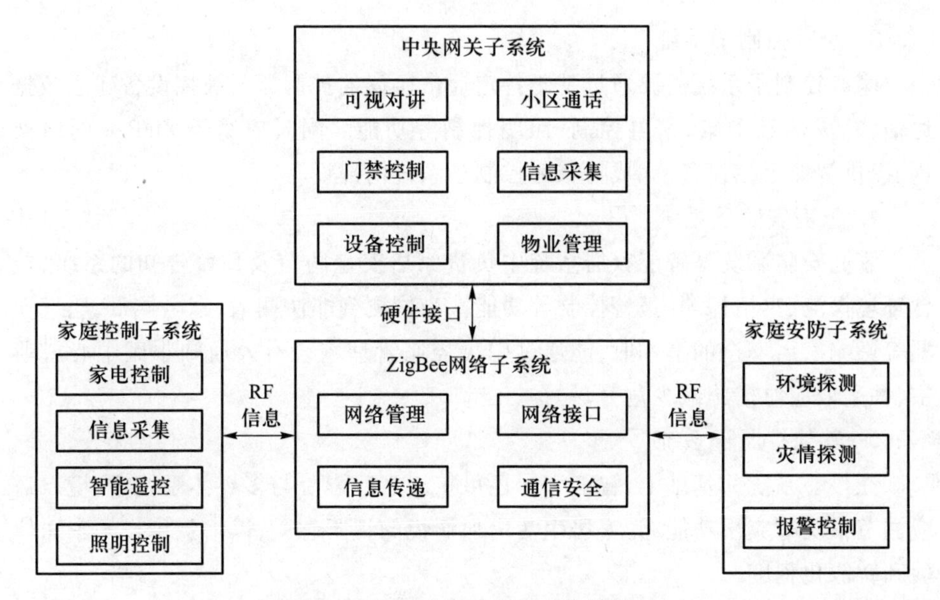


图 8.3　ZigBee 智能家居系统结构图

(2) 信息传递

ZigBee 网络组建的目的即在于信息传递，通过 ZigBee 协议栈及各类寻址、传输、路由算法的保障，提供一个稳定可靠的无线信息传输环境，便于将系统中的数据及控制指令准确快速地传递给目标设备。

(3) 通信安全

通信安全包括网络安全与传输安全两方面。网络安全要求传感器结点与待入网络协调器之间具有相互验证机制，未获许可的网络结点不能随意加入网络，同时未被认证的网络协调器也不具备组建网络的能力，防止具有入侵功能的结点侦听及破坏网络正常功能；传输安全要求可靠加密网络信息，防止外部结点获取、破译信息从而导致信息泄露。

(4) 网络接口

网络子系统还应为与上层控制中心的信息交互提供灵活方便的查询和控制接口，方便的实现对家庭各设备的信息获取和集中控制。

2. 中央网关子系统

中央网关子系统是智能家居系统的用户交互终端，应具有可视对讲、小区通话、门禁控制、物业管理等小区智能化管理功能，同时能实现显示家庭设备信息，并提供按房间、按类别、按需求等多种组合控制方式完成用户对家庭设备的控制操作。

3. 家庭控制子系统

家庭控制子系统需要通过基于特定通信协议的控制器与被控设备建立数据通信,完成信息采集、家电控制、照明控制等功能。同时应基于 ZigBee 网络架构,提供智能遥控设备,完成对家庭控制子系统内部设备。

4. 家庭安防子系统

家庭安防系统是智能家居系统中负责家居安全防范及预警告知的系统,包含环境探测、灾情探测、报警控制等功能。当检测到非法闯入、家电异常、燃气泄漏等影响家居安全的事件时,能通过中央控制管理系统有效通知小区中心或业主,并采取应对措施减少危害。

5. 其他扩展子系统

在核心系统的基础上,智能家居还可扩展家庭影院与多媒体系统、环境自适应调节系统等应用功能,为家居生活增加愉悦的视听感受,以增强用户的家居体验和智能化程度。

### 8.2.3 智能家居 ZigBee 网络子系统设计与实现

在对智能家居 ZigBee 网络的结果与功能进行充分分析的基础上,设计网络结点的硬件结构,并根据系统需要配置协议栈并通过程序开发实现智能家居的网络应用功能。

1. 结点硬件设计

在硬件方面,选用 Ember EM250 芯片作为主芯片,其 16 位 MCU 及丰富的接口资源均可满足 PAN 协调器或传感器网络结点的应用需求,因此本系统中结点在硬件方面采用相同的平台。

(1) 结点核心电路

ZigBee 结点的核心电路采用 EM250 芯片,包含了 24 MHz 主晶振与 32 KHz 副晶振振荡电路和滤波电路,核心电路如图 8.4 所示。

(2) 外围扩展电路

ZigBee 结点的 EM250 芯片集成了与 2.4 GHz 应用相关的电路模块,但实际应用时,还需要扩展射频发射天线增加发射距离,射频天线电路如图 8.5 所示;结点在外围硬件方面还必须扩展 JTAG 仿真器烧录接口、外部电源及电池供电接口、RS232 串行接口等。JTAG 接口电路如图 8.6 所示,外部供电电路如图 8.7 所示,RS232 接口电路如图 8.8 所示。

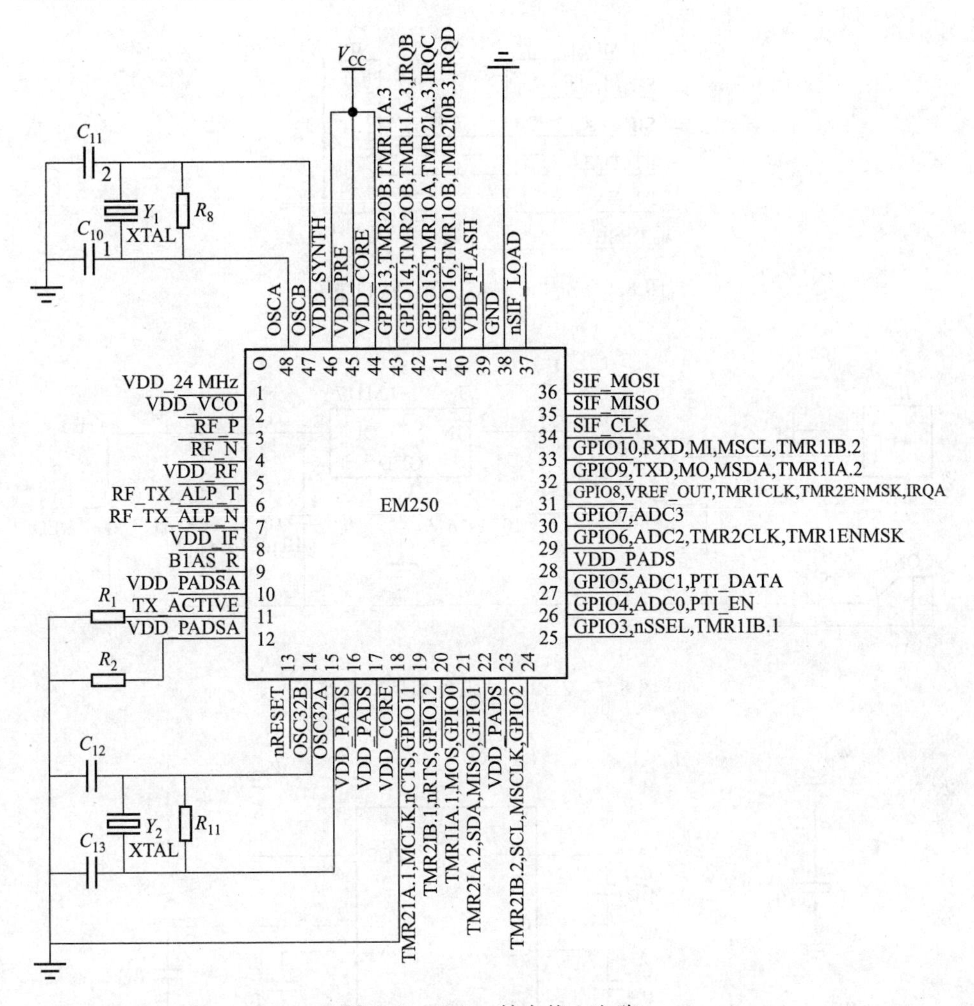


图 8.4　ZigBee 结点核心电路

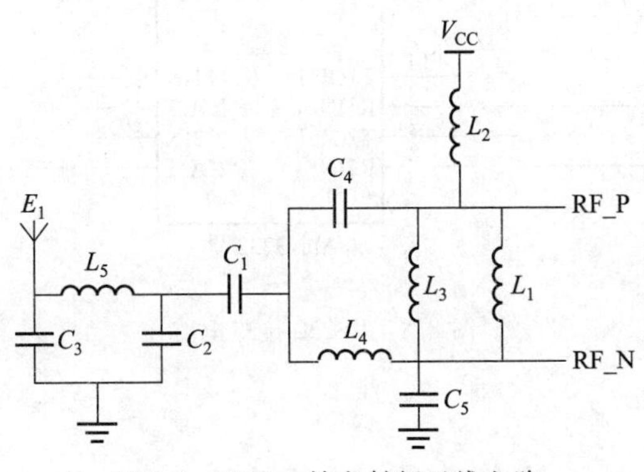


图 8.5　ZigBee 结点射频天线电路

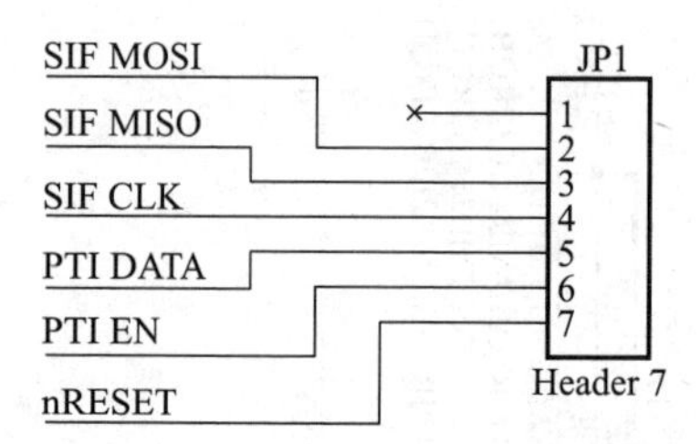


图 8.6　ZigBee 结点 JTAG 接口电路

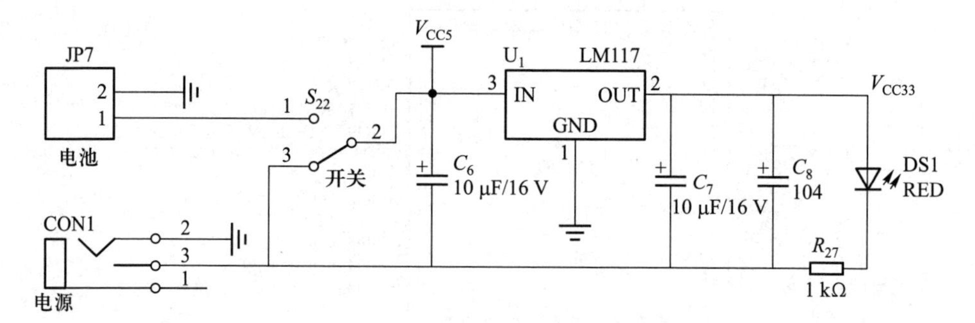


图 8.7　ZigBee 结点外部供电电路

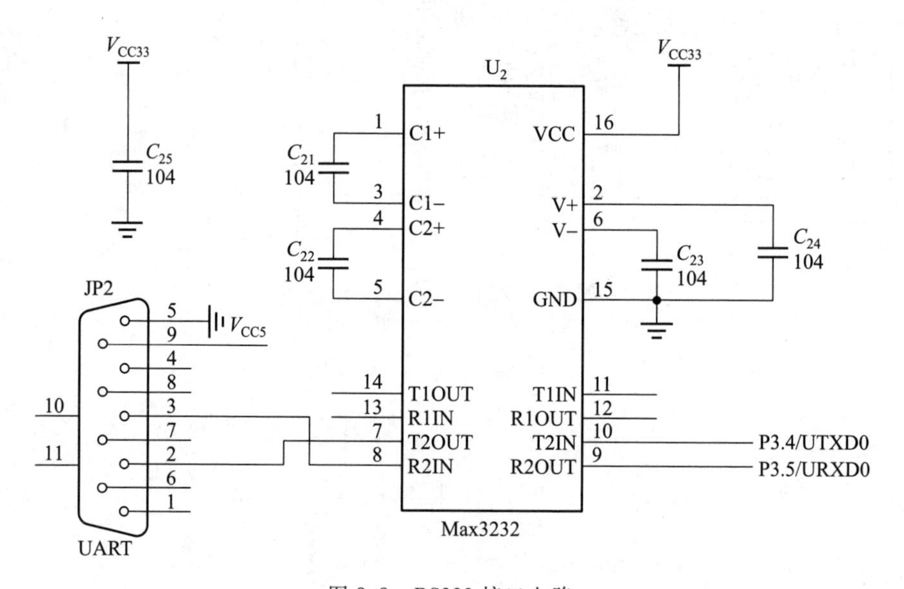


图 8.8　RS232 接口电路

2. 网络管理功能实现

在网络管理功能实现方面,PAN 协调器采用轮询管理与消息中断结合的方式。

智能家居 PAN 协调器主循环处理流程如图 8.9 所示。正常工作后,PAN 协调器不断进入主循环,执行状态更新及消息发送工作;当收到外部消息时,进入中断处理,执行消息处理,并将回馈消息压入消息发送队列,退出中断。

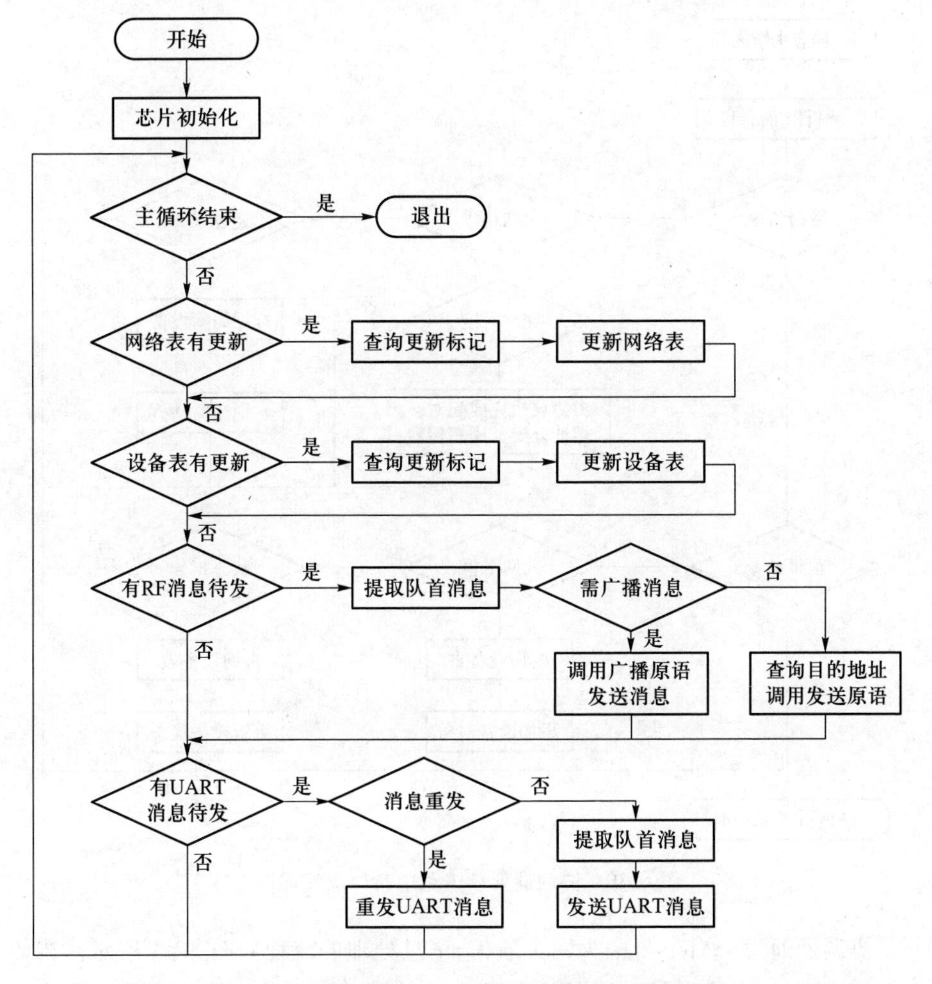


图 8.9　智能家居 PAN 协调器主循环处理流程图

协调器射频消息中断处理的流程如图 8.10 所示。当收到射频消息后,转入中断处理函数,首先提取出消息源结点地址,并根据消息帧结构中的命令字段识别结点发送消息的类别。对于结点的“入网请求”信息帧,若此时协调器允许入网,则调用 ZigBee 协议栈的网络服务将结点设备加入网络,此时结点为未知设备,其成为具体设备还需完成入网信息报告过程;对于结点的“退网请求”,协调器查找并删除设备表对应项,同时调用接口服务完成结点的网内移除;对于结点的“入网汇报”信息帧,协调器应核对设备表,根据结点控制器类别为其分配合适的设备索引;对于结点的“状态报告”信息,协调器更新设备的报告时间,同时将结点控制器的功能状态记录在设备表中供查询。

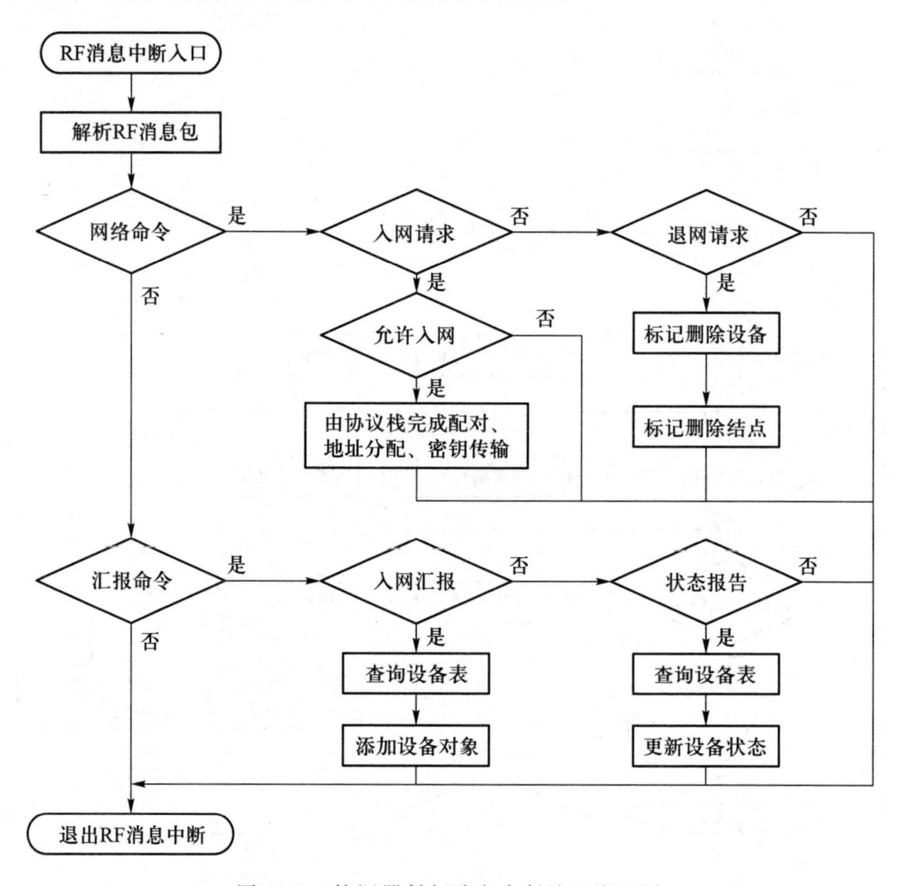


图 8.10　协调器射频消息中断处理流程图

协调器通过 UART 与中央网关通信,消息处理的流程如图 8.11 所示。当收到 UART 消息后,自动转入中断处理函数,解析数据包,并根据消息帧结构中的命令字段识别结点发送消息的类别。对于网关要求协调器的“组网请求”信息帧,若此时已有组建网络,则应立刻释放网络并重新组建;对于网关要求的“释放网络”请求,协调器应清除记录信息,并通过调用协议栈服务释放原有网络;对于网关的“设备查询”命令,应查找设备表中的对应项,将设备状态回馈给网关,同时发送 ZigBee 消息询问目标设备的即时状态并更新存储;对于网关要求的“设备控制”命令,协调器根据控制方式不同,查询设备表,找到若干目标设备,分别发送控制命令,由控制器结点接收命令并处理。

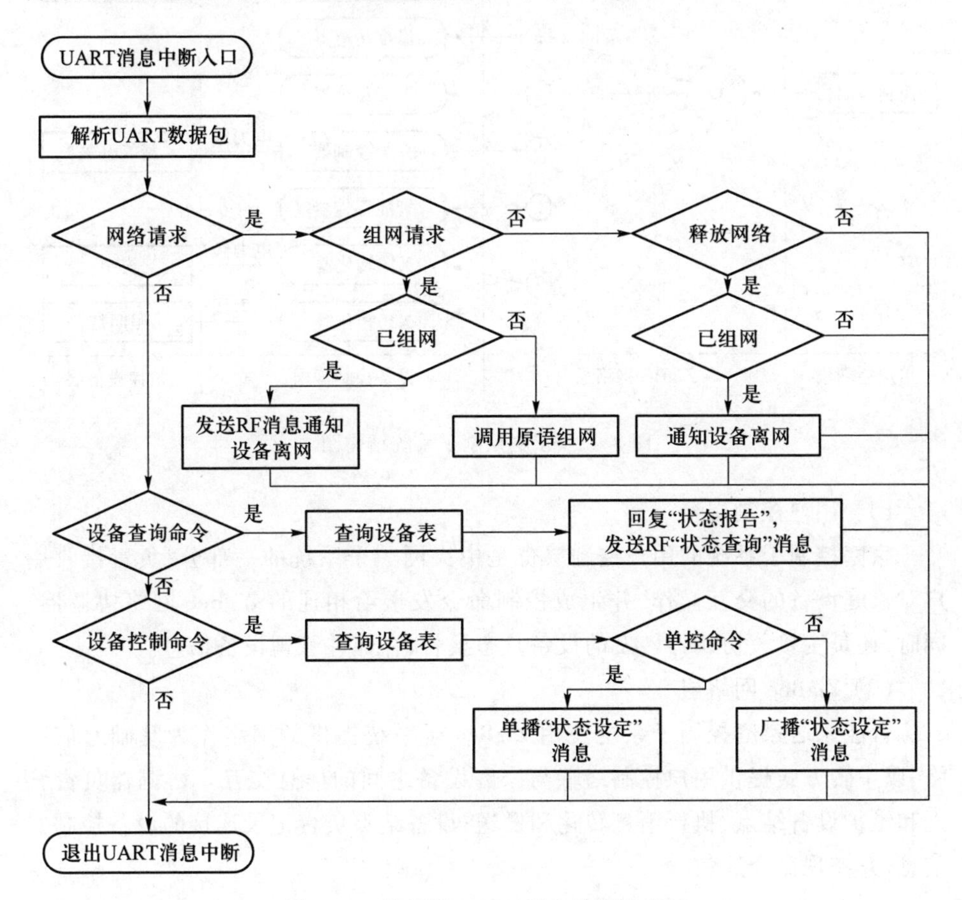


图 8.11 协调器 UART 消息处理流程图

## 8.2.4 智能家居家庭控制子系统设计

1. 家庭控制子系统结构设计

智能家居家庭控制子系统结构如图 8.12 所示。智能家居家庭控制子系统负责将家庭中众多的被控设备纳入 ZigBee 网络中并实现传感控制,系统包含 4 个层次:用户控制层、ZigBee 网络层、设备控制器层和被控设备层[15-16]。

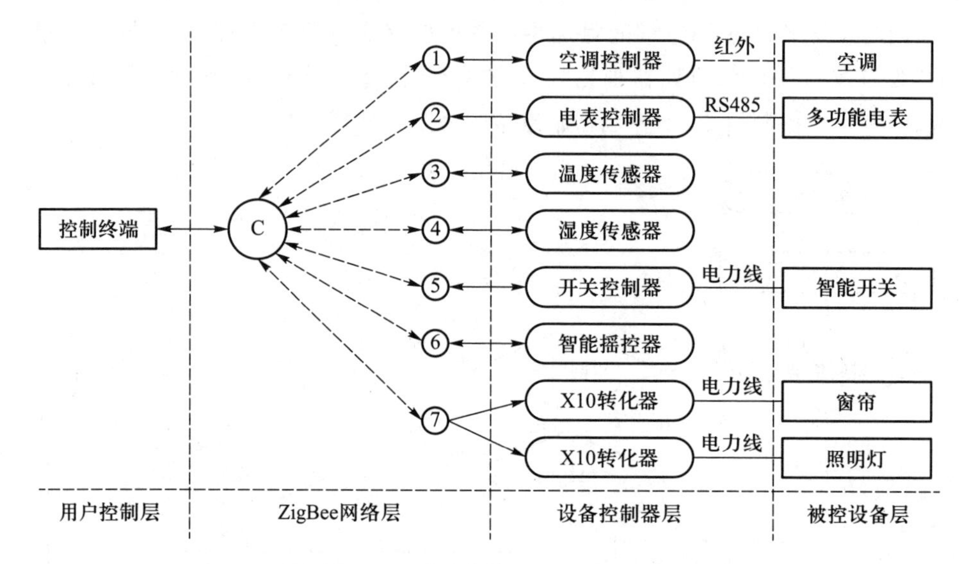


图 8.12 家庭控制子系统结构图

（1）用户控制层

家庭控制子系统的用户控制层也是中央网关子系统的一部分，负责接收用户对家庭设备的交互操作，并生成控制命令发送给相连的 ZigBee 网络协调器；同时，还负责接收协调器转发的设备状态报告，存储并管理设备信息。

（2）ZigBee 网络层

智能家居家庭控制子系统使用 ZigBee 子系统提供的网络作为基础通信网络，以中转方式提供用户控制终端与家庭设备之间的信息交互。协调器负责管理和维护设备结点，执行消息转化和发送；设备结点负责记录连接的设备控制器信息，并实现命令通信[17]。

（3）设备控制器层

设备控制器是家庭控制子系统中设备信息获取和传递控制命令的直接器件。家庭设备控制器包含空调控制器、电表控制器、开关控制器等对象控制器件，以及温度传感器、湿度传感器等传感采集器件[18]。在本系统中，为与 X10 电力载波网络结合，达到混合网络的家庭控制目的，设计了具有消息转化及传输控制功能的 X10 转化器，实现了控制信息在 ZigBee 网络、X10 网络的自由传输。

（4）被控设备层

被控设备即为控制对象，通过设备本身的通信接口接收设备控制器传递的控制命令，完成控制效果的执行。

2. 系统通信控制规程设计

智能家居家庭控制子系统通信规程包括设备控制对象标识、消息帧格式定义、设备控制器管理、设备控制方式等内容。

(1) 设备控制对象标识

为了通过网络控制设备,应该规定设备控制器在网络中的表示方法并标识出其功能与工作状态。本设计中的智能家居系统,采用设备类型标识(type ID)网络中具备相同功能的一类设备,用设备索引(index)标识某个特定类别设备的具体编号;在设备的功能标识方面,采用子功能数(function number)、子功能标识(function ID)、子功能数据(function data)的结构分别标识设备具备哪些特定功能及其当前的功能数据,如电能传感器具有电能读取和功率读取两个特定功能,当前电能为 5 kW · h,功率为 200 W。而设备控制器自身在网络中的状态则通过设备状态(Status)字段来标识,定义了设备的网络属性、房间位置状态等。智能遥控器的作用类似中央网关的用户交互,负责控制信息的生成和转发;X10 网络转化器负责与 X10 网络进行消息交换,不具备可控功能;设备控制器在网络接入初期,以未知设备形式存在于协调器设备表中,当索引分配结束后,成为具体设备;全部设备标识采用通配控制格式,其消息应被全部设备接收并执行。系统中定义的设备控制器类型及功能见表 8.5。

表 8.5 智能家居系统设备控制器类型及功能

| 设备控制器 | 类型标识 | 功能 | 功能标识 |
|---|---|---|---|
| 用电计量设备 | 0x0010 | 电能采样 | 0x98 |
| | | 功率采样 | 0x99 |
| 智能电源开关 | 0x0011 | 开关控制 | 0x07 |
| 红外信号转化器 | 0x0012 | 遥控功能 | 0x8C |
| 灯控制器 | 0x0013 | 开关控制 | 0x07 |
| | | 亮度控制 | 0x03 |
| 门锁控制器 | 0x0014 | 开关控制 | 0x07 |
| 窗帘控制器 | 0x0015 | 开关控制 | 0x07 |
| 移动探测器 | 0x0020 | 移动探测 | 0x08 |
| 温度传感器 | 0x0021 | 温度采样 | 0x91 |
| 湿度传感器 | 0x0022 | 湿度采样 | 0x92 |
| 智能遥控器 | 0x0030 | — | — |

续表

| 设备控制器 | 类型标识 | 功能 | 功能标识 |
| --- | --- | --- | --- |
| X10 网络转化器 | 0x3000 | — | — |
| 未知设备 | 0x0000 | — | — |
| 全部设备 | 0xFFFF | — | — |

(2) 消息帧格式定义

通过 ZigBee 网络发送的系统消息包含网络命令、控制命令、汇报命令和时间同步命令。为了便于系统设备处理各类消息，应规定统一的消息收发格式。本系统设计的 ZigBee 网络消息帧由网络地址、命令标识、设备控制对象及校验字节 4 部分组成。

网络地址字段用于存储消息的来源和目的地址，防止因多跳传输导致的消息来源识别错误；命令标识字段标明数据包的作用，具体作用包含组网/离网、入网/退网、状态查询/设定、时间查询/设定命令等；设备控制对象字段标识设备控制器属性，与命令标识字段结合可针对某个特定设备执行特殊操作；校验字节可起到信息传输中的错误识别功能。智能家居系统消息帧格式及功能见表 8.6，其中设备控制对象字段可包含多个设备。

**表 8.6　智能家居系统消息帧格式及功能**

| 子域名 | 长度/B | 含义 |
| --- | --- | --- |
| 目的地址 | 2 | 消息目的对象的网内地址 |
| 源地址 | 2 | 消息源对象的网内地址 |
| 命令标识 | 1 | 数据包的作用，包含组网/离网、入网/退网、状态查询/设定、时间查询/设定命令等 |
| 设备控制对象 | — | 针对对象的具体操作，如控制空调 1 温度到 20 ℃ |
| 校验字节 | 1 | 用于接收端验证消息包的完整性，消息包内全部字节的异或和 |

(3) 设备控制器管理

家庭控制子系统中设备控制器内嵌 ZigBee 网络芯片，以终端结点的身份接入网络，其管理工作由 ZigBee 网络协调器负责，具体包含控制器的接入、删除及信息管理。

- 控制器网络接入：控制器结点接入网络时，除常规的 ZigBee 网络协议栈

操作流程外,需要添加以下过程:

① 为协调器增加入网许可控制功能,允许设备控制器在一定时间内申请入网,增强安全性。

② 控制器采取主动式申请,在经历了 ZigBee 网络发现和结点关联过程获得网络权限后,还需增加控制器备案操作以激活结点功能。验证过程开始时,结点向协调器发送初始"入网汇报"帧,标明自身设备种类及功能属性,请求协调器分配设备索引;协调器查询预置的设备表,核对设备及功能,随后将设备信息填入网络设备表内,根据表内同类设备数分配空闲索引,并向控制器发送包含设备索引的"入网确认"帧;设备接收确认帧后,修改自己的索引编号,开始工作。

- 控制器网络删除:控制器结点退出网络有主动及被动两种方式。

主动方式下,控制器结点调用 ZigBee 协议栈的网络释放原语,主动退出网络,并向协调器发送"退网请求"帧,该消息不要求回复,目的是保证控制器在网络异常情况下仍能正确退网,防止网络状态死锁。当网络协调器收到退网信息帧后,在网络设备表内删除对应的设备控制器。当网络协调器一定时间未收到来自控制器结点的任何信息时,代表控制器因故障主动退网,协调器应执行删除操作。

被动方式下,协调器向指定设备发送退网命令帧,当控制器结点收到消息后,被动执行退网操作。此外,当控制器结点长时间与协调器未通信,则代表网络异常,也应被动执行退网操作。

- 控制器信息管理:协调器负责对网络内控制器的信息定期更新。更新过程为,设备控制器设定汇报倒计时,时间到后向协调器发送包含控制器功能及状态的"数据报告"信息帧,协调器解析信息帧,查询控制器在设备表内的位置,更新其功能数据;同时协调器为每个网络设备设置汇报时间表,当存在设备一定时间未汇报状态,则协调器主动发送"数据查询"帧,询问设备状态。其中设备控制器的汇报倒计时应各不相同,防止同一时刻大量数据传送至协调器导致的网络拥塞。

(4) 设备控制方式

智能家居的最终目的是便捷地控制家庭设备,因此设备控制方式是 ZigBee 通信规程的核心内容。设备控制过程通过"设备状态设定"信息帧实现,过程为:ZigBee 协调器收到来自中央网关子系统或智能遥控器的"设备状态设定"信息后,分析命令是否包含多个控制对象,如果不是,则将消息转化为 RF 格式,否则拆分并提取出控制对象,依次在网络设备表中查询控制对象的有效性,随后分别向各设备发送单独控制的"设备状态设定"信息。

当设备控制器收到“设备状态设定”信息后，首先检查信息指定的设备是否为自身设备，随后获取期望的设备控制效果，转化为遵循特定协议的命令格式。随后，设备控制器通过硬件或无线方式与被控设备建立通信，传输控制信息，由被控设备执行状态设定过程。

3. ZigBee 网络与 X10 网络转化设计

X10 电力载波通信技术是在 50 Hz(或 60 Hz)载波、120 kHz 脉冲调变的数位控制技术基础上制定出的一套适用于智能家居电子设备通信的控制规格。X10 技术仅使用家庭现有电力线即可达到供电与控制效果，容易实现家庭设备的网络化控制，经济、方便且高效，是有线接入方式下智能家居系统的国际通用标准[19]。

X10 网络转化器在 ZigBee 网络结点软硬件功能基础上，还需要添加消息收发及转化处理。X10 网络转化器的消息处理流程如图 8.13 所示。

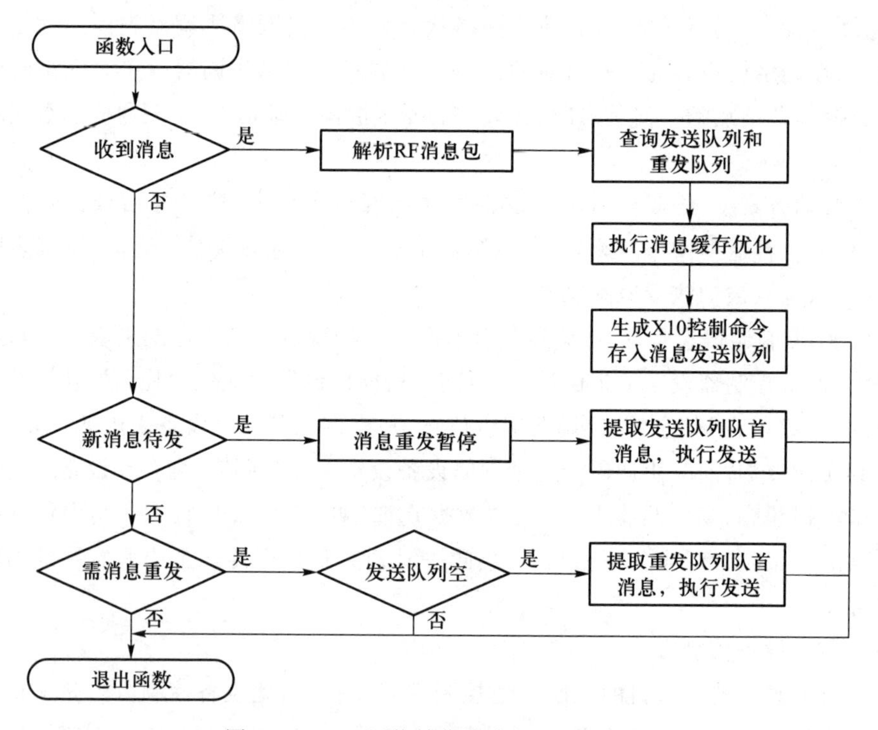


图 8.13　X10 网络转化器消息处理流程图

消息处理的过程为：当 X10 转化器收到来自网络协调器的控制命令后，解析数据包，提取需要控制的目标设备，随后查询消息发送队列与消息重发队列，采用双缓冲队列调整方法与合并删除机制，对消息缓存进行优化，并生成优化后的 X10 命令,存入消息发送队列;当消息发送队列有消息待发时,则中断消息重发过程,提取发送队列的队首消息,执行发送过程;当消息发送队列暂无消息发送时,切换到消息重发队列,提取队首消息继续重发过程。

4. 家庭能源信息采集器设计与实现

目前,家庭电表一般使用 RS-485 接口遵循特定标准与电表通信。通过无线传感网络结点与电表、水表进行通信,可将设备记录的计量数据通过无线方式快速便捷地传递给网络管理中心以供用户查询,从而大大增强用户对家庭能源信息的知悉度,提升用户体验[20]。

本节首先介绍主流的电表通信协议,主要是国际通用的 IEC62056-21 标准及国内使用的 DL/T 645 标准;随后介绍智能家居家庭电量信息采集器的设计过程。

(1) IEC62056-21 局域抄表数据交换协议

IEC62056-21(旧版为 IEC1107)[21]标准是国际 IEC 委员会关于局域抄表数据交换系统的硬件和协议规定,采用半双工的异步串行传输,初始波特率为 2400 b/s,字符格式采用 ISO 1177:1985 标准,1 位起始位 7 位数据位,1 位奇偶校验位,1 位停止位。有效的协议模式包含 A、B、C、D、E 5 种,默认的协议模式为 C,规定了通信请求、身份识别、连接确认、数据信息及编程模式下的其他应用等命令。通信过程为:

① HHU 发送“连接请求”命令给计费装置,请求连接,格式如图 8.14 所示。

图 8.14 IEC62056-21 标准规定的“连接请求”命令格式

其中:“I”字段为信息起始符,“CR,LF”为回车字符,“Device address”字段为目的计费装置的地址标号,该字段可省略,此时代表请求连接任何设备。

② 计费装置回复“身份识别”命令给 HHU,告知本机信息,格式如图 8.15 所示。

| I | X | X | X | Z | \ | W | Identification | CR | LF |
|---|---|---|---|---|---|---|---|---|---|

图 8.15 IEC62056-21 标准规定的“身份识别”命令格式

其中:“XXX”字段为厂商的 3 字符名称标识;“Z”字段取值为 0~6,代表当前波特率,默认为“3”,代表 2400 b/s;“W”字段为强化的波特率和身份标识字,通常省略;“Identification”字段为计费设备的 ID 标识。

③ HHU回复“ACK”命令给计费装置，根据参数不同命令计费装置进入数据读取、编程模式或厂商自定义模式，格式如图8.16所示。

| ACK | V | Z | Y | CR | LF |
|---|---|---|---|---|---|

图8.16　IEC62056-21标准规定的“ACK”命令格式

其中：“ACK”字段为ACK命令标识字符；“V”为协议控制符，取值为0、1、2，一般取值为“0”，表示正常协议；“Z”字段取值为0~6，代表当前波特率，默认为“3”，代表2400 b/s；“Y”为模式控制符，取值为0~9整数，“0”表示数据读取模式，“1”表示编程模式，其他为系统保留，以及用于其他厂商自定义模式。

④ 根据计费装置发送“数据信息”命令给HHU，包含了各象限有功、无功电能、电压、电流等数据，如图8.17所示。

| STX | Data block | ! | CR | LF | ETX | BCC |
|---|---|---|---|---|---|---|

图8.17　IEC62056-21标准规定的“数据信息”命令格式

其中：“STX”字段为数据信息命令标识字符；“Data block”字段为数据项堆叠信息，数据项包含数据标识、数据内容、数据单位，如数据项1.8.0(0000006*kW·h)表示累计耗费电能6 kW·h，32.7.0(219.1*V)表示当前电压为219.1 V，31.7.0(0.000*A)表示当前电流为0 A；“BCC”字段为校验字。

(2) DL/T 645电表通信标准

DL/T 645标准[22]是在参照IEC1107中的光学接口部分制定的国内电力行业统一标准，对多功能电能表的费率装置与数据终端设备进行数据交换时的物理连接和协议进行了规范。标准分为1997和2007两版，略有差异，本设计采用2007标准。采用半双工的异步串行传输，初始波特率为2400 b/s，1位起始位，8位数据位，1位奇偶校验位，1位停止位。采用统一格式的帧消息通信，字节为二进制格式。DL/T 645标准规定的消息帧格式见表8.7。

表8.7　DL/T 645标准规定的消息帧格式

| 帧格式 | 代码 | 说明 |
|---|---|---|
| 帧起始符 | 68H | 标识一帧信息的开始 |
| 地址域 | A0~A5 | 6B BCD码，999999999999H为广播地址 |
| 帧起始符 | 68H | 标识一帧数据信息的开始 |
| 控制码 | C | 标识控制命令 |

续表

| 帧格式 | 代码 | 说明 |
| --- | --- | --- |
| 数据长度域 | L | 数据域的字节数 |
| 数据域 | DATA | 包括数据标识、数据、密码等 |
| 校验码 | CS | 帧内字节的二进制算术和 |
| 结束符 | 16H | 标识一帧信息的结束 |

应用于智能家居系统中的控制命令有请求读取命令、读取正常应答命令及读取异常应答命令。

• 请求读取命令消息帧格式如图 8.18 所示。

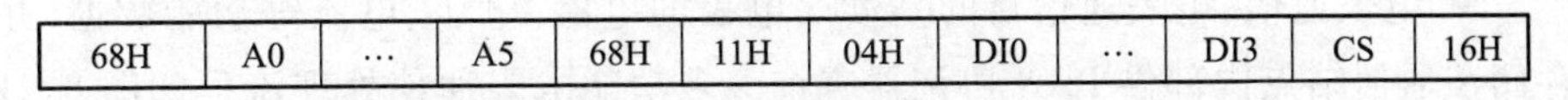


图 8.18 DL/T 645 标准请求读取命令消息帧格式

其中:DI0、DI3 字段为两字节数据标识,如 0x1090 表示正向总电能,0x11B6 表示 A 相当前电压,0x21B6 表示 A 相当前电流。发送时,数据标识字段加 33H;接收时,数据标识字段减 33H。

• 读取正常应答命令消息帧格式如图 8.19 所示。

| 68H | A0 | … | A5 | 68H | 91H | L | DI0 | … | DI3 | N1 | … | Nm | CS | 16H |
| --- | --- | --- | --- | --- | --- | --- | --- | --- | --- | --- | --- | --- | --- | --- |

图 8.19 DL/T 645 标准读取正常应答命令消息帧格式

其中:N1~Nm 为读取的数据内容。发送时,数据内容字段加 33H;接收时,减 33H。

• 读取异常应答命令消息帧格式如图 8.20 所示。

| 68H | A0 | … | A5 | 68H | D1H | 01H | ERR | CS | 16H |
| --- | --- | --- | --- | --- | --- | --- | --- | --- | --- |

图 8.20 DL/T 645 标准读取异常应答命令消息帧格式

其中:"ERR"字段标识异常情况原因有:费率数超、日时段数超、年时区数超、密码错、数据标识错、非法数据等。

(3) 多功能电表信息采集器功能实现

软件方面,具备 RF 网络功能的结点要实现与 RS485 接口电表的通信,还需要实现串口驱动、电表通信等功能。

• 串口驱动:串口驱动包含串口配置和串口读写。

串口配置实现结点初始化过程中对串口使用方式的定义，具体分为 GPIO 引脚配置和串口模式配置。GPIO 引脚配置设定了串口收发的引脚标号、电平方向、初识电平等。对于两款协议的电表，可采用相同的 GPIO 配置方式。串口模式配置规定了串口在功能上的特性参数，包括波特率、起停位数、校验方式、数据位长等。根据电表通信协议的不同，采用不同的配置方式。

串口读写实现对输入数据包的捕获、校验，以及控制数据包的输出。在读数据时，采用中断方式，调用 emberSerialReadByte 接口函数判断串口是否有字节数据待读取，从而根据数据包长度捕获完整消息交给处理程序；在写数据时，应首先调用 emberSerialWriteAvailable 函数判断串口资源是否空闲，随后调用 emberSerialWriteData 函数发送指定长度的数据包。

• 电表通信：电表通信目的是读取电表的电能、电压、电流等功能数据，并存储在通信结点内部供 PAN 协调器查询。多功能电表通信处理流程如图 8.21 所示。

对于遵循 IEC62056-21 标准的电表，在数据读取前需要由通信模块发送“请求连接”命令，电表回馈“身份识别”从而完成连接的激活。随后电表将自动汇报各项数据给通信控制器，控制器记录数据并通过 ZigBee 网络发送给控制终端。

对于遵循 DL/T 645 标准的电表，无须进行连接激活操作，直接通过控制器发送对指定数据的“读取请求”，电表将根据请求的数据标识返回对应的数据结果。如电表工作异常，则会返回异常应答并报告异常状态原因。

5. 家居空调远程控制设计与实现

(1) 红外控制消息转化设计

家居空调通常采用红外通信方式。其控制过程为：由控制端根据用户操作及设备控制协议生成控制数据包，采用 950 nm 近红外波段的红外线作为通信信道发送。进行数据发送前，采用脉冲调制(PPM)的方式，将待发送的数据按照二进制数字信号以特定的规范调制成一系列的脉冲信号，然后驱动红外发射管以光脉冲的形式发送调制数据；被控设备通过接收光脉冲信号，将其转化成电信号，经过滤波、放大后进行解调，还原为二进制的数据包，进而解析命令，驱动执行机构完成控制操作[23]。

不同品牌的空调在红外数据包格式定义方面各不相同，以长虹空调为例，包含脉冲定义及消息定义两部分。

脉冲定义说明了数据包引导脉冲、尾码、“0”或“1”数据的表示方法，具体定义如图 8.22 所示。

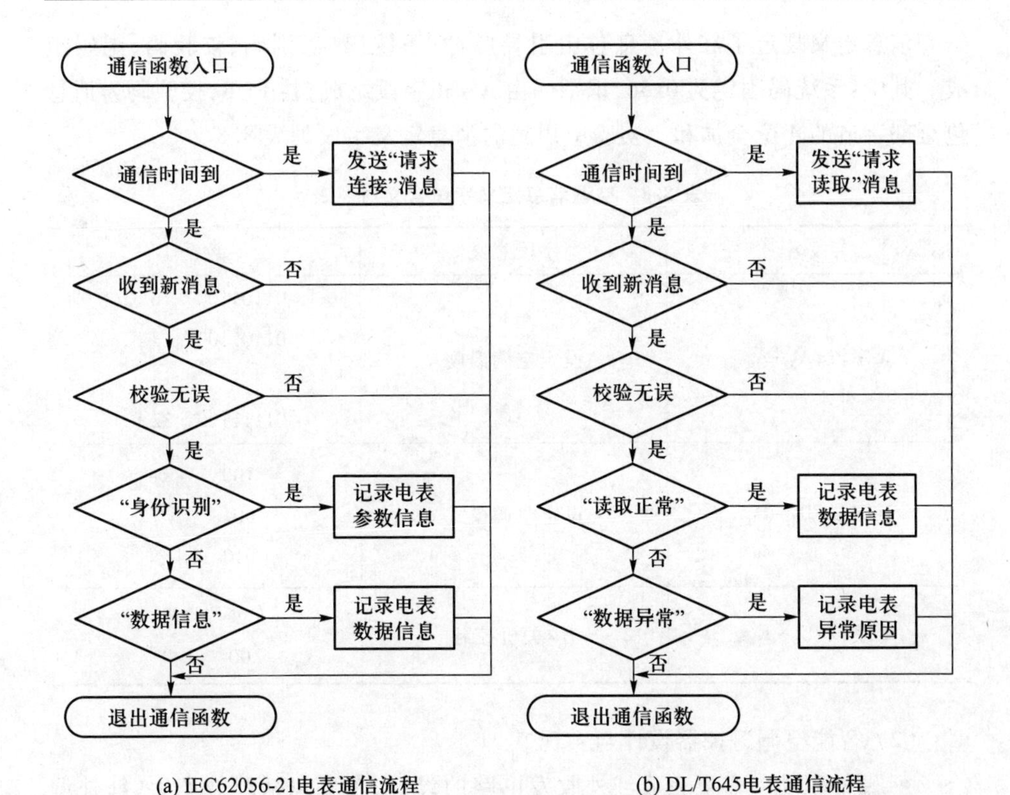


图 8.21 多功能电表通信处理流程图

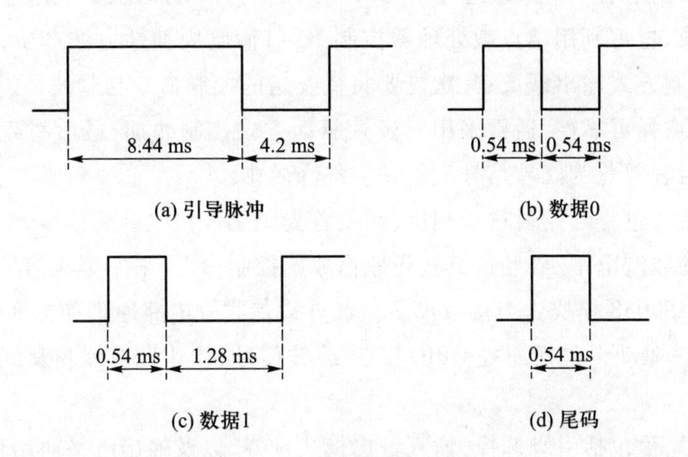


图 8.22 空调脉冲定义图

消息定义规定了红外消息包由引导脉冲、系统码、识别码、校验码、尾码组成。其中:系统码固定为0x56,识别码由A~M字段组成,共15 B,校验码为消息包全部字节的4位全加和。实验中用到的消息定义字段见表8.8。

**表8.8　空调消息定义字段含义对照表**

| 字段名 | 字段意义 | 数据 |
| --- | --- | --- |
| A字段:$A_0$~$A_7$ | 设定空调温度 | 01101100　16 ℃<br>01101100　17 ℃<br>⋮<br>01111100　32 ℃ |
| D字段:$D_4$~$D_6$ | 设定空调模式 | 100　自动<br>001　制热<br>010　制冷 |
| E字段:$E_6$~$E_7$ | 开/关机控制 | 11　关机<br>00　开机 |

(2) 智能空调遥控器设计与实现

• 硬件驱动　需要完成红外收发电路的设计,主要包括载波产生、红外调制、信号发送、信号接收与信号解调过程。

红外发射过程为,首先选择38 kHz方波信号作为载波,可通过专用芯片NE555生成,也可利用结点微处理器控制IO口输出周期性方波产生,本设计采用IO口控制方式输出载波;其次需要将待发送的控制命令与载波叠加形成载波信号,为了增强可靠性,通常采用三极管驱动方式控制叠加;最后将载波电平通过红外发射管转化为红外信号发射到空气介质中。

红外接收过程与发射过程相反,需要首先识别并接收红外信号,经过滤波后形成稳定的载波电平,再经过解调还原出原始控制命令,采用集成信号接收与信号解调的HS0038模块作为接收模块。红外通信收发电路原理如图8.23所示。

• 软件驱动　包括配置GPIO、产生载波信号、红外发射控制及红外接收控制等。

GPIO配置包括引脚选择,输入输出模式选择,以及输出电平初始化。

载波信号采用定时方式产生,如选择8 MHz时钟,每计数105次电平输出反向,则电平周期为210次计数时间,则每秒产生38000个周期电平,即产生38 kHz的载波。

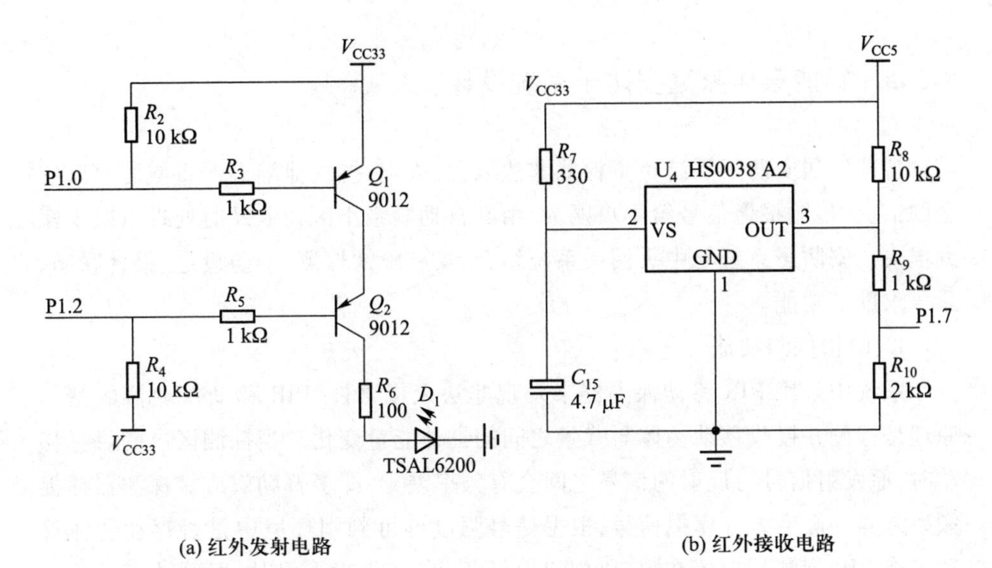


(a) 红外发射电路　　(b) 红外接收电路

图 8.23 红外通信收发电路原理图

红外发射控制是通过定时更改 GPIO 寄存器 GPIO_OUTL 来实现对指定引脚输出电平的设定;红外接收采用中断方式,检测红外数据包的头尾信号,从而完成数据包的读取。

- 控制功能实现。由于空调是单向控制设备,无须通过握手操作建立通信即可传输控制命令,因此在 ZigBee 传感器网络结点功能基础上,通过扩展红外通信软硬件驱动,遵循空调控制命令编码格式即可实现结点对空调的遥控控制。为了与智能家居系统结合,实现远程控制目的,结点还需要完成消息处理与转化过程。

消息处理与转化过程处理流程如图 8.24 所示。在处理过程中,结点如收到来自协调器的 RF 控制命令,则首先提取出温度、模式、开/关机操作等数据,进而通过调用红外发射接口完成红外消息发送。

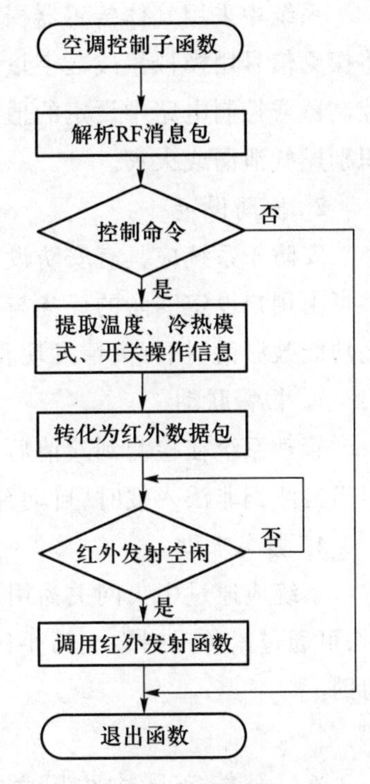


图 8.24 空调控制子函数处理流程图

### 8.2.5 智能家居家庭安防子系统设计

智能家居安防子系统负责检测非法入侵、火灾、燃气泄漏等严重威胁家庭安全的情况，传输报警信号给中央网关，由其自动联系小区物业及时处理以减少家庭损失。安防子系统与中央网关系统结合，具有险情探测、安防设定、报警联动、紧急求助等功能。

1. 险情探测功能

系统中采用PIR移动探测器来发现非法入侵事件，PIR移动探测器的基本原理是探测并接收移动物体与背景之间的红外能量变化。当探测区内的目标移动时，原发射信号与反射的信号之间会有频率差异，即多普勒效应。探测器捕捉频率差异并产生差分模拟信号，根据信号强度即可判别环境中是否存在物体移动。将PIR探测器放置在窗口、门口等场所，当有非法入侵时，即可被察觉并及时报告。

系统中采用气体传感器探测周围环境中的低浓度可燃气体，通过采样电路，将探测信号用模拟量或数字量传递给控制器或控制电路，当可燃气体浓度超过控制器或控制电路中设定的值时，控制器通过执行器或执行电路发出报警信号，识别燃气泄漏或火灾。

2. 安防设定

安防子系统应具有安防设定功能，即可根据用户操作切换布防/撤防模式，并可由用户设定安防的任务与范围。只有当处于布防模式时，系统中的灾情探测功能被激活，执行灾情发现和报警功能。

3. 报警联动

管理系统在检测到险情后，需要自动通过中央网关系统与小区警卫联系，同时当检测到非法入侵时，自动开启灯光并鸣笛报警。

4. 紧急求助

系统应通过中央网关为用户提供应急求助功能，在危急情况阻碍逃离环境时，可通过紧急呼叫方式与小区警卫或物业取得联系，获取后续的应急指示与协助。

### 8.2.6 智能家居中央网关子系统设计

中央网关子系统是与用户进行交互的终端控制设备，与ZigBee网络子系统、家庭控制子系统、安防子系统协调工作。

从功能来说,中央网关子系统应包含可视对讲、小区通话、门禁控制、安防报警等小区智能化管理功能,同时能实现显示家庭设备信息,并提供按房间、按类别、按需求等多种组合控制方式完成用户对家庭设备的控制操作[24]。

中央网关子系统的设计包含硬件结构设计与软件架构设计两个方面。

1. 硬件结构设计

在硬件方面,网关控制终端由处理单元、存储单元、触摸显示屏、扬声器等模块及 TCP/IP 接口、ZigBee 网络通信接口、门禁接口、USB 接口等外部接口组成,结构如图 8.25 所示。

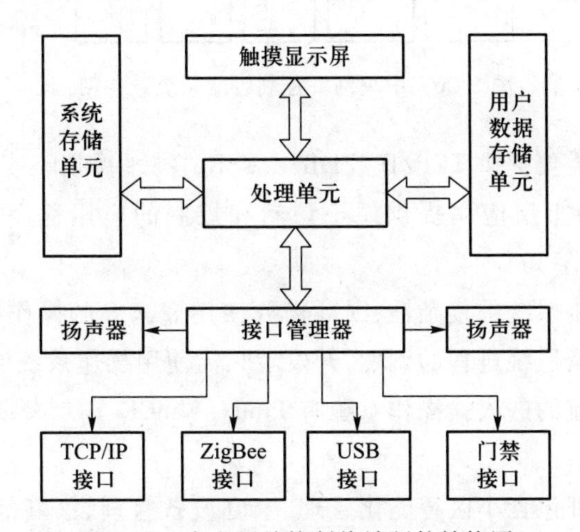


图 8.25　中央网关控制终端硬件结构图

控制终端需满足灵活安装的要求,因此处理单元为非 PC 的微处理器,负责终端数据的处理工作;存储单元包含系统存储单元与用户数据存储单元,应具备足够空间以存储过程数据;触摸显示屏是系统信息显示和用户信息录入的媒介接口,提供灵活便捷的交互控制;扬声器提供背景音乐、交互音频及安防报警功用;TCP/IP 接口用以同小区内的其他家庭终端通过网络电缆连接成互联互通系统,为实现小区可视通话提供物理链路基础;ZigBee 网络通信接口与 ZigBee 网络协调器相连,负责信息控制命令传递;门禁接口采用有线物理链路与楼宇门禁系统相连,控制门锁的开关;USB 接口可与用户 USB 设备连接实现音乐传输、资料拷贝等功能。

2. 软件结构设计

在软件方面,网关控制终端设计包含接口驱动设计、操作系统移植、智能家居管理及可视化界面设计等内容,系统结构如图 8.26 所示。

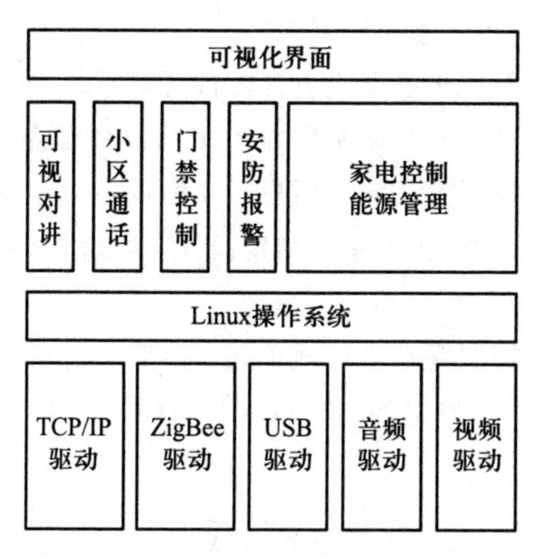


图8.26　中央网关控制终端系统结构图

接口驱动层需要提供TCP/IP、ZigBee、USB、音频、视频等接口驱动来配置各类接口功能，并为上层应用提供便于访问和控制的应用程序接口（application program interface，API）。

由于网关控制系统的复杂性，因此需要使用嵌入式的操作系统来保证基础硬件设备的管理及系统进程的调度，开发者只需使用操作系统资源，关注系统功能实现即可。主流的嵌入式操作系统有Linux、WinCE等，本系统采用开源免费的Linux系统。

智能家居管理包含小区智能化管理、家庭设备管理、家庭信息管理、安全系统管理等内容，将智能家居各分散子系统的功能封装起来，提供统一的调用接口，与用户界面的功能按钮相关联，从而实现便捷调用和控制的功能。

可视化界面是家庭信息显示和用户交互的枢纽，采用触摸交互方式，通过选择功能自动配置家庭环境参数，控制各子系统的协调工作。

### 8.2.7　智能家居控制系统应用效果

在智能家居控制系统研究基础上，与长虹公司、深圳金宝通公司合作，以ZigBee网络为平台上搭建了一套基于ZigBee网络的智能家居系统，如图8.27所示。

系统中央网关控制终端、安防报警传感器、家庭设备控制器分别如图8.28、图8.29、图8.30所示。该系统在实际应用中，系统操作便捷、控制性能稳定可靠、控制延迟低，用户反馈良好。

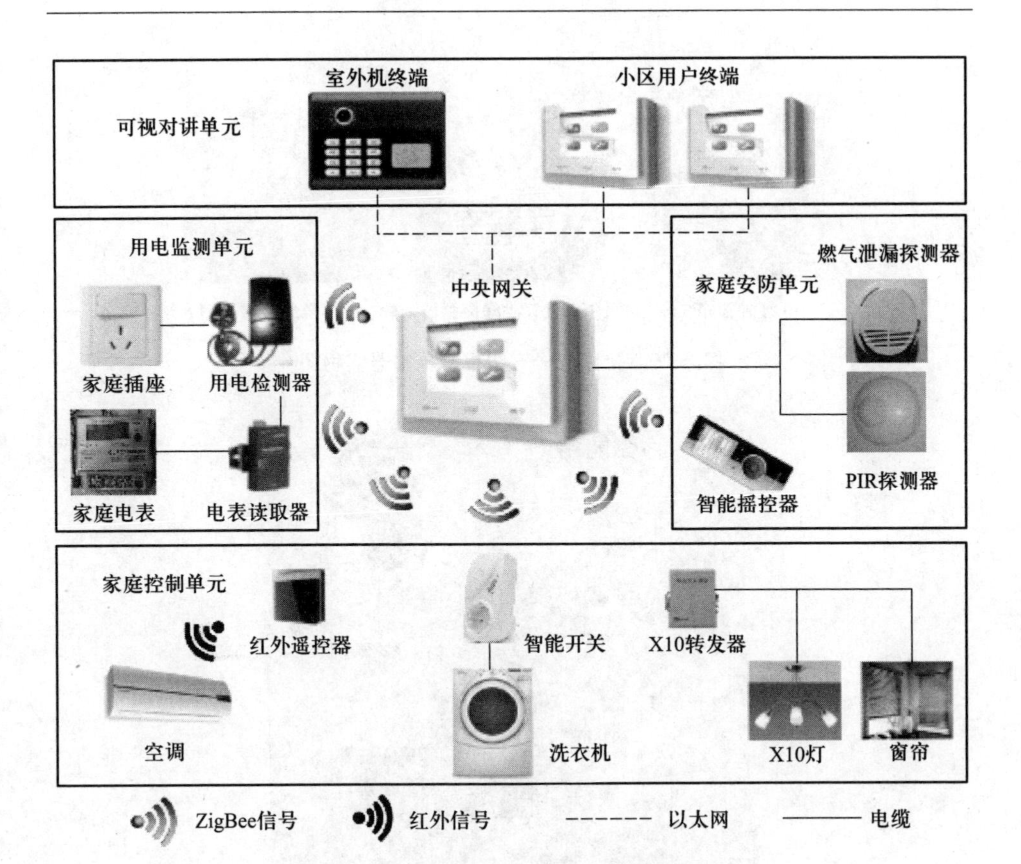


图 8.27 ZigBee 智能家居系统实物结构图

(a) 中央网关家庭控制终端

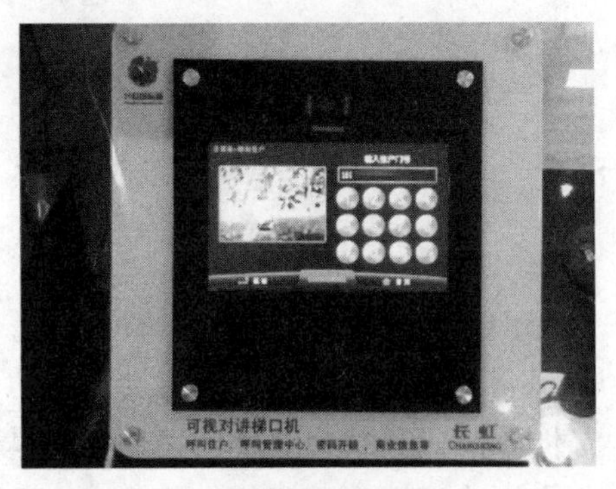


(b) 可视对讲梯口机

图 8.28 智能家居中央网关控制终端实物图

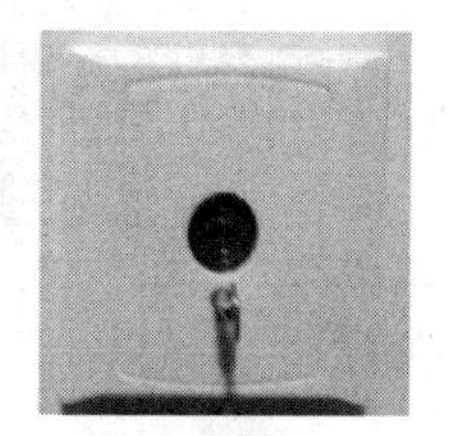

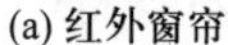

(a) 红外窗帘　(b) 燃气泄漏探测器　(c) 紧急报警按钮

图 8.29 智能家居安防报警传感器实物图

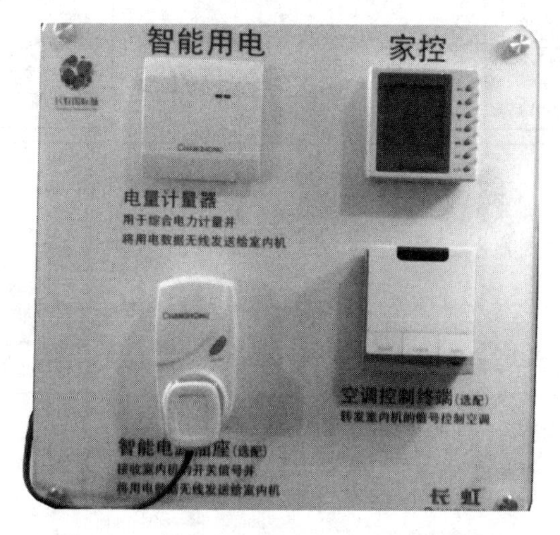


图 8.30 智能家居家庭设备控制器实物图

## 8.3 物联网远程无线测控系统

近年来,随着信息与控制技术的进步,工业自动化系统技术得到了空前的发展,其应用范围几乎扩展到人类活动的一切领域。工业自动化系统不断采用高技术成果,更新换代速度日益加快,市场需求稳定增长。国际上,特别是工业发达国家,在工业自动化仪表与系统的主导产品领域,如主控装置、基于现场总线的控制系统、智能化现场仪表、工业机器人、智能化低压电器等,竞争非常激烈,是工业自动化中发展最快的领域,其产品特点是数字化、智能化、模块化、高精度化和小型轻量化。

将无线传感器网络应用于工业自动化,具有有线固定网络无法比拟的优势。

无线网络拓扑结构更适合工业网络应用，它支持 RS-232 工业设备点到点的连接或多个设备组成对等网络相互通信或客户机/服务器网络拓扑结构，每个 RS-232 工业设备都可以方便、快捷地接入无线网络中，极大地提高了信息处理能力。同时无需布线，省去了施工的麻烦，从某种程度上保证了网络的安全。无线网络覆盖范围可以通过拓扑结构而扩大，比起有线网络来说更为方便。目前工业自动化领域中已有 ZigBee/IEEE 802.15.4、IEEE 802.15.3、IEEE 802.11 等的应用。2004 年 Honeywell 推出基于 ZigBee 的无线变送器 XYR 5000 系列；OMRON 的无线链接 Device Net 现场总线主站 WD30-ME 和从站 WD30-SE；德国 Schild Knecht 公司推出无线 Profibus-DP 产品 DE 3000 系列；ABB 在瑞典的 Boliden 工厂利用 Ember 的无线技术进行无线通信评估，等等。本节将介绍无线传感器网络应用于德国 FESTO 公司的一套模块化生产加工系统，该系统可以自动完成生产工件的装配工作，并通过互联网实现远程监控[27-29]。

## 8.3.1 模块化制造系统

模块化制造系统（modular production system，MPS）由 10 个模块组成，相互协作，自动完成生产工件的装配工作。其中：送料模块从料仓中分离工件，为下一道工序准备工件；检测模块确定待检测工件的材料特征，将合格品送至下一模块；传送模块完成工件从上一模块到下一模块的传送工作，同时合理地匹配了各个模块之间的顺序工作，使之相互协调；加工模块对工件进行加工；提取模块从加工模块移走工件，将其传送至下一模块；分拣模块按工件的属性分拣工件，将不同材质的工件分派到不同的滑道。模块之间通过传感器相互通信以相互协作，可编程控制器 PLC 实现模块化制造系统各环节和整个生产线的运行控制。

在对每个模块进行仔细分析后，设计并实现了基于状态机的控制策略，取代原有的 PLC 控制方案。同时将 ZigBee 技术有效地与控制系统结合，构成基于 ZigBee 无线传感器网络的模块化制造系统。对 ZigBee 协议栈和模块化制造系统控制策略的模块化接口设计使得该模式很容易应用于工业生产的应用实例。

1. 模块化制造系统的分析

模块化制造系统的生产线每个工位都为 8 个输入和 8 个输出接口，系统采用 S3C2410 的 GPF 0~GPF 7 作为输入口，从模块化制造系统中得到输入数据。用 S3C2410 的 GPE 0~GPE 7 口作为输出口，输出数据模块化制造系统。图 8.31 是模块化制造系统连接板示意图，对外接口为 24 针接口，其中 8 个输入接口，8 个输出接口，两路独立电源（输入与输出电源独立）。输入输出均为 24 V

电压驱动，由于设计的电路板只能提供5 V、3.3 V直流电，不提供24 V直流电压，所以此处的24 V电压由外部独立稳压源提供。为了实现小电压控制大电压，小电流驱动大电流，在设计板的输入输出部分加入光耦合器隔离和继电器驱动，同时还有效地防止了24 V电压在通/断瞬间对电路板带来的干扰。下面以第一模块和第二模块为例，详细分析ZigBee技术在模块化制造系统中的应用。

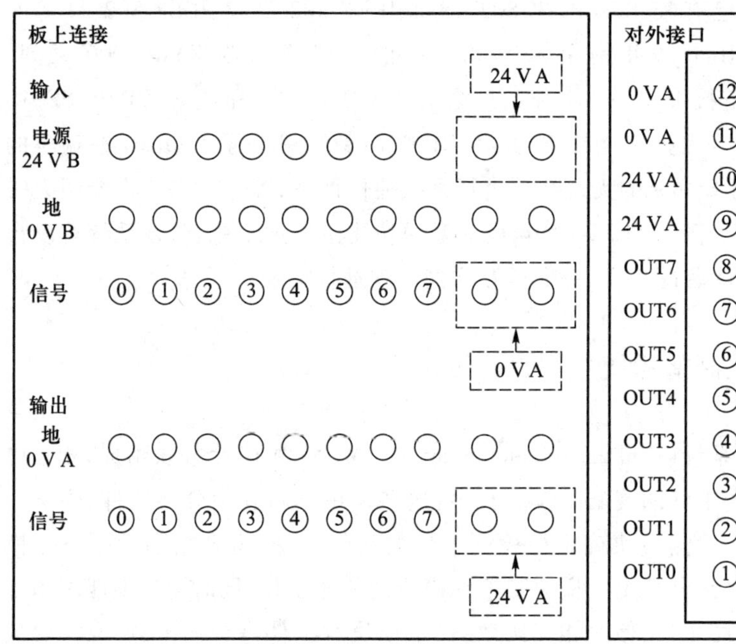


图8.31　连接板示意图

在德国FESTO公司模块化制造系统中，虽然10个模块都提供8个输入和8个输出接口，但并非所有模块都完全使用它们，第一、第二模块的输入输出连接见表8.9和表8.10。

**表8.9　第一模块输入输出**

| 输入编号 | 连接关系 | 传感器类型 | 输出编号 | 连接关系 | 控制属性 |
| --- | --- | --- | --- | --- | --- |
| IN0 | — | — | OUT0 | 1Y1 | 控制推杆伸缩 |
| IN1 | 1B2 | 接近传感器 | OUT1 | 2Y1 | 控制吸气阀门 |
| IN2 | 1B1 | 接近传感器 | OUT2 | 2Y2 | 控制吹气阀门 |
| IN3 | 2B1 | 气压传感器 | OUT3 | 3Y1 | 控制转臂左转 |
| IN4 | 3S1 | 转臂左限位传感器 | OUT4 | 3Y2 | 控制转臂右转 |

续表

| 输入编号 | 连接关系 | 传感器类型 | 输出编号 | 连接关系 | 控制属性 |
|---|---|---|---|---|---|
| IN5 | 3S2 | 转臂右限位传感器 | OUT5 | — | — |
| IN6 | B4 | 光电传感器 | OUT6 | — | — |
| IN7 | _IP_FL | 光电传感器 | OUT7 | — | — |

**表 8.10 第二模块输入输出**

| 输入编号 | 连接关系 | 传感器类型 | 输出编号 | 连接关系 | 控制属性 |
|---|---|---|---|---|---|
| IN0 | PART_AV | 接近传感器 | OUT0 | 1Y2 | 辅助控制 |
| IN1 | B2 | 接近传感器 | OUT1 | 1Y1 | 控制动臂上升 |
| IN2 | B3 | 光电传感器 | OUT2 | 2Y1 | 控制推杆推动 |
| IN3 | R1 | 模拟限位传感器 | OUT3 | 3Y1 | 控制吹气阀门 |
| IN4 | 1B1 | 接近传感器 | OUT4 | — | — |
| IN5 | 1B2 | 接近传感器 | OUT5 | — | — |
| IN6 | 2B1 | 接近传感器 | OUT6 | — | — |
| IN7 | _IP_FL | 光电传感器 | OUT7 | A1 | 与第一模块通信 |

从表 8.9、表 8.10 可以看出，第一模块输入接口只用了 IN1-IN7，输出接口只使用了 OUT0-OUT4，第二模块输入接口用了 IN0-IN7，输出接口仅用了 OUT0-OUT3。表中的连接关系是指在模块中的对应标号之间的连接。

每个模块正常工作时都可以理解为状态顺序转移，即一种时序关系，根据实际的分析和测量得到第一和第二模块的状态图如图 8.32 和图 8.33 所示。

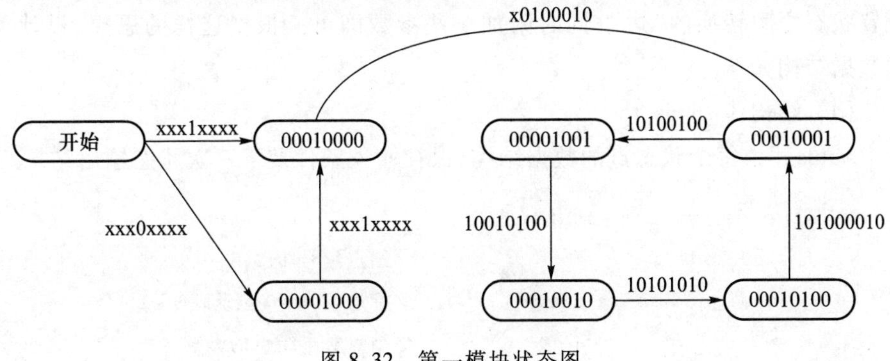


图 8.32 第一模块状态图

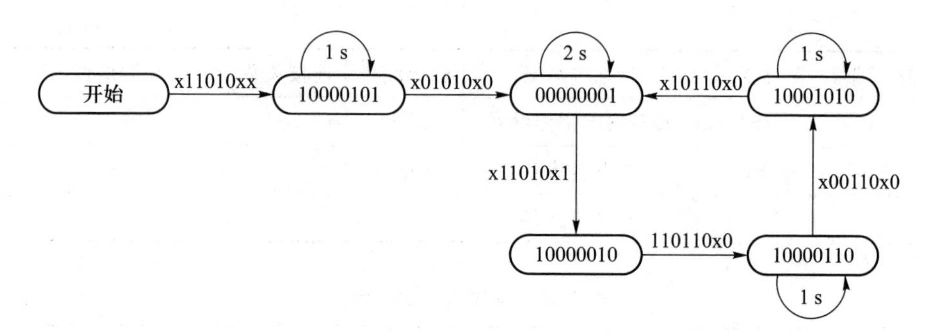


图 8.33　第二模块状态图

图中圆角矩形内为输出状态;边为输入条件;各输入输出状态中“1”表示高电平,“0”表示低电平。通过图 8.32 和图 8.33 中状态转换可以看到,每个模块(其他模块类似)的输出状态从“开始”状态开始,然后通过一个输入信号激励进入工作状态循环,当某次输入满足状态转移条件时进行状态转移并输出相应状态,输入信号激励中的“x”表示本位输入对输出没有影响,输出状态上的时间表示在输入条件满足时需要延时多少秒才输出下一状态。“开始”状态为“0xff”,只是表示一个初始状态,它并不输出(也不能输出)。目前系统中的所有模块正常情况下都没有对应的“0xff”输出,所以利用一个空闲的状态作为初始态是合理的。

2. 模块化制造系统控制策略

为整个模块化制造系统的每个模块设计一种控制方法(由于每个模块的控制都不同)比较烦琐,考虑为整个系统设计一种统一的控制策略和接口,这样设计的目的在于控制的通用性和灵活性。8 个输出位共有 256 种情况,这 256 种输出状态是确定的,所以仅需要在设置参数的时候找出对应模块的输出状态点,设置状态之间转换的“边”,同时附加一些参数即可。根据这样的思想,设计关键数据结构如下。

(1) 结构体 status_t

status_t 为每个状态点的数据结构,保存输入条件及下一次状态输出结果。

```
typedef struct _status {
  int node;                    //结点编号 1,2,3,…,10
  unsigned short flag;         //标志位,0~9 位反映 1~10 个
                               //结点对本结点的影响
  unsigned char o_local;       //输出状态
  unsigned char i_local[LOCAL_INPUT_MAX];    //本地输入状态
```

```
  unsigned char i_other[NODE_MAX];            //其他结点输入状态
  struct _status *next[LOCAL_INPUT_MAX];      //下一个输出状态
}status_t;
```

(2) 结构体 local_input_t

local_input_t 为设置状态转移图时所需的本地信息的数据结构,根据这个数据结构可以设置状态转移的“边”。

```
typedef struct _local_input{
  int node;                      //结点编号
  unsigned char i_local;         //本地输入
  unsigned char i_index;         //输入指示 0,1,2
  unsigned char o_local;         //输出状态
  unsigned char o_next;          //下一个输出状态
}local_input_t;
```

(3) 结构体 other_input_t

other_input_t 为设置状态转移图时所需的远程信息的数据结构,根据这个数据结构可以设置状态转移的“边”。

```
typedef struct _other_input{
  int node;                      //结点编号
  unsigned char o_local;         //输出状态
  unsigned char o_next;          //下一个输出状态
  unsigned char i_other;         //其他结点输入
  int n_other;                   //其他结点对本地输入编号 1~10
}other_input_t;
```

可以通过以下几个函数完成状态转移图的状态点的添加和删除,在模块化制造系统开始控制之前必须完成状态转移图的建立,这种统一接口的动态添加和删除过程极大地增强了系统的方便性和可扩展性。

(1) void node_init(int node)

函数功能:初始化结点 256 个状态。

输入参数:输入参数为整型,范围 1~10,指示对哪个结点的初始化。

返回值:无。

(2) void set_node_default(void)

函数功能:默认设置结点工作状态,初始化结点对应数组 local_input_t local_input[n]。

输入参数:无。

返回值:无。

(3) int local_input_add(local_input_t local)

函数功能:添加一个本地状态,实际就是将两个状态用一条“边”相连接,指示一个状态在输入条件满足的情况下输出的下一个状态。

输入参数:结构体 local_input_t 指示了结点号,输入条件,当前输出状态和下一个输出状态。

返回值:返回1表示出错,返回0表示正常。

(4) int local_input_del(local_input_t local)

函数功能:删除一个本地状态,实际就是删除两个状态间的连接的“边”,指示在此输出状态下的下一个输出状态变更。

输入参数:结构体 local_input_t 指示了结点号、输入条件、当前输出状态和下一个输出状态。

返回值:返回1表示出错,返回0表示正常。

(5) int other_input_add(other_input_t other)

函数功能:添加一个远程状态,实际就是将两个状态用一条“边”相连接,指示一个状态在远程输入条件满足的情况下输出的下一个状态。

输入参数:结构体 other_input_t 指示了结点号、远程输入条件、当前输出状态和下一个输出状态。

返回值:返回1表示出错,返回0表示正常。

(6) int other_input_del(other_input_t other)

函数功能:删除一个远程状态,实际就是删除两个状态间的那条相连接的“边”,指示在此输出状态下的下一个输出状态变更。

输入参数:结构体 other_input_t 指示了结点号、远程输入条件、当前输出状态和下一个输出状态。

返回值:返回1表示出错,返回0表示正常。

### 8.3.2　结点设计

根据国内外的结点研究现状及系统设计的指标,采用了 ARM 作为处理器的解决方案。一般来说,在选择微处理器的时候,需要考虑微处理器的性能、功耗、成本、配套的开发工具,以及市场供货等因素。其中性能最为重要,有时候体积和功耗也很关键。在选型中,需要能够将系统功耗尽量降低,性能足够强大,兼容性和可扩展性足够好,同时需要大部分外设接口集成在SOC芯片上,减少系统硬件复杂度,增强系统稳定性,还要满足运算的速度要求,同时还要有较好的软件支持和开发工具链。在比较了各厂家的ARM系列处理器之后,三星公司的S3C2410在以上这些方面更好地满足了要求。

S3C2410自身不带只读存储器(ROM),因此必须外接ROM器件来存储放电后仍需要保存的代码和数据。或非(NOR)型和与非(NAND)型是两种典型的非易失闪存(flash)技术。NOR flash存储器的容量小、写入速度慢、单位比特成本高,适用在小型灵活的嵌入式场合。而NAND flash存储器结构能提供极高的单元密度,可以达到很大的存储容量,并且写入和擦除的速度很快。只是NAND flash存储器不能片上执行程序(execute in place,XIP),需要特殊的接口。针对应用于无线传感器网络的ARM嵌入式系统,采用的Linux操作系统包括文件系统和网络功能,并在需要的时候可以大量存储数据,同时S3C2410自带NAND接口,因此系统最后采用三星公司的容量为64 MB的NAND flash K9F1208UOM。

随机存储器(RAM)是易失性的存储器,在掉电以后数据即消失。但是它与ROM器件不同,它的随即读写速度非常快,写入数据之前也不需要擦除,这些特性使它成为嵌入式系统必不可少的存储设备之一。在嵌入式系统中,通常都将数据区和堆栈区放在RAM里,供快速读和写使用。同步动态随机存储器(SDRAM)是多块地址(bank)结构,其中一个bank在预充电期间,另一个bank即可以马上被读取,这样当进行一次读取之后,又可以马上去读取已经预充电的bank数据,大大提高了访问速度。系统最后选用了2片现代公司的存储容量为32 MB的HY57V561620CT SDRAM。

随着IEEE 802.15.4标准的发布,各大无线芯片生产厂商陆续推出了支持IEEE 802.15.4的无线收发芯片。目前兼容IEEE 802.15.4的射频芯片的主要有Chipcon公司的CC2420、CC2430,Freescale公司的MC13192、MC13193,Jennic公司的JN5121,Ember公司的EM250、260,UBEC公司的UZ2400。考虑性能、功耗、成本和市场购买容易度,本系统最后选择了Chipcon公司CC2420。CC2420是Chipcon AS公司推出的首款符合2.4 GHz IEEE 802.15.4标准的射频收发器,该器件包括众多额外的功能,是一款适用于ZigBee产品的RF器件。

根据结点主要器件的选型,设计了系统硬件框架,结点的硬件框图如图8.34所示。硬件系统主要由最小系统(CPU、SDRAM、flash)、模块化制造系统输入输出接口模块、射频接口模块、串口模块、网口模块、USB接口模块组成。

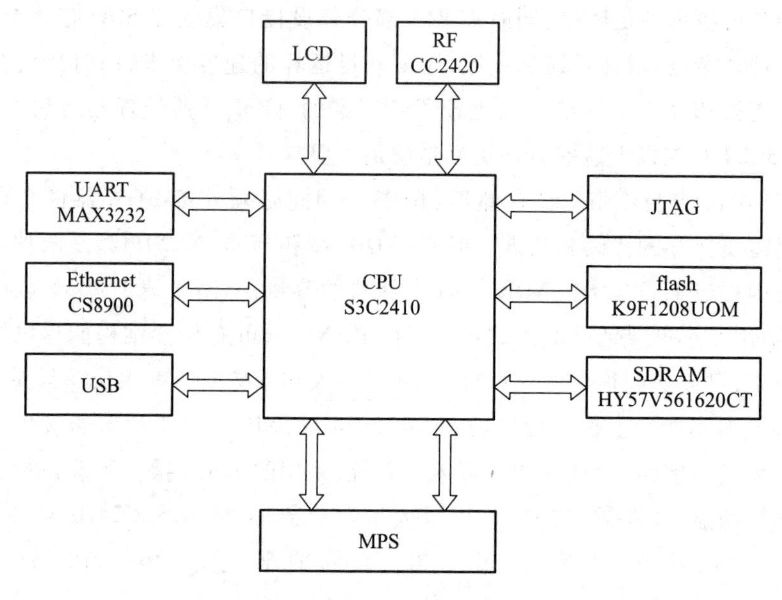


图 8.34　结点硬件框图

1. 微处理器系统设计

基于 S3C2410 的最小系统由外扩的 SDRAM、flash、电源及用于调试的 JTAG 接口组成。

S3C2410 是 SAMSUNG 公司一款基于 ARM920T 的嵌入式芯片[30]。它一方面具有 ARM 处理器的所有优点:低功耗、高性能;另一方面又具有丰富的片上资源,非常适合嵌入式产品的开发。其特点为:

- IO 电压 3.3 V,内核电压 1.8 V,16 KB I-Cache 和 16 KB D-Cache;
- 2 路 USB-Host,1 路 USB-Device(V1.1);
- 117 个通用 I/O 口,24 个外部中断口;
- 3 路 UART(IrDA1.0,16 B TX FIFO,16 B RX FIFO);
- 2 路 SPI(V2.11);
- 内置 SDRAM 控制器,支持 8 个存储 bank,可直接外接 1 GB SDRAM;
- 内置锁相环(PLL),系统主频最高达 203 MHz;
- LCD 控制器(支持 4 K 色 STN 屏和 256 K 色 TFT 屏),并有 1 通道 LCD 专用 DMA;
- 1 路多主 IIC 总线控制器及 IIS 总线控制器;
- 14 路 PWM 定时器及 1 路内部定时器;SD host 接口(V1.0),兼容 V2.11 MMC 协议;实时时钟(RTC)等。

最小系统中,处理器与 flash 的硬件连接接口如图 8.35 所示。

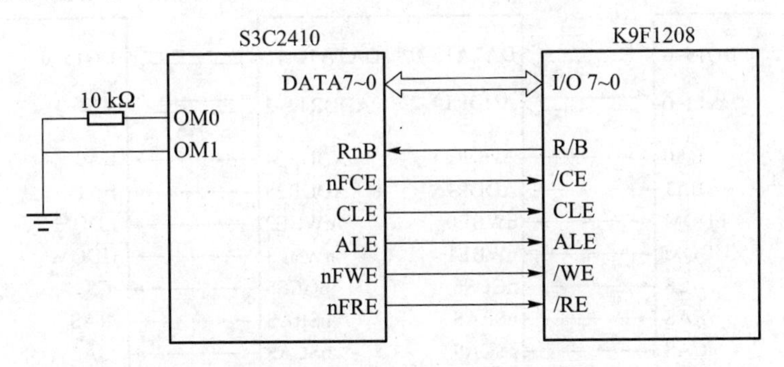


图 8.35 S3C2410 与 flash 的硬件连接接口

处理器的低 8 位数据线与 flash 8 位 I/O 口相连,另外将 flash 的片选信号、命令选通、地址选通、读写使能与处理器 NAND 控制接口对应的引脚连接起来。NAND 与 NOR 不同,它并不需要挂在处理器的一个地址上,而是采用标准的接口和读写函数,所以它与处理器间并不需要地址线连接。NAND flash 接口比较简单,硬件设计也比较方便。但需要注意的一点是 S3C2410 片上有 4 KB 静态随机存储器(SRAM),如果处理器没有外接 NOR flash,那么系统要从 NAND flash 启动就必须将 OM0 与 OM1 引脚置低电平,这样处理器启动后才会自动将 NAND 中的前 4 KB 搬到 SRAM 中执行进而完成系统启动。所以,在硬件设计上必须将 OM0 与 OM1 拉低,为了系统的可扩展性,在设计中 OM0 外接 10 kΩ 电阻拉低电平以方便以后 NOR flash 扩展。

处理器与 SDRAM 相连稍复杂一些,本系统采用两片 HY57V561620,其硬件接口如图 8.36 所示。

在 S3C2410 与 SDRAM 接口设计中需要注意以下两点。

(1) 地址线、数据线、片选信号连接

设计中选用的 SDRAM HY57V561620 是由 4 个地址组成,通过 BA0、BA1 两个引脚进行选择,每个地址是 4 M×16 bit(8 M×8 bit),通过地址线 A0~A12 共 13 根地址线寻址。在行选通过程中地址线 A0~A12 都使能,在列选通过程中地址线 A0~A8 使能,两次选通地址线总数为 22,故可进行 4 M×16 bit 空间的寻址。硬件连接上处理器数据总线的低 16 位和高 16 位分别连接一个 SDRAM 的 16 位数据线,处理器地址线 ADDR2~ADDR14 与 SDRAM A0~A12 相连,这是由于两片 SDRAM 组成一次 32 bit 寻址,所以处理器地址线 ADDR0、ADDR1 未使用。处理器地址线 ADDR24 和 ADDR25 进行 SDRAM 地址的选择(这是由于 SDRAM 组成 64M 寻址空间)。S3C2410 可以对 8 个地址进行寻址,每个地址的

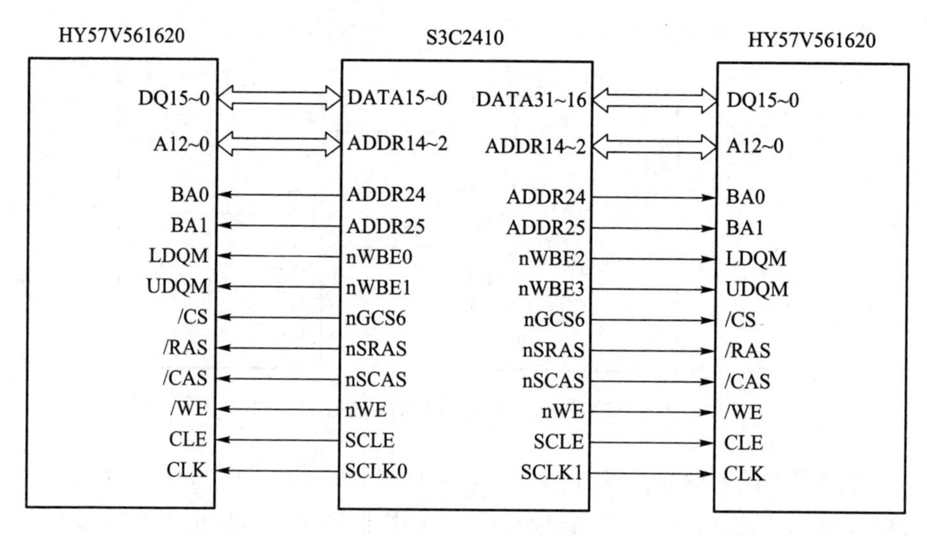


图 8.36　S3C2410 与 SDRAM 接口

最大空间是 128 MB。由于整个目标平台都是以处理器为核心的,为了使处理器对各个设备的访问互不干扰,就将不同类型的设备映射到不同的地址内。在这个平台上 SDRAM 映射到 nGCS6,也就是 0x30000000~0x38000000 地址处,作为系统的内存数据空间。

(2) 大/小端格式

ARM 体系结构将存储器以字节为单位编址,但作为 32 位的处理器每个处理器单元却是 1 个字的长度,也就是 32 位。处理器以大/小端的形式来存储字。大端格式中,字数据的高字节存储在低地址中,低字节存储在高地址中,而小端格式正好相反。S3C2410 作为 ARM 内核的处理器,它有一个输入引脚 ENDIAN,处理器通过它的输入逻辑电平来确定数据类型是大端还是小端:0 为小端,1 为大端。本系统选用小端格式。

在设计中考虑到系统的可扩展性和通用性,系统采用核心板和基板独立设计,最小系统为 6 层 PCB 核心板。核心板接口如图 8.37 所示。

| DATA15~0 | JTAG |
|---|---|
| ADDR20~0 | GPB10~0 |
| nGCS5~0 | GPC7~5 |
| UART2~0 | GPE10~0 |
| EINT9~0 | GPF10~0 |
| IIC | GPG10 |
| SPI | GPH10, 8 |
| nWBE1~0 | VDD23~0 |
| nWE | VFRAME |
| nOE | VLINE |
| nWAIT | VCLK |
| DN1~0 | XMON |
| DP1~0 | nXPON |
| CLKOUT0 | YMON |
| VDD3.3 | nYPON |
| GND | nRESET |

图 8.37　核心板接口

核心板主要扩展有数据线、地址线、bank 选择线、串口、外部中断、IIC、SPI、USB、JTAG、GPIO、LCD(含触摸)、复位等接口,这些接口极大地拓展了系统的可扩展性和通用性,在针对不同的应用(包括其他无线传感器网络或普通嵌入式系统)设计不同的基板,而核心板完全不用修改,真正做到核心板核心设计。

2. 射频模块设计

(1) CC2420

• CC2420 RAM 区的读写。CC2420 内部有大小为 368 B 的 RAM,RAM 分为 3 块:128 B 的发送 FIFO 缓存区、128 B 的接收 FIFO 缓存区和 112 B 用于保存设备地址、密钥等信息的存储区。

收发 FIFO 缓存区既可以通过 CC2420 内部的 RXFIFO 和 TXFIFO 两个寄存器访问,也可以使用 RAM 的方式访问,但是使用 RAM 方式访问不能改变 FIFO 缓存区读写指针的状态。访问 RAM 时,处理器先需要发送 2 B 的地址信息。其中,第一个地址字节的最高位为 1,表示这是一个 RAM 访问。

• CC2420 内部寄存器。CC2420 有 50 个寄存器,其中 33 个控制/状态寄存器,15 个命令选通寄存器和两个访问收发 FIFO 缓存区的寄存器。处理器访问 CC2420 时,通过 MOSI 向 CC2420 发送 1 B 的地址信息,这个地址信息字节的最高位表示访问的类型:0 表示访问寄存器,1 表示访问 RAM。访问寄存器的地址信息与访问 RAM 的地址信息格式不同,访问寄存器时,地址信息的第 6 位表示操作类型:0 表示写操作,1 表示读操作,5~0 位用来编址 50 个寄存器。CC2420 在接收这个地址信息字节的同时,会通过 MISO 向处理器发送一个 8 位状态字,表示 CC2420 的当前状态,这个状态字中位的含义见表 8.11。

**表 8.11 状态字位的含义**

| 位 | 名称 | 内容 |
| --- | --- | --- |
| 7 | — | 保留位,忽略 |
| 6 | XOSC16M_STABLE | 16 MHz 振荡器是否起振:0 未起振,1 起振 |
| 5 | TX_UNDERFLOW | 发送 FIFO 缓存区是否溢出:0 未溢出,1 溢出 |
| 4 | ENC_BUSY | 加密模块是否忙:0 空闲,1 忙 |
| 3 | TX_ACTIVE | RF 发送是否忙:0 空闲,1 忙 |
| 2 | LOCK | PLL 是否同步:0 失锁,1 同步 |
| 1 | RSSI_VALID | RSSI 是否有效:0 无效,1 有效 |
| 0 | — | 保留位,忽略 |

控制/状态寄存器都是16位的。写这些控制/状态寄存器可以控制CC2420的工作方式,比如选择工作频率、地址识别模式等。读这些寄存器可以查询CC2420的工作状态,在访问控制/状态寄存器时,CC2420收到地址信息字节后,根据第6位判断操作类型。如果是读操作,CC2420就开始在MISO上发送地址信息字段指定的寄存器中存放的16位数据;如果是写操作,CC2420立即开始接收MOSI上发来的16位数据,并写入地址信息字段指定的寄存器。

每个命令选通寄存器的地址相当于一条CC2420可以执行的指令。当CC2420收到写命令选通寄存器的地址信息字节以后,会启动CC2420内部操作,如开始发送数据、启动或停止晶振等。

CC2420有两个用于访问收发FIFO缓存区的寄存器:一个用来访问发送FIFO缓存区,称为TXFIFO寄存器;另一个用来访问接收FIFO缓存区,称为RXFIFO寄存器。访问这两个寄存器时,CC2420传输的数据是8位的,同时自动更新FIFO缓存区的读写指针。处理器要求CC2420在发送数据时,首先通过写TXFIFO寄存器把需要发送的数据包按字节写入发送缓存区中,然后写命令选通寄存器STXON或STXONCCA,等待从无线信道发送数据。当CC2420收到数据包时,会把数据存入接收FIFO缓存区,并改变FIFO和FIFOP的引脚状态,处理器通过读RXFIFO寄存器一次读出整个数据包。

CC2420工作状态控制如图8.38所示。需要先将VREG_EN电平置高,然后复位芯片,待晶体振荡器工作正常后表示芯片可以正常进行发射和接收。

(2)射频接口设计

射频模块CC2420与S3C2410接口如图8.39所示。

S3C2410有两个SPI接口,本系统利用SPI0与CC2420连接,在系统中S3C2410用作主设备,CC2420为从设备,所以采用的接口为SPIMISO0、SPIMOSI0、SPICLK0,GPB4作为CC2420的片选信号。除了SPI的4线接口外CC2420的RESET引脚必须接处理器IO口,这里接GPB0,VREG_EN接处理器GPB2,FIFO接处理器GPB1,CCA接处理器GPB3,另外必需的两个中断是SFD接处理器EINT8,FIFOP接处理器EINT18。SFD、FIFO、FIFOP、CCA 4个引脚表示收发数据的状态,并与处理器通过SPI和CC2420交换数据,发送命令等[32-33]。

CC2420收到物理帧的SFD字段后,会在SFD引脚输出高电平,直到接收完该帧。如果启用了地址辨识,在地址辨识失败后,SFD引脚立即转为输出低电平。接收的数据存放在128 B的接收FIFO缓存区中,帧的CRC校验由硬件完成。CC2420的FIFO缓存区保存介质访问控制层帧的长度、介质访问控制层帧

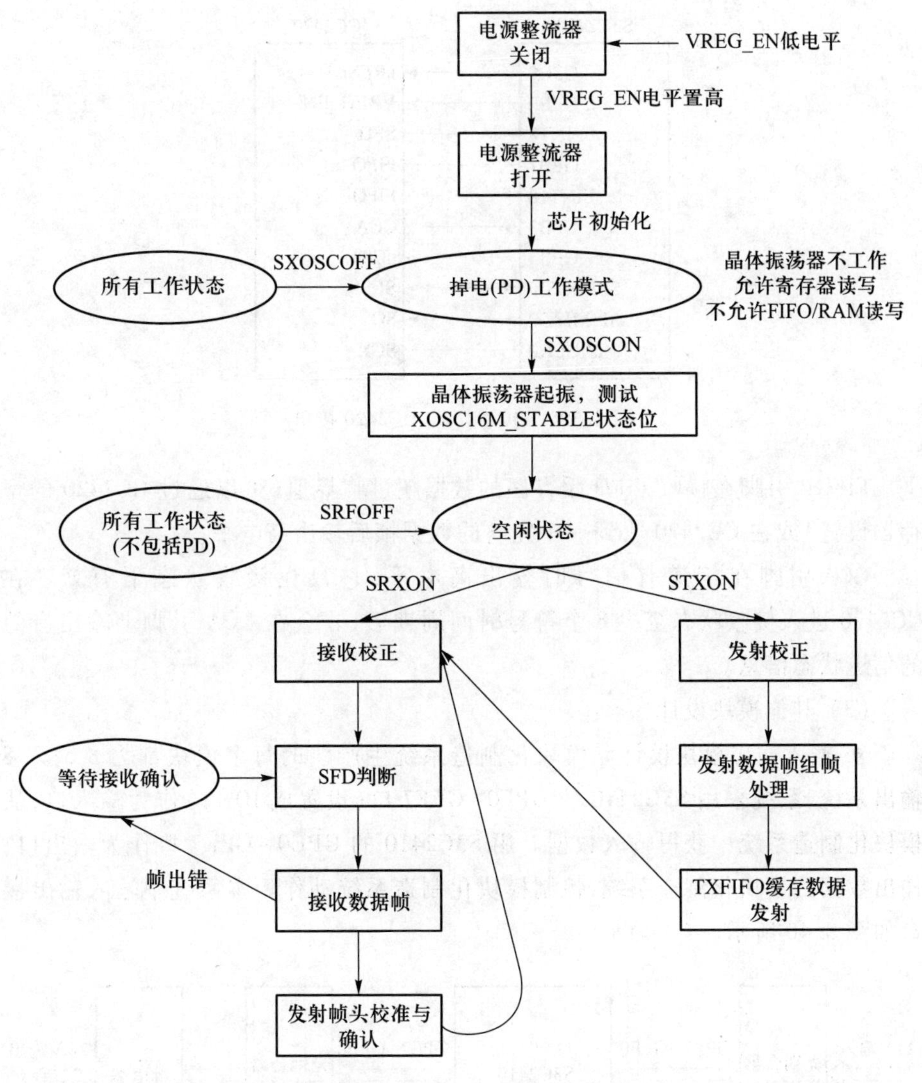


图 8.38　CC2420 工作状态控制图

头和介质访问控制层帧负载数据 3 个部分,而不保存帧校验码。CC2420 发送数据时,数据帧的前导序列、帧开始分隔符及帧校验序列由硬件产生;接收数据时,这些部分只用于帧同步和 CRC 校验,而不会存入接收 FIFO 缓存区。发送数据时,CC2420 使用直接上变频。基带信号的同相分量和正交分量直接被数模转换器转换为模拟信号,通过低通滤波器后,直接变频到设定的信道上。

FIFO 和 FIFOP 引脚标识接收 FIFO 缓存区的状态。如果接收 FIFO 缓存区有数据,FIFO 引脚输出高电平;如果接收 FIFO 缓存区为空,FIFO 引脚输出低电

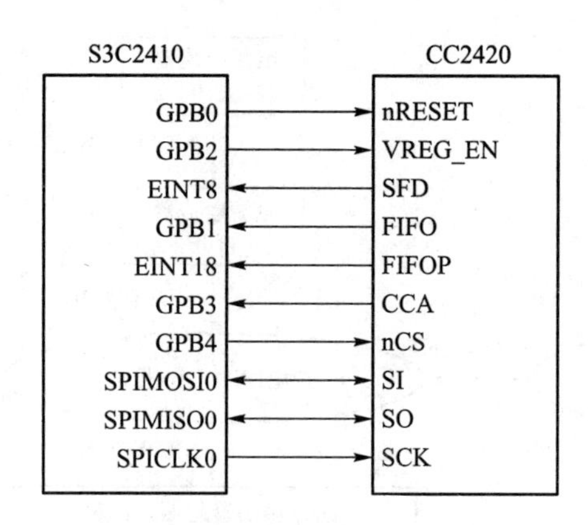


图 8.39 S3C2410 与 CC2420 接口

平。FIFOP 引脚在接收 FIFO 缓存区的数据超过临界值(可以通过 CC2420 的寄存器设置)或在 CC2420 收到一个完整的数据帧后输出高电平。

CCA 引脚在信道有信号时输出高电平,它只在接收状态下有效。在 CC2420 进入接收状态至少 8 个符号时间周期后,才会在 CCA 引脚上输出有效的信道状态信息。

(3) 其他模块设计

• 输入输出模块设计。模块化制造系统生产线的每个模块都为 8 输入 8 输出系统,系统采用 S3C2410 的 GPF0~GPF7 口(设置成 IO 口)作为输入口,从模块化制造系统中获得输入数据。用 S3C2410 的 GPE0~GPE7 口作为输出口,输出数据到模块化制造系统,控制模块化制造系统动作。本系统中输入输出接口如图 8.40 所示。

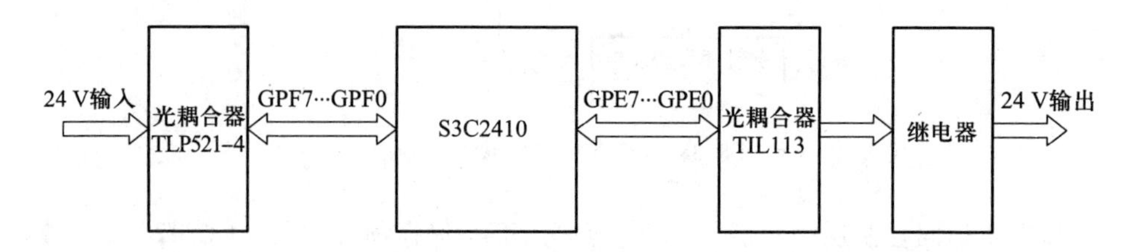


图 8.40 输入输出接口

因为核心板和基板所使用的电压仅有 1.8 V、3.3 V 和 5 V 3 种,而模块化制造系统所需电压为 24 V,所以必须使用光耦合器来隔离两端电压(输入用光耦合器 TLP521-4、输出用光耦合器 TIL113)。在输出部分,因为板上电流很小,难以控制较大电流的模块化制造系统,所以在光耦合器后端添加了继电器,已达到小电流控制大电压的作用。

• 串口模块设计。在本系统中,串口主要用来观察系统的运行状况。RS-232 标准采用的接口是 9 芯的 D 型插头,包括数据载波检测、数据接收(RXD)、数据发送(TXD)、数据终端准备好、地(GND)、数据设备准备好、请求发送、清除发送、振铃指示 9 根信号线。完成基本的串行通信功能,实际上只需连接 RXD、TXD 和 GND 信号线即可。

由于 RS-232 标准所定义的高、低电平信号与 S3C2410 系统 LVTTL 电路所定义的高、低电平信号完全不同:LVTTL 的标准逻辑"1"对应 2~3.3 V,标准逻辑"0"对应 0~0.4 V 电平;而 RS-232 标准采用负逻辑方式,标准逻辑"1"对应-15~5 V 电平,标准逻辑"0"对应+5~+15 V 电平。显然,两者要进行通信必须经过信号电平的转换。本系统采用 MAX3232 作为监控串口的电平转换芯片,串口接口连接如图 8.41 所示。

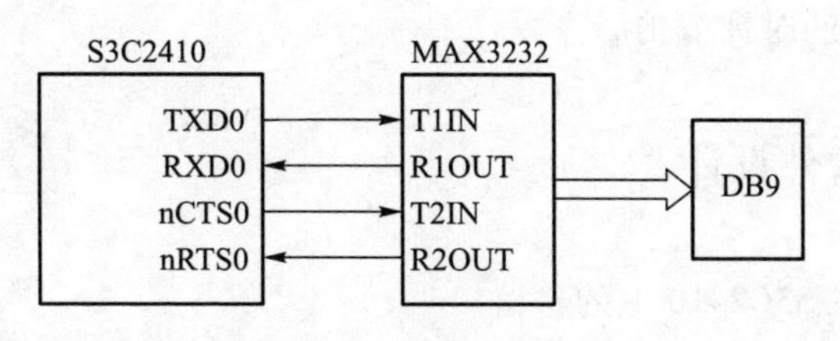


图 8.41 串口接口连接

• 网络接口设计。本系统设计了处理器与网口芯片 CS8900 的接口,CS8900 挂接在 S3C2410 的 bank3 上,其网口接口连接如图 8.42 所示。

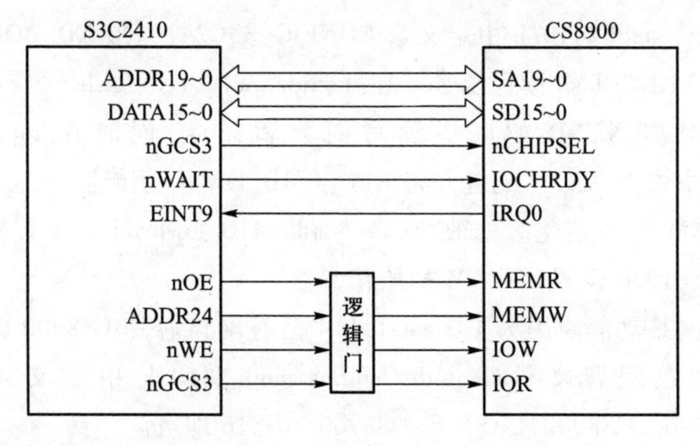


图 8.42 网口接口连接

CS8900 是 Cirrus Logic 公司的 10 M 网口芯片,应用非常广泛。它与

S3C2410 的硬件连接上主要是地址线、数据线、片选、中断，以及几条读写信号线。考虑到信号的驱动能力，在处理器和网口芯片间加入了 74LVTH162245 增加总线驱动能力。在本设计中，网口主要是用来进行程序的下载和调试，Linux 有强大的网络功能，这也为以后功能的扩展做了铺垫。

- USB 接口模块设计。由于 S3C2410 片内集成 2 路 USB Host 和 1 路 USB Device 接口（有 1 路 Host 和 1 路 Device 复用），所以在硬件设计上将这些接口都扩展了出来，非常方便系统数据的记录和拷贝。由于 S3C2410 内部有 USB 控制器，所以硬件上仅需要外接几个电阻 USB 接口就可以工作。
- 实时时钟模块设计。S3C2410 片内集成实时时钟 RTC 单元。在系统电源关闭的情况下，RTC 单元可由后备电池供电。该单元的时钟源由外部的 32.768 kHz 晶振提供。在计时特性上，它以 8 位 BCD 码的形式保存秒、分、时、日、月。另外，RTC 的节拍时间也可用于中断请求。这个 RTC 节拍中断可以用作操作系统内核的时钟节拍。

### 8.3.3 系统软件设计

1. U-Boot 在 S3C2410 上的移植

在系统中使用的是应用比较广泛的开源 Bootloader U-Boot-1.1.4，其移植过程主要有以下几个步骤：

① 设置从 NAND 启动。在 U-Boot 的/cpu/arm920t/start.s 需加入针对 NAND 启动的汇编代码，同时对 NAND 控制寄存器进行设置；在配置文件/include/configs/smdk2410.h 中定义宏 CONFIG_S3C2410_NAND_BOOT。

② 添加 NAND flash 读写函数。在/board/smdk2410/flash.c 及/common/cmd_nand.c 中增加 NAND 的底层读写函数和命令，同时在/include/configs/smdk2410.h 中添加 NAND 配置并将 CFG_CMD_NAND 使能。

③ SDRAM 的初始化。修改/board/smdk2410/lowlevel_init.s，根据 SDRAM 芯片 HY57V561620 设置 SDRAM 初始化参数。

④ 添加网络功能。因为 U-Boot-1.1.4 已有网口芯片 CS8900 的驱动程序，所以仅需要在配置文件/include/configs/smdk2410.h 中定义宏 CONFIG_DRIVER_CS8900、CS8900_BASE 和 CS8900_BUS16 即可。

2. 输入输出接口驱动程序设计

(1) 输入接口驱动

在模块化制造系统应用中将处理器的 GPF0 ~ GPF7 用作输入口，驱动程序位于/drivers/char/s3c2410_gpf.c。在驱动程序开始处,需要先定义在/dev 目录下的设备文件 gpf 和主设备号 221(由于该驱动程序只对应了一个设备,所以次设备号未显式定义):

```
#define DEVICE_NAME "gpf"
#define GPF_MAJOR 221
```

接着对结构体 file_operations 进行初始化(输入接口驱动实际上并未用到 write 和 ioctl 函数):

```
static struct file_operations s3c2410_gpf_fops = {
    owner: THIS_MODULE,
    read:  s3c2410_gpf_read,
    write: s3c2410_gpf_write,
    ioctl: s3c2410_gpf_ioctl,
};
```

s3c2410_gpf_read 函数通过调用 copy_to_user 函数完成数据从内核空间到用户空间的拷贝:

```
copy_to_user(buffer,&gpf_data,sizeof(gpf_data));
```

该函数完成将内核空间 gpf_data 中长度为 sizeof(gpf_data)字节的数据传送到用户空间的缓冲区。然后 s3c2410_gpf_init 函数完成字符设备注册、devfs 注册和输入属性配置:

```
register_chrdev(GPF_MAJOR,DEVICE_NAME,&s3c2410_gpf_fops);
devfs_register(NULL,DEVICE_NAME,DEVFS_FL_DEFAULT,GPF_MAJOR,0,
S_IFCHR | S_IRUSR | S_IWUSR,&s3c2410_gpf_fops,NULL);
set_gpio_ctl(gpf_table[i] |GPIO_PULLUP_DIS |GPIO_MODE_IN);
```

最后,s3c2410_gpf_exit 函数完成字符设备注销、devfs 注销工作:

```
devfs_unregister(dh);
unregister_chrdev(GPF_MAJOR,DEVICE_NAME);
```

(2) 输出接口驱动

输出接口驱动和输入接口驱动类似,在模块化制造系统的应用中将处理器的 GPE0~GPE7 用作输出口,驱动程序位于/drivers/char/s3c2410_gpe.c。输出接口驱动的设备文件对应为/dev/gpe,主设备号 220,通过 s3c2410_gpe_write 函数调用 copy_from_user 函数将数据从用户空间拷贝到内核空间,s3c2410_gpe_ init 函数完成设备注册并将引脚配置为输出口，s3c2410_gpe_exit 完成设备注销工作。

3. SPI 接口驱动程序设计

S3C2410 有两个 SPI 接口，本系统利用 SPI0 与 CC2420 连接，采用的接口为 SPIMISO0、SPIMOSI0、SPICLK0，在系统中 S3C2410 用作主设备，CC2420 为从设备。SPI 接口为复用接口需要配置，同时作为主设备的 S3C2410 需要利用一个 I/O 口作为从设备 nSS 控制信号，系统中采用 GPB4。驱动程序位于/drivers/char/s3c2410_spi.c。驱动程序加载后在/dev 下对应 spi0 文件，其主设备号为 222：

```
#define DEVICE_NAME "spi0"
#define SPI_MAJOR 222
```

考虑到驱动程序的通用性，SPI 接口驱动程序中设计结构体 spi_dev_t。

```
typedef struct __spi_dev{
    volatile char txdata[TR_MAX];        //tx 缓冲区
    volatile char rxdata[TR_MAX];        //rx 缓冲区
    volatile u8 txidx;                   //tx 指示
    volatile u8 rxidx;                   //rx 指示
    volatile u8 endtx;                   //tx 结束
    struct semaphore sem;                //信号量
    devfs_handle_t handle;               //devfs 句柄
}spi_dev_t;
```

上面结构体中发送和接收缓冲区为 256 B，在本系统中实际只用了缓冲区中的第一个字节。在 s3c2410_spi_read 函数中也把 RX 缓冲区中的第一个字节拷贝到用户空间。

```
copy_to_user(buf,(const char *)spi_dev->rxdata,count);
```

s3c2410_spi_write 函数稍复杂一点，首先需要将用户空间缓冲区中的数据拷贝到内核空间的 TX 缓冲区中。

```
copy_from_user((char *)spi_dev->txdata,buf,count);
```

然后，把几个标志域清零，接着开启 SPI 中断让中断处理程序发送数据，中断处理程序发送完数据后 while 循环退出，并关闭 SPI 中断，程序返回，核心程序如下：

```
spi_dev->rxidx = 0;
spi_dev->txidx = 0;
spi_dev->endtx = 0;
INTMSK &= ~INT_SPI0;
SPCON0 = 0x38;
while(spi_dev->endtx == 0);
SPCON0 = 0x08;
INTMSK |= INT_SPI0;
```

中断处理程序的设计也比较清晰,在中断处理函数 s3c2410_spi_interrupt 中,先关闭 SPI 中断并清除挂起位,接着通过 while 循环检查 SPI 发送状态,如果数据 TX/RX 准备好,就将数据放入寄存器 SPTDAT0 中发送出去,接着设置标志位,读取收到的数据,最后再开中断,中断程序执行完毕,核心程序如下。

```
INTMSK |= INT_SPI0;
SRCPND |= INT_SPI0;
INTPND |= INT_SPI0;
while(! (SPSTA0 & 0x1));
SPTDAT0 = spi_dev->txdata[spi_dev->txidx++];
spi_dev->endtx = 1;
spi_dev->rxdata[spi_dev->rxidx++] = SPRDAT0;
INTMSK &= ~INT_SPI0;
```

SPI 接口驱动中需要有 s3c2410_spi_ioctl 函数以完成对 SPI 接口控制寄存器的设置来选择 SPI 的开启、关闭、主从模式、时钟频率等。s3c2410_spi_init 函数、s3c2410_spi_exit 函数与输入输出驱动中的功能类似,但需要添加中断注册函数 request_irq 和中断撤销函数 free_irq。

4. 射频接口驱动程序设计

射频接口驱动实际是结合 SPI 驱动,以及 CC2420 所需要的一些控制接口。驱动程序位于/drivers/char/s3c2410_rf.c。在硬件设计部分,除了 SPI 的 4 根线外,还需要另外 6 根信号线和 2 根电源线。特别注意接口用了两根中断 EINT8 和 EINT18,EINT8 指示接收或发送数据开始,EINT18 指示收到完整数据。EINT8 的中断处理程序中什么事情也不做,EINT18 的 ISR 中唤醒在等待进程。驱动程序中 s3c2410_rf_read 函数在等待队列 eint18_queue 上等待:

```
interruptible_sleep_on(&eint18_queue);
```

当CC2420的RXFIFO中的数据超过临界值或收到一个完整的数据帧后FIFOP就输出高电平,此时在上升沿触发EINT18中断,在中断处理程序中唤醒在等待队列eint18_queue上等待的任务:

```
wake_up_interruptible(&eint8_queue);
```

然后,s3c2410_rf_read函数被唤醒,它读取GPB端口数据,并把数据拷贝到用户空间,用户空间获得此信息后读取CC2420的RXFIFO中的数据。

s3c2410_rf_write函数主要进行复位和电压使能操作。在s3c2410_rf_init函数中需要设置GPB的端口属性、初始化等待队列,配置EINT8和EINT18为上升延触发并注册中断。

通过设备驱动程序被编译到内核,用户空间就可以通过read/write系统调用使用驱动程序中设计的读写函数read/write。在应用程序中,对用户空间的操作进行了封装,提供几个常用的函数,这样用户空间程序在对射频接口操作时就可以通过以下几个函数完成。

- void SPIInit(void)

函数功能:打开设备文件/dev/spi0和/dev/gpb,并对SPI接口复位。

- void SPIUninit(void)

函数功能:与SPIInit函数功能相反,它是复位SPI接口,关闭设备文件/dev/spi0和/dev/gpb。

- void SPIPut(BYTE v)

函数功能:处理器往SPI接口输出一个字节型数据v。

- BYTE SPIGet(void)

函数功能:处理器从SPI接口获得1 B数据,通过返回BYTE表示。

- BYTE FIFOPinTest(void)

函数功能:测试FIFO引脚的状态,并返回BYTE型数据表示,返回值1表示FIFO引脚为高电平,即RXFIFO中有数据;返回值0表示FIFO引脚为低电平,即RXFIFO中无数据。

- void PHY_VRegEn(BYTE a)

函数功能:使能或禁止CC2420电压源,当a=1时,使能CC2420电压;当a=0时,禁止CC2420电压。

- void PHY_Resetn(BYTE a)

函数功能:当a=1时复位CC2420。

- PHY_CSn_1()

函数功能:通过将 GPB4 置为高电平来取消 CC2420 片选 nCS 信号。

• PHY_CSn_0()

函数功能:通过将 GPB4 置为低电平来选择来片选 nCS 信号。

5. ZigBee 协议栈实现

(1) 协议栈源文件

本系统在 ZigBee-1.0 和 IEEE 802.15.4-2003 两个通信协议标准的基础上,设计了 ZigBee 协议栈,包括物理层、媒体接入控制层、网络层、应用支持层和应用层,并兼容规范中主要部分。目前协议栈主要有以下特性:

• 支持 2.4 GHz 射频;
• 支持 Coordinator、Router 和 End Device;
• 相邻结点和绑定表存储;
• 支持星形、树形和网状网络;
• 与操作系统独立,只要有 SPI 接口的 ARM 处理器都可使用。

表 8.12 列出了协议栈源程序文件。

**表 8.12 协议栈源程序文件**

| 文件名 | 描述 |
|---|---|
| Coordinator.c<br>Router.c<br>RFD.c | 主应用程序源文件,是 ZigBee 协议栈的入口,它们分别实现 ZigBee Coordinator、ZigBee Router、ZigBee End Device 功能。在一个结点的实现中,代码中只能有 3 个文件中的一个 |
| ZigBeedef.h | 针对具体应用的头文件 |
| generic.h | 通用常量和类型定义文件 |
| ZigBee.h | 通用的 ZigBee 协议栈常量文件 |
| zMPSControl.h | 模块化制造系统控制应用的 profile 文件 |
| ZigBeeTask.c<br>ZigBeeTask.h | 协议栈按顺序执行各层程序的控制程序源文件 |
| SymbolTime.c<br>SymbolTime.h | 给整个协议栈提供时间信息的源程序文件 |
| MSPI.c,MSPI.h | SPI 接口源程序文件 |
| zAPL.h | 应用层接口的头文件,应用程序需要包含它 |
| zZDO.c,zZDO.h | ZigBee 协议 ZDO 层源程序文件 |

续表

| 文件名 | 描述 |
| --- | --- |
| zAPS.c,zAPS.h | ZigBee 协议 APS 层源程序文件 |
| zNWK.c,zNWK.h | ZigBee 协议 NWK 层源程序文件 |
| zMAC_CC2420.c<br>zMAC_CC2420.h | IEEE 802.15.4 介质访问控制层与 CC2420 射频芯片相关的源程序文件 |
| zMAC.h | 通用 IEEE 802.15.4 介质访问控制层头文件 |
| zPHY_CC2420.c<br>zPHY_CC2420.h | IEEE 802.15.4 PHY 层与 CC2420 射频芯片相关的源程序文件 |
| zPHY.h | 通用的 IEEE 802.15.4 PHY 层头文件 |
| Makefile | 编译规则文件 |

通过表 8.12 可以知道,协调器的程序是 Coordinator.c,而普通设备结点的入口是 RFD.c,将协调器结点、路由结点及 RFD 结点的入口程序区分开来是由于协议赋予它们的功能不同。每个网络只有一个协调器结点,它需要负责网络的建立同时对路由结点和 RFD 结点进入或退出网络进行地址分配及链路管理。路由结点需要维护邻居结点表,对加入本地的 RFD 进行管理。而普通的 RFD 结点只需要进行数据的采集、发送和接收。这些功能上的不同可以通过在 ZigBeedef.h 头文件中定义不同的宏来加以区分。协调器结点定义宏:

```
#define I_AM_COORDINATOR
#define I_AM_FFD
```

路由器结点定义宏:

```
#define I_AM_ROUTER
#define I_AM_FFD
```

普通终端设备结点定义宏:

```
#define I_AM_RFD
```

(2) 协议栈 API

系统实现的 ZigBee 协议栈由很多模块组成,总体上由两个进程组成,父进程完成各层数据的组织管理和发送,子进程仅完成数据的接收并通知父进程。以下部分分别对各层的 API 和每层的内部机制进行详细介绍。

- PHY 层。PHY 层的作用很明显,就是完成上层传下来的数据发送和将接收的数据往上层传递的功能。然而,多任务程序的执行具有异步性,无法准确估计某一时刻的执行,需要底层的收发机制一定要严格保证其有效性。在设计中,由于数据的接收是异步事件,所以分为单独的一个进程进行监视并通过信号机制保证实时响应,当收到数据时就通过 Linux 中的信号(也称为软件中断)通知父进程,父进程立即取出本次收到的数据交由物理层主任务处理。由于 CC2420 是专门针对 IEEE 802.15.4 的射频芯片,物理层数据的发送工作都由芯片直接处理,这可以在介质访问控制层来控制数据的发送。物理层的主要 API 如下:

void PHYInit(void)

函数功能:初始化物理层,启动 CC2420,并配置 CC2420 的控制寄存器,注册信号处理函数 sig_usr,在协议栈完全工作之前必须先运行此函数。

BYTE PHYGet(void)

函数功能:从物理层缓冲区 RxBuffer 指针所指位置获得 1 B 数据。

ZIGBEE_PRIMITIVE PHYTasks(ZIGBEE_PRIMITIVE inputPrimitive)

函数功能:物理层主任务,完成与介质访问控制层的交互和物理层管理。如将从 CC2420 收到的数据封装为原语并传递给上层,完成 CC2420 收发状态的管理工作。

void sig_usr(int signo)

函数功能:信号处理函数,该函数属于父进程,将收到的一帧数据从 CC2420 的 RXFIFO 中拷贝至物理层的缓冲区 RxBuffer。

void ReceivePacket(void)

函数功能:监视 CC2420 的接收数据状态,当 FIFOP 引脚对应外部中断发生,即 CC2420 的 RXFIFO 缓存区的数据超过临界值(设置为 64 B)或在 CC2420 接收到一个完整的数据帧后,通知父进程有数据需要处理,从而触发软件中断。

• 介质访问控制层。严格地说,当 CC2420 芯片兼容到 IEEE 802.15.4 的介质访问控制层,数据的发送管理工作实际由介质访问控制层来完成。介质访问控制层的主要 API 如下:

void MACInit(void)

函数功能:初始化介质访问控制层任务,初始化本层的缓冲区,在协议栈完全工作之前必须先运行此函数。

BYTE MACGet(void)

函数功能:从物理层上报的 indication 原语中获得 1 B 数据。

ZIGBEE_PRIMITIVE MACTasks(ZIGBEE_PRIMITIVE inputPrimitive)

函数功能:介质访问控制层主任务,完成与 NWK、PHY 层的交互和介质访问控制层管理,如信道扫描、管理数据帧重发等。

• NWK 层。网络层是功能最多,也是最复杂的,它需要维护管理整个网络的运行情况,需要维护路由,等等。网络层的函数也很多,以下仅仅列出网络层主要 API。

void NWKInit( void )

函数功能:网络层数据结构的初始化,在协议栈完全工作之前必须先运行此函数。

BYTE NWKGet( void )

函数功能:从介质访问控制层上报的 indication 原语中获得 1 B 数据。

ZIGBEE_PRIMITIVE NWKTasks(ZIGBEE_PRIMITIVE inputPrimitive)

函数功能:网络层主任务,它执行指示的原语,完成上下层之间的交互和本层管理工作。

BOOL CreateRoutingTableEntries ( SHORT _ ADDR targetAddr, BYTE * rdIndex,BYTE * rtIndex )

函数功能:创建一个路由表项和路由发现表项,返回 TRUE 表示表项正确创建,FALSE 表示表项未正确创建。

void CreateRouteReply ( SHORT _ ADDR nwkSourceAddress, BYTE rdIndex, ROUTE_REQUEST_COMMAND * rreq )

函数功能:发送路由回复命令帧给触发路由发现的源结点。

BOOL GetNextHop ( SHORT _ ADDR destAddr, SHORT _ ADDR * nextHop, BYTE * routeStatus )

函数功能:在路由表项中查找到达目的结点的路由表项,并获得下一跳的结点地址。在路由表中找到相应表项返回 TRUE,否则返回 FLASE。

• APL 层。APL 层分为 APS 和 ZDO 两个子层,主要 API 如下:

void APSInit( void )

函数功能:APS 层数据结构的初始化,在协议栈完全工作之前必须先运行此函数。

void ZDOInit( void )

函数功能:ZDO 层数据结构的初始化,在协议栈完全工作之前必须先运行此函数。

BYTE APSGet( void )

函数功能:从网络层上报的 indication 原语中获得 1 B 数据。

ZIGBEE_PRIMITIVE APSTasks(ZIGBEE_PRIMITIVE inputPrimitive)

函数功能:APS 层主任务,它执行指示的原语,完成上下层之间的交互和本层管理工作。

ZIGBEE_PRIMITIVE ZDOTasks(ZIGBEE_PRIMITIVE inputPrimitive)

函数功能:ZDO 层主任务,它执行指示的原语,完成上下层之间的交互和本层管理工作。

BYTE APSAddBindingInfo ( SHORT _ ADDR srcAddr, BYTE srcEP, BYTE clusterID,SHORT_ADDR destAddr,BYTE destEP )

函数功能:根据给定的参数添加绑定表项信息。

ZIGBEE_PRIMITIVE ProcessEndDeviceBind( END_DEVICE_BIND_INFO * pRe--questInfo )

函数功能:执行绑定的上半部分和下半部分,当收到 END_DEVICE_BIND_req 信息时调用此函数,第一次调用此函数时缓存绑定信息,第二次调用此函数时,检查本次的绑定信息和缓存中的绑定信息是否匹配,若匹配则调用 APSAddBindingInfo 函数完成绑定表的建立。

### 8.3.4 应用设计

1. ZigBee 应用于模块化制造系统

将 ZigBee 应用于模块化制造系统,需要建立各个结点间的绑定关系,主要通过修改头文件 zMPSControl.h、ZigBeedef.h 和 RFD.c 实现。这里以第一模块结点 1 和第二模块结点 2 来作为例子讨论,其他结点可以进行类似处理。

(1) 修改文件 zMPSControl.h

首先,在 zMPSControl.h 中定义模块化制造系统的 profile 宏:

```
#define MY_PROFILE_ID  0x0000  //MPS,Control
```

接着宏定义结点 1 和结点 2 间的 cluster 关系:

```
#define ONETWO_CLUSTER   0x01
```

最后,定义在 cluster ONETWO_CLUSTER 下的 attribute 及其数据类型:

```
#define ONETWO_SIG    0x0000  //Outputs signal
#define ONETWO_SIG_DATATYPE   TRANS_UINT8  //unsigned 8bit
```

(2) 修改 ZigBeedef.h

在 ZigBeedef.h 中定义宏:

```
#define EP_ONETWO 8  //结点 1 和结点 2 之间的 endpoint
```

(3) 修改 RFD.c

在 RFD.c 反映状态的结构体 myStatusFlags 中增加位域 bBindingSwitchToggled、bNextBindingSwitchToggled 和 bMPSControlToggled,分别反映绑定状态和控制状态。将模块化制造系统初始化加入 ZigBee 协议栈父进程:

```
node_init(node);
set_node_default();
m = sizeof(local_input)/sizeof(local_input_t);
for(n=0;n<m;n++)
  local_input_add(local_input[n]);
```

然后,打开 gpe 和 gpf 设备文件:

```
fd_gpf = open("/dev/gpf",O_RDONLY|O_NONBLOCK);
        fd_gpe = open("/dev/gpe",O_WRONLY|O_NONBLOCK);
```

在 APSDE_DATA_indication 原语的 switch 分支中的 ClusterId 处添加 EP_ONETWO 分支。在 NO_PRIMITIVE 分支中添加模块化制造系统控制程序主体、绑定请求和数据发送请求。

将模块化制造系统控制方法和 ZigBee 整合后,删除原来的 wsn.c 文件(其中内容已并入 ZigBee 程序)的同时,需要修改 ZigBee 协议栈的 Makefile 文件使其满足新的编译需求。

2. 运行结果

ZigBee 协调器其运行结果如下。

```
* * * * * * * * * * * * * * * * * * * * * * *
*      XJTU ZigBee Stack - v0.0.1      *
*         ZigBee Coordinator           *
* * * * * * * * * * * * * * * * * * * * * * *
SPIInit OK.
ZigBeeInit Begin.
PHYInit OK.
MACInit OK.
ZigBeeInit OK.
```

```
Trying to start network...
MLME_SCAN_request.ScanType = ENERGY_DETECT OK.
MLME_SCAN_request.ScanType = ACTIVE_SCAN OK.
PANID 0x94c network started successfully!
Joining permitted.
Receive A DATA_REQUEST.
Node 0x796f just joined.
Receive A DATA_REQUEST
Node 0x7970 just joined.
Receive an END_DEVICE_BIND_req.
Receive another END_DEVICE_BIND_req.
Begin binding...
Send END_DEVICE_BIND_rsp.
End device bind successful.
Node 0x7970 send message to node 0x796f by KVP.
.....
```

当结点 1 加入网络后开始向协调器发送绑定请求，请求帧 APSDE_DATA_request 中标记 profile 为 MY_PROFILE_ID，cluster 为 END_DEVICE_BIND_req，endpoint 为 EP_ZDO，将 EP_ONETWO、ONETWO_CLUSTER（输入）作为本帧数据，并通过 KVP 方式发送出去。协调器收到此帧数据后，暂时保存下来并等待下一个绑定结点的数据。当结点 2 加入网络后也开始向协调器发送绑定请求，请求帧 APSDE_DATA_request 中标记 profile 为 MY_PROFILE_ID，cluster 为 END_DEVICE_BIND_req，endpoint 为 EP_ZDO，将 EP_ONETWO、ONETWO_CLUSTER（输出）作为本帧数据，并通过 KVP 方式发送出去。协调器收到此帧数据后发现缓冲中的绑定请求匹配，记录结点 1、结点 2 的相关信息，并建立绑定关系，接着通过 cluster 为 END_DEVICE_BIND_rsp 的数据帧通知结点 1、结点 2 绑定关系已经建立，结点 1、结点 2 收到此帧后就知道绑定关系已经建立。在建立绑定关系时，定义了结点 2 为输出，结点 1 为输入，于是结点 2 可以通过 cluster 为 ONETWO_CLUSTER、endpoint 为 EP_ONETWO 和 attribute 为 ONETWO_SIG 的数据帧给结点 1 发送数据。

如图 8.43 所示为结点实现图，如图 8.44 所示为系统实现图。

图 8.43 结点实现图

图 8.44 系统实现图

## 8.4 第五代移动通信技术简介

第五代移动通信技术(5th generation mobile communication technology,简称

5G)是具有高速率、低时延和大连接特点的新一代宽带移动通信技术,是实现人机物互连的网络基础设施。4G 已经让网络速度有了很大的提升,而相对 4G 而言,5G 的速度有了质的飞跃,其峰值速率增长了数十倍,从 4G 的 100 Mb/s 提高到几十 Gb/s。与此同时,端到端延迟也从 4G 的几十毫秒减少到 5G 的几毫秒。这意味着使用 5G,只需要 1 s 就可以下载多部高清电影,极大地提高了网络通信速度。

国际电信联盟(ITU)定义了 5G 的三大类应用场景,即增强型移动宽带(enhanced mobile broadband,eMBB)、低时延高可靠通信(ultra reliable low latency communication,uRLLC)和海量机器类通信(massive machinic type communication,mMTC)。增强型移动宽带主要面向移动互联网流量爆炸式增长,为移动互联网用户提供更加极致的应用体验;低时延高可靠通信(uRLLC)主要面向工业控制、远程医疗、自动驾驶等对时延和可靠性具有极高要求的行业应用需求;海量机器类通信主要面向智慧城市、智能家居、环境监测等以传感和数据采集为目标的应用需求。

为满足 5G 多样化的应用场景需求,5G 的关键性能指标更加多元化。ITU 定义了 5G 的 8 个关键性能指标,其中高速率、低时延、大连接成为 5G 最突出的特征,用户体验速率达 1 Gb/s,时延低于 1 ms,连接结点密度达到 $1\times10^6/km^2$。

2018 年 6 月 3GPP 发布了第一个 5G 标准(Release-15),支持 5G 独立组网,重点满足增强移动宽带业务。2020 年 6 月 Release-16 版本标准发布,重点支持低时延高可靠业务,实现对 5G 车联网、工业互联网等应用的支持。Release-17(R17)版本标准将重点实现差异化物联网应用,实现中高速大连接。

### 8.4.1 5G 发展历史

移动通信延续着每十年一代技术的发展规律,已历经 1G、2G、3G、4G 的发展。每一次代际跃迁,每一次技术进步,都极大地促进了产业升级和经济社会发展。从 1G 到 2G,实现了模拟通信到数字通信的过渡,移动通信走进了千家万户;从 2G 到 3G、4G,实现了语音业务到数据业务的转变,传输速率成百倍提升,促进了移动互联网应用的普及和繁荣。当前,移动网络已融入社会生活的方方面面,深刻改变了人们的沟通、交流乃至整个生活方式。4G 网络促进了互联网经济的发展,解决了人与人随时随地通信的问题。

5G 作为一种新型移动通信网络,不仅要解决人与人通信,为用户提供增强现实、虚拟现实、超高清(3D)视频等更加身临其境的体验,更要解决人与物、物与物通信问题,满足移动医疗、车联网、智能家居、工业控制、环境监测等物联网应用需求。5G将渗透到经济社会的各行业各领域,成为支撑经济社会数字化、网络化、智能化转型的关键新型基础设施。

2013年,中国和欧盟先后出台计划,推进5G的技术发展。2013年4月,IMT-2020(5G)推进组第一次会议在北京召开。

2014年5月,日本电信营运商NTT DoCoMo正式宣布将与Ericsson、Nokia、Samsung等6家厂商合作,共同测试超越4G网络1000倍网络承载能力的高速5G网络,新网络的传输速度可望提升至10 Gb/s。

2016年1月,中国5G技术研发试验正式启动,2016—2018年实施,分为5G关键技术试验、5G技术方案验证和5G系统验证3个阶段。

2016年5月,第一届全球5G大会在北京举行,会议由中国、欧盟、美国、日本和韩国的5G推进组织联合主办。

2017年11月,工业和信息化部(简称工信部)发布(关于第五代移动通信系统使用3300 ~3600 MHz和4800 ~5000 MHz频段相关事宜的通知》,确定5G中频频谱,工作频段兼顾系统覆盖和大容量的基本需求。

2017年12月,在国际电信标准组织3GPP RAN第78次全体会议上,5G NR首发版本正式冻结并发布。

2018年6月,3GPP 5G NR标准SA(Standalone,独立组网)方案在3GPP第80次TSG RAN全会正式完成并发布,标志着首个真正完整意义的国际5G标准正式出炉。

2018年12月,工信部正式对外公布,已向中国电信、中国移动、中国联通发放了5G系统中低频段试验频率使用许可。

2019年6月,工信部正式向中国电信、中国移动、中国联通、中国广电发放5G商用牌照。

2019年10月,5G基站正式获得了工信部入网批准。工信部颁发了国内首个5G无线电通信设备进网许可证,标志着5G基站设备将正式接入公用电信商用网络。

2019年10月,中国三大电信运营商公布5G商用套餐,并于11月1日正式上线5G商用套餐。

截至2020年底,我国已累计建成5G基站71.8万个。

### 8.4.2 5G性能指标

5G网络应在用户体验速率、连接数密度、端到端延时、移动性、流量密度、用户峰值速率等关键指标达到如下性能：

- 峰值速率需要达到10～20 Gbit/s，以满足高清视频、虚拟现实等大数据量传输。
- 空中接口时延低至1 ms，满足自动驾驶、远程医疗等实时应用。
- 具备百万连接每平方千米的设备连接能力，满足物联网通信应用。
- 频谱效率要比LTE提升3倍以上。
- 连续广域覆盖和高移动性下，用户体验速率达到100 Mb/s。
- 流量密度达到10 Mb·$s^{-1}/m^2$以上。
- 移动性支持500 km/h的高速移动。

### 8.4.3 5G关键技术

1. 5G无线关键技术

5G国际技术标准重点满足灵活多样的物联网需要。在OFDMA和MIMO基础技术上，5G为支持增强型移动宽带(eMBB)、低时延高可靠通信(uRLLC)和海量机器类通信(mMTC)，采用了灵活的全新系统设计。在频段方面，与4G支持中低频不同，考虑中低频资源有限，5G同时支持中低频和高频频段，其中，中低频满足覆盖和容量需求，高频满足在热点区域提升容量的需求。5G针对中低频和高频设计了统一的技术方案，并支持100 MHz的基础带宽。为了支持高速率传输和更优覆盖，5G采用LDPC、Polar新型信道编码方案、性能更强的大规模天线技术等。为了支持低时延、高可靠通信，5G采用短帧、快速反馈、多层/多站数据重传等技术。

2. 5G网络关键技术

5G采用全新的服务化架构，支持灵活部署和差异化业务场景。5G采用全服务化设计，模块化网络功能，支持按需调用，实现功能重构；采用服务化描述，易于实现能力开放，发挥网络潜力。5G支持灵活部署，基于NFV/SDN，实现硬件和软件解耦，实现控制和转发分离；采用通用数据中心的云化组网，网络功能部署灵活，资源调度高效；支持边缘计算，云计算平台下沉到网络边缘，支持基于应用的网关灵活选择和边缘分流。通过网络切片满足5G差异化需求，网络切片是指从一个网络中选取特定的特性和功能，定制出的一个逻辑上独立的网络，它使得运营商可以部署功能、特性服务各不相同的多个逻辑网络，分别为各自的目标用户服务。目前定义了3种网络切片类型，即增强型移动宽带、低时延高可靠通信和大连接物联网。

### 8.4.4　5G的三大应用场景及其在物联网中的应用潜力

物联网是现代通信技术的产物，5G和物联网之间有着密不可分的关系，由于物联网中的海量终端连接、高速可靠的数据传输、实时控制等技术需求只有通信技术参与支持，才能完美实现。随着社会的发展，未来物联网的需求将会不断增长，海量终端的连接、数据流量倍增、毫秒级别的网络时延是其核心需求，5G通信技术的出现及时满足物联网广覆盖、低时延、低功耗的需求。

1. 海量机器类通信应用场景

海量机器类通信(mMTC)应用场景是依靠5G强大的连接能力，促进垂直行业融合。万物互连下，人类依靠身边的各类传感器和终端构建智能生活。在这个场景下，数据的速率较低，而且时延要求也不高，布局的终端成本会更加低，同时要求有长续航和可靠性。

海量终端连接是当前物联网产业中急需的技术需求之一，它要求的场景要实现“物”与“物”之间的连接。而5G通信技术在物联网中的有效应用，加快了物联网产业与垂直行业的融合速度。由于传统基站的最大设备连接数不能满足物联网的海量结点连接需求，所以要想解决物联网的设备连接问题，就需要加大对5G应用场景的研究。mMTC是5G三大应用场景之一，是“万物互联”这种容量大、自动化场景的核心技术，保证一个平台可以海量连接设备，保证某一区域内多个设备终端能够顺利通信，确保物联网产业顺利运转。另外，基于mMTC典型应用场景和低功耗传感器等技术的研发与推广，5G可以通过打造智能制造、智慧城市、智慧农业等实现产业创新、“万物互联”发展理念。

2. 低时延高可靠通信应用场景

低时延高可靠通信(uRLLC)应用场景对时延的要求很高，往往要达到1 ms级别。它应用在车联网、工业控制、远程医疗等特殊行业，其中车联网的市场潜力普遍被外界看好。

低时延、高可靠性通信是当前物联网产业中另一项急需的技术需求，它要求的场景要实现“人”与“物”之间的通信需求。物联网环境影响下，大量终端设备对网络上传、下载和时延的需求存在一定差异，所以需求的网络要具备智能的特征。uRLLC 是 5G 三大应用场景之一，它通过超低时延保证微秒级的响应时间，此场景主要应用于车联网中，如无人驾驶、远程驾驶等。在设计车联网场景时，为了保证自动驾驶的安全性能，要保证车与车之间、车与云端之间的时延在 0~5 ms 之间，确保车辆出现堵车或大量结点共享有限频谱资源时，仍能保持车辆安全可靠地行驶；而距离在千米级的远程驾驶场景，对网速和时延提出更高的要求，网速必须保持在 40 MB/s，时延必须在 10 ms 以内，只有这样才能实现远程实时操控行驶车辆。车联网转变了传统汽车行业的发展方向，只有 5G 通信技术满足驱动车联网发展的关键技术所需要的高安全可靠性、低时延、高宽带的连接。

3. 增强型移动宽带应用场景

增强型移动宽带（eMBB）应用场景最直观的表现是网速的翻倍提升和超高的传输数据速率。在 5G 网络，可以轻松在线观看 2 K/4 K 视频和 AR/VR，峰值速度可以达到 10 Gb/s。

超高数据速率、广覆盖下移动性也是当前物联网产业中急需的技术需求，它要求的场景要实现以“人”为中心的通信需求。eMBB 是 5G 三大应用场景之一，对于此应用场景来说，最重要的是工业物联网场景，虽然工业物联网对时延要求不高，但在工业生产中会产生大量数据向云端传输。比如，工厂工人带上 5 G+8 K 的 VR 设备，可以将看到的事物与自身真实工作紧密结合起来，以此来提升工人工作效率。而基于云端的 AR/VR 技术对网络的需求很高，只有“5G+边缘计算”才能满足 AR/VR 毫秒级时延的应用，将其应用在工业物联网中，以此来提升工业生产效率，加快工业物联网的发展进程。

综上所述，随着 5G 通信技术的研发与商用，如今 5G 网络与各行业发展密不可分，尤其是与物联网产业的关系。5G 通信技术的 mMTC、uRLLC、eMBB 三大应用场景，充分体现通过对“物”的连网和控制来实现对“人”服务，这与物联网的发展理念十分契合。所以如今要想开发好物联网产业，就需要加强与 5G 通信技术的融合，利用两个行业的特性相互促进，以此来加快我国物联网行业发展进程，增强我国的经济实力。

## 8.5 5G 与物联网

相对于 4G 网络，5G 具备更加强大的通信和带宽能力，能够满足物联网应用高速稳定、覆盖面广等需求。物联网是 5G 商用的前奏和基础。发展 5G 的目的是为了能够给我们的生产和生活带来便利,而物联网就为5G提供了一个大展拳脚的舞台,在这个舞台上5G可以通过众多的物联网应用:智慧农业、智慧物流、智能家居、车联网、智慧城市等真正落地,发挥出强大的作用。

### 8.5.1　5G物联网在工业领域中的应用

5G物联网在工业领域的应用涵盖研发设计、生产制造、运营管理和产品服务4个环节,主要包括16类应用场景,分别为:AR/VR研发实验协同、AR/VR远程协同设计、远程控制、AR辅助装配、机器视觉、AGV物流、自动驾驶、超高清视频、设备感知、物料信息采集、环境信息采集、AR产品需求导入、远程售后、产品状态监测、设备预测性维护、AR/VR远程培训。当前,机器视觉、AGV物流、超高清视频等场景已取得了规模化复制的效果,实现"机器换人",大幅降低人工成本,有效提高产品检测准确率,达到了提升生产效率的目的。未来远程控制、设备预测性维护等场景预计将会产生较高的商业价值,5G物联网在工业领域丰富的融合应用场景将为工业体系变革带来极大潜力,使能工业智能化发展。

### 8.5.2　5G车联网与自动驾驶

5G车联网助力汽车、交通应用服务的智能化升级。5G网络的大带宽、低时延等特性,支持实现车载VR视频通话、实景导航等实时业务。借助于车联网C-V2X(包含直连通信和5G网络通信)的低时延、高可靠和广播传输特性,车辆可实时对外广播自身定位、运行状态等基本安全消息,交通信号灯或电子标志标识等可广播交通管理与指示信息,支持实现路口碰撞预警、交通信号灯诱导通行等应用,显著提升车辆行驶安全和出行效率,后续还将支持实现更高等级、复杂场景的自动驾驶服务,如远程遥控驾驶、车辆编队行驶等。5G网络可支持港口岸桥区的自动远程控制、装卸区的自动码货,以及港区的车辆无人驾驶应用,显著降低自动导引运输车控制信号的时延以保障无线通信质量和作业可靠性,可使智能理货数据传输系统实现全天候全流程的实时在线监控。

### 8.5.3　5G物联网在能源领域中的应用

在电力领域,能源电力生产包括发电、输电、变电、配电、用电5个环节。目前,5G物联网在电力领域的应用主要面向输电、变电、配电、用电4个环节开展,应用场景主要涵盖了采集监控类业务及实时控制类业务,包括:输电线无人机巡检、变电站机器人巡检、电能质量监测、配电自动化、配网差动保护、分布式能源控制、高级计量、精准负荷控制、电力充电桩等。当前,基于5G大带宽特性的移动巡检业务较为成熟,通过无人机巡检、机器人巡检等新型运维业务的应用,促进监控、作业、安防向智能化、可视化、高清化升级,大幅提升输电线路与变电站的巡检效率;配网差动保护、配电自动化等控制类业务现处于探索验证阶段,未来随着网络安全架构、终端模组等技术的逐渐成熟,控制类业务将会进入高速发展期,提升配电环节故障定位精准度和处理效率。

在煤矿领域,5G物联网应用涉及井下生产与安全保障两大部分,应用场景主要包括:作业场所视频监控、环境信息采集、设备数据传输、移动巡检、作业设备远程控制等。当前,煤矿利用5G技术实现地面操作中心对井下综采面采煤机、液压支架、掘进机等设备的远程控制,大幅减少了原有线缆维护量及井下作业人员;在井下机电硐室等场景部署5G智能巡检机器人,实现机房硐室自动巡检,极大提高检修效率;在井下关键场所部署5G超高清摄像头,实现环境与人员的精准实时管控。煤矿利用5G技术的智能化改造能够有效减少井下作业人员,降低井下事故发生率,遏制重特大事故,实现煤矿的安全生产。当前取得的应用实践经验已逐步开始规模推广。

### 8.5.4 5G物联网在医疗领域中的应用

5G物联网通过赋能现有智慧医疗服务体系,提升远程医疗、应急救护等服务能力和管理效率,并催生5G+远程超声检查、重症监护等新型应用场景。

5G+超高清远程会诊、远程影像诊断、移动医护等应用,在现有智慧医疗服务体系上,叠加5G网络能力,极大地提升了远程会诊、医学影像、电子病历等数据传输速度和服务保障能力。在抗击新冠肺炎疫情期间,医疗部门联合相关单位快速搭建5G远程医疗系统,提供远程超高清视频多学科会诊、远程阅片、床旁远程会诊、远程查房等应用,有效缓解抗疫一线医疗资源紧缺问题。

5G+应急救护等应用,在急救人员、救护车、应急指挥中心、医院之间快速构建5G应急救援网络,在救护车接到患者的第一时间,将病患体征数据、病情图像、急症病情记录等以毫秒级速度、无损实时传输到医院,帮助院内医生做出正确指导并提前制定抢救方案,实现患者“上车即入院”的愿景。

5G+远程手术、重症监护等治疗类应用,由于其容错率极低,并涉及医疗质量、患者安全、社会伦理等复杂问题,其技术应用的安全性、可靠性还需进一步研究和验证。

### 8.5.5 5G物联网在文旅领域中的应用

5G物联网在文旅领域的创新应用将助力文化和旅游行业步入数字化转型的快车道。5G智慧文旅应用场景主要包括景区管理、游客服务、文博展览、线上演播等环节。5G智慧景区可实现景区实时监控、安防巡检和应急救援,同时可提供VR直播观景、沉浸式导览及AI智慧游等创新体验,大幅提升景区管理和服务水平,解决景区同质化发展等痛点问题;5G智慧文博可支持文物全息展示、5G+VR文物修复、沉浸式教学等应用,赋能文物数字化发展,深刻阐释文物的多元价值,推动人才团队建设;5G云演播融合4 K/8 K、VR/AR等技术,实现传统曲目线上线下高清直播,支持多屏多角度沉浸式观赏体验,5G云演播打破了传统艺术演艺方式,让传统演艺产业焕发了新生。

## 本章小结

物联网被视为互联网的应用扩展,和传统的互联网相比,物联网有着鲜明的特征。首先,物联网是感知技术的综合应用,每个传感器都是一个信息源,获得的数据具有实时性且不断更新。其次,物联网是一种建立在互联网基础上的网络,其核心仍旧是互联网,并通过各种有线和无线网络与互联网融合。物联网不仅仅提供了传感器的连接,其本身也具有智能处理的能力。

本章列举了物联网与无线传感器网络结合的两个典型应用。智能家居是以住宅为平台融合了自动控制系统、计算机网络系统和网络通信技术于一体的网络智能化居住环境。远程无线测控系统介绍了无线传感器网络测控系统的研究背景、所采用的技术标准规范、工作原理并在此基础上给出了基于ARM的ZigBee设计方案。简要介绍了5G的性能、关键技术,以及在物联网中的应用。

## 参考文献

[1] Park S H, Won S H, Lee J B, et al. Smart home--digitally engineered domestic life[J]. Personal and Ubiquitous Computing, 2003, 7(3): 189-196

[2] Ricquebourg V, Menga D, Durand D, et al. The smart home concept: our immediate future [C]. Proceedings of the 1th IEEE International Conference on E-Learning in Industrial Electronics, 2006

[3] Jiang L, Liu D Y, Yang B, et al. Smart home research[C]. Proceedings of IEEE international conference on Machine learning and cybernetics, 2004

[4] Tsou YP, Hsieh JW, Lin CT, et al. Building a remote supervisory control network system for smart home applications[C]. Proceedings of IEEE International Conference on Systems, Man and Cybernetics, 2006

[5] Osipov M. Home automation with ZigBee[C]. Next Generation Teletraffic and Wired/Wireless Advanced Networking, 2008:263-270

[6] 黄磊,付菲,闵华松.基于 ZigBee 技术的智能家居方案研究[J].微计算机信息,2009,25(14):71-73

[7] Egan D. The emergence of ZigBee in building automation and industrial control [J]. Computing & Control Engineering Journal, 2005, 16(2):14-19

[8] Gill K, Yang SH, Yao F, et al. A ZigBee-based home automation system [J]. Consumer Electronics, 2009, 55(2):422-430

[9] Liang L, Huang L, Jiang X, et al. Design and implementation of wireless Smart-home sensor network based on ZigBee protocol [C]. Proceedings of IEEE International Conference on Communications, Circuits and Systems, 2008

[10] 李文仲,段朝玉. ZigBee2007/PRO 协议栈实验与实践[M]. 北京:北京航空航天大学出版社,2009

[11] Akkaya K, Younis M. A survey on routing protocols for wireless sensor networks[J]. Ad hoc networks, 2005, 3(3):325-349

[12] Davidoff S, Lee M, Yiu C, et al. Principles of smart home control[C]. UbiComp 2006: Ubiquitous Computing, 2006

[13] Jin J, Wang Y, Zhao K, et al. Development of Remote-Controlled Home Automation System with Wireless Sensor Network[C]. Proceedings of 5th IEEE International Symposium on Embedded Computing, 2008

[14] Gill K, Yang SH, Yao F, et al. A ZigBee-based home automation system [J]. Consumer Electronics, 2009, 55(2):422-430

[15] Bai YW, Hung CH. Remote power On/Off control and current measurement for home electric outlets based on a low-power embedded board and ZigBee communication [C]. Proceedings of IEEE International Symposium on Consumer Electronics, 2008

[16] Lin YJ, Latchman HA, Lee M, et al. A power line communication network infrastructure for the smart home[J]. Wireless Communications, 2002, 9(6):104-111

[17] Kovaevi D, Raki A, Muratovi D, et al. Smart metering: Implementation strategy and example

of practical application[J]. Nikola Tesla,2010(20):165-178

[18] International Electrotechnical Commission. IEC62056-21 FDIS part21: Direct local data exchange[S].

[19] 中华人民共和国国家发展和改革委员会. DL/T 645-2007. 多功能电能表通信协议[S].北京:中国标准出版社,2007

[20] Berezowski AG,Bohanon MH,Hawkinson DC. Infrared communication system and method: US,7859399 [P]. 2010

[21] Valtchev D,Frankov I. Service gateway architecture for a smart home[J]. Communications Magazine,2002,40(4):126-132

[22] Ember corporation. 120-0082-000_EM250_Datasheet[S].

[23] Alliance ZB. ZigBee cluster library specification[S].

[24] Ember corporation. 120-3016-000_EmberZNet_API_EM250[S].

[25] Alliance ZB. ZigBee Over-the-Air Upgrading Cluster[S].

[26] Idigi corporation. Connectport X2 for smart energy:User' s Manul[S].

[27] Li Zheng. ZigBee Wireless Sensor Network in Industrial Applications [C]. IEEE ICASE,2006

[28] Nick Baker. ZigBee and Bluetooth Strengths and Weaknesses for Industrial applications[J]. IEE Computing and Control Engineering,2005(16):20-25

[29] Shuaib K,Boulmalf M,Sallabi F,at al. Co-existence of ZigBee and WLAN,A Performance Study[C].2006 Wireless Telecommunications Symposium,2006

[30] SAMSUNG S3C2410A 32-Bit RISC Microprocessor User Manual Revision1. 2.2003

[31] Chipcon AS SmartRF CC2420 Preliminary Datasheet rev1. 2.2004

[32] 王秀梅,刘乃安.利用 2.4 GHz 射频芯片 CC2420 实现 ZigBee 无线通信设计[J]. 国外电子元器件.2005(3):59-62

[33] 陈玉兰,聂军. 面向无线传感器网络的 CC2420 接口设计[J]. 电子工程师,2005,31(12):36-38

[34] 魏全瑞,韩九强.基于 ZigBee 的工业控制网络模型[J].数学的实践与认识,2008,38(15):174-180

[35] 黄昌明,韩九强,郑芸.基于无线通信的远程测控系统的研究[J].计算机自动测量与控制,2001,9(6):14-16

[36] 晨曦. 说说物联网那些事情[J]. 今日科苑,2011(20):54-59

[37] 黄静. 物联网综述[J]. 北京财贸职业学院学报,2016,32(6):21-26

[38] 甘志祥. 物联网的起源和发展背景的研究[J]. 现代经济信息,2010(1):157-158

[39] 韵力宇. 物联网及应用探讨[J]. 信息与电脑,2017(3):184-186

[40] 李春刚. 物联网关键技术在通信运营中的应用[J]. 数码设计(上),2020,9(4):19-20

[41] 刘陈,景兴红,董钢. 浅谈物联网的技术特点及其广泛应用[J]. 科学咨询,2011(9):

86-86
[42] 第一届全球5G大会召开[J].上海信息化,2016(8):84-85
[43] IMT-2020(5G)Promotion Group. White Paper on 5G Wireless Technology Architecture.2015
[44] 5G的三大场景和六大基本特点和关键技术[EB/OL].(2018-05-31)[2021-05-15]
[45] 5G的三大应用场景[EB/OL].(2018-11-26)[2021-05-15]
[46] 张博文.5G通信技术在物联网中的应用[J].中国新通信,2020(8):3-4
[47] 5G引领的未来是什么样子的[EB/OL].(2021-11-02)[2021-12-15]

# 名词术语英汉对照

## A

AARS(army-amateur radio system) 军用无线通信网

ACK frame 确认帧

ACOUC (ant colony optimization based uneven clustering) 蚁群优化的非均匀簇路由协议

ADDA (application dependent data aggregation) 依赖应用的数据融合

AIDA (application independent data aggregation) 独立于应用的数据融合

AOA(angle of arrival) 到达角度

API(application program interface) 应用程序接口

ARAWSN (ant colony optimization based routing algorithm for wireless sensor networks) 无线传感器网络基于蚁群优化的路由算法

ARP(address resolution protocol) 地址解析协议

ATIM (announcement traffic indication message) 通信量指示消息

ATS(average time synchronization) 平均时间同步

AWACS (airborne warning and control system) 机载警戒与控制系统

## B

backoff exponent 重传指数

beacon frame 信标帧

beacon node 信标结点

beacon order 信标阶数

beacon-enabled mode 信标使能

bluetooth 蓝牙

BPSK(binary phase shift keying) 双相移键控

BST(base station transceiver) 基站收发信机

## C

CAP(contention access period) 竞争访问时段

CDF(cumulative distribution function) 累积分布函数

CDMA(code division multiple access) 码分多路访问

CFP(contention free period) 非竞争访问时段

channel 信道

component-based 基于元件

CPU(central processing unit) 中央处理器

CSMA(carrier sense multiple access) 载波监听多路访问

## D

DAA(data aware anycast) 数据感知任意组播

data frame 数据帧

data fusion 数据融合

DCA(dynamic channel allocation) 动态信道分配

DCF(distributed coordination function) 分布式协调功能

DD(directed diffusion) 定向扩散

DE-MAC(distributed energy-aware MAC) 分布式能量唤醒介质访问控制

DES-CBC(data encryption standard-cipher block chaining) 数据加密标准-密码块链接模式

DSN(distributed sensor networks) 分布式传感器网络

DSSS(direct sequence spread spectrum) 直接序列扩频

## E

EEUC(energy-efficient uneven clustering) 高效能非均匀簇路由协议

EM(energy management) 能量管理

estimate cost 估计代价

EWMA (exponentially weighted moving average) 指数加权移动平均值

## F

FCA(fixed channel assignment) 固定信道分配

FDMA(frequency division multiple access) 频分多路访问

FFD(full functional device) 完整功能设备

fine-grained timeouts 超时间隔

FIR(fast infrared) 高速红外

flash memory 闪存

flooding 洪泛

FTSP (flooding time synchronization protocol) 洪泛时间同步协议

## G

GEAR (geographical and energy aware routing) 地理位置和能量感知路由

GEM(graph embedding) 图嵌入

geo-routing 基于地理位置的路由

gossiping 闲聊

GPS(global positioning system) 全球定位系统

GPSR(greedy perimeter stateless routing) 贪婪法周边无状态路由

GTS(guaranteed time slot) 保障时槽

## H

HA(home automation) 家庭自动化

hop count 跳数

hop distance 跳段距离

HREE (high reliability and energy-efficient cross-layer protocol) 高可靠性能量均衡跨层通信协议

## I

ICMP(Internet control message protocol) 因特网控制消息协议

ID(identification code) 识别码

IDS(intrusion detection system) 入侵检测系统

IGMP(internet group management protocol) 互联网组管理协议

implosion 内爆

infrastructure 基础设施

intrusion tolerance routing in wirless sensor networks 无线传感器网络容侵路由

interface queue 接口队列

IP(Internet protocol) 互联网协议

IrDA(infrared data association) 红外线数据协会

ISO (international orgnization for standardization) 国际标准化组织

## L

learned cost 学习代价

link layer 链路层

LOS(line of sight) 视线线路

LR-WPAN(low-rate wireless personal area network) 低速无线个人区域网

LTS(lightweight tree-based synchronization) 基于生成树的轻量时间同步算法

## M

M2M (machine-to-machine/man) 机器终端智能交互

MAC command frame MAC 命令帧

MAC(medium access control) 介质访问控制层

MAC(message authentication code) 消息认证码

MD(mediation device) 仲裁设备

MDP(Markov decision process) 马尔可夫决策过程

MECN (minimum energy communication network) 最小能量通信网络

MEMS(microelectromechanical system) 微机电系统

MFR(MAC footer) 介质访问控制层尾信息

MHR(MAC header) 介质访问控制层头信息

micro timed efficient streaming loss-tolerant authentication protocol μTESLA 协议

MIR(Medium InfraRed) 中速红外

MMAC(muti-channel MAC) 多信道介质访问控制层协议

MMSN (multi-frequency MAC for wireless sensor networks) 无线传感器网络多频段介质访问控制层协议

MOEMS (micro-opto-electromechanical system) 光学微机电系统

MPS(modular production system) 模块化制造系统

MRAM(magnetic random access memory) 磁性随机存储器

## N

number of backoff 重传次数

neighbor nodes 邻居结点

network interface 结点物理接口

non beacon-enabled mode 信标不使能

NTP (network time protoclo) 网络时间协议

## O

O-QPSK (offset quadrature phase shift keying) 偏置四相移相键控

OSI(open system interconnect) 开放系统互连

OTK(one-time keys) 一次密钥

overlap 交叠

## P

PDA(personal digital assistant) 个人数字助理

PHR(physical header) 物理帧头

PN(pseudo random noise) 伪随机噪声

PAN(personal area network) 个人区域网

PRR(packet reception rate) 接包率

PSDU(PHY service data unit) 物理服务数据单元

pulse coupled integrate and fire model 脉冲耦合集成发送模型

## Q

QoS(quality of service) 服务质量

QPSK(quadrature phase shift keying) 四相移相键控

## R

radio propagation 无线传播模型

RAM(random access memory) 随机存储器

RBS(reference broadcast synchronization) 参考广播同步

reach-back 回传

REUC(reliable efficient uneven cluster routing protocol) 可靠高效非均匀聚类路由协议

RFD(reduced function device) 精简功能设备

RFID(radio frequency identification) 射频识别

RISC(reduced instruction set CPU) 精简指令集 CPU

ROM(read-only memory) 只读存储器

RR(rumor route) 谣传路由

RSSI(received signal strength indication) 接收信号强度指示

RW(randomized waiting) 随机等待

## S

SAR(sequential assignment routing) 有序分配路由

SDSI(simple distributed system infrastructure) 简明分布式系统体系

SFD(start of frame delimiter) 帧起始分隔符

SHA(secure hash algorithm) 安全散列算法

SHR(synchronization header) 同步信息

SIMC(single interface based multi-channel mac protocol) 基于单接口的多信道介质访问控制层协议

SIR(serial infrared) 串行红外

SMACS/EAR(self-organizing medium access control for sensor networks/eavesdrop and register) 自组织传感器网络介质访问控制/监听与登录

SMP(sensor management protocol) 传感器管理协议

SNEP(secure network encryption protocol) 安全网络加密协议

SOSUS(sound surveillance system) 声学监视系统

SPI(serial peripheral interface) 串行外部接口

SPIN(security protocols for sensor networks) 传感器网络安全协议

SPIN(sensor protocols for information via negotiation) 传感器信息协商协议

SPKI(simple public key infrastructure) 简明公钥体系

superframe order 超帧阶数

superframe 超帧

symbol time 符号时间

## T

TBF(temporary block flow) 临时数据块流

TCP/IP (transmission control protocol/internet protocol) 传输控制协议/互联网协议

TDM - FDM (time division multiplexing - frequency division multiplexing) 时分复用-频分复用

TDMA(time division multiple access) 时分多路访问

TDOA(time difference of arrival) 到达时间差

TKIP(temporal key integrity protocol) 时限密钥完整性协议

TOA(time of arrival) 到达时间

TPSN (timing-sync protocol for sensor networks) 传感器网络时间同步协议

TRAMA(traffic-adaptive medium access) 流量自适应介质访问

trilateration 三边测量法

## U

UART(universal asynchronous transmitter) 通用异步收发器

USB(universal serial bus) 通用串行总线

UTC(universal time coordinated) 世界协调时

UWB(ultra-wideband) 超宽带

## V

VFIR(very fast infrared) 甚高速红外

## W

WLAN(wireless local area networks) 无线局域网

WPAN(wireless personal area network) 无线个人区域网

WSN(wireless sensor network) 无线传感器网络